PLC DATA
COMMUNICATION

PLC
데이터 통신
(XGB시리즈, C# 프로그램)

조철수 · 이영호 · 김민호

구민사

PREFACE —— 머리말

제4차 산업혁명 즉, Industry4.0이나 국내의 제조업 혁신 3.0에서 산업계에 적용하는 Smart Factory는 현재의 자동화시스템 기술에 ICT 기술을 접목하여 One Stop 제조가 가능하도록 하는 기술을 적용하고자 한다. 향후 모든 산업계가 이와 같은 완전 자동화의 단계로 접어들 것으로 판단된다. 최근의 4차 산업혁명 관련 조사보고서에 따르면 제조기술과 디지털기술이 결합되면서 제조업체의 생산성을 높이는 사례들이 많이 늘고 있다.

사물인터넷(IOT:Internet Of Things) 기술을 도입한 기업들이 원가절감과 생산성 향상을 가져옴에 따라 데이터에 의한 의사결정을 도입할 기업들이 계속 늘어날 것으로 기대한다. 이와 같이 Smart Factory에서는 사물인터넷 기술을 통해 생산 현장의 각종 정보(온도, 습도, 전압, 전류, 전력, 생산량, 에러, 생산 시간, 물류 등)들을 실시간으로 취합하여 현장 분만아니라 사무실에서 현장의 현재 상황을 실시간으로 모니터링하고, 필요에 따라 즉시 적절한 조치를 신속히 취한다.

PLC는 현재 자동화 산업 현장에 많이 보급되어 있고, 로봇, 센서 등 각종 자동화의 기기들을 결합시켜 생산 자동화를 실질적으로 지휘하는 역할을 하고 있는 자동화 산업의 핵심이다. 산업을 이끌어 나가고 있는 기기이다.

본 교재에서는 PLC에 들어있는 생산 현장의 각종 정보들을 통신을 통하여 취합하여 모니터링하는 기술과 사무실에서 직접 PLC에 명령을 내려 생산 현장을 제어할 수 있는 기술에 대하여 기술하였다.

본 교재에서는 국내 LS산전에서 개발되어 소규모 자동화기기에 적용되고 있는 XGB시리즈의 XBM-DN32H PLC를 사용했고, Visual Studio 2019 C# 프로그램을 이용해서 PC와 PLC사이의 통신 프로그램을 작성했다.

본 교재가 Smart Factory 분야에서 PLC 통신관련 기술을 교육하는 교육자와 공부하는 학생들, 그리고 Smart Factory 분야에 종사하고 있는 기술자들의 기술 향상에 도움이 되기를 바란다.

끝으로 본 교재가 나오기까지 도움을 주신 도서출판 구민사 조규백 대표님과 담당자들, 그리고 Smart Factory 현장 실무 적용에 도움을 주신 ㈜지에스티 대표님과 개발팀 직원 여러분들에게 감사의 말씀을 드립니다.

저자 일동

CONTENTS —— 목차

CONTENTS — 목차

PLC DATA COMMUNICATION

PART

01

시리얼 통신

P L C 데 이 터 통 신

01

시리얼 통신 개요

1 통신 개요

1) 개요

4차 산업혁명의 시기에 가장 중요한 요소가 통신이다. 모든 요소가 가지고 있는 상태나 기타 다른 정보들을 신속하게 취합하고 분석하여 적절한 조치를 취하여야 한다. 이와 같이 요소들이 가진 정보를 전달하는 것을 통신이라고 한다.
특히, 자동화 산업 현장에서는 각종 센서들의 정보, 공정 상태, 생산 정보 등 많은 정보들을 실시간으로 모니터링하여야 하며, 상황에 따라 적절한 조치를 신속하게 취하여야 한다.

2) 시리얼 통신

컴퓨터 내부에서는 대용량의 데이터를 고속으로 처리하기 위해서 [그림 1-1]과 같이 한꺼번에 많은 정보를 처리할 수 있는 병렬 통신방식을 주로 사용한다. 병렬 통신을 하려면 데이터 비트 수만큼의 채널이 필요하다. 그러나 통신 거리와 비용면에서 병렬 통신은 문제가 발생하고, 통신에서 병렬 통신이 요구될 만큼 빠른 통신이 요구되지 않을 수도 있다.

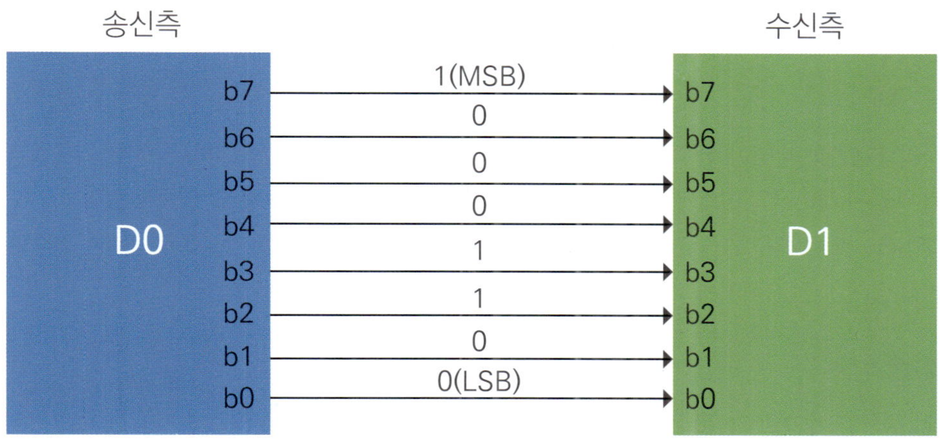

[그림 1-1] 병렬 통신방식

전기 통신과 컴퓨터 과학 분야에서는 통신 채널이나 컴퓨터 버스를 거쳐 한 번에 하나의 비트 단위로 연속적으로 데이터를 전송하는 방식인 [그림 1-2]와 같은 직렬 통신이 많이 사용된다.

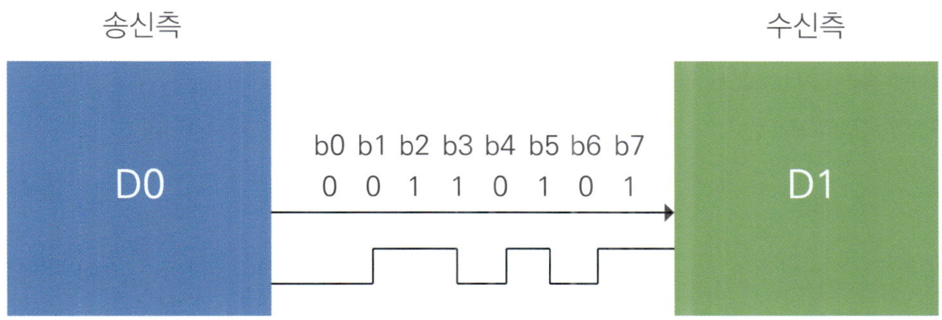

[그림 1-2] 직렬 통신방식

직렬 통신은 구현하기도 쉽고 멀리 보낼 수 있으며, 기존의 전화 통신선로를 활용하여 비용의 절감이 크다. 모뎀, RS-232, RS-422, RS-485, LAN 등이 직렬 통신의 대표적인 방식이다.

3) 시리얼 통신방식

(1) 개요

시리얼 통신에서 데이터가 계속 전송되면, 각 비트를 구분할 방법이 필요하다. 디지털 회로의 입장에서 수신된 데이터의 비트가 시간적으로 어디서부터 시작이고 끝인지를 알 필요가 있다.

데이터 비트를 복구하기 위해 데이터의 시간적 위치를 알리기 위해 동기신호를 보내는 경우와 동기신호 없이 신호 자체에서 데이터 비트를 복원하는 방식으로 나눌 수 있다.

(2) 동기 방식

동기 방식은 2개의 디바이스 사이에 동기신호(클럭 신호)를 이용해 동기를 취하여 데이터 신호를 송수신하는 방식이다.

데이터의 교환이 없는 동안에도 신호가 흐르고 있어 상대편과 동기를 유지할 수 있다. 통신이 성립되면 실 데이터 송수신 속도가 빨라진다.

(3) 비동기 방식

비동기 방식은 스타트 비트와 스톱 비트를 붙여 데이터 신호를 송수신하는 방식이다. 두 비트의 추가 때문에 동기 방식 통신에 비하여 통신 속도가 조금 늦어진다.

PC의 시리얼 포트는 비동기 장치이다. 그러므로 비동기 시리얼 통신만 지원한다.

2 시리얼 통신 기본

1) Baud Rate와 BPS(Bit Per Second)

Baud Rate는 시리얼 통신에서 통신선의 1초간 신호 변경 횟수를 가리키는 용어로서, BPS와 같은 의미로 사용된다.

만약 통신 속도가 19,200BPS이면, 1초간 19,200개의 비트 데이터를 전송할 수 있다는 뜻이 된다. 일반적으로 많이 사용되는 Baud Rate는 9600, 19200, 38400, 57600, 115200 등이 있다.

2) 데이터 구조

(1) 시리얼 통신에 사용되는 데이터 패킷은 [표 1-1]과 같다.

[표 1-1] 시리얼 통신용 데이터 패킷

Frame	Start	Data	Parity	Stop
Size(bits)	1	5~9	0~1	1~2

(2) Data 영역

- 실제 전송할 데이터
- 5~9 비트의 크기, 8비트가 기본
- 7비트 크기인 경우 ASCII코드를 보내는 데 적합
- 데이터 크기가 정해지면 송신측과 수신측의 합의가 이루어져야 함

(3) 동기화 비트

- Start 비트와 Stop 비트
- Start 비트는 1비트, Stop 비트는 1~2비트로 설정
- Start 비트는 Idle 상태(데이터 전송이 없는 상태)에서 Active 상태로 변화하여(1 → 0, HIGH → LOW) 수신측에 데이터의 송신을 알려줌
- Stop 비트는 반대로 Idle 상태(1, HIGH)로 변화하여 데이터 송신이 완료되었음을 알려줌

(4) Parity 비트

- 데이터 송신 시 발생하는 에러를 검출하기 위해 사용하는 비트
- 데이터 영역에 해당하는 비트를 모두 더해서 홀수인지 짝수인지를 정하기 위한 비트
- 노이즈가 많은 환경에서는 사용이 검토되고 있지만, 일반적으로 잘 사용하지 않음

(5) 예(ASCII 문자 'NO' 송신 시)

- 9600 8N1
  - Baud Rate : 9600bps
  - Data bits : 8 bits
  - Parity bit : None
  - Stop bit : 1 bit

데이터 전송방향

◀──────────────

'N' 송신				'O' 송신			
Start	Data(8bits)	Parity	Stop	Start	Data(8bits)	Parity	Stop
0	4E(HEX)	None	1	0	4F(HEX)	None	1
0	01001110	None	1	0	01001111	None	1

0	0	1	1	1	0	0	1	0	1	0	1	1	1	1	0	0	1	0	1
Start	b0	b1	b2	b3	b4	b5	b6	b7	Stop	Start	b0	b1	b2	b3	b4	b5	b6	b7	Stop

[그림 1-3] ASCII문자 "NO" 데이터 전송 방향

02 시리얼 통신 구분

1 RS-232(Recommended Standard 232)

1) 개요

1969년에 EIA(Electronic Industries Association)에 의해 도입된 표준의 하나로, PC와 모뎀 등을 접속하는 직렬 방식의 인터페이스 중 하나이다. 인터페이스는 포트라고도 하며 일반적으로 직렬 포트라고 부르기도 한다. 1:1 통신을 기본으로 하며, 통신 거리가 짧은 단점이 있다.

2) DTE/DCE

(1) DTE(Data Terminal Equipment)

- 사용자와 네트워크(통신망) 사이의 경계
- 주로 데이터를 발생시키는 장치
- 대부분 PC에서 시리얼 포트에 장착
- DTE 9 Pin(Male) 포트의 핀 배열은 [그림 1-4]와 같음

[그림 1-4] DTE 9 Pin 배열

(2) DCE(Data Communication Equipment)

- 전송로(통신망) 및 데이터 단말장치(DTE) 간의 신호의 변환, 부호화 및 회선 접속 기능 수행
- 데이터의 전송기능 수행
- DCE 9 Pin(Female) 포트의 핀 배열은 [그림 1-5]와 같음

[그림 1-5] DCE 9 Pin 배열

(3) DTE/DCE 9 Pin의 포트 핀 명칭과 설명은 [표 1-2]와 같음

[표 1-2] DTE/DCE 9 Pin 포트 핀 명칭과 설명

Pin 번호	방향	명칭	설명
1	입력	CD(Carrier Detect)	상대방 장치가 데이터를 받았다는 것을 확인
2	입력	RxD(Received Data)	데이터 수신
3	출력	TxD(Transmitted Data)	데이터 송신
4	출력	DTR(Data Terminal Ready)	상대방 장치에게 데이터 송신 준비가 되었음을 알림
5		GND(Signal Ground)	접지
6	입력	DSR(Data Set Ready)	상대방 장치가 데이터를 송신할 준비가 되었음을 확인
7	출력	RTS(Request To Send)	상대방 장치에게 데이터 수신 준비가 되었음을 알림
8	입력	CTS(Clear To Send)	상대방 장치가 데이터를 수신할 준비가 되었음을 확인
9	입력	RI(Ring Indicator)	모뎀에 통신연결 요구가 들어왔음을 확인

3) RS-232 통신의 신호 연결

송신 장치와 수신 장치를 연결할 때에는 각각의 송신 신호(TxD)와 수신 신호(RxD)를 [그림 1-6]과 같이 서로 엇갈리게 연결한다.

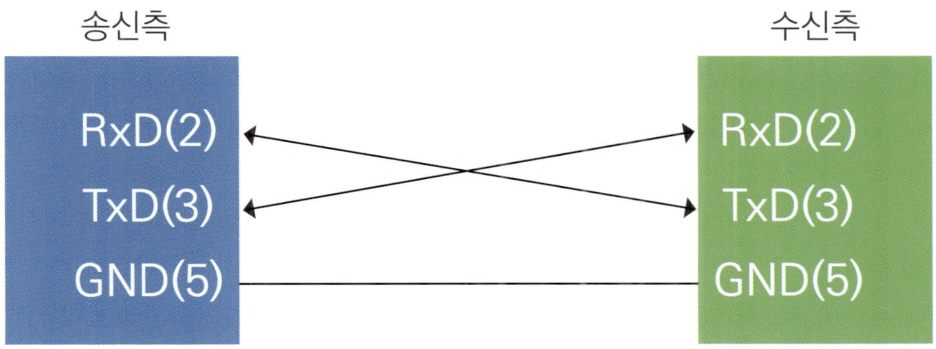

[그림 1-6] RS-232 통신 신호 연결

4) 전송 선로에 따른 통신방식

(1) 단방향(Simplex) 통신 : 한쪽 방향으로만 전송할 수 있는 통신으로 방송, 감시 카메라에 적용된다.

(2) 전이중(Full Duplex) 통신 : 두 디바이스 사이의 데이터 통신을 위해 동시에 각각 독립된 회선을 사용하는 통신이다. 전화망, 고속 통신망에 적용된다.

(3) 반이중(Half Duplex) 통신 : 두 디바이스 사이의 데이터 통신에서 한 쪽이 송신하는 동안 다른 쪽에서는 수신을 하고, 다시 방향을 바꾸어서 다른 쪽에서 송신과 수신을 하는 방식으로 하는 통신이다. 마스터 슬레이브 방식의 센서 네트워크가 대표적이다.

2 RS-422

1) 개요

EIA-422(RS-422의 공식적인 명칭, 지금은 TIA-422로 변경)는 '평형 디지털 인터페이스 회로의 전기적 특성'을 규정하는 기술 규격이다. 비디오 편집 스튜디오에서 모든 비디오/오디오의 플레이어나 레코더를 중앙 제어대에 접속하여 제어신호를 연결하는 데 사용되고 있다. 애플의 매킨토시 컴퓨터에서 사용되는 시리얼 연결방식이다.

2) 결선도

최대 케이블 길이는 1,200m이다. 최대 데이터 속도는 1.2m에서는 10Mbps이고, 1.2km에서는 100kbps이다. 모드에는 Point to Point 모드와 Multi-Drop 모드가 있다.

Point to Point 모드는 [그림 1-7]과 같이 RS-232와 신호선당 2개의 라인이 필요한 것 빼고는 사용하는 방법의 차이는 없다.

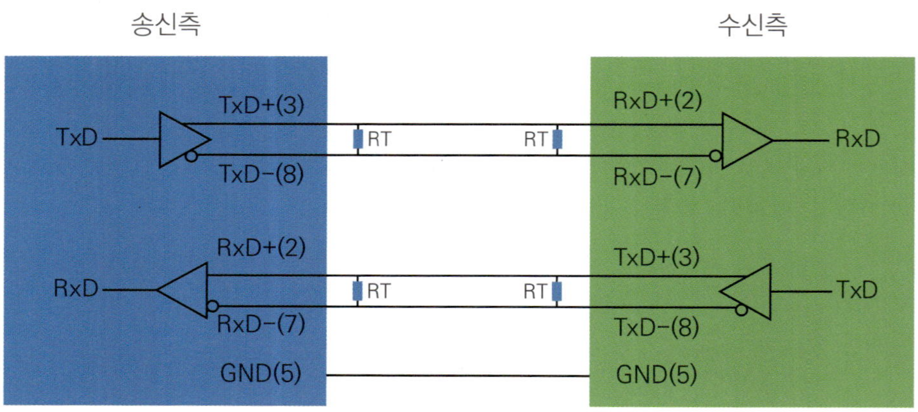

[그림 1-7] RS-422 Point to Point 모드 결선

Multi-Drop 모드의 경우는 Stream에 의한 사용 방법으로, [그림 1-8]과 같이 TxD+, TxD-, RxD+, RxD-의 신호가 일반적으로 많이 사용되고 나머지 신호선은 거의 사용되지 않는다.

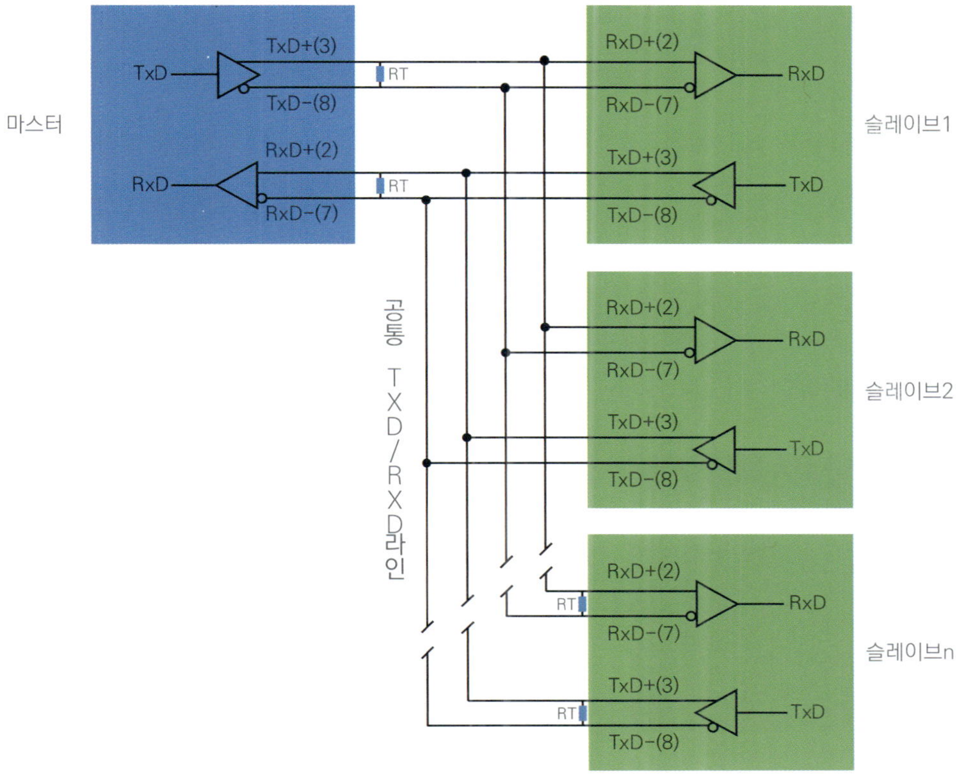

[그림 1-8] RS-422 Multi-Drop 모드 결선

Multi-Drop 모드는 하나의 마스트에 여러 개의 슬레이브가 연결되어 마스트가 통신할 슬레이브를 결정하고 해당 슬레이브를 호출하면 호출된 슬레이브가 응답한다. 하나의 마스트에 보통 10개(최대 32개)까지 슬레이브를 접속할 수 있지만, EIA-485와 같은 진정한 멀티포인트 접속형 통신 네트워크를 구축할 수 없다.

3 RS-485

1) 개요

EIA-485(RS-485)는 RS-422의 제한된 디바이스 개수를 확장시켰고, 입력과 출력 부분을 강화시킨 통신 방식이다.

2) 결선도

반이중 통신 방식만 지원하기 때문에 모든 마스트는 TXD 신호 및 RXD 신호를 멀티포인트 버스에 접속 또는 단락시켜야 한다. [그림 1-9]와 같이 반이중 방식으로 결선한다.

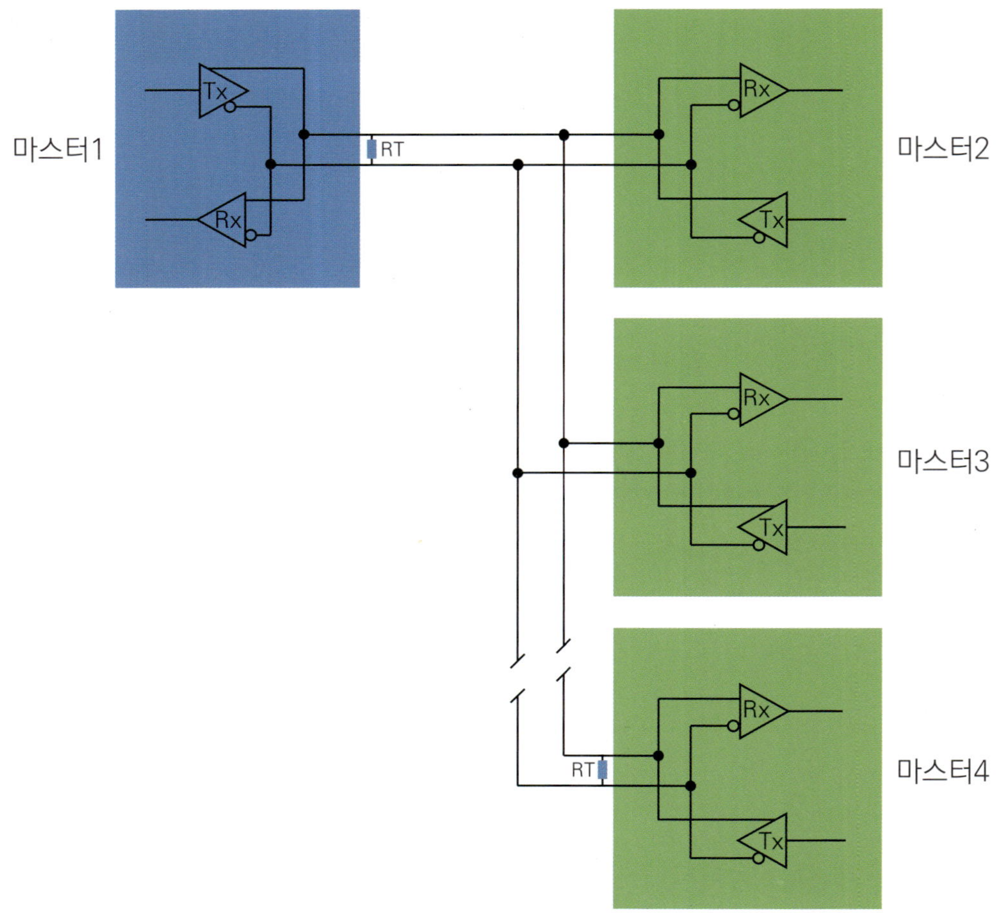

[그림 1-9] RS-485 결선

3) 종단저항

전송계 및 전송기기는 여러 설계 기준에 의한 임피던스를 가지고 있어서 단말 또는 분단점에 반사 현상이 발생한다. 선로 양 끝단에 저항을 연결하여 선로 전체에 일정 전류가 순환하도록 함으로써 선로상의 임피던스를 조정하여 반사 현상을 줄이고 노이즈에 강하도록 설치하는 저항이 종단저항이다.

선로의 양 끝단 외 여러 중간선로에 저항을 설치할 경우 전체적인 저항값이 작아져서 신호 레벨이 작아지므로 선로의 양 끝단 이외의 장소에는 설치하지 말아야 한다. 케이블 길이가 100M를 넘어가지 않으면 종단저항이 필요없다.

RS-422/RS-485 통신 선로상에 설치하는 종단저항은 일반적으로 120ohm이 주로 사용된다.

PLC DATA COMMUNICATION

PLC DATA COMMUNICATION

PART

02

XBM-DN32H

01

시스템 개요

1 개요

1) 개요

LS 산전의 XBM-DN32H의 외형은 [그림 2-1]과 같다. XGB시리즈의 XBM-DN32H는 고급형 기본유닛이다.

PLC 시스템은 기본유닛에 증설 I/O모듈, 증설 특수모듈(A/D변환모듈, D/A변환모듈, 고속카운터모듈, 위치결정모듈 등), 증설 통신 모듈(Cnet 모듈, Ethernet 모듈 등)을 추가하여 구성한다.

[그림 2-1] XBM-DN32H 외형

2) 구조도

XBM-DN32H의 구조도는 [그림 2-2]와 같다.

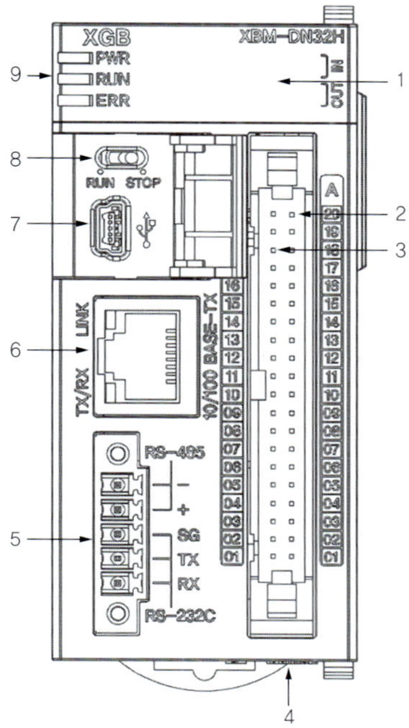

[그림 2-2] XBM-DN32H 구조도

(1) 설명

- 1 : 입력/출력 표시용 LED : 입력/출력 접점의 On/Off 상태 표시
- 2 : 입력커넥터 : 실제 입력신호를 입력받는 단자대
- 3 : 출력커넥터 : 실제 출력신호를 출력하는 단자대
- 4 : 전원단자대 : 전원 공급용 단자대(DC24V)
- 5 : 내장 통신 접속커넥터 : 내장 RS-232C/485 통신 접속용 단자대
- 6 : 내장 통신 접속커넥터 : 내장 Enet 통신 접속용 단자대
- 7 : PADT 접속용커넥터 : XG5000과 접속하기 위한 커넥터(USB 1채널)
- 8 : RUN/STOP 모드스위치 : 기본유닛의 운전모드 설정
- 9 : 상태표시 LED : 기본유닛의 동작상태 표시

02

내장 Cnet 통신

1 개요

1) 개요

XBM 고급형 기본유닛에는 RS-232C와 RS-485 각 1채널씩 총 2채널의 Cnet이 내장되어 있다.

(1) 주요 특징

- 전용프로그램 XG5000을 통해 통신파라미터를 작성할 수 있도록 편리한 유저 인터페이스 제공
- RS-232C와 RS-485를 각각 한 채널씩 제공하며, 채널별로 독립적으로 동작
- 다운로드한 Cnet 통신파라미터는 기본유닛에 저장되어 있어 추후 통신 모듈을 교체하더라도 파라미터 다운로드가 필요 없이 바로 사용 가능
- XGT 전용 프로토콜, 모드버스 프로토콜 및 사용자 정의 프로토콜을 사용해 데이터 송수신
- RS-485는 최대 32대 접속이 가능한 멀티드롭(Multi-drop) 구성에 맞는 통신 기능 제공
- 다양한 통신 속도의 설정 가능(1200, 2400, 4800, 9600, 19200, 38400, 57600, 115200bps)
- 1:1 및 1:N 통신 가능
- XG5000을 통해 진단기능을 사용할 수 있으며, 고장진단 용이

2) 성능 규격

XBM 고급형 기본유닛의 내장 Cnet의 성능 규격은 [표 2-1]과 같다.

[표 2-1] 성능 규격

항목		규격	
		채널1	채널2
시리얼 통신방식		RS-232C	RS-485
모뎀접속기능		-	-
동작모드 (채널별 동작정의)	P2P	통신 클라이언트로 동작 - XGT 전용 프로토콜 클라이언트 - 모드버스 ASCII/RTU 클라이언트 - 사용자 정의 통신(서버/클라이언트) - LS버스 클라이언트	
	서버	-XGT 전용 프로토콜 서버 -모드버스 ASCII/RTU 서버	
데이터형식	데이터 비트	7 또는 8	
	스톱 비트	1 또는 2	
	패리티 비트	Even/Odd/None	
동기방식		비동기 방식	
전송속도(bps)		1,200/2,400/4,800/9,600/19,200/38,400/57,600/115,200 중 선택가능	
국번 설정		설정범위 : 0~255 최대접속국 : 32국	
전송거리		최대 15m	최대 500m
진단기능		XG5000 진단서비스를 통해 확인 가능	

3) 내장 Cnet부의 명칭과 역할

[그림 2-3]에 RS-232C(②)와 RS-485(①)의 위치를 보여주고, 각각의 역할은 [표 2-2]와 같다.

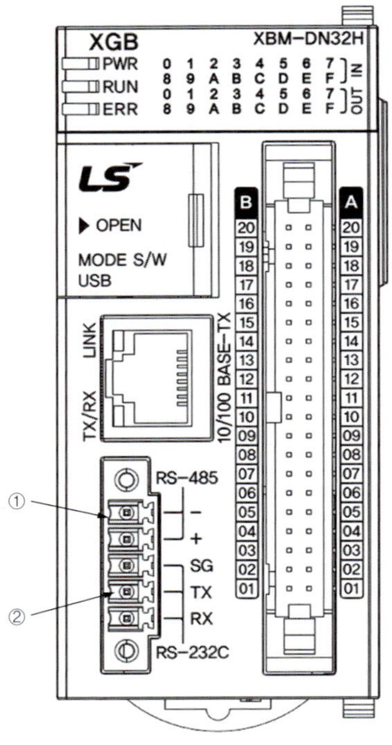

[그림 2-3] 내장 Cnet 위치

[표 2-2] 내장 Cnet 명칭과 역할

번호	명칭	내용
1	RS-485 접속단자대	내장 RS-485 통신 접속용 단자
2	RS-232C 접속단자대	내장 RS-232 통신 접속용 단자

핀 번호	명칭	내용	신호 방향 (XBMH ↔ 외부기기)	기능 설명
1	485-	485 - 신호	↔	내장 RS-485- 신호
2	485+	485 + 신호	↔	내장 RS-485+ 신호
3	SG	Signal Ground	—	신호용 접지선
4	TX	Transmitted Data	→	내장 RS-232C 송신 데이터 신호
5	RX	Received Data	←	내장 RS-232C 수신 데이터 신호

4) 접속방법

- 내장 RS-232C를 사용하는 경우의 접속 방법은 [표 2-3]과 같다.

[표 2-3] RS-232C 접속 방법

Cnet(9-PIN)		접속 번호 및 신호 방향	컴퓨터/통신기기
핀 번호	명칭		명칭
3	SG	────────	SG
4	TX	╳	TXD
5	RX		RXD

- 내장 RS-485를 사용하는 경우의 접속 방법은 [표 2-4]와 같다.

[표 2-4] RS-485 접속 방법

핀 번호	명칭	접속 번호 및 신호 방향	컴퓨터/통신기기
1	485-	◀────────▶	485-
2	485+	◀────────▶	485+

5) 종단저항

고성능 소형 PLC 내장 RS-485 채널을 통하여 통신할 경우 반드시 외부에서 종단저항을 연결한다. 종단저항은 장거리 통신을 할 때, 케이블의 반사파에 의한 신호 왜곡을 방지하는 역할을 하는 것으로 케이블의 특성 임피던스 값과 동일 값의 저항을 네트워크의 종단에 연결한다.

권장 종단저항은 1/2W, 120Ω의 오차범위 ±5%의 저항을 사용한다.

03

내장 FEnet 통신

1 개요

1) 개요

이더넷은 CSMA/CD(Carrier Sense Multiple Access/Collision Detection) 방식을 사용해 데이터 전송을 제어하는 IEEE(Institute of Electrical and Electronics Engineers)에 등재된 국제 표준이다. 이더넷은 10Mbps와 100Mbps의 속도로 데이터 전송을 할 수 있으며, 표준에서는 이를 Fast Ethernet이라고 기재하고 있다. Fast Ethernet의 속도를 10BASE-T, 100BASE-T로 나타내기도 하는데 여기서 'T'는 연선(twisted pair wire)을 뜻한다.

100BASE-T의 경우에는 빠른 속도로 안정된 통신을 위해 사용할 케이블의 규격을 정해 권장하고 있다.

2) 특징

(1) IEEE 802.3u 표준 지원

(2) 자사 모듈 간 고속의 데이터 통신을 위한 고속링크 지원

- 파라미터 설정 프로그램 제공(XG5000)
- 송신 최대 32블록X200워드, 수신 최대 32블록X200워드, 송수신 최대 64블록X200워드

(3) 고속링크 외 최대 16개 모듈과 통신 가능(전용통신, P2P통신 동시 사용 시 최대 16채널)

(4) 이더넷을 통한 로더 서비스(XG5000) 지원

- 전용 TCP/IP PORT : 2002 할당

(5) P2P통신과 XG5000을 이용한 타사 시스템과 쉽게 접속 가능

- Variable READ/WRITE 서비스 가능 : Dynamic Connection 기능 사용

(6) Auto Negotiation 지원

- 10/100BASE-TX 미디어 자동 설정 지원

(7) Auto-MDIX 지원(HP Auto-MDIX 사용)

- 크로스 케이블, 스트레이트 케이블 자동 구분 기능

(8) 다양한 통신기능 지원

- 공중망을 이용한 시스템 접속 가능
- 자사 프로토콜(XGT) 및 타사 프로토콜(모드버스 TCP/IP) 지원(전용서비스)
- 자사 통신 모듈 간 통신과 타사 모듈과의 통신을 위한 간편한 클라이언트 기능 지원
- XGT, 모드버스 TCP, 사용자 정의 P2P 클라이언트 기능
- 상위 PC(MMI)와 통신 보안을 위한 호스트 인에이블 테이블 제공
- P2P 서비스를 이용한 Dynamic Connection/Disconnection 지원

(9) 다양한 진단기능, 모듈 및 네트워크 상태 정보 제공

- CPU 모듈의 상태
- 통신 모듈의 상태
- 통신 서비스(고속링크, 전용서비스, P2P) 상태
- 다른 모듈의 존재 여부를 확인할 수 있는 PING 기능 제공
- 자사 통신 모듈로 수신되는 패킷 종류 및 분당 패킷 수신율 제공(네트워크 부하 예측 가능)
- 네트워크를 통한 통신 모듈의 진단기능 제공
- 네트워크 내의 연결된 자사 모듈 정보를 제공하는 오토스캔 기능 제공(XBL-EMTA 제외)
- XG5000에서 IP 찾기 기능 제공(XBL-EMTA 제외)

(10) 상용 서비스 지원

- SMTP를 통한 상용 E-mail 전송 기능 제공
- SMTP 프로토콜을 이용한 PLC 시간 동기화 기능 제공

2 규격

1) 성능 규격

(1) 최대 채널 수

- 가용할 수 있는 최대 채널 수와 설명은 [표 2-5]와 같다.

[표 2-5] 가용 최대 채널 수와 설명

항목	규격	비고
가용 채널	25채널	XGT 전용 또는 모드버스 : 16채널(TCP/UDP) UDP 전용 서버 : 1채널(UDP) 고속링크 : 1채널(UDP) 리모트 1단 : 1채널(TCP) 리모트 2단 : 1채널(TCP) 오토스캔 : 2채널(UDP) SMTP : 2채널(릴레이 서버용 1채널 포함)(TCP) SNTP : 1채널(UDP)

(2) 통신서비스별 성능 규격

- 통신서비스별 성능 규격은 [표 2-6]과 같다.

[표 2-6] 통신 서비스별 성능 규격

<table>
<tr><th colspan="2" rowspan="2">항목</th><th colspan="4">규격</th></tr>
<tr><th>드라이버</th><th>통신방식</th><th>포트번호</th><th>비고</th></tr>
<tr><td rowspan="14">가용 채널</td><td rowspan="3">전용</td><td rowspan="2">XGT 서버</td><td>TCP/IP</td><td>2004</td><td rowspan="3">최대 16 채널
최대 512 바이트</td></tr>
<tr><td>UDP/IP</td><td>2005</td></tr>
<tr><td>모드버스 TCP 서버</td><td>TCP/IP</td><td>502</td></tr>
<tr><td>고속링크</td><td>-</td><td>UDP/IP</td><td>2006</td><td>최대 64 블록
블록당 200 워드</td></tr>
<tr><td rowspan="5">P2P</td><td rowspan="2">XGT 클라이언트</td><td>TCP/IP</td><td>2004</td><td rowspan="5">최대 15 채널
최대 512 바이트</td></tr>
<tr><td>UDP/IP</td><td>2005</td></tr>
<tr><td>모드버스 TCP 클라이언트</td><td>TCP/IP</td><td>502</td></tr>
<tr><td rowspan="2">사용자 프레임 정의</td><td>TCP/IP</td><td>사용자 지정</td></tr>
<tr><td>UDP/IP</td><td>사용자 지정</td></tr>
<tr><td rowspan="2">리모트</td><td>서버</td><td>TCP/IP</td><td>2002</td><td>최대 1 채널</td></tr>
<tr><td>클라이언트</td><td>TCP/IP</td><td>2002</td><td>최대 1 채널</td></tr>
<tr><td>오토스캔</td><td>-</td><td>UDP/IP</td><td>2007(리스트)
2008(정보)</td><td>최대 2 채널</td></tr>
<tr><td>SNTP</td><td>클라이언트</td><td>UDP/IP</td><td>사용자 지정</td><td>최대 1 채널</td></tr>
<tr><td>SMTP</td><td>클라이언트</td><td>TCP/IP</td><td>25(릴레이)
사용자 지정</td><td>최대 2 채널</td></tr>
</table>

(3) 기본유닛 가용 디바이스 영역

- 가용 디바이스 영역은 [표 2-7]과 같다.

[표 2-7] 가용 디바이스 영역

영역	범위	크기(Word)	비고
P	P0 - P1023	1024	읽기/쓰기/모니터 가능
M	M0 - M1023	1024	읽기/쓰기/모니터 가능
K	K0 - K4095	4096	읽기/쓰기/모니터 가능
F	F0 - F219	220	읽기/모니터 가능
	F220 - F1023	804	읽기/쓰기/모니터 가능
T	T0 - T1023	1024	읽기/쓰기/모니터 가능
C	C0 - C1023	1024	읽기/쓰기/모니터 가능
L	L0 - L4095	4096	읽기/쓰기/모니터 가능
N	N0 - N10239	10240	읽기/모니터 가능
D	D0 - D10239	10240	읽기/쓰기/모니터 가능
U	U00.00 - U08.31	288	읽기/쓰기/모니터 가능
Z	Z0 - Z127	128	읽기/쓰기/모니터 가능
S	S0 - S127	128	읽기/쓰기/모니터 가능

2) 내장 FEnet 명칭과 역할

내장 FEnet의 위치는 [그림 2-4]와 같고, 역할은 [표 2-8]과 같다.

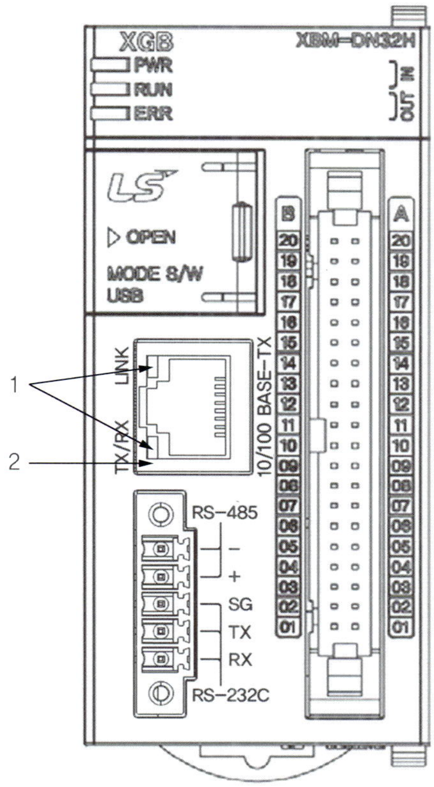

[그림 2-4] 내장 FEnet 위치

[표 2-8] 내장 FEnet 명칭과 역할

번호	명칭	내용				
		구분	색	상태별 동작설명		
1	LED 표시부	RX/TX	황색	ON	연결에러	연결된 장치 없음
				점멸	통신 중	RX/TX 중
		LINK	녹색	ON	100BASE-T	100Mbps 동작 중
				OFF	10BASE-T	10Mbps 동작 중
2	FEnet 통신커넥터	FEnet 통신 커넥터(RJ 45)				

04

입출력 결선

1 기본유닛 입력 규격

1) 규격

(1) 입력 점수 : 16점

(2) 정격 입력 전압 : DC24V

(3) 사용 전압 범위 : DC20.4 ~ 28.8V

(4) 코먼 방식 : 16점/COM, 소스/싱크 타입

2) 회로구성

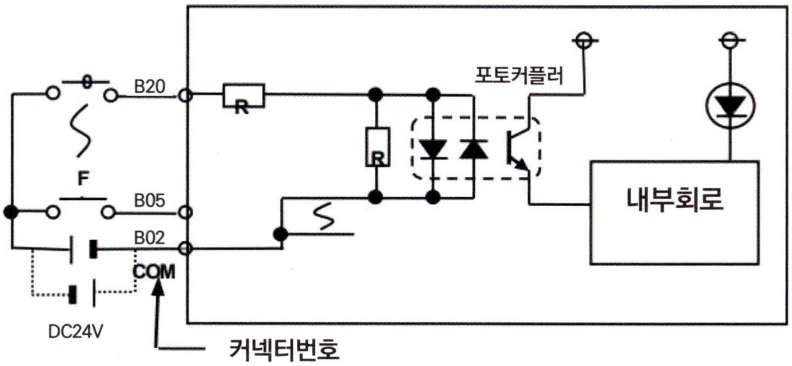

[그림 2-5] 입력회로 구성

3) 단자번호와 접점

[표 2-9] 단자번호와 접점

No.	B01	B02	B03	B04	B05	B06	B07	B08	B09	B10	B11	B12	B13	B14	B15	B16	B17	B18	B19	B20
접점	COM	COM	NC	NC	0F	0E	0D	0C	0B	0A	09	08	07	06	05	04	03	02	01	00

2 기본유닛 출력 규격

1) 규격

(1) 출력 점수 : 16점

(2) 정격 부하 전압 : DC 12/24V

(3) 사용 부하 전압 범위 : DC10.2 ~ 26.4V

(4) 코먼 방식 : 16점/COM, 싱크 타입

2) 회로구성

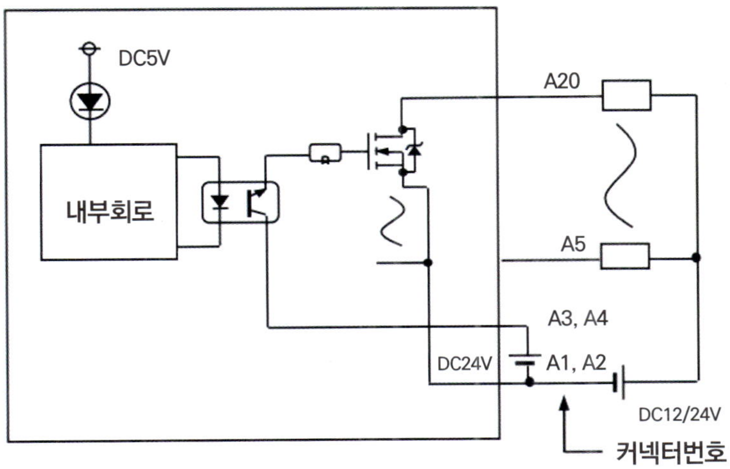

[그림 2-6] 출력회로 구성

3) 단자번호와 접점

[표 2-10] 단자번호와 접점

No.	A01	A02	A03	A04	A05	A06	A07	A08	A09	A10	A11	A12	A13	A14	A15	A16	A17	A18	A19	A20
접점	COM	COM	P	P	2F	2E	2D	2C	2B	2A	29	28	27	26	25	24	23	22	21	20

4) 단자 형태

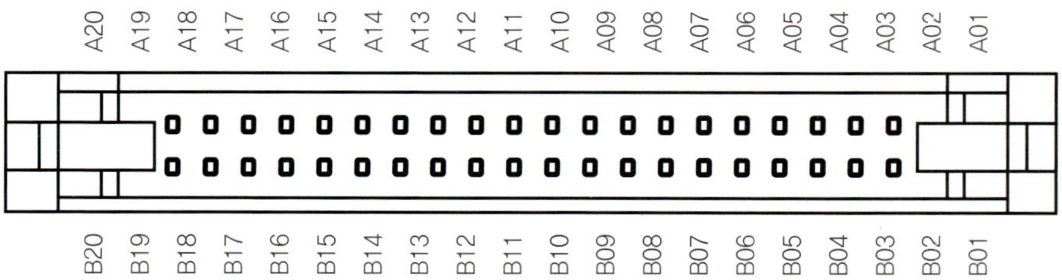

[그림 2-7] 입출력 단자 형태

3 스마트 링크보드

1) 개요

내장 위치결정 기능을 사용할 때 입출력 커넥터와 스마트 링크보드를 접속함으로써 손쉽게 결선할 수 있다. 제품별로 사용 가능한 스마트 링크보드와 입출력 케이블은 [표 2-11]과 같다.
여기서는 XTB-40H와 C40HH-10SB-XBI을 이용하여 XBM 고급형 기본유닛과 접속하는 경우의 결선에 대하여 설명한다.

[표 2-11] 제품별 스마트 링크보드와 입출력 케이블

XGB		스마트 링크		접속 케이블		
구분	제품명	제품명	핀수	제품명	길이	내용
기본유닛	XBM-DN32H	XTB-40H (TG7-1H40S)	40	C40HH-05SB-XBI C40HH-10SB-XBI	0.5~1m	기본유닛 접속용 (40pin)
증설유닛	XBE-DC32A	SLT-T40P	40	SLT-CT101-XBE	1m	증설유닛 접속용 (40pin)
	XBE-TN32A	SLT-T40P	40	SLT-CT101-XBE	1m	
		SLT-RY4A	40	SLT-CT101-XBE	1m	증설유닛 접속용 (40pin) 릴레이 내장 SLP 타입 전용

2) 결선

(1) XTB-40H의 단자 배열 및 규격은 [그림 2-8]과 같다.

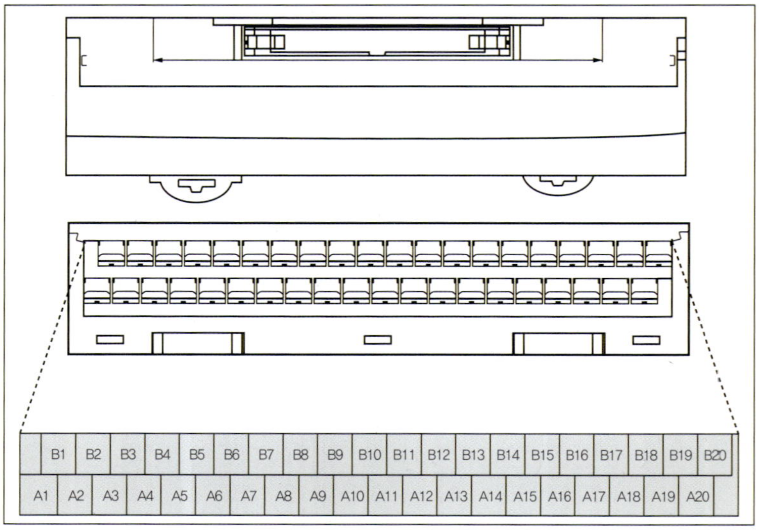

[그림 2-8] XTB-40H의 단자 배열 및 규격

(2) XTB-40H와 기본유닛의 결선

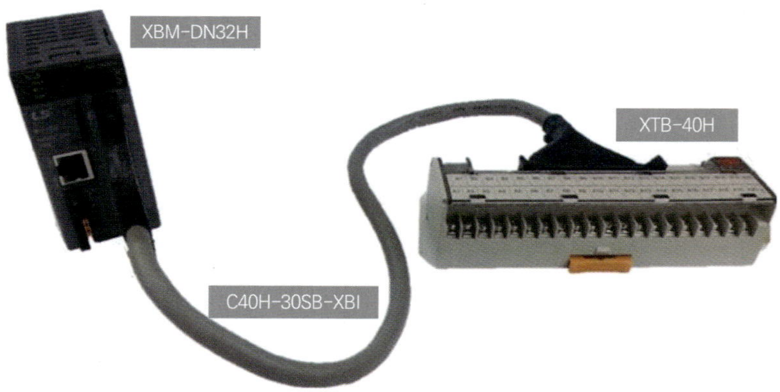

[그림 2-9] XTB-40H와 기본유닛의 결선

(3) XGB의 입출력 신호와 스마트 링크보드의 단자번호의 관계

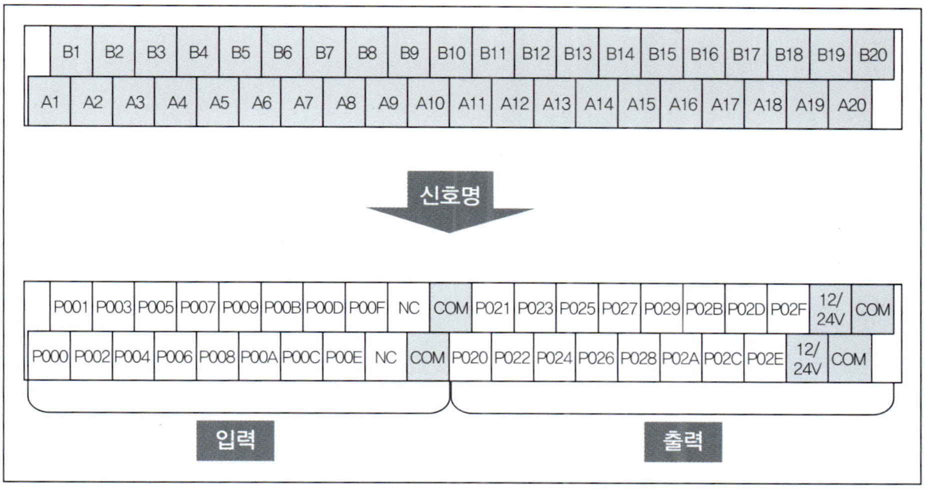

[그림 2-10] XGB의 입출력 신호와 스마트 링크보드의 단자번호의 관계

PLC DATA COMMUNICATION

PLC DATA COMMUNICATION

PART

03

RS-232 시리얼 통신

PLC 데이터 통신

01

통신 관련 기본 설정

1 PLC 타입 설정 및 통신모듈 등록

1) 새 프로젝트 만들기 [그림 3-1]

- XG5000 : 메뉴 → **[프로젝트]** → **[새 프로젝트]** 선택
- 프로젝트 이름 입력
- CPU 시리즈(S) : XGB, CPU 종류(C) : XGB-XBMH 선택

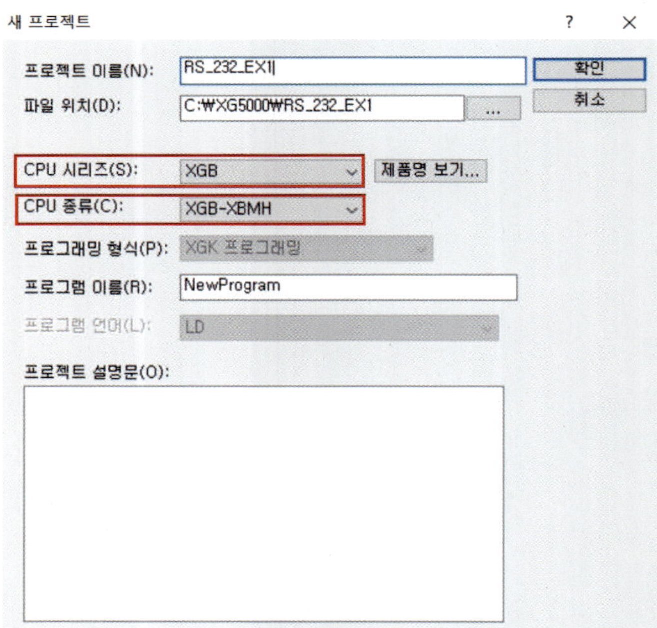

[그림 3-1] XBM-DN32H 외형

2) Cnet I/F 모듈 등록

[그림 3-2]에서 보는 바와 같이 XBM 고급형은 새 프로젝트 생성 시 온라인이나 오프라인에 관계없이 내장 Cnet 네트워크가 자동으로 생성되어 있음을 확인할 수 있다.

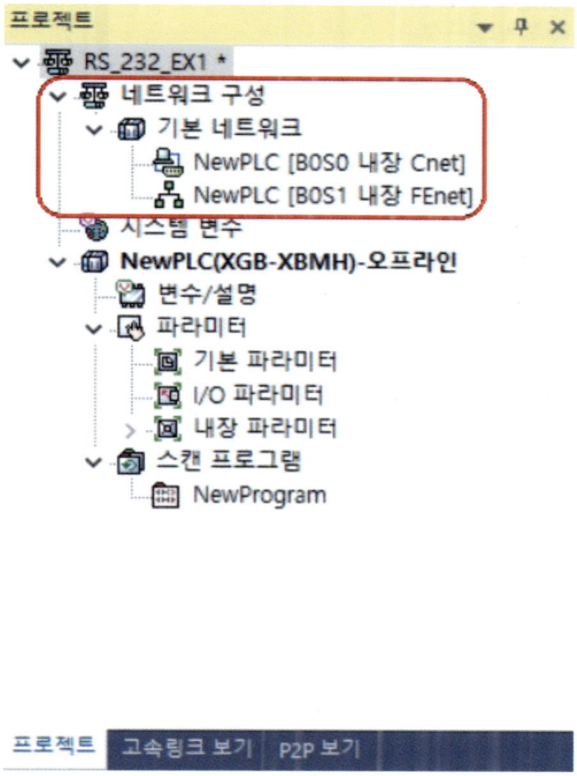

[그림 3-2] XGB PLC 기본 네트워크 구성

- 네트워크 구성 → 기본 네트워크 → 오른쪽 마우스 클릭
- [항목 추가(T)] → [통신모듈(M)] 클릭

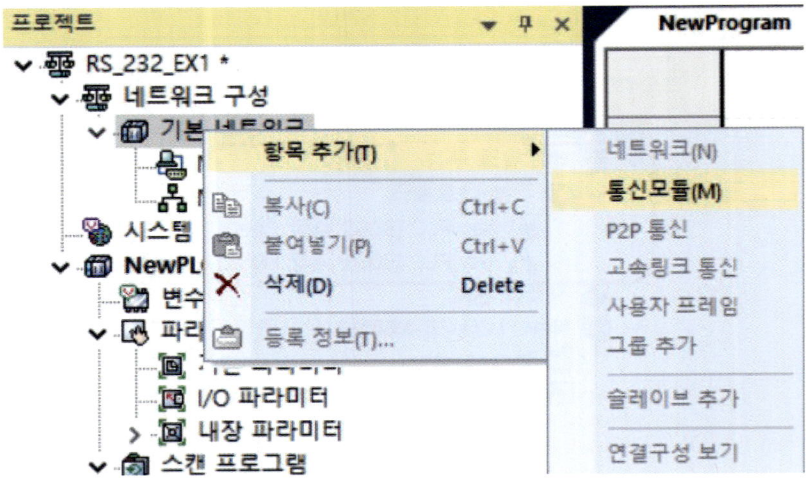

[그림 3-3] 통신모듈 추가

[그림 3-4]와 같이 기본 네트워크에 등록된 내장 Cnet과 FEnet의 베이스번호와 슬롯번호를 확인할 수 있다.

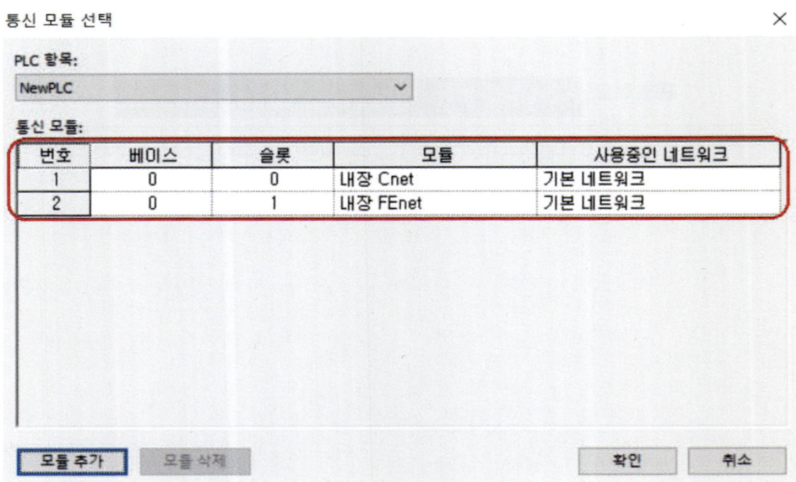

[그림 3-4] 내장 통신모듈 확인

2 기본 파라미터 설정 방법

1) Cnet I/F 모듈에서 사용 가능한 통신 기능

(1) 서버모드 서비스

PLC에서 별도의 프로그램 작성없이 PC 및 주변 기기에서 PLC 내의 정보 및 데이터를 읽거나 쓸 수 있도록 한다. XGT 전용 프로토콜을 지원하는 XGT 서버와 모드버스 RTU/ASCII 프로토콜을 지원하는 모드버스 서버로 동작할 수 있다.

(2) 클라이언트(P2P) 서비스

Cnet I/F모듈이 네트워크상의 클라이언트로 동작하도록 하는 서비스이다. 정해진 이벤트가 발생할 경우 상대국의 메모리를 읽거나 쓸 수 있다.
XGT 클라이언트와 모드버스 클라이언트로 동작할 수 있다. XGT나 모드버스 프로토콜을 지원하지 않는 타사 장비와의 통신이나 사용자가 원하는 프레임을 송수신할 경우에는 사용자 프레임 정의를 사용한다.
한 채널당 최대 32개의 독립적으로 동작하는 P2P 블록을 정의할 수 있다.

(3) Loader 서비스

리모트 1단/2단 접속을 이용하여 원격의 PLC에 대한 모니터링/프로그램 다운로드 등을 할 수 있다.

2) 기본 파라미터 설정

(1) 기본 및 고급 설정

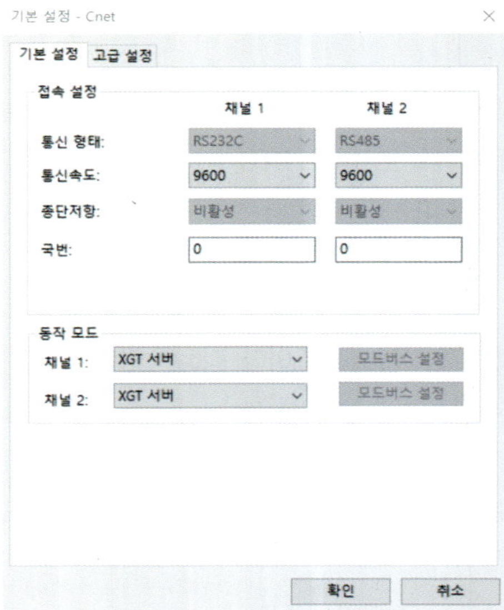

(a) 기본항목 설정

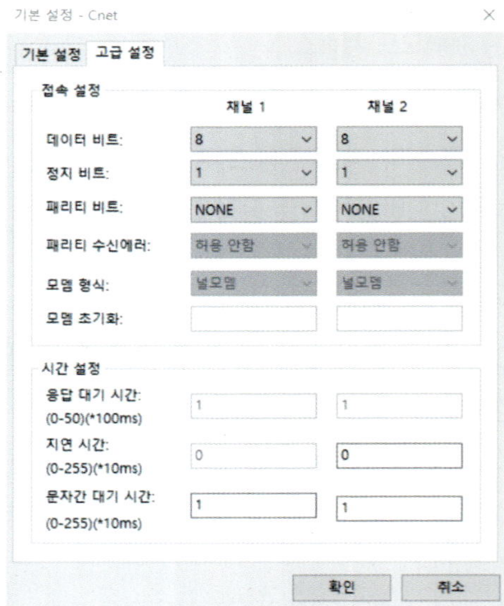

(b) 고급항목 설정

[그림 3-5] 내장 Cnet 기본 설정 화면

[표 3-1] 통신 파라미터 설정항목

항목	설정내용
국번	0국 ~ 255국
통신속도	1200, 2400, 4800, 9600, 19200, 38400, 57600, 115200 bps
데이터 비트	7 또는 8 비트
패리티 비트	None, Even, Odd
정지 비트	1 또는 2 비트
모뎀 초기화	다이얼 업 모뎀 사용 시만 가능한 기능으로 모뎀 통신 시 적용된 모뎀의 초기화 명령 입력
통신 형태	내장 통신 →채널 1 : RS-232C, 채널 2 : RS-485
응답 대기시간	프레임 송신 후 수신까지의 대기시간(타임아웃)을 의미 1) 동작설정: 동작모드가 P2P 사용일 경우에 설정가능 2) 대기시간: 100ms+(설정값×100ms)
지연 시간	프레임 송신 시점을 사용자가 설정한 지연시간 만큼 지연 후 프레임을 송신하는 것 1) 동작설정: 통신형태가 RS-422/485일 경우에 설정
문자간 대기시간	하나의 프레임에서 설정된 시간 내에 들어오는 문자의 경우 하나의 프레임으로 처리하는 하나의 프레임 내의 문자 간 간격을 의미 1) 동작 설정: 동작 모드에 관계없이 설정 2) 대기시간을 0으로 설정하는 경우 통신 속도에 맞게 3.5 character time이 적용

- Character Time : 1문자를 전달하는 데 걸리는 시간(문자의 구성 비트 수/통신속도)

(2) 각 항목별 의미

- 패리티 비트 : Cnet I/F 모듈은 세 가지 패리티 비트 정의

[표 3-2] 패리티 비트 종류

패리티 비트 종류	의미	비고
None	패리티 비트를 사용하지 않음	
Even	한 바이트 내의 1의 개수가 짝수이면 패리티 비트에 "0" 전송	
Odd	한 바이트 내의 1의 개수가 홀수이면 패리티 비트에 "1" 전송	

- 동작 모드 설정

[표 3-3] 동작 모드별 정의

드라이버 종류	의미	비고
P2P	해당 포트는 클라이언트로 동작하고 P2P 파라미터 설정을 통해 통신 수행	
XGT 서버	XGT 전용 통신을 지원하는 XGT 서버로 동작	전용 서비스용
모드버스 ASCII 서버	모드버스 ASCII 서버로 동작	모드버스 통신
모드버스 RTU 서버	모드버스 RTU 서버로 동작	모드버스 통신

02 서버 기능

1 XGT 전용 서버

1) 서버 기능 개요

서버 기능은 Cnet I/F 모듈에 내장되어 있는 기능으로 PLC에서 별도의 프로그램 작성을 하지 않고 PC 및 주변기기에서 PLC 내의 정보 및 데이터를 읽거나 쓸 수 있도록 한다.

통신 네트워크에서 서버로 동작하게 되며 외부 기기나 PC에서의 XGT 전용 프로토콜이나 모드버스 프로토콜을 따르는 메모리 읽기, 쓰기 요청이 올 경우 응답한다.

전용 서비스를 사용하기 위해서는 기본 통신 설정 시 Cnet의 채널1, 채널2 중 서버로 사용할 채널에 대해 동작 모드를 서버(XGT, 모드버스 RTU/ASCII)로 선택한다. XGT 서버와 모드버스 서버를 지원하며 모드버스 서버는 RTU와 ASCII 형식에 대해 모두 응답한다. Cnet I/F 모듈의 각 채널은 독립적으로 동작하므로 다른 형태의 서버로 설정할 수 있다.

2) XGT 전용 서버 개요

자사 전용 프로토콜 서비스로 자사 간 통신의 경우 사용되는 통신으로 모든 프레임에 사용된 문자는 ASCII 코드로 구성되어 있다.

멀티 드롭으로 사용하는 경우 최대 32국까지 접속하여 사용할 수 있다. 국번 설정 시 중복 국번이 동일 네트워크에 설정되지 않도록 주의하여야 하며 멀티 드롭으로 사용하는 경우 네트워크상의 모든 Cnet I/F 모듈의 통신 속도/정지 비트/패리티 비트/데이터 비트는 반드시 동일해야 한다.

2 XGT 전용 프로토콜

1) 개요

XGT 시리즈 전용 프로토콜 통신은 자사 전용의 프로토콜로 통신을 수행하는 기능이다. 자사 기기간에 특별한 설정 없이 각종 내부 디바이스 영역의 데이터 읽기/쓰기 기능 및 모니터링 기능 등을 활용하여 사용자가 의도하는 통신시스템을 용이하게 구축할 수 있다.
XGB기본 유닛의 채널1은 1:1 통신만 지원(RS-232C)한다.

2) 프레임 구조

(1) 기본 구조

- 요구 프레임(외부 통신 기기 -> XGB)

[표 3-4] 요구 프레임

헤더 (ENQ)	국번	명령어	명령어 타입	구조화된 데이터 영역	테일 (EOT)	프레임 체크 (BCC)

- ACK 응답 프레임(XGB → 외부 통신 기기, 데이터 정상 수신 시)

[표 3-5] 응답 프레임

헤더 (ACK)	국번	명령어	명령어 타입	구조화된 데이터 영역 또는 Null 코드	테일 (ETX)	프레임 체크 (BCC)

- NAK 응답 프레임(XGB → 외부 통신 기기, 데이터 비정상 수신 시)

[표 3-6] 응답 프레임

헤더 (NAK)	국번	명령어	명령어 타입	에러 코드 (ASCII 4 Byte)	테일 (ETX)	프레임 체크 (BCC)

(2) 프레임 데이터 표시

- 모든 프레임의 숫자 데이터는 별도로 명시하지 않는 한 16진수 값에 대한 ASCII 코드로 표시
- 16진수로 표시되는 항목
  • 국번
  • 주 명령어가 R(r)및 W(w)일 때 명령어 타입이 숫자(데이터 타입을 의미)로 되어 있는 경우의 명령어 타입
  • 구조화된 데이터 영역의 모든 데이터 크기를 표시하는 항목 전부
  • 모니터 등록 및 실행 명령에 대한 명령어 등록 번호
  • 데이터의 모든 내용
- 16진수 데이터 : H01, H12345, H89AB 등과 같이 숫자 앞에 'H'를 붙임
- 사용 가능한 프레임의 길이 : 최대 256Byte

(3) 사용되는 제어 코드 내용

[표 3-7] 제어 코드별 제어 내용

코드	Hex 값	명칭	제어 내용
ENQ	H05	Enquire	Request 프레임의 시작 코드
ACK	H06	Acknowledge	ACK 응답 프레임의 시작 코드
NAK	H15	Not Acknowledge	NAK 응답 프레임의 시작 코드
EOT	H04	End of Text	요구용 프레임 마감 ASCII 코드
ETX	H03	End Text	응답용 프레임 마감 ASCII 코드

- 명령어가 소문자(r)로 된 경우 프레임 체크에 BCC값이 첨가되며, 대문자(R)일 경우 BCC값이 첨가되지 않는다.

3) 명령어 일람

전용 통신에서 사용되는 명령어의 종류

[표 3-8] 명령어 및 내용

구분 항목		명령어				처리 내용
		주 명령어		명령어 타입		
		기호	ASCII 코드	기호	ASCII 코드	
디바이스 읽기	개별 읽기	r(R)	H72(H52)	SS	5353	Bit, Byte, Word, Dword, Lword형 직접 변수 읽기
	연속 읽기	r(R)	H72(H52)	SB	5342	Byte, Word, Dword, Lword형 직접 변수를 블록 단위로 읽기(Bit 연속 읽기는 허용되지 않음)
디바이스 쓰기	쓰기	w(W)	H77(H57)	SS	5353	Bit, Byte, Word, Dword, Lword형 직접 변수에 데이터 쓰기
	연속 쓰기	w(W)	H77(H57)	SB	5342	Byte, Word, Dword, Lword 형 직접 변수에 블록 단위로 쓰기(Bit 연속 쓰기는 허용되지 않음)
모니터 변수등록		x(X)	H78(H58)	H00~H0F		모니터할 변수 등록
모니터실행		y(Y)	H79(H59)	H00~H0F		등록한 모니터 변수를 모니터 실행

4) 데이터 타입

- 사용 가능한 디바이스 종류

[표 3-9] 사용 디바이스 종류

영역	범위	크기(Word)	비고
P	P0 – P1023	1024	읽기/쓰기/모니터 가능
M	M0 – M1023	1024	읽기/쓰기/모니터 가능
K	K0 – K4095	4096	읽기/쓰기/모니터 가능
F	F0 – F219	220	읽기/모니터 가능
	F220 – F1023	804	읽기/쓰기/모니터 가능
T	T0 – T1023	1024	읽기/쓰기/모니터 가능
C	C0 – C1023	1024	읽기/쓰기/모니터 가능
L	L0 – L4095	4096	읽기/쓰기/모니터 가능
N	N0 – N10239	10240	읽기/모니터 가능
D	D0 – D10239	10240	읽기/쓰기/모니터 가능
U	U00.00 – U08.31	288	읽기/쓰기/모니터 가능

- 디바이스를 지정하는 경우에는 문자 앞에'%'(25H)를 붙인다.

[표 3-10] 데이터 타입별 사용 문자

데이터 타입	표시 문자	사용 예
Bit	X(68h)	%PX000, %MX000, %CX000, %TX000, %FX000, %LX000 등
Byte	B(42h)	%PB000, %MB000, %CB000, %TB000, %FB000, %LB000 등
Word	W(57h)	%PW000, %MW000, %CW000, %TW000, %FW000, %LW000 등
Dword	D(44h)	%PD000, %MD000, %CD000, %TD000, %FD000, %LD000 등
Lword	L(4Ch)	%PL000, %ML000, %CL000, %TL000, %FL000, %LL000 등

- 타이머/카운터에서 Bit지정은 접점값을 의미하고 Byte, Word값 지정은 현재값을 의미
- 데이터 레지스터(D) : Byte, Word로만 지정 가능
- 바이트 타입 명령어의 경우 주소값은 워드 지정 시의 2배(즉, D1234의 경우 워드 지정 시 %DW1234를 사용하지만, 바이트 형태로 지정 시 %DB2468을 사용)

03

명령어

1 직접 변수 개별 읽기(R(r)SS)

사용할 PLC 디바이스 메모리를 직접 지정하여 메모리 데이터 타입에 맞게 읽는 기능(한 번에 16개의 독립된 디바이스 메모리 읽기 가능)이다.

1) PC 요구 포맷

[표 3-11] 요구 프레임

포맷 이름	헤더	국번	명령어	명령어 타입	블록 수	변수 길이	변수 이름	...	테일	프레임 체크
프레임(예)	ENQ	H20	R(r)	SS	H01	H06	%MW100		EOT	BCC
ASCII값	H05	H3230	H52(72)	H5353	H3031	H3036	H254D57313030		H04	

1블록(최대 16 블록까지 반복 설정 가능)

- 상세 설명

[표 3-12] 항목 설명

구 분	설 명
BCC	명령어가 소문자(r)로 된 경우 ENQ에서 EOT까지 ASCII 값을 한 바이트(Byte)씩 더하여 나온 값의 하위 한 Byte만 ASCII로 변환하여 BCC에 첨가한다. 예) 위 프레임(예)의 BCC H05+H32+H30+H72+H53+H53+H30+H31+H30+H36+H25+H4D+H57+H31+H30+H30+H04 = H03A4 → BCC : A4(ASCII값: H4134)

구 분	설 명
블록 수	'[변수 길이][변수 이름]'으로 구성, 최대 16개까지 설정
변수 길이 (변수 이름 길이)	변수 이름의 글자 수, 최대 16자까지 허용 예) 변수 이름 : %MW0, 변수 길이 : H04 변수 이름 : %MW000, 변수 길이 : H06
변수 이름	읽어올 디바이스 어드레스

2) XGB 응답 포맷(ACK 응답 시)

[표 3-13] 응답 프레임

포맷 이름	헤더	국번	명령어	명령어 타입	블록 수	데이터 개수	데이터	…	테일	프레임 체크
프레임(예)	ACK	H20	R(r)	SS	H01	H02	HA9F3		EXT	BCC
ASCII값	H06	H3230	H52(72)	H5353	H3031	H3032	H41394633		H03	

1블록(최대 16 블록까지 반복 설정 가능)

– 상세 설명

[표 3-14] 항목 설명

<table>
<tr><th>구 분</th><th>설 명</th></tr>
<tr><td>데이터 개수</td><td>Hex형의 Byte 개수, ASCII로 변환되어 있다.
변수의 종류에 따른 데이터 개수는 다음과 같다.
<table>
<tr><th>데이터 타입</th><th>가능한 직접 변수</th><th>데이터 개수</th></tr>
<tr><td>Bit(X)</td><td>%(P,M,C,T,K,F,L,D,I,W,Q,R)X</td><td>1</td></tr>
<tr><td>Byte(B)</td><td>%(P,M,C,T,F,F,L,D,I,W,Q,R)B</td><td>1</td></tr>
<tr><td>Word(W)</td><td>%(P,M,C,T,F,F,L,D,I,W,Q,R)W</td><td>2</td></tr>
<tr><td>Dword(D)</td><td>%(P,M,C,T,F,F,L,D,I,W,Q,R)D</td><td>4</td></tr>
<tr><td>Lword(L)</td><td>%(P,M,C,T,F,F,L,D,I,W,Q)L</td><td>8</td></tr>
</table></td></tr>
<tr><td>데이터</td><td>16진수 데이터를 ASCII 코드로 변환된 값이 저장</td></tr>
</table>

3) XGB 응답 포맷(NAK 응답 시)

[표 3-15] 응답 프레임

포맷 이름	헤더	국번	명령어	명령어 타입	에러코드 (Hex 2 Byte)	테일	프레임 체크
프레임(예)	NAK	H20	R(r)	SS	H1132	EXT	BCC
ASCII값	H15	H3230	H52(72)	H5353	H31313332	H03	

4) 사용 예

- 1번 국번의 M010의 1워드, P001의 1 워드를 읽는 경우
- M010 : H1234, P001 : H5678의 데이터가 들어있다고 가정
- PC 요구 포맷

[표 3-16] 요구 프레임 예

포맷 이름	헤더	국번	명령어	명령어 타입	블록 수	변수길이	변수 이름	변수길이	변수 이름	테일	프레임 체크
프레임(예)	ENQ	H01	R(r)	SS	H02	H06	%MW010	H06	%PW001	EOT	BCC
ASCII값	H05	H3031	H52(72)	H5353	H3032	H3036	H254D57 303130	H3036	H255057 303031	H04	

- XGB 응답 포맷(ACK 응답 시)

[표 3-17] 응답 프레임 예

포맷 이름	헤더	국번	명령어	명령어 타입	블록 수	데이터 개수	데이터	데이터 개수	데이터	테일	프레임 체크
프레임(예)	ACK	H01	R(r)	SS	H02	H02	H1234	H02	H5678	EXT	BCC
ASCII값	H06	H3031	H52(72)	H5353	H3032	H3032	H31323334	H3032	H35363738	H03	

- XGB 응답 포맷(NAK 응답 시)

[표 3-18] 응답 프레임 예

포맷 이름	헤더	국번	명령어	명령어 타입	에러코드	테일	프레임 체크
프레임(예)	NAK	H20	R(r)	SS	Hex 2 Byte	EXT	BCC
ASCII값	H15	H3230	H52(72)	H5353	Hex 4 Byte	H03	

2 직접 변수 연속 읽기(R(r)SB)

PLC 디바이스를 지정된 번지부터 지정된 양만큼의 데이터를 연속으로 읽는 기능이다.

1) PC 요구 포맷

[표 3-19] 요구 프레임

포맷 이름	헤더	국번	명령어	명령어 타입	변수 길이	변수 이름	데이터 개수	테일	프레임 체크
프레임(예)	ENQ	H10	R(r)	SB	H06	%MW100	H05	EOT	BCC
ASCII값	H05	H3130	H52(72)	H5342	H3036	H254D57313030	H3035	H04	

- 데이터 개수 : 읽을 디바이스 개수, Word는 최대 60개까지만(120 Byte) 사용 가능
- 프로토콜에 「블록 수」는 없음
- Bit 디바이스 연속 읽기는 지원되지 않음

2) XGB 응답 포맷(ACK 응답 시)

[표 3-20] 응답 프레임

포맷 이름	헤더	국번	명령어	명령어 타입	블록 수	데이터 개수	데이터	테일	프레임 체크
프레임(예)	ACK	H10	R(r)	SB	H01	H02	H1122	EXT	BCC
ASCII값	H06	H3130	H52(72)	H5342	H3031	H3032	H31313232	H03	

- 메모리 타입 : W(Word), 데이터 개수 : 03
- 응답 데이터 개수 : H06(2*03 = 06 Byte) Byte

(3) XGB 응답 포맷(NAK 응답 시)

[표 3-21] 응답 프레임

포맷 이름	헤더	국번	명령어	명령어 타입	에러코드 (Hex 2 Byte)	테일	프레임 체크
프레임(예)	NAK	H10	R(r)	SB	H1132	EXT	BCC
ASCII값	H15	H3130	H52(72)	H5342	H31313332	H03	

4) 사용 예

- 국번 : 10, 시작 번지 : M000, 데이터 개수 : 2개, 메모리 타입 : Word
- 데이터 : M000 = H1234, M001 = H5678

- PC 요구 포맷

[표 3-22] 요구 프레임 예

포맷 이름	헤더	국번	명령어	명령어 타입	변수 길이	변수 이름	데이터 개수	테일	프레임 체크
프레임(예)	ENQ	H0A	R(r)	SB	H06	%MW000	H02	EOT	BCC
ASCII값	H05	H3041	H52(72)	H5342	H3036	H254D57303030	H3032	H04	

- XGB 응답 포맷(ACK 응답 시)

[표 3-23] 응답 프레임 예

포맷 이름	헤더	국번	명령어	명령어 타입	블록 수	데이터 개수	데이터	테일	프레임 체크
프레임(예)	ACK	H0A	R(r)	SB	H01	H04	H12345678	EXT	BCC
ASCII값	H06	H3041	H52(72)	H5342	H3031	H3034	H3132323435363738	H03	

- XGB 응답 포맷(NAK 응답 시)

[표 3-24] 응답 프레임 예

포맷 이름	헤더	국번	명령어	명령어 타입	에러코드	테일	프레임 체크
프레임(예)	NAK	H10	R(r)	SB	Hex 2 Byte	EXT	BCC
ASCII값	H15	H3130	H52(72)	H5342	Hex 4 Byte	H03	

3 직접 변수 개별 쓰기(W(w)SS)

사용할 PLC 디바이스 메모리를 직접 지정하여 메모리 데이터 타입에 맞게 쓰는 기능이다.

1) PC 요구 포맷

[표 3-25] 요구 프레임

포맷 이름	헤더	국번	명령어	명령어 타입	블록 수	변수 길이	변수 이름	데이터	...	테일	프레임 체크
프레임(예)	ENQ	H20	W(w)	SS	H01	H06	%MW100	H00E2		EOT	BCC
ASCII값	H05	H3230	H57(77)	H5353	H3031	H3036	H254D57313030	H30304532		H04	

1블록(최대 16 블록까지 반복 설정 가능)

- 블록 : 변수 길이 + 변수 이름 + 데이터
- 데이터 타입 : WORD → 상위바이트 값을 먼저 전송하고 하위바이트 값이 나중에 전송됨
- 데이터 타입 : Bit → Hex 1 Byte로 표시(즉, Bit 값 0 : H00, 1 : H01)
- 각 블록의 디바이스 데이터 타입 : 반드시 동일

2) XGB 응답 포맷(ACK 응답 시)

[표 3-26] 응답 프레임

포맷 이름	헤더	국번	명령어	명령어 타입	테일	프레임 체크
프레임(예)	ACK	H20	W(w)	SS	EXT	BCC
ASCII값	H06	H3230	H57(77)	H5353	H03	

(3) XGB 응답 포맷(NAK 응답 시)

[표 3-27] 응답 프레임

포맷 이름	헤더	국번	명령어	명령어 타입	에러코드 (Hex 2 Byte)	테일	프레임 체크
프레임(예)	NAK	H20	W(w)	SS	H4252	EXT	BCC
ASCII값	H15	H3230	H57(77)	H5353	H34323532	H03	

4) 사용 예

- 국번 : 1, M230번지 : HFF

- PC 요구 포맷

[표 3-28] 요구 프레임 예

포맷 이름	헤더	국번	명령어	명령어 타입	블록수	변수 길이	변수 이름	데이터	테일	프레임 체크
프레임(예)	ENQ	H01	W(w)	SS	H01	H06	%MW230	H00FF	EOT	BCC
ASCII값	H05	H3031	H57(77)	H5353	H3031	H3036	H254D57 323330	H30304646	H04	

- XGB 응답 포맷(ACK 응답 시)

[표 3-29] 응답 프레임 예

포맷 이름	헤더	국번	명령어	명령어 타입	테일	프레임 체크
프레임(예)	ACK	H01	W(w)	SS	EXT	BCC
ASCII값	H06	H3031	H57(77)	H5353	H03	

- XGB 응답 포맷(NAK 응답 시)

[표 3-30] 응답 프레임 예

포맷 이름	헤더	국번	명령어	명령어 타입	에러코드	테일	프레임 체크
프레임(예)	NAK	H01	W(w)	SS	Hex 2 Byte	EXT	BCC
ASCII값	H15	H3031	H57(77)	H5353	Hex 4 Byte	H03	

4 직접변수 연속 쓰기(W(w)SB)

사용할 PLC 디바이스에 지정된 번지부터 지정된 길이만큼의 데이터를 연속으로 쓰는 기능

1) PC 요구 포맷

[표 3-31] 요구 프레임

포맷 이름	헤더	국번	명령어	명령어 타입	변수 길이	변수 이름	데이터 개수	데이터	테일	프레임 체크
프레임(예)	ENQ	H10	W(w)	SB	H06	%MW100	H02	H11112222	EOT	BCC
ASCII값	H05	H3130	H57(77)	H5342	H3036	H254D57313030	H3032	H31313131 32323232	H04	

- 최대 데이터 개수 : 120Byte(60Word)

2) XGB 응답 포맷(ACK 응답 시)

[표 3-32] 응답 프레임

포맷 이름	헤더	국번	명령어	명령어 타입	테일	프레임 체크
프레임(예)	ACK	H10	W(w)	SB	EXT	BCC
ASCII값	H06	H3130	H57(77)	H5342	H03	

3) XGB 응답 포맷(NAK 응답 시)

[표 3-33] 응답 프레임

포맷 이름	헤더	국번	명령어	명령어 타입	에러코드 (Hex 2 Byte)	테일	프레임 체크
프레임(예)	NAK	H10	W(w)	SB	H1132	EXT	BCC
ASCII값	H15	H3130	H57(77)	H5342	H31313332	H03	

4) 사용 예

- 국번 : 1, D000 : HAA15

- PC 요구 포맷

[표 3-34] 요구 프레임 예

포맷 이름	헤더	국번	명령어	명령어 타입	변수 길이	변수 이름	데이터 개수	데이터	테일	프레임 체크
프레임(예)	ENQ	H01	W(w)	SB	H06	%DW000	H01	HAA15	EOT	BCC
ASCII값	H05	H3031	H57(77)	H5342	H3036	H254457 303030	H3031	H41413135	H04	

- XGB 응답 포맷(ACK 응답 시)

[표 3-35] 응답 프레임 예

포맷 이름	헤더	국번	명령어	명령어 타입	테일	프레임 체크
프레임(예)	ACK	H01	W(w)	SB	EXT	BCC
ASCII값	H06	H3031	H57(77)	H5342	H03	

- XGB 응답 포맷(NAK 응답 시)

[표 3-36] 응답 프레임 예

포맷 이름	헤더	국번	명령어	명령어 타입	에러코드	테일	프레임 체크
프레임(예)	NAK	H01	W(w)	SB	Hex 2 Byte	EXT	BCC
ASCII값	H15	H3031	H57(77)	H5342	Hex 4 Byte	H03	

04

실습

실습과제 3-1

과제명 **1 BIT 데이터 읽기**

1) 과제 설명

- [그림 3-6]과 같이 Window Form을 구성한다.
- Form이 시작되면 **[OPEN]** 버튼과 Port Name Combo Box만 활성화되며, 나머지 Component는 비활성화된다.
- **[Port Name]** Combo Box를 클릭하여 현재 연결된 시리얼 포트의 이름을 읽어와서 시리얼 포트 Item에 추가하고, 사용할 시리얼 포트를 선택한다.
- **[OPEN]** 버튼을 클릭하여 선택된 시리얼 포트를 Open한다. **[OPEN]** 버튼은 비활성화되고 나머지 Component는 활성화된다.
- **[읽기]** 버튼을 클릭할 때마다 PLC에서 P20의 ON/OFF 상태를 읽어와서 **[P20]** 버튼에 표시한다.
- 송신 프레임과 수신 프레임 ASCII코드 데이터를 **[송신 Frame]**과 **[수신 Frame]** Text Box에 표시하여 데이터 프레임을 확인한다.

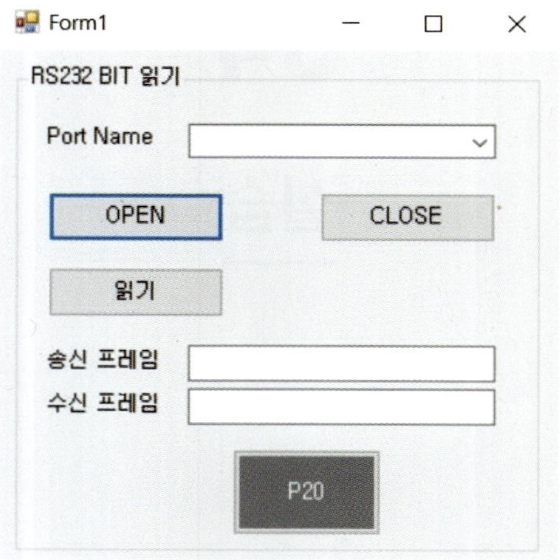

[그림 3-6] Window Form

2) PLC 통신 설정

- [그림 3-7]과 같이 PLC 내장 Cnet의 채널1 통신 파라미터를 설정한다.
- 통신속도 : 19200(bps), 채널 1 : XGT 서버
- 데이터 비트 : 8, 정지 비트 : 1, 패리티 비트 : NONE

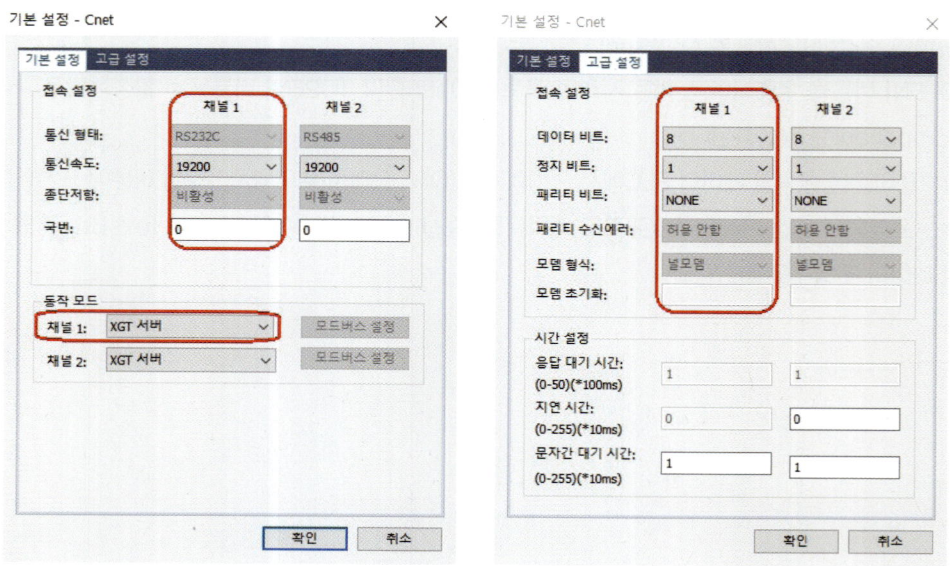

(a) 기본 설정 (b) 고급 설정

[그림 3-7] PLC 내장 Cnet 설정

❖ PLC 프로그램

[그림 3-8] PLC 프로그램

- [메뉴] → [온라인] → [쓰기] 선택

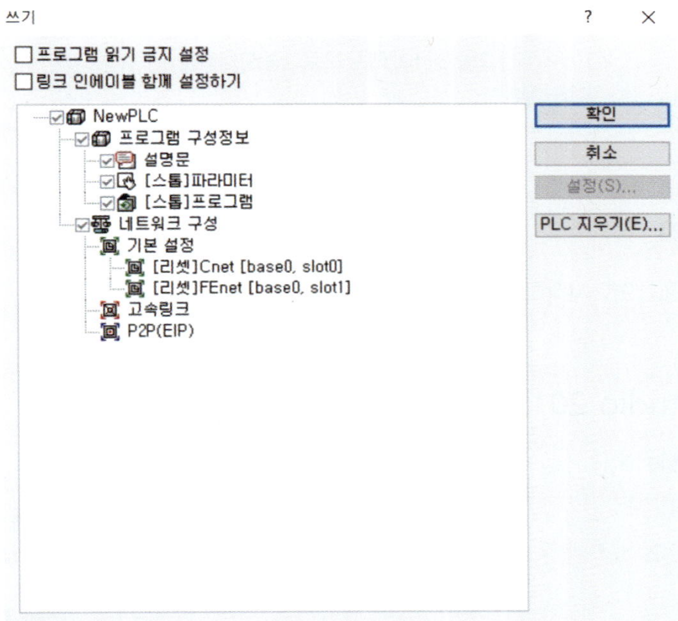

[그림 3-9] PLC 프로그램 쓰기

- [확인] 선택 → 다운로드 수행
- 다운로드가 완료 후 파라미터 바로 적용
- [메뉴] → [모니터] → [모니터 시작] 선택
- [그림 3-10]과 같이 PLC 프로그램 상태 모니터링 가능

(a) 출력 OFF

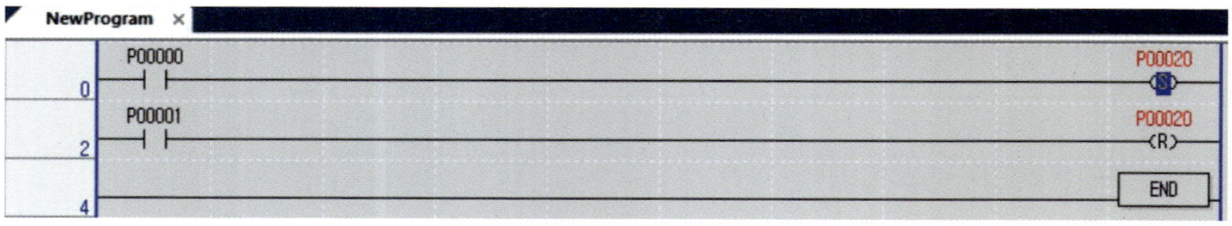

(b) 출력 ON

[그림 3-10] PLC 프로그램 모니터링

❖ C# 프로그램

1) 프로그램 시작

- Visual Studio 2019를 시작하면 [그림 3-11]과 같이 시작화면이 나타난다.

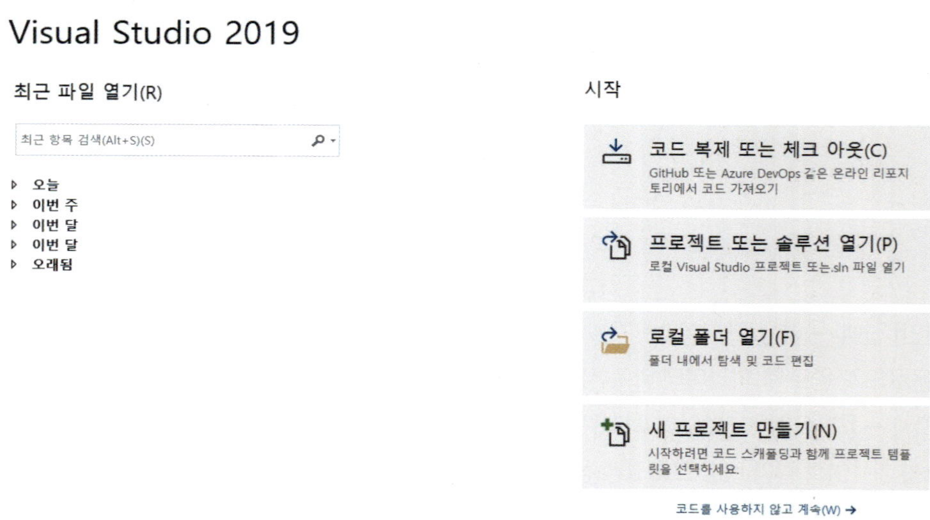

[그림 3-11] Visual Studio 2019 시작

- [새 프로젝트 만들기(N)] 클릭

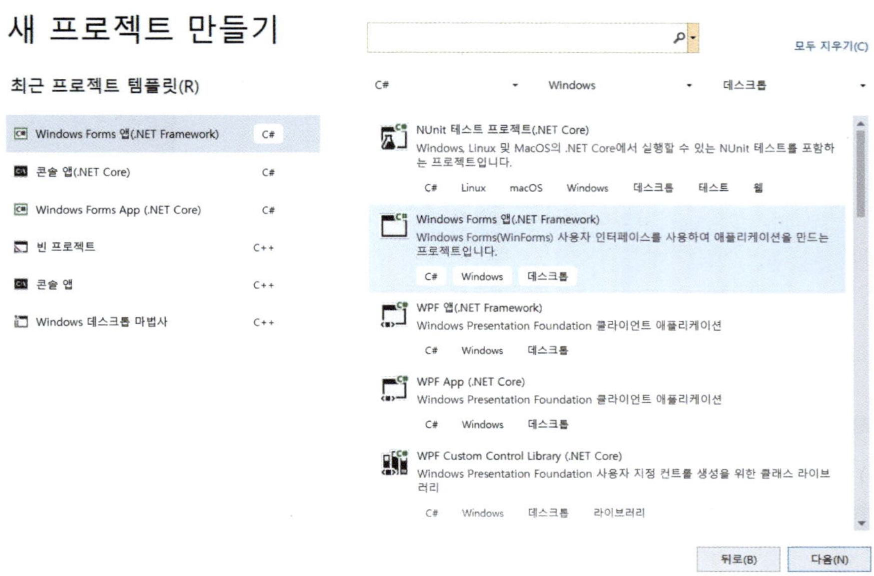

[그림 3-12] Visual Studio 2019 프로젝트 만들기

- Windows Form 앱(.NET Framework) 더블 클릭

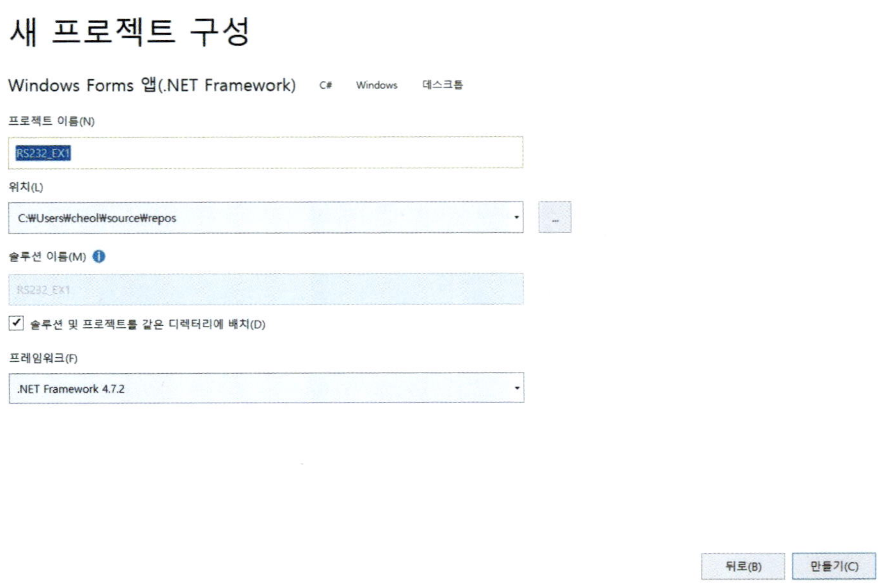

[그림 3-13] Visual Studio 2019 프로젝트 구성 설정

- 프로젝트 이름(N) : 위치(L)에서 저장할 위치를 선정하고, 프로젝트 이름을 “RS232_EX1”으로 변경 → **[만들기]** 클릭

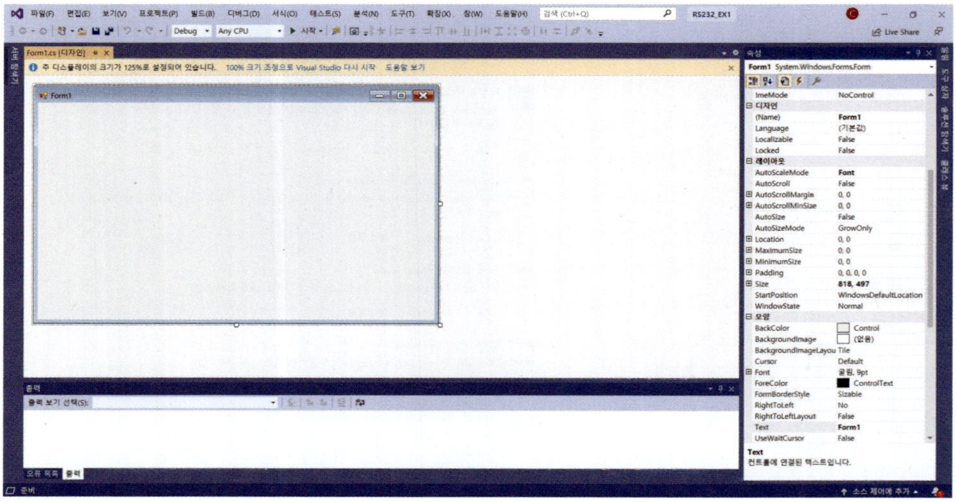

[그림 3-14] Visual Studio 2019 프로젝트 시작

2) Form Design

- 도구 상자 클릭

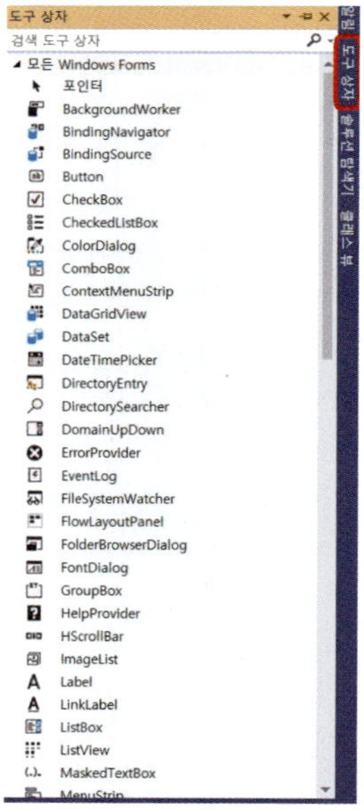

[그림 3-15] Form Design 도구상자

- [Label] 클릭 → Form1의 적당한 위치에서 클릭

[그림 3-16] Label 위치 설정

- Label1 속성 → Text : "Port Name"으로 변경

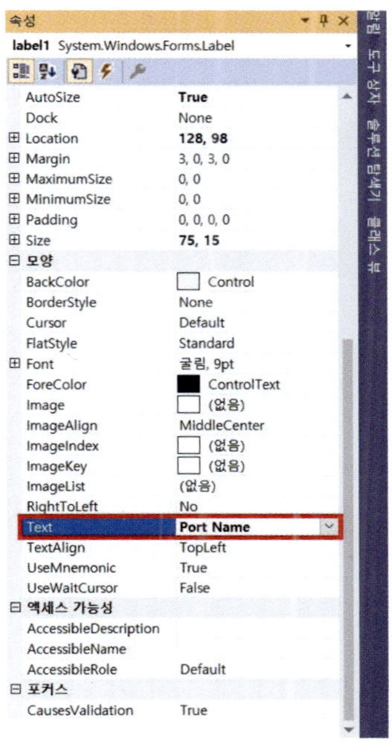

[그림 3-17] Label Text 설정

- "Label1" → "Port Name"으로 변경 확인

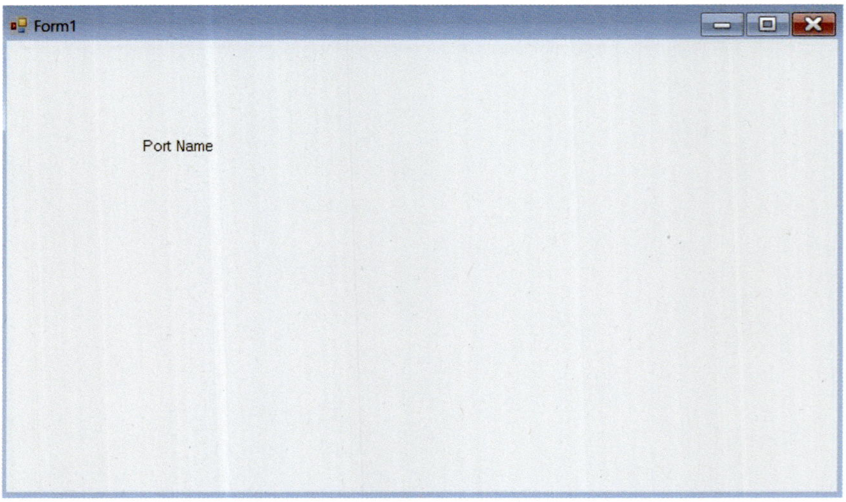

[그림 3-18] Label 입력

- 도구 상자 → [Combo Box] 클릭
- [Form 1] → [Label – Port Name] 우측 옆 클릭
- 위치와 크기 조정

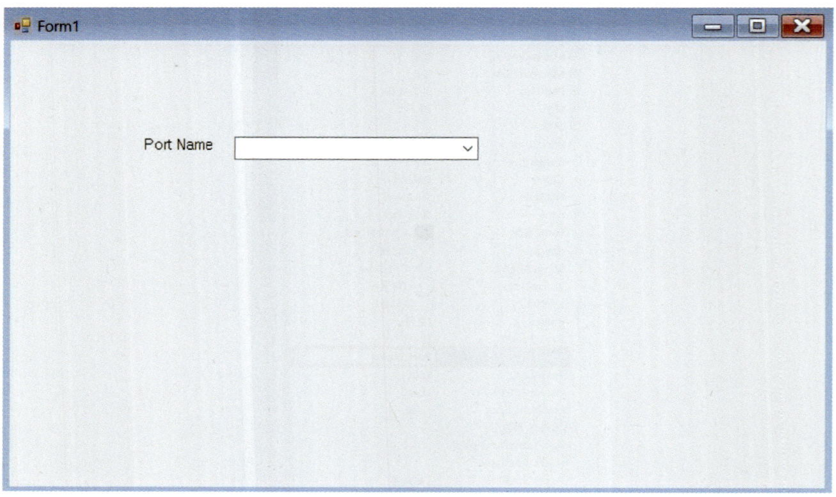

[그림 3-19] Combo Box 입력

- Combo Box → 속성 → (Name) → "CB_Port"로 변경

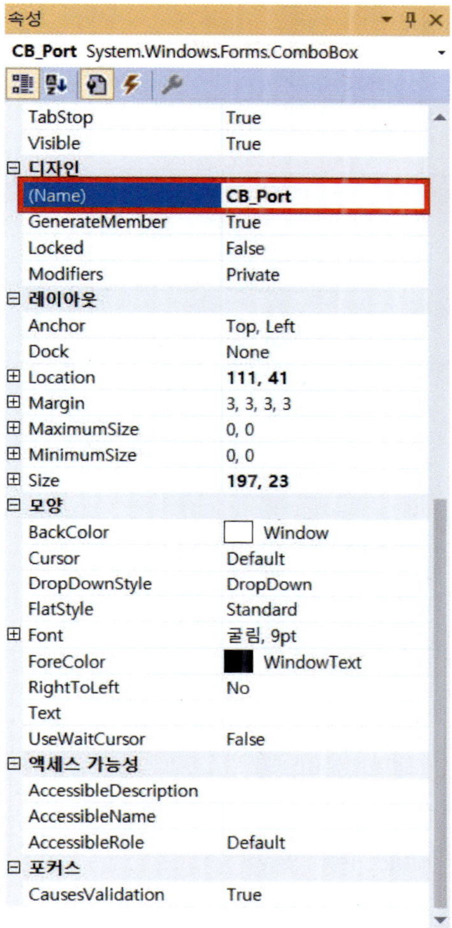

[그림 3-20] Combo Box : (Name) 변경

- 도구 상자 → [Button] 클릭
- [Form 1] → [Label – Port Name] 하단 클릭
- 위치와 크기 조정
- (Name) : BT_Open, Text : "OPEN"으로 변경

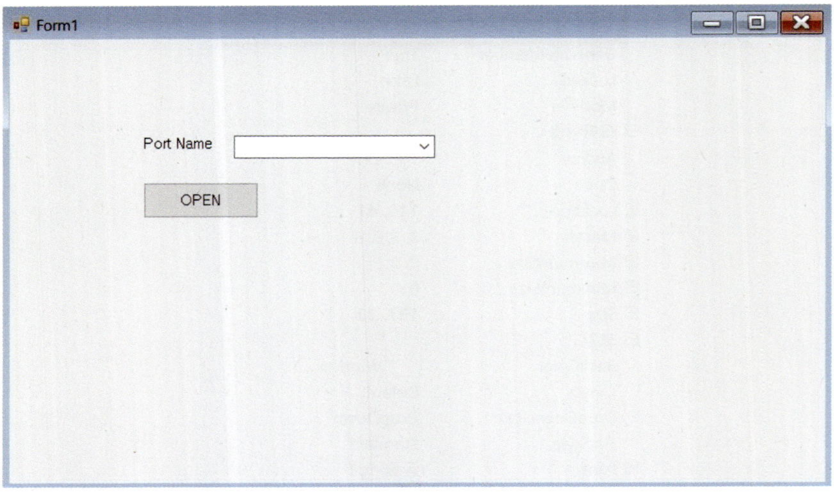

[그림 3-21] [OPEN] 버튼 입력

- [OPEN] 버튼 복사 → 우측과 하단에 붙여넣기
- 우측 버튼 → (Name) : BT_Close, Text : CLOSE
- 하단 버튼 → (Name) : BT_Read, Text : 읽기
- Form1 크기 조정

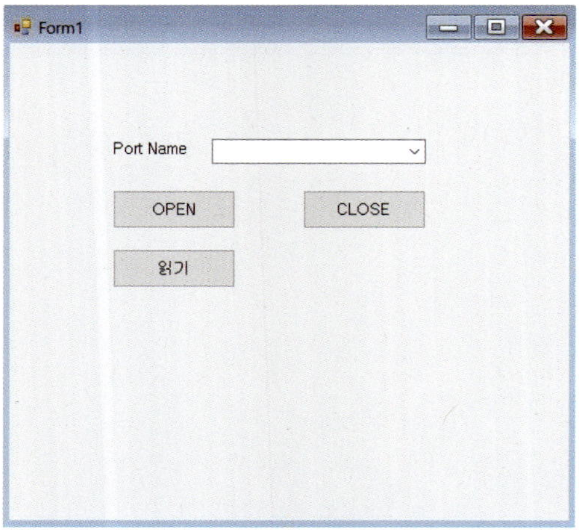

[그림 3-22] [CLOSE] 및 [읽기] 버튼 입력

- 도구 상자 → [Label] 클릭
- [Form 1] → **[Button – 읽기]** 하단 클릭
- Text : 송신 프레임
- 도구 상자 → [Text Box] 클릭
- Label **[송신 프레임]** 우측 클릭
- (Name) : TB_Sendframe

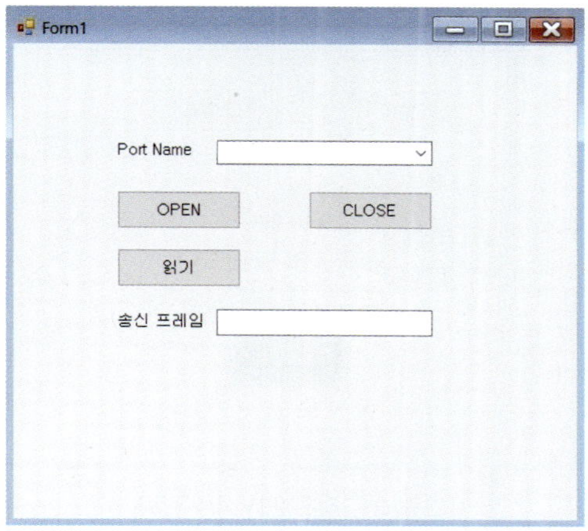

[그림 3-23] Label "송신 프레임" 및 Text Box 입력

- **[Label – 송신 프레임]** 및 [Text Box – TB_Sendframe] 복사
- **[Label – 송신 프레임]** 하단에 붙여넣기
- Label Text : 수신 프레임
- Text Box (Name) : TB_Receivedframe

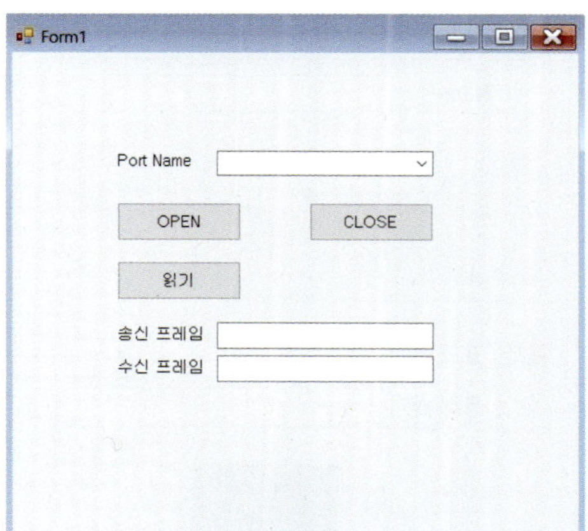

[그림 3-24] Label "수신 프레임" 및 Text Box 입력

- 도구 상자 → [Button] 클릭 → [Form 1] 하단 배치
- (Name) : BT_P20, Text : P20
- 모양 → BackColor : Gray, ForeColor : White

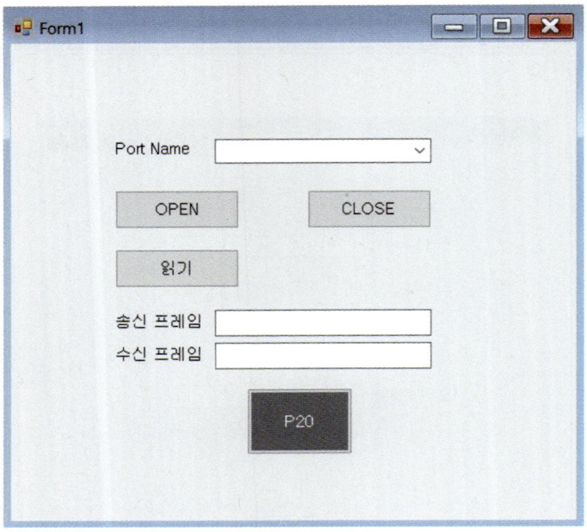

[그림 3-25] [P20] 버튼 입력

- 도구 상자 → [Group Box] 클릭
- 모든 Component가 Group Box 내에 들어가도록 크기 및 위치 조정
- Text : RS232 BIT 읽기

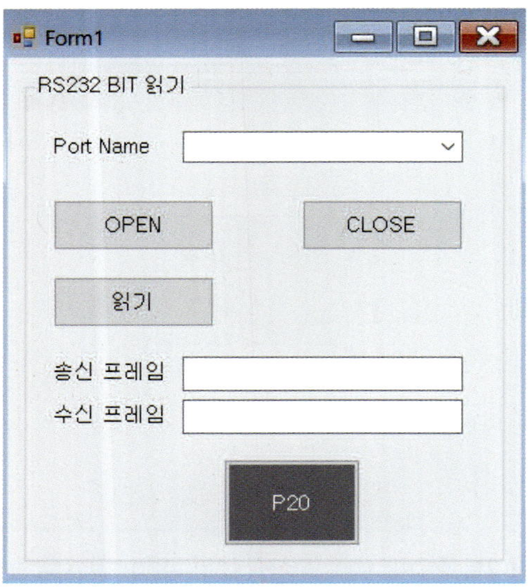

[그림 3-26] Group Box 입력 및 조정

- 메뉴 : 디버그(D) → 디버그하지 않고 시작(H) 클릭
- 작성된 Window Form 확인

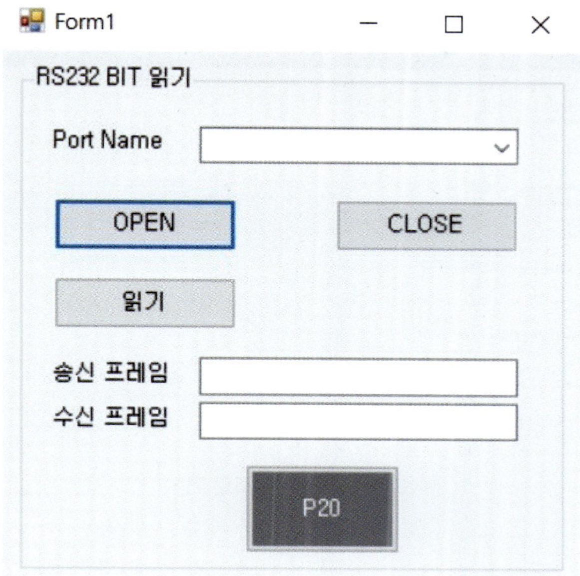

[그림 3-27] 최종 Window Form

3) 프로그램 설명

- Form1.cs**[디자인]**에서 Form1 더블 클릭
- 기본으로 제공되는 Window 초기 프로그램 Form1.cs

```
Form1.cs*   Form1.cs [디자인]*
RS232_EX1   RS232_EX1.Form1   InitializeComponent()
using System;
using System.Collections.Generic;
using System.ComponentModel;
using System.Data;
using System.Drawing;
using System.Linq;
using System.Text;
using System.Threading.Tasks;
using System.Windows.Forms;

namespace RS232_EX1
{
    참조 3개
    public partial class Form1 : Form
    {
        참조 1개
        public Form1()
        {
            InitializeComponent();
        }

        참조 1개
        private void Form1_Load(object sender, EventArgs e)
        {

        }
    }
}
```

[그림 3-28] 초기 프로그램

- Form1_Load 함수
  - 초기 동작 함수(FormStart) 추가

```
private void Form1_Load(object sender, EventArgs e)
{
    FormStart(true);
}
```

[그림 3-29] Form1_Load 함수

- FormStart 함수

```
private void FormStart(bool t)
{
    BT_Open.Enabled = t;                // Open BUTTON
    BT_Close.Enabled = !t;              // Close BUTTON
    BT_Read.Enabled = !t;               // Read BUTTON
    BT_P20.Enabled = !t;                // P20 BUTTON(Lamp)
    TB_Sendframe.Enabled = !t;          // 송신 프레임 Text Box
    TB_Receivedframe.Enabled = !t;      // 수신 프레임 Text Box
}
```

[그림 3-30] FormStart 함수

- 프로그램 시작 시 Component의 활성화 설정
- 버튼 활성화 : true, false → bool 변수(true : 활성화, false : 비활성화)
- BT_Open.Enabled : **[OPEN]** 버튼 활성화
- BT_Close.Enabled : **[CLOSE]** 버튼 활성화
- BT_Read.Enabled : **[읽기]** 버튼 활성화
- BT_P20.Enabled : **[P20]** 버튼(램프) 활성화
- TB_Sendframe.Enabled : 송신 프레임 Text Box 활성화
- TB_Receivedframe.Enabled : 수신 프레임 Text Box 활성화

\- 콤보 박스 [CB_Port] 동작 함수 생성

- Form1.cs**[디자인]**에서 콤보 박스 [CB_Port] 클릭
- **[속성]** 창에서 **[이벤트]** 버튼 클릭

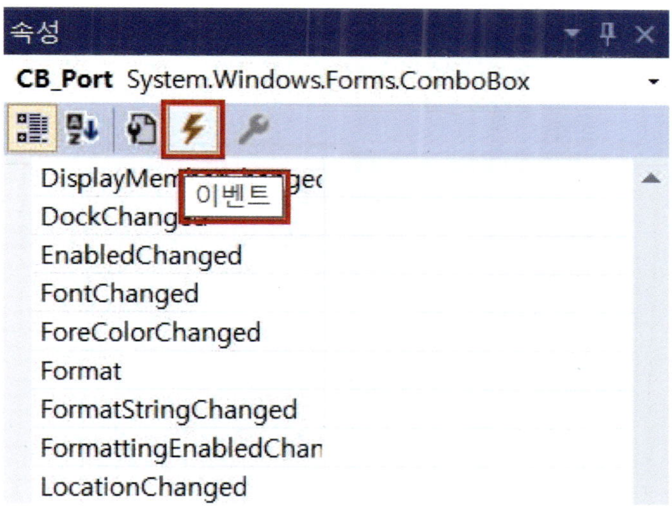

[그림 3-31] CB_Port 속성 설정창

• [속성 → 작업 → Click – 옆 빈칸] 더블 클릭

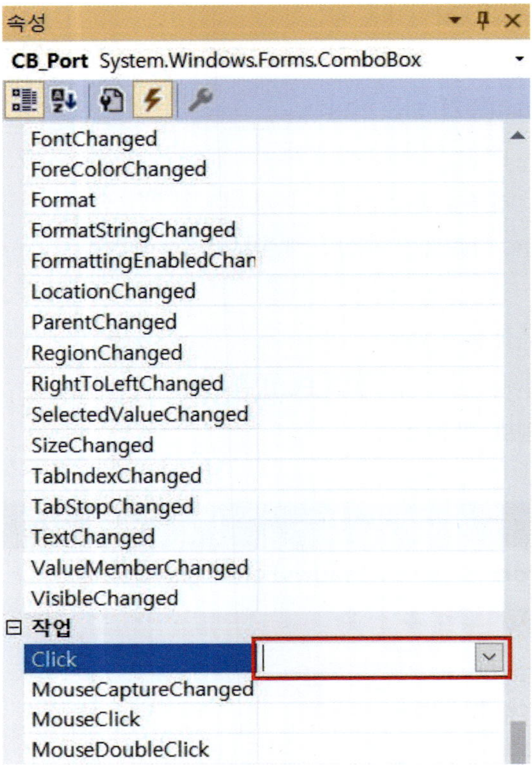

[그림 3-32] CB_Port Mouse Click 설정창

- [속성] 창에 "CB_Port_Click" 생성
- [Form1.cs]에 CB_Port_Click 함수 자동 추가

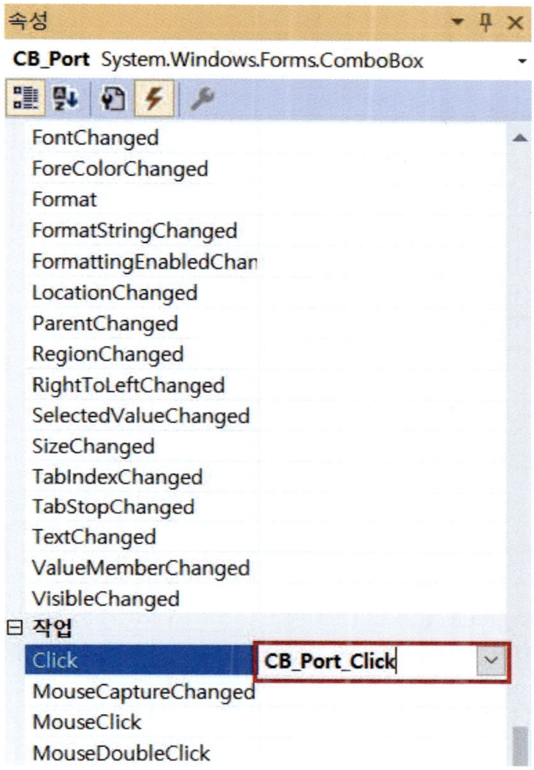

[그림 3-33] CB_Port_Click 생성

```
private void CB_Port_Click(object sender, EventArgs e)
{

}
```

[그림 3-34] CB_Port_Click 함수 생성

- 연결된 시리얼 포트 목록을 읽어오는 함수

• 시리얼 통신을 위해 using System에 [그림 3-35]와 같이 [System.IO.Ports] 추가

```
using System;
using System.Collections.Generic;
using System.ComponentModel;
using System.Data;
using System.Drawing;
using System.Linq;
using System.Text;
using System.Threading.Tasks;
using System.Windows.Forms;
using System.IO.Ports;
```

[그림 3-35] System.IO.Ports 추가

- CB_Port_Click 함수 수정

```
private void CB_Port_Click(object sender, EventArgs e)
{
    CB_Port.Items.Clear();
    foreach (string comport in SerialPort.GetPortNames())
    {
        CB_Port.Items.Add(comport);
    }
}
```

[그림 3-36] CB_Port_Click 함수

• CB_Port.Items.Clear() : CB_Port에 등록된 Item 제거
• SerialPort.GetPortNames() : 연결된 시리얼 포트 이름 가져오기
• CB_Port.Items.Add(comport) : CB_Port에 Item 추가

- 프로그램 실행
  - 연결된 시리얼 포트 자동으로 등록

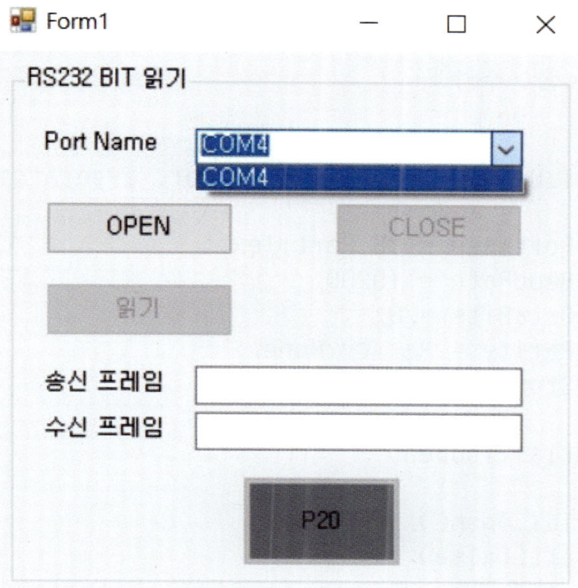

[그림 3-37] CB_Port_Click 함수 실행 결과

- 시리얼 통신을 실행하기 위한 시리얼 포트 전역변수 my_serial 생성

```
namespace RS232_EX1
{
    public partial class Form1 : Form
    {
        // 시리얼 포트 변수 my_serial 생성 //

        SerialPort my_serial = new SerialPort();
```

[그림 3-38] Serial Port 생성

- [OPEN] 버튼 동작 프로그램 작성
  - Form1.cs[디자인]에서 [OPEN] 버튼 더블 클릭
  - [속성 → 작업 → Click]에 "BT_Open_Click" 생성
  - Form1.cs에 BT_Open_Click 함수 자동 추가
  - BT_Open_Click 함수 수정

```
private void BT_Open_Click(object sender, EventArgs e)
{
    my_serial.PortName = CB_Port.Text;
    my_serial.BaudRate = 19200;
    my_serial.DataBits = 8;
    my_serial.Parity = Parity.None;
    my_serial.StopBits = StopBits.One;

    if (!my_serial.IsOpen)
    {
        my_serial.Open();
        FormStart(false);
    }
}
```

[그림 3-39] BT_Open_Click 함수

- my_serial.PortName = CB_Port.Text : 시리얼 포트 이름을 CB_Port 리스트에서 선택된 포트 이름 사용
- my_serial.BaudRate = 19200 : 보레이트 19,200bps
- my_serial.DataBits = 8 : 데이터 비트 8bits
- my_serial.Parity = Parity.None : 패리티 비트 사용하지 않음
- my_serial.StopBits = StopBits.One : 스톱 비트 1bit
- PLC의 통신 설정과 맞추어서 설정한다.
- if (!my_serial.IsOpen) : 시리얼 포트가 오픈되어 있지 않으면
- my_serial.Open() : 시리얼 포트 Open
- FormStart(false) : 모든 Components의 활성화를 초기와 반대로 설정

- [CLOSE] 버튼 동작 프로그램 작성
  - Form1.cs[디자인]에서 [CLOSE] 버튼 더블 클릭
  - [속성 → 작업 → Click]에 "BT_Close_Click" 생성
  - Form1.cs에 BT_Close_Click 함수 생성
  - BT_Close_Click 함수 수정

```
private void BT_Close_Click(object sender, EventArgs e)
{
    if (my_serial.IsOpen)
    {
        my_serial.Close();
        FormStart(true);
    }
}
```

[그림 3-40] BT_Close_Click 함수

- if(my_serial.IsOpen()) : 시리얼 포트가 Open 되어 있으면
- my_serial.Close() : 시리얼 포트 Close
- FormStart(true) : 모든 Components의 활성화를 초기 상태로 설정

- 시리얼 통신에 필요한 제어 코드를 [그림 3-41]과 같이 전역변수 설정한다.

```
namespace RS232_EX1
{
    public partial class Form1 : Form
    {
        // 시리얼 포트 변수 my_serial 생성 //

        SerialPort my_serial = new SerialPort();

        // RS232 제어코드 //
        const char ETX = (char)0x03; //End Text [응답용Asc]
        const char EOT = (char)0x04; //End of Text[요구용 Asc]
        const char ENQ = (char)0x05; //Enquire[프레임시작코드]
        const char ACK = (char)0x06; //Acknowledge[응답 시작]
        const char NAK = (char)0x15; //Not Acknoledge[에러응답시작]
```

[그림 3-41] 시리얼 통신 제어용 변수 설정

- **[읽기]** 버튼 동작 프로그램 작성
  - Form1.cs[디자인]에서 [읽기] 버튼 더블 클릭
  - [속성 → 작업 → Click]에 BT_Read_Click 생성
  - Form1.cs에 BT_Read_Click 함수 생성
  - BT_Read_Click 함수 수정

```
private void BT_Read_Click(object sender, EventArgs e)
{
    String SendDataTxt = ENQ + "00RSS" + "01" + "05%PX20" + EOT;
    TB_Sendframe.Text = SendDataTxt;

    SendData(SendDataTxt);
}
```

[그림 3-42] BT_Read_Click 함수

- ENQ : Enquire → 요구 프레임의 헤드
- "00RSS" : 00 → 국번, R → 읽기 주 명령어, SS → 개별 읽기 명령어
- 01" : 데이터 개수
- "05%PX20" : 05 → 변수 이름 길이, %PX20 → 변수 이름
- EOT : 요구 프레임의 테일
- SendData(SendDataTxt) : 송신 데이터 송출을 위한 함수

- 시리얼 데이터 송신 함수
  - SendData 함수 작성

```
private void SendData(string SendDataTxt)
{
    my_serial.Write(SendDataTxt);
    do
    {
    } while (my_serial.WriteBufferSize == 0);

    Thread.Sleep(10);
    DataRead();
}
```

[그림 3-43] SendData 함수

- my_serial.Write(SendDataTxt) : 시리얼 통신 쓰기
- Thread.Sleep(10) : 쓰기 완료 후 10mSec 대기
- Thread 함수를 사용하기 위해 **[그림 3-44]**와 같이 using System.Threading 추가

```
using System;
using System.Collections.Generic;
using System.ComponentModel;
using System.Data;
using System.Drawing;
using System.Linq;
using System.Text;
using System.Threading.Tasks;
using System.Windows.Forms;
using System.IO.Ports;
using System.Threading;
```

[그림 3-44] System.Threading 추가

- DataRead() : 데이터 수신을 위한 함수

– DataRead 함수 작성

```
private void DataRead( )
{
    bool m_Next = false;
    string strInData = string.Empty;
    string RData = string.Empty;

    do
    {
        string msg = my_serial.ReadExisting( );
        strInData += msg;

        if (msg.IndexOf(ETX) > 0)
        {
            TB_Receivedframe.Text = strInData;

            if (strInData[0] == ACK)
            {
                RData += strInData[11];
                if (Convert.ToInt16(RData) == 1) BT_P20.BackColor = Color.Red;
                else BT_P20.BackColor = Color.Gray;

                m_Next = true;
            }
            else if (strInData[0] == NAK) m_Next = true;
        }
    } while (!m_Next);
}
```

[그림 3-45] DataRead 함수

- bool m_Next : DataRead() 함수를 종료할 bool 변수, true이면 종료
- string strInData : 시리얼 버퍼에서 읽은 문자 데이터 저장하기 위한 문자열
- string RData : strInData에서 ON/OFF 데이터 부분 저장하기 위한 문자열
- strInData = string.Empty, RData = string.Empty : 문자열 초기화
- 시리얼포트에서 현재 받은 모든 데이터 읽어오기

```
string msg = my_serial.ReadExisting();
strInData += msg;
```

- msg.IndexOf(ETX) 〉 0 : EXT 데이터 확인
- TB_Receivedframe.Text = strInData : 수신 프레임 Text Box에 쓰기
- strInData[0] == ACK : 정상적인 데이터 수신
- 수신 프레임 구조 : 헤더(1)+국번(2)+비트 읽기(3)+블록 수(2)+데이터 크기(2)+데이터(2)+ETX(1)
- 데이터 : ON → 01, OFF → 00
- RData += strInData[11] : 12번째 캐릭터 데이터(0/1)를 RData에 저장

- Convert.ToInt16(RData) : string 데이터를 16비트 정수형 데이터로 변환
- BT_P20.BackColor = Color.Red : 버튼 P20의 Color를 Red로 변환
- BT_P20.BackColor = Color.Gray : 버튼 P20의 Color를 Gray로 변환
- strInData[0] == NAK : 비정상적인 데이터 수신이면 종료- 프로그램을 실행했을 때

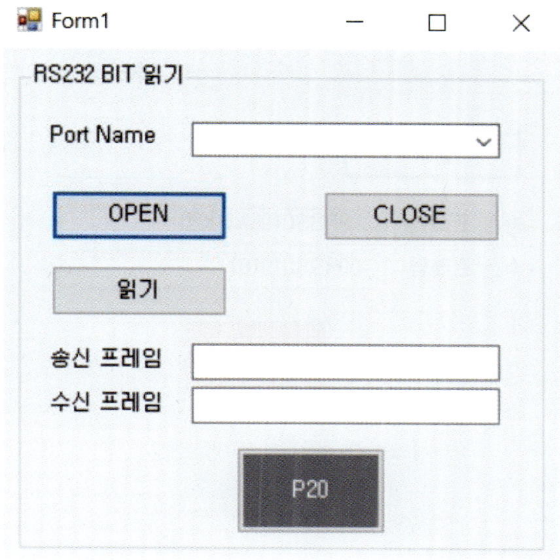

[그림 3-46] 실행 Window Form

- OFF 데이터를 수신했을 때

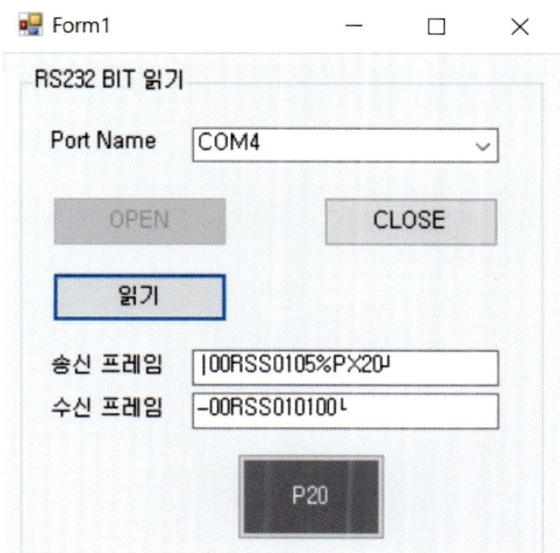

[그림 3-47] OFF 데이터 수신

- ON 데이터 수신했을 때

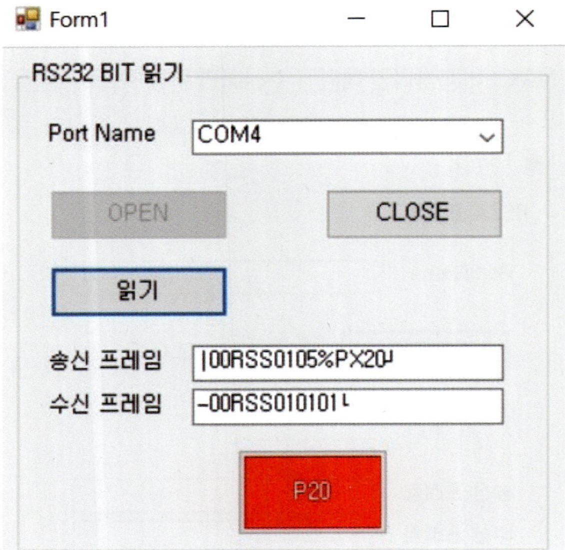

[그림 3-48] ON 데이터 수신

4) 전체 프로그램

Form1.cs Form1.cs [디자인]

RS232_EX1 RS232_EX1.Form1

```
using System;
using System.Drawing;
using System.IO.Ports;
using System.Threading;
using System.Windows.Forms;

namespace RS232_EX1
{
    public partial class Form1 : Form
    {
        // 시리얼 포트 변수 my_serial 생성 //

        SerialPort my_serial = new SerialPort();

        // RS232 제어코드 //
        const char ETX = (char)0x03; //End Text [응답용Asc]
        const char EOT = (char)0x04; //End of Text[요구용 Asc]
        const char ENQ = (char)0x05; //Enquire[프레임시작코드]
        const char ACK = (char)0x06; //Acknowledge[응답 시작]
        const char NAK = (char)0x15; //Not Acknoledge[에러응답시작]

        public Form1()
        {
            InitializeComponent();
        }

        private void Form1_Load(object sender, EventArgs e)
        {
            FormStart(true);
        }

        private void FormStart(bool t)
        {
            BT_Open.Enabled = t;            // Open BUTTON
            BT_Close.Enabled = !t;          // Close BUTTON
            BT_Read.Enabled = !t;           // Read BUTTON
            BT_P20.Enabled = !t;            // P20 BUTTON(Lamp)
            TB_Sendframe.Enabled = !t;      // 송신 프레임 Text Box
            TB_Receivedframe.Enabled = !t;  // 수신 프레임 Text Box
        }

        private void CB_Port_Click(object sender, EventArgs e)
        {
            CB_Port.Items.Clear();
            foreach (string comport in SerialPort.GetPortNames())
            {
                CB_Port.Items.Add(comport);
            }
        }

        private void BT_Open_Click(object sender, EventArgs e)
        {
            my_serial.PortName = CB_Port.Text;
            my_serial.BaudRate = 19200;
            my_serial.DataBits = 8;
            my_serial.Parity = Parity.None;
            my_serial.StopBits = StopBits.One;

            if (!my_serial.IsOpen)
            {
                my_serial.Open();
                FormStart(false);
            }
        }

        private void BT_Close_Click(object sender, EventArgs e)
        {
```

(a)

```
            if (my_serial.IsOpen)
            {
                my_serial.Close();
                FormStart(true);
            }
        }

        private void BT_Read_Click(object sender, EventArgs e)
        {
            String SendDataTxt = ENQ + "00RSS" + "01" + "05%PX20" + EOT;
            TB_Sendframe.Text = SendDataTxt;

            SendData(SendDataTxt);
        }

        private void SendData(string SendDataTxt)
        {
            my_serial.Write(SendDataTxt);
            do
            {
            } while (my_serial.WriteBufferSize == 0);

            Thread.Sleep(10);
            DataRead();
        }

        private void DataRead()
        {
            bool m_Next = false;
            string strInData = string.Empty;
            string RData = string.Empty;

            do
            {
                string msg = my_serial.ReadExisting();
                strInData += msg;

                if (msg.IndexOf(ETX) > 0)
                {
                    TB_Receivedframe.Text = strInData;

                    if (strInData[0] == ACK)
                    {
                        RData += strInData[11];
                        if (Convert.ToInt16(RData) == 1) BT_P20.BackColor = Color.Red;
                        else BT_P20.BackColor = Color.Gray;

                        m_Next = true;
                    }
                    else if (strInData[0] == NAK) m_Next = true;
                }
            } while (!m_Next);
        }
    }
}
```

(b)

[그림 3-49] C# 프로그램

실습과제 3-2

과제명 3 BIT 데이터 읽기

1) 과제 설명

- [그림 3-50]과 같이 Window Form을 구성한다.
- Form이 시작되면 **[OPEN]** 버튼과 **[Port Name]** Combo Box만 활성화되며, 나머지 Component는 비활성화된다.
- **[Port Name]** Combo Box를 클릭하여 현재 연결된 시리얼 포트 이름을 읽어와서 시리얼 포트 Item에 추가하고, 사용할 시리얼 포트를 선택한다.
- **[OPEN]** 버튼을 클릭하여 선택된 시리얼 포트를 Open한다. **[OPEN]** 버튼은 비활성화되고 나머지 Component는 활성화된다.
- **[읽기]** 버튼을 클릭하면 PLC에서 M0, C0 및 P20의 ON/OFF 상태를 일정한 시간 주기로 읽어와서 **[M0]**, **[C0]** 및 **[P20]** 버튼에 표시한다.
- **[정지]** 버튼을 클릭하면 Bit 데이터 읽기를 중지한다.
- 송신 프레임과 수신 프레임 ASCII코드 데이터를 **[송신 Frame]**과 **[수신 Frame]** Text Box에 표시하여 데이터 프레임을 확인한다.

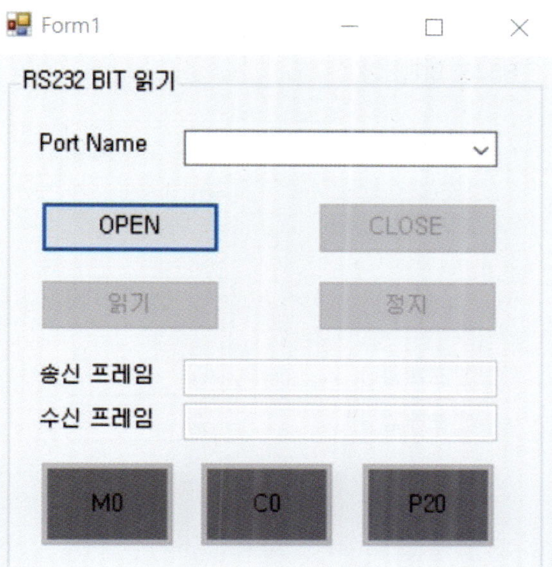

[그림 3-50] Window Form

❖ PLC 프로그램

- [그림 3-51]과 같이 PLC 프로그램을 작성하고 PLC 쓰기를 한다.

[그림 3-51] PLC 프로그램

❖ C# 프로그램

1) Form Design

- [그림 3-52]와 같이 Window Form을 작성한다.

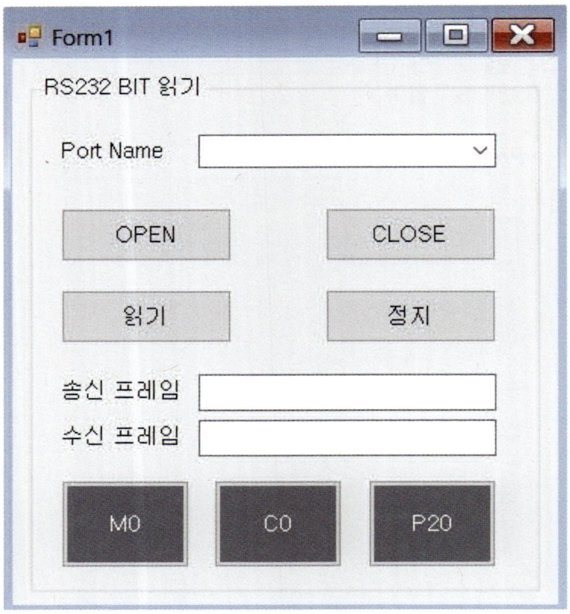

[그림 3-52] Window Form

- **[실습과제 3-1]**의 Window Form을 수정한다.
- **[읽기]** 버튼 복사 및 우측에 붙여넣기 → (Name) : BT_Stop, Text : 정지
- **[P20]** 버튼 복사 및 붙여넣기
  - ✓ 첫 번째 버튼 → (Name) : BT_M0, Text : M0
  - ✓ 두 번째 버튼 → (Name) : BT_C0, Text : C0

- 시간 주기 모니터링을 위해 타이머 추가
  - [그림 3-53]과 같이 **[도구 상자 – Timer]** 클릭한 후 Form1에 배치

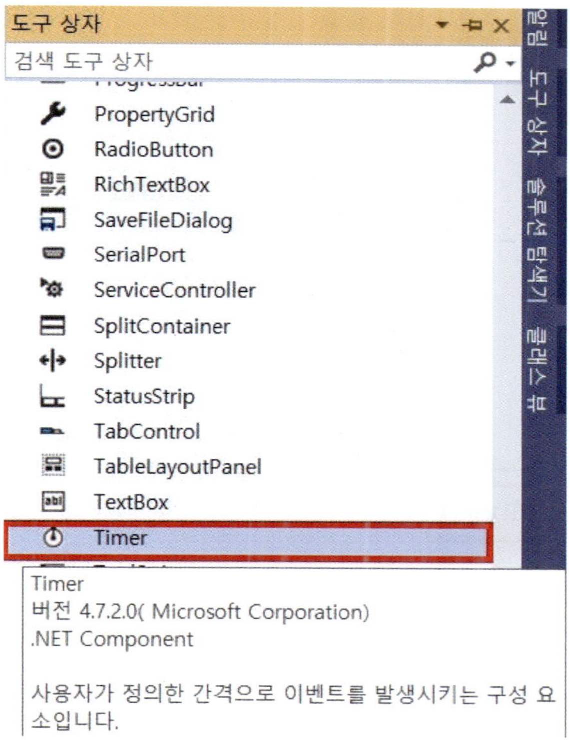

[그림 3-53] Timer 추가

- 디자인 창 아래에 timer1 생성 확인

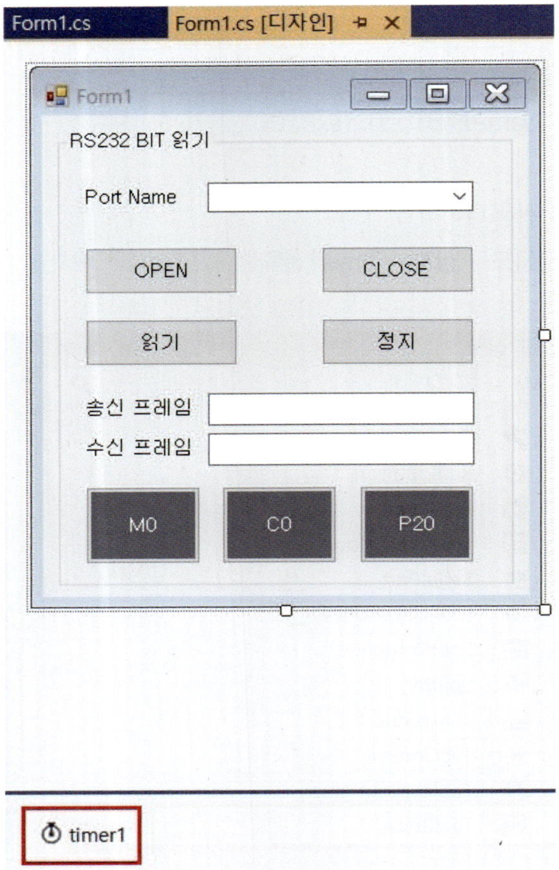

[그림 3-54] Timer1 추가 확인

2) 프로그램

- [**실습과제 3-1**]의 프로그램을 조건에 맞게 수정
- 시리얼 포트 변수생성 및 시리얼 통신 제어 코드는 수정없이 사용
- FormStart 함수 수정
    - [**정지**] 버튼 및 [M0], [C0] 버튼(램프) 활성화/비활성화 추가

```
private void FormStart(bool t)
{
    BT_Open.Enabled = t;              // Open BUTTON
    BT_Close.Enabled = !t;            // Close BUTTON
    BT_Read.Enabled = !t;             // 읽기 BUTTON
    BT_Stop.Enabled = !t;             // 정지 BUTTON
    BT_M0.Enabled = !t;               // M0 BUTTON(Lamp)
    BT_C0.Enabled = !t;               // C0 BUTTON(Lamp)
    BT_P20.Enabled = !t;              // P20 BUTTON(Lamp)
    TB_Sendframe.Enabled = !t;        // 송신 프레임 Text Box
    TB_Receivedframe.Enabled = !t;    // 수신 프레임 Text Box
}
```

[그림 3-55] FormStart 함수

- BT_Open_Click 함수 수정
    - 통신 파라미터 동일
    - BT_Stop.Enabled = false, 통신이 Open되고 난 뒤 [**정지**] 버튼 비활성화

```
private void BT_Open_Click(object sender, EventArgs e)
{
    my_serial.PortName = CB_Port.Text;
    my_serial.BaudRate = 19200;
    my_serial.DataBits = 8;
    my_serial.Parity = Parity.None;
    my_serial.StopBits = StopBits.One;

    if (!my_serial.IsOpen)
    {
        my_serial.Open();
        FormStart(false);
        BT_Stop.Enabled = false;          // 정지 BUTTON
    }
}
```

[그림 3-56] BT_Open_Click 함수

- 시간 주기 모니터링 동작 관련 함수 추가
  - Form1.cs[Design]에서 화면 좌측 하단의 [timer1] 아이콘 클릭
  - [속성] – [이벤트] 아이콘 클릭
  - [동작 – Tick – Combo 리스트 칸] 더블클릭

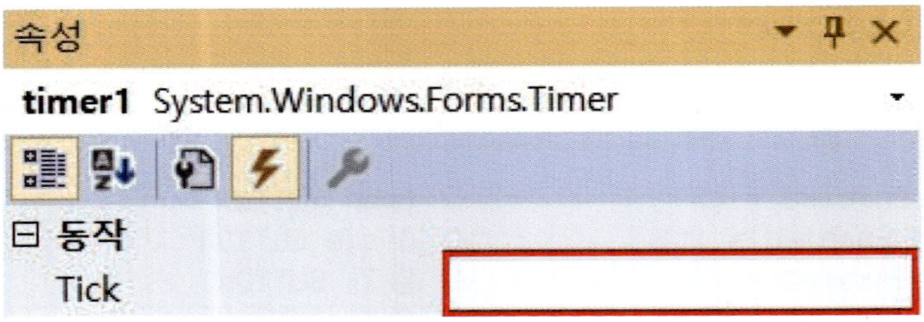

[그림 3-57] Timer1 동작 함수 설정

- "timer1_Tick" 리스트가 추가되면서 timer1_Tick 함수 추가
- M0, C0, P20의 3개 Bit 모니터링
- "03" : 블록 3, "04%MX0" : M0, "04%CX0" : C0, "05%PX20" : P20

```
private void timer1_Tick(object sender, EventArgs e)
{
    string SendDataTxt = ENQ + "00RSS" + "03" + "04%MX0" + "04%CX0" + "05%PX20" + EOT;
    TB_Sendframe.Text = SendDataTxt;

    SendData(SendDataTxt);
}
```

[그림 3-58] timer1_Tick 함수

- BT_Read_Click 함수
  - BT_Read.Enabled = false → **[읽기]** 버튼 비활성화
  - BT_Stop.Enabled = true → **[정지]** 버튼 활성화
  - timer1.Enabled = true → 모니터링 시작
  - timer1.Interval = 20 → 20mSec 주기로 모니터링

```
private void BT_Read_Click(object sender, EventArgs e)
{
    BT_Read.Enabled = false;            // 읽기 BUTTON
    BT_Stop.Enabled = true;             // 정지 BUTTON

    timer1.Enabled = true;
    timer1.Interval = 20;
}
```

[그림 3-59] BT_Read_Click 함수

- BT_Stop_Click 함수
  - [정지] 버튼을 더블클릭하면 BT_Stop_Click 함수 추가
  - BT_Read.Enabled = true → [읽기] 버튼 활성화
  - BT_Stop.Enabled = false → [정지] 버튼 비활성화
  - timer1.Enabled = false → 타이머 기능 정지(실시간 모니터링 중지)

```
private void BT_Stop_Click(object sender, EventArgs e)
{
    BT_Read.Enabled = true;             // 읽기 BUTTON
    BT_Stop.Enabled = false;            // 정지 BUTTON
    timer1.Enabled = false;
}
```

[그림 3-60] BT_Stop_Click 함수

- SendData 함수 수정없이 사용
- DataRead 함수 [그림 3-61]과 같이 수정

```
private void DataRead()
{
    bool m_Next = false;
    string strInData = string.Empty;
    string[] RData = new string[3];

    do
    {
        string msg = my_serial.ReadExisting();
        strInData += msg;

        if (msg.IndexOf(ETX) > 0)
        {
            TB_Receivedframe.Text = strInData;
            if (strInData[0] == ACK)
            {
                for (int i = 0; i < 3; i++) RData[i] += strInData[11 + (i * 4)];
                BT_M0.BackColor = Convert.ToInt16(RData[0]) == 1 ? Color.Red : Color.Gray;
                BT_C0.BackColor = Convert.ToInt16(RData[1]) == 1 ? Color.Red : Color.Gray;
                BT_P20.BackColor = Convert.ToInt16(RData[2]) == 1 ? Color.Red : Color.Gray;
                m_Next = true;
            }
            else if (strInData[0] == NAK) m_Next = true;
        }
    } while (!m_Next);
}
```

[그림 3-61] DataRead 함수

- BT_M0.BackColor = Convert.ToInt16(RData[0]) == 1 ? Color.Red : Color.Gray;
  ✓ RData[0] = 1 → Color : Red, 아니면 → Color : Gray

3) 전체 프로그램

Form1.cs | Form1.cs [Design]

RS232_EX2 | RS232_EX1.Form1

```
using System;
using System.Drawing;
using System.Windows.Forms;
using System.IO.Ports;
using System.Threading;

namespace RS232_EX1
{
    참조 3개
    public partial class Form1 : Form
    {
        // 시리얼 포트 변수 my_serial 생성 //

        SerialPort my_serial = new SerialPort();

        // RS232 제어코드 //
        const char ETX = (char)0x03; //End Text [응답용Asc]
        const char EOT = (char)0x04; //End of Text[요구용 Asc]
        const char ENQ = (char)0x05; //Enquire[프레임시작코드]
        const char ACK = (char)0x06; //Acknowledge[응답 시작]
        const char NAK = (char)0x15; //Not Acknoledge[에러응답시작]

        참조 1개
        public Form1()
        {
            InitializeComponent();
        }

        참조 1개
        private void Form1_Load(object sender, EventArgs e)
        {
            FormStart(true);
        }

        참조 3개
        private void FormStart(bool t)
        {
            BT_Open.Enabled = t;                // Open BUTTON
            BT_Close.Enabled = !t;              // Close BUTTON
            BT_Read.Enabled = !t;               // 읽기 BUTTON
            BT_Stop.Enabled = !t;               // 정지 BUTTON
            BT_M0.Enabled = !t;                 // M0 BUTTON(Lamp)
            BT_C0.Enabled = !t;                 // C0 BUTTON(Lamp)
            BT_P20.Enabled = !t;                // P20 BUTTON(Lamp)
            TB_Sendframe.Enabled = !t;          // 송신 프레임 Text Box
            TB_Receivedframe.Enabled = !t;      // 수신 프레임 Text Box
        }

        참조 1개
        private void CB_Port_Click(object sender, EventArgs e)
        {
            CB_Port.Items.Clear();
            foreach (string comport in SerialPort.GetPortNames())
            {
                CB_Port.Items.Add(comport);
            }
        }

        참조 1개
        private void BT_Open_Click(object sender, EventArgs e)
        {
            my_serial.PortName = CB_Port.Text;
            my_serial.BaudRate = 19200;
            my_serial.DataBits = 8;
            my_serial.Parity = Parity.None;
            my_serial.StopBits = StopBits.One;

```

(a)

```
        if (!my_serial.IsOpen)
        {
            my_serial.Open();
            FormStart(false);
            BT_Stop.Enabled = false;            // 정지 BUTTON
        }
    }

    참조 1개
    private void BT_Close_Click(object sender, EventArgs e)
    {
        if (my_serial.IsOpen)
        {
            my_serial.Close();
            FormStart(true);
        }
    }

    참조 1개
    private void BT_Read_Click(object sender, EventArgs e)
    {
        BT_Read.Enabled = false;            // 읽기 BUTTON
        BT_Stop.Enabled = true;             // 정지 BUTTON

        timer1.Enabled = true;
        timer1.Interval = 20;
    }

    참조 1개
    private void timer1_Tick(object sender, EventArgs e)
    {
        string SendDataTxt = ENQ + "00RSS" + "03" + "04%MX0" + "04%CX0" + "05%PX20" + EOT;
        TB_Sendframe.Text = SendDataTxt;

        SendData(SendDataTxt);
    }

    참조 1개
    private void BT_Stop_Click(object sender, EventArgs e)
    {
        BT_Read.Enabled = true;             // 읽기 BUTTON
        BT_Stop.Enabled = false;            // 정지 BUTTON
        timer1.Enabled = false;
    }

    참조 1개
    private void SendData(string SendDataTxt)
    {
        my_serial.Write(SendDataTxt);
        do
        {
        } while (my_serial.WriteBufferSize == 0);

        Thread.Sleep(5);
        DataRead();
    }

    참조 1개
    private void DataRead()
    {
        bool m_Next = false;
        string strInData = string.Empty;
        string[] RData = new string[3];

        do
        {
            string msg = my_serial.ReadExisting();
            strInData += msg;

            if (msg.IndexOf(ETX) > 0)
            {
                TB_Receivedframe.Text = strInData;
```

(b)

```
                    if (strInData[0] == ACK)
                    {
                        for (int i = 0; i < 3; i++) RData[i] += strInData[11 + (i * 4)];
                        BT_M0.BackColor = Convert.ToInt16(RData[0]) == 1 ? Color.Red : Color.Gray;
                        BT_C0.BackColor = Convert.ToInt16(RData[1]) == 1 ? Color.Red : Color.Gray;
                        BT_P20.BackColor = Convert.ToInt16(RData[2]) == 1 ? Color.Red : Color.Gray;
                        m_Next = true;
                    }
                    else if (strInData[0] == NAK) m_Next = true;
                }
            } while (!m_Next);
        }
    }
}
```

(c)

[그림 3-62] c# 프로그램

실습과제 3-3

과제명 **1 Byte 데이터 읽기**

1) 과제 설명

- [그림 3-63]과 같이 Window Form을 구성한다.
- Form이 시작되면 **[OPEN]** 버튼과 **[Port Name]** Combo Box만 활성화되며, 나머지 Component는 비활성화된다.
- **[Port Name]** Combo Box를 클릭하여 현재 연결된 시리얼 포트의 이름을 읽어와서 시리얼 포트 Item에 추가하고, 사용할 시리얼 포트를 선택한다.
- **[OPEN]** 버튼을 클릭하여 선택된 시리얼 포트를 Open한다. **[OPEN]** 버튼은 비활성화되고 나머지 Component는 활성화된다.
- **[읽기]** 버튼을 클릭하면 PLC의 P20에서 P27까지 1 Byte 데이터를 일정한 시간 주기로 읽어와서 HEX 데이터는 Received Byte Data(HEX)에 쓰고, 각 비트의 ON/OFF 상태를 **[P20]**에서 **[P27]**까지의 Check Box에 표시한다.
- **[정지]** 버튼을 클릭하면 데이터 읽기를 중지한다.

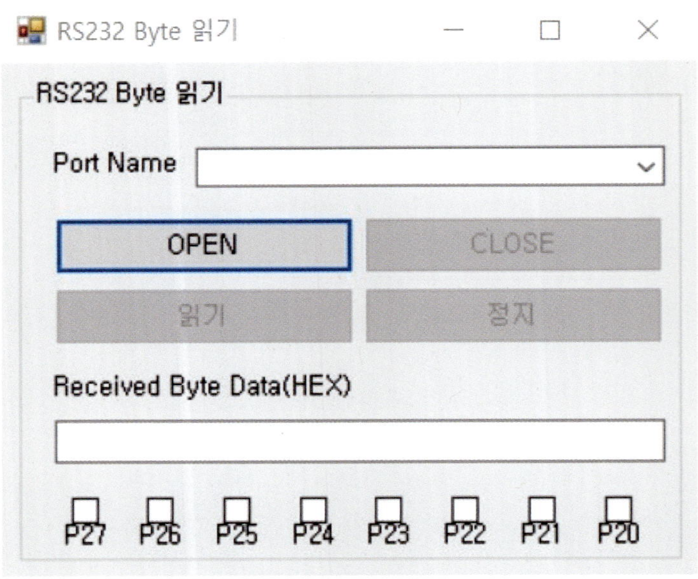

[그림 3-63] Window Form

2) Form Design

- 사용된 Component List

[표 3-37] Component List

도구	Name	Text
Label	-	Port Name
Label	-	Received Byte Data(HEX)
TextBox	TB_ReceivedData	-
ComboBox	CB_Port	-
CheckBox	CB_P20 ~ CB_C27	P20 ~ P27
GroupBox	-	RS232 Byte 읽기

❖ PLC 프로그램

[그림 3-64] PLC 프로그램

❖ C# 프로그램

1) 프로그램 설명

- FormStart 함수
  - [OPEN] 버튼 활성화
  - [CLOSE], [읽기], [정지] 버튼 비활성화
  - 수신 데이터 TextBox 비활성화
  - [P20]에서 [P27]까지 Check Box 비활성화

```
private void FormStart(bool t)
{
    Bt_Open.Enabled = t;                 // OPEN BUTTON
    Bt_Close.Enabled = !t;               // CLOSE BUTTON
    BT_Read.Enabled = !t;                // 읽기 BUTTON
    BT_Stop.Enabled = !t;                // 정지 BUTTON
    TB_ReceivedData.Enabled = !t;        // 데이터 표시
    CB_P20.Enabled = !t;                 // P20 Check Box
    CB_P21.Enabled = !t;                 // P21 Check Box
    CB_P22.Enabled = !t;                 // P22 Check Box
    CB_P23.Enabled = !t;                 // P23 Check Box
    CB_P24.Enabled = !t;                 // P24 Check Box
    CB_P25.Enabled = !t;                 // P25 Check Box
    CB_P26.Enabled = !t;                 // P26 Check Box
    CB_P27.Enabled = !t;                 // P27 Check Box
}
```

[그림 3-65] FormStart 함수

- timer1_Tick 함수
  - SendDataTxt = ENQ + "00RSS" + "01" + "05%PB04" + EOT;
  - 비트 디바이스 P20부터 P27까지의 Byte 단위 디바이스 번호 : P004
  - 바이트 번호
    - ✓ P00 ~ P07 : P000, P08 ~ P0F : P001
    - ✓ P10 ~ P07 : P002, P18 ~ P1F : P003
    - ✓ P20 ~ P27 : P004, P28 ~ P2F : P005

```
private void timer1_Tick(object sender, EventArgs e)
{
    string SendDataTxt = ENQ + "00RSS" + "01" + "05%PB04" + EOT;
    SendData(SendDataTxt);
}
```

[그림 3-66] timer1_Tick 함수

- DataRead 함수

```
private void DataRead()
{
    bool m_Next = false;
    string strInData = string.Empty;
    string RData = string.Empty;

    do
    {
        string msg = my_serial.ReadExisting();
        strInData += msg;
        if (msg.IndexOf(ETX) > 0)
        {
            int[] RecData = new int[8];
            if (strInData[0] == ACK)
            {
                for (int i = 10; i <= 11; i++) RData += strInData[i];
                int RNum = Convert.ToInt16(RData, 16);
                for (int i = 0; i < 8; i++)
                {
                    RecData[i] = RNum & 0x00000001;
                    RNum = RNum >> 1;
                }
                CB_P20.Checked = Convert.ToBoolean(RecData[0]);
                CB_P21.Checked = Convert.ToBoolean(RecData[1]);
                CB_P22.Checked = Convert.ToBoolean(RecData[2]);
                CB_P23.Checked = Convert.ToBoolean(RecData[3]);
                CB_P24.Checked = Convert.ToBoolean(RecData[4]);
                CB_P25.Checked = Convert.ToBoolean(RecData[5]);
                CB_P26.Checked = Convert.ToBoolean(RecData[6]);
                CB_P27.Checked = Convert.ToBoolean(RecData[7]);
                TB_ReceivedData.Text = RData;
                m_Next = true;
            }
            else if (strInData[0] == NAK) m_Next = true;
        }
    } while (!m_Next);
}
```

[그림 3-67] DataRead 함수

- 바이트 데이터 읽기

```
for (int i = 10; i <= 11; i++) RData += strInData[i];
```

- 바이트 데이터를 비트 데이터로 변환

```
for (int i = 0; i < 8; i++)
{
    RecData[i] = RNum & 0x00000001;
    RNum = RNum >> 1;
}
```

2) 전체 프로그램

```
Form1.cs  ⊅ ×   Form1.cs [디자인]
RS232_EX3                          WindowsFormsApp1.Form1

using System;
using System.IO.Ports;
using System.Threading;
using System.Windows.Forms;

namespace WindowsFormsApp1
{
    참조 3개
    public partial class Form1 : Form
    {
        SerialPort my_serial = new SerialPort();

        const char ETX = (char)0x03;     //End Text [응답용Asc]
        const char EOT = (char)0x04;     //End of Text[요구용 Asc]
        const char ENQ = (char)0x05;     //Enquire[프레임시작코드]
        const char ACK = (char)0x06;     //Acknowledge[응답 시작]
        const char NAK = (char)0x15;     //Not Acknoledge[에러응답시작]

        참조 1개
        public Form1()
        {
            InitializeComponent();
        }

        참조 1개
        private void Form1_Load(object sender, EventArgs e)
        {
            FormStart(true);
        }

        참조 3개
        private void FormStart(bool t)
        {
            Bt_Open.Enabled = t;              // OPEN BUTTON
            Bt_Close.Enabled = !t;            // CLOSE BUTTON
            BT_Read.Enabled = !t;             // 읽기 BUTTON
            BT_Stop.Enabled = !t;             // 정지 BUTTON
            TB_ReceivedData.Enabled = !t;     // 데이터 표시
            CB_P20.Enabled = !t;              // P20 Check Box
            CB_P21.Enabled = !t;              // P21 Check Box
            CB_P22.Enabled = !t;              // P22 Check Box
            CB_P23.Enabled = !t;              // P23 Check Box
            CB_P24.Enabled = !t;              // P24 Check Box
            CB_P25.Enabled = !t;              // P25 Check Box
            CB_P26.Enabled = !t;              // P26 Check Box
            CB_P27.Enabled = !t;              // P27 Check Box
        }

        참조 1개
        private void CB_Port_MouseClick(object sender, MouseEventArgs e)
        {
            CB_Port.Items.Clear();
            foreach (string comport in SerialPort.GetPortNames())
            {
                CB_Port.Items.Add(comport);
            }
        }

        참조 1개
        private void BT_Open_Click(object sender, EventArgs e)
        {
            my_serial.PortName = CB_Port.Text;
            my_serial.BaudRate = 19200;
            my_serial.DataBits = 8;
            my_serial.Parity = Parity.None;
            my_serial.StopBits = StopBits.One;

```

(a)

```
        }

        참조 1개
        private void BT_Close_Click(object sender, EventArgs e)
        {
            if (null != my_serial)
            {
                if (my_serial.IsOpen)
                {
                    my_serial.Close();
                    FormStart(true);
                }
            }
        }

        참조 1개
        private void BT_Read_Click(object sender, EventArgs e)
        {
            BT_Stop.Enabled = true;
            BT_Read.Enabled = false;
            timer1.Enabled = true;
            timer1.Interval = 10;
        }

        참조 1개
        private void timer1_Tick(object sender, EventArgs e)
        {
            string SendDataTxt = ENQ + "00RSS" + "01" + "05%PB04" + EOT;
            SendData(SendDataTxt);
        }

        참조 1개
        private void BT_Stop_Click(object sender, EventArgs e)
        {
            BT_Read.Enabled = true;
            BT_Stop.Enabled = false;
            timer1.Enabled = false;
        }

        참조 1개
        private void SendData(string SendDataTxt)
        {
            my_serial.Write(SendDataTxt);
            do
            {
            } while (my_serial.WriteBufferSize == 0);
            Thread.Sleep(2);
            DataRead();
        }

        참조 1개
        private void DataRead()
        {
            bool m_Next = false;
            string strInData = string.Empty;
            string RData = string.Empty;

            do
            {
                string msg = my_serial.ReadExisting();
                strInData += msg;
                if (msg.IndexOf(ETX) > 0)
                {
                    int[] RecData = new int[8];
                    if (strInData[0] == ACK)
                    {
                        for (int i = 10; i <= 11; i++) RData += strInData[i];
                        int RNum = Convert.ToInt16(RData, 16);
                        for (int i = 0; i < 8; i++)
                        {
                            RecData[i] = RNum & 0x00000001;
                            RNum = RNum >> 1;
```

(b)

```
                        }
                        CB_P20.Checked = Convert.ToBoolean(RecData[0]);
                        CB_P21.Checked = Convert.ToBoolean(RecData[1]);
                        CB_P22.Checked = Convert.ToBoolean(RecData[2]);
                        CB_P23.Checked = Convert.ToBoolean(RecData[3]);
                        CB_P24.Checked = Convert.ToBoolean(RecData[4]);
                        CB_P25.Checked = Convert.ToBoolean(RecData[5]);
                        CB_P26.Checked = Convert.ToBoolean(RecData[6]);
                        CB_P27.Checked = Convert.ToBoolean(RecData[7]);
                        TB_ReceivedData.Text = RData;
                        m_Next = true;
                    }
                    else if (strInData[0] == NAK) m_Next = true;
                }
            } while (!m_Next);
        }
    }
}
```

(c)

[그림 3-68] C# 프로그램

실습과제 3-4

과제명 2 Byte 데이터 읽기

1) 과제 설명

- [그림 3-69]와 같이 Window Form을 구성한다.
- Form이 시작되면 **[OPEN]** 버튼과 **[Port Name]** Combo Box만 활성화되며, 나머지 Component는 비활성화된다.
- **[Port Name]** Combo Box에서 현재 연결된 시리얼 포트의 이름을 읽어와서 시리얼 포트 Item에 추가하고, 사용할 시리얼 포트를 선택한다.
- **[OPEN]** 버튼을 클릭하여 선택된 시리얼 포트를 Open한다. **[OPEN]** 버튼은 비활성화되고 나머지 Component는 활성화된다.
- **[읽기]** 버튼을 클릭하면 PLC에서 P00에서 P07까지와 P20에서 P27까지의 2 바이트 데이터를 일정한 시간 주기로 읽어와서 HEX 형태의 바이트 데이터는 **[Received Byte Data(HEX) : P000, P002]** Text Box에 쓰고 각 비트의 ON/OFF 상태는 **[P00]**에서 **[P07]**까지와 **[P20]**에서 **[P27]**까지의 Check Box에 표시한다.
- **[정지]** 버튼을 클릭하면 바이트 데이터 읽기를 중지한다.

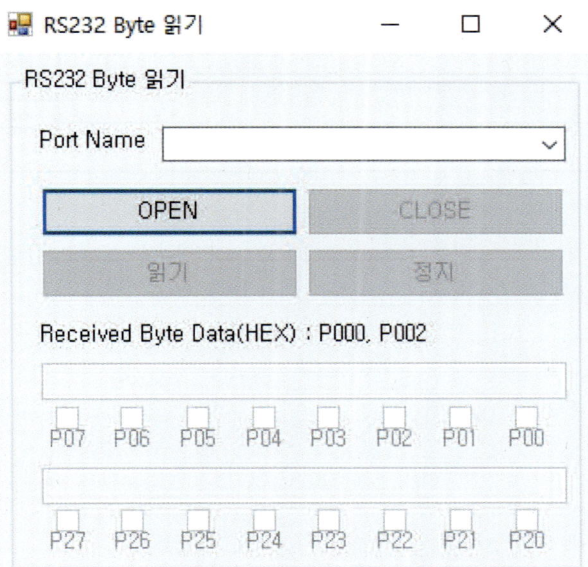

[그림 3-69] Window Form

2) Form Design

- 사용된 Component List

[표 3-38] Component List

도구	Name	Text
Label	-	Port Name
Label	-	Received Byte Data(HEX) : P000, P002
TextBox	TB_ReceivedData1	-
TextBox	TB_ReceivedData2	-
ComboBox	CB_Port	-
CheckBox	CB_P00 ~ CB_P07	P00 ~ P07
CheckBox	CB_P20 ~ CB_P27	P20 ~ P27
GroupBox	-	RS232 Byte 읽기

❖ PLC 프로그램

[그림 3-70] PLC 프로그램

❖ C# 프로그램

1) 프로그램 설명

- FormStart 함수
    - [OPEN], [CLOSE], [읽기], [정지] 버튼 활성화/비활성화 설정
    - 수신 데이터 표시 TextBox1과 TextBox2 활성화/비활성화 설정
    - Check Box [P00]에서 [P07]까지와 [P20]에서 [P27]까지의 활성화/비활성화 설정

```
private void FormStart(bool t)
{
    Bt_Open.Enabled = t;              // OPEN BUTTON
    Bt_Close.Enabled = !t;            // CLOSE BUTTON
    BT_Read.Enabled = !t;             // 읽기 BUTTON
    BT_Stop.Enabled = !t;             // 정지 BUTTON
    TB_ReceivedData1.Enabled = !t;     // 데이터 표시
    CB_P00.Enabled = !t;              // P00 Check Box
    CB_P01.Enabled = !t;              // P01 Check Box
    CB_P02.Enabled = !t;              // P02 Check Box
    CB_P03.Enabled = !t;              // P03 Check Box
    CB_P04.Enabled = !t;              // P04 Check Box
    CB_P05.Enabled = !t;              // P05 Check Box
    CB_P06.Enabled = !t;              // P06 Check Box
    CB_P07.Enabled = !t;              // P07 Check Box
    TB_ReceivedData2.Enabled = !t;     // 데이터 표시
    CB_P20.Enabled = !t;              // P20 Check Box
    CB_P21.Enabled = !t;              // P21 Check Box
    CB_P22.Enabled = !t;              // P22 Check Box
    CB_P23.Enabled = !t;              // P23 Check Box
    CB_P24.Enabled = !t;              // P24 Check Box
    CB_P25.Enabled = !t;              // P25 Check Box
    CB_P26.Enabled = !t;              // P26 Check Box
    CB_P27.Enabled = !t;              // P27 Check Box
}
```

[그림 3-71] FormStart 함수

- timer1_Tick 함수

```
private void timer1_Tick(object sender, EventArgs e)
{
    string SendDataTxt = ENQ + "00RSS" + "02" + "05%PB00" + "05%PB04" + EOT;
    SendData(SendDataTxt);
}
```

[그림 3-72] timer1_Tick 함수

- DataRead 함수

```
private void DataRead()
{
    bool m_Next = false;
    string strInData = string.Empty;

    do
    {
        string msg = my_serial.ReadExisting();
        strInData += msg;
        if (msg.IndexOf(ETX) > 0)
        {
            if (strInData[0] == ACK)
            {
                for (int k = 0; k < 2; k++)
                {
                    string RData = string.Empty;
                    for (int i = 0; i <= 1; i++) RData += strInData[10 + 4 * k + i];
                    BitCheck(k, RData);
                }
                m_Next = true;
            }
            else if (strInData[0] == NAK) m_Next = true;
        }
    } while (!m_Next);
}
```

[그림 3-73] DataRead 함수

- 바이트 데이터 2개를 읽기

- BitCheck 함수
  - 바이트 데이터를 비트 데이터로 변환하여 표시한다.

```
private void BitCheck( int k, string RData)
{
    int[] RecData = new int[8];
    int RNum = Convert.ToInt16(RData, 16);
    for (int i = 0; i < 8; i++)
    {
        RecData[i] = RNum & 0x00000001;
        RNum = RNum >> 1;
    }
    if (k == 0)
    {
        CB_P00.Checked = Convert.ToBoolean(RecData[0]);
        CB_P01.Checked = Convert.ToBoolean(RecData[1]);
        CB_P02.Checked = Convert.ToBoolean(RecData[2]);
        CB_P03.Checked = Convert.ToBoolean(RecData[3]);
        CB_P04.Checked = Convert.ToBoolean(RecData[4]);
        CB_P05.Checked = Convert.ToBoolean(RecData[5]);
        CB_P06.Checked = Convert.ToBoolean(RecData[6]);
        CB_P07.Checked = Convert.ToBoolean(RecData[7]);
        TB_ReceivedData1.Text = RData;
    }
    else
    {
        CB_P20.Checked = Convert.ToBoolean(RecData[0]);
        CB_P21.Checked = Convert.ToBoolean(RecData[1]);
        CB_P22.Checked = Convert.ToBoolean(RecData[2]);
        CB_P23.Checked = Convert.ToBoolean(RecData[3]);
        CB_P24.Checked = Convert.ToBoolean(RecData[4]);
        CB_P25.Checked = Convert.ToBoolean(RecData[5]);
        CB_P26.Checked = Convert.ToBoolean(RecData[6]);
        CB_P27.Checked = Convert.ToBoolean(RecData[7]);
        TB_ReceivedData2.Text = RData;
    }
}
```

[그림 3-74] BitCheck 함수

2) 전체 프로그램

Form1.cs* Form1.cs [디자인]*

RS232_EX4 WindowsFormsApp1.Form1

```
using System;
using System.IO.Ports;
using System.Threading;
using System.Windows.Forms;

namespace WindowsFormsApp1
{
    참조 3개
    public partial class Form1 : Form
    {
        SerialPort my_serial = new SerialPort();

        const char ETX = (char)0x03;     //End Text [응답용Asc]
        const char EOT = (char)0x04;     //End of Text[요구용 Asc]
        const char ENQ = (char)0x05;     //Enquire[프레임시작코드]
        const char ACK = (char)0x06;     //Acknowledge[응답 시작]
        const char NAK = (char)0x15;     //Not Acknoledge[에러응답시작]

        참조 1개
        public Form1()
        {
            InitializeComponent();
        }

        참조 1개
        private void Form1_Load(object sender, EventArgs e)
        {
            FormStart(true);
        }

        참조 3개
        private void FormStart(bool t)
        {
            Bt_Open.Enabled = t;                // OPEN BUTTON
            Bt_Close.Enabled = !t;              // CLOSE BUTTON
            BT_Read.Enabled = !t;               // 읽기 BUTTON
            BT_Stop.Enabled = !t;               // 정지 BUTTON
            TB_ReceivedData1.Enabled = !t;       // 데이터 표시
            CB_P00.Enabled = !t;                // P00 Check Box
            CB_P01.Enabled = !t;                // P01 Check Box
            CB_P02.Enabled = !t;                // P02 Check Box
            CB_P03.Enabled = !t;                // P03 Check Box
            CB_P04.Enabled = !t;                // P04 Check Box
            CB_P05.Enabled = !t;                // P05 Check Box
            CB_P06.Enabled = !t;                // P06 Check Box
            CB_P07.Enabled = !t;                // P07 Check Box
            TB_ReceivedData2.Enabled = !t;       // 데이터 표시
            CB_P20.Enabled = !t;                // P20 Check Box
            CB_P21.Enabled = !t;                // P21 Check Box
            CB_P22.Enabled = !t;                // P22 Check Box
            CB_P23.Enabled = !t;                // P23 Check Box
            CB_P24.Enabled = !t;                // P24 Check Box
            CB_P25.Enabled = !t;                // P25 Check Box
            CB_P26.Enabled = !t;                // P26 Check Box
            CB_P27.Enabled = !t;                // P27 Check Box
        }

        참조 1개
        private void CB_Port_MouseClick(object sender, MouseEventArgs e)
        {
            CB_Port.Items.Clear();
            foreach (string comport in SerialPort.GetPortNames())
            {
                CB_Port.Items.Add(comport);
            }
        }

```

(a)

```
참조 1개
private void BT_Open_Click(object sender, EventArgs e)
{
    my_serial.PortName = CB_Port.Text;
    my_serial.BaudRate = 19200;
    my_serial.DataBits = 8;
    my_serial.Parity = Parity.None;
    my_serial.StopBits = StopBits.One;

    if (!my_serial.IsOpen)
    {
        my_serial.Open( );
        FormStart(false);
        BT_Stop.Enabled = false;                           // 정지 BUTTON 비활성화
    }
}

참조 1개
private void BT_Close_Click(object sender, EventArgs e)
{
    if (null != my_serial)
    {
        if (my_serial.IsOpen)
        {
            my_serial.Close( );
            FormStart(true);
        }
    }
}

참조 1개
private void BT_Read_Click(object sender, EventArgs e)
{
    BT_Stop.Enabled = true;
    BT_Read.Enabled = false;
    timer1.Enabled = true;
    timer1.Interval = 10;
}

참조 1개
private void timer1_Tick(object sender, EventArgs e)
{
    string SendDataTxt = ENQ + "00RSS" + "02" + "05%PB00" + "05%PB04" + EOT;
    SendData(SendDataTxt);
}

참조 1개
private void BT_Stop_Click(object sender, EventArgs e)
{
    BT_Read.Enabled = true;
    BT_Stop.Enabled = false;
    timer1.Enabled = false;
}

참조 1개
private void SendData(string SendDataTxt)
{
    my_serial.Write(SendDataTxt);
    do
    {
    } while (my_serial.WriteBufferSize == 0);
    Thread.Sleep(2);
    DataRead( );
}

참조 1개
private void DataRead( )
{
    bool m_Next = false;
    string strInData = string.Empty;

    do
```

(b)

```
            {
                string msg = my_serial.ReadExisting( );
                strInData += msg;
                if (msg.IndexOf(ETX) > 0)
                {
                    if (strInData[0] == ACK)
                    {
                        for (int k = 0; k < 2; k++)
                        {
                            string RData = string.Empty;
                            for (int i = 0; i <= 1; i++) RData += strInData[10 + 4 * k + i];
                            BitCheck(k, RData);
                        }
                        m_Next = true;
                    }
                    else if (strInData[0] == NAK) m_Next = true;
                }
            } while (!m_Next);
        }

        참조 1개
        private void BitCheck(int k, string RData)
        {
            int[] RecData = new int[8];
            int RNum = Convert.ToInt16(RData, 16);
            for (int i = 0; i < 8; i++)
            {
                RecData[i] = RNum & 0x00000001;
                RNum = RNum >> 1;
            }
            if (k == 0)
            {
                CB_P00.Checked = Convert.ToBoolean(RecData[0]);
                CB_P01.Checked = Convert.ToBoolean(RecData[1]);
                CB_P02.Checked = Convert.ToBoolean(RecData[2]);
                CB_P03.Checked = Convert.ToBoolean(RecData[3]);
                CB_P04.Checked = Convert.ToBoolean(RecData[4]);
                CB_P05.Checked = Convert.ToBoolean(RecData[5]);
                CB_P06.Checked = Convert.ToBoolean(RecData[6]);
                CB_P07.Checked = Convert.ToBoolean(RecData[7]);
                TB_ReceivedData1.Text = RData;
            }
            else
            {
                CB_P20.Checked = Convert.ToBoolean(RecData[0]);
                CB_P21.Checked = Convert.ToBoolean(RecData[1]);
                CB_P22.Checked = Convert.ToBoolean(RecData[2]);
                CB_P23.Checked = Convert.ToBoolean(RecData[3]);
                CB_P24.Checked = Convert.ToBoolean(RecData[4]);
                CB_P25.Checked = Convert.ToBoolean(RecData[5]);
                CB_P26.Checked = Convert.ToBoolean(RecData[6]);
                CB_P27.Checked = Convert.ToBoolean(RecData[7]);
                TB_ReceivedData2.Text = RData;
            }
        }
    }
}
```

(c)

[그림 3-75] C# 프로그램

실습과제 3-5

과제명 1 Word 데이터 읽기

1) 과제 설명

- [그림 3-76]과 같이 Window Form을 구성한다.
- Form이 시작되면 **[OPEN]** 버튼과 **[Port Name]** Combo Box만 활성화되며, 나머지 Component는 비활성화된다.
- **[Port Name]** Combo Box에서 현재 연결된 시리얼 포트를 읽어와서 시리얼 포트 Item에 추가하고, 사용할 시리얼 포트를 선택한다.
- **[OPEN]** 버튼을 클릭하여 선택된 시리얼 포트를 Open한다. **[OPEN]** 버튼은 비활성화되고 나머지 Component는 활성화된다.
- **[읽기]** 버튼을 클릭하면 PLC에서 카운터 C0값(Word 데이터)을 일정한 시간 주기로 읽어와서 **[Received Data(C0)]** Text Box에 쓴다.
- **[정지]** 버튼을 클릭하면 데이터 읽기를 중지한다.

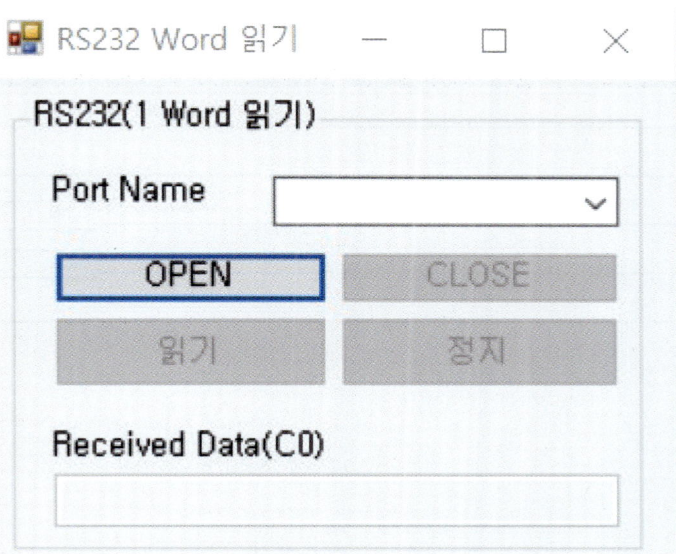

[그림 3-76] Window Form

2) Form Design

- 사용된 Component List

[표 3-39] Component List

도구	Name	Text
Label	-	Port Name
Label	-	Received Data(C0)
ComboBox	CB_Port	-
Button	BT_Open	OPEN
Button	BT_Close	CLOSE
Button	BT_Read	읽기
Button	BT_Stop	정지
TextBox	TB_ReceivedData	-
Timer	timer1	-
GroupBox	-	RS232(1 Word 읽기)

❖ PLC 프로그램

[그림 3-77] PLC 프로그램

❖ C# 프로그램

1) 프로그램 설명

- FormStart 함수
    - [OPEN], [CLOSE], [읽기], [정지] 버튼 활성화/비활성화 설정
    - 수신 데이터 TextBox 활성화/비활성화 설정

```
private void FormStart(bool t)
{
    Bt_Open.Enabled = t;                    // OPEN BUTTON
    Bt_Close.Enabled = !t;                  // CLOSE BUTTON
    BT_Read.Enabled = !t;                   // 읽기 BUTTON
    BT_Stop.Enabled = !t;                   // 정지 BUTTON
    TB_ReceivedData.Enabled = !t;           // 데이터 TextBox
}
```

[그림 3-78] FormStart 함수

- BT_Read_Click 함수
- timer1 읽기 주기 : 100

```
private void BT_Read_Click(object sender, EventArgs e)
{
    BT_Read.Enabled = false;
    BT_Stop.Enabled = true;
    timer1.Enabled = true;
    timer1.Interval = 100;
}
```

[그림 3-79] BT_Read_Click 함수

- timer1_Tick 함수

```
private void timer1_Tick(object sender, EventArgs e)
{
    String SendDataTxt = ENQ + "00RSS" + "01" + "05%CW00" + EOT;
    SendData(SendDataTxt);
}
```

[그림 3-80] timer1_Tick 함수

- DataRead 함수

```
private void DataRead()
{
    bool m_Next = false;
    string strInData = string.Empty;

    do
    {
        string msg = my_serial.ReadExisting();
        strInData += msg;
        if (msg.IndexOf(ETX) > 0)
        {
            if (strInData[0] == ACK)
            {
                string RData = string.Empty;
                for (int i = 0; i < 4; i++) RData += strInData[10 + i];
                TB_ReceivedData.Text = Convert.ToInt16(RData, 16).ToString();
                m_Next = true;
            }
            else if (strInData[0] == NAK) m_Next = true;
        }
    } while (!m_Next);
}
```

[그림 3-81] DataRead 함수

- Text 형태의 Word 데이터(2진 데이터) → 10진수 정수형 데이터로 변환
- 10진수 정수형 데이터 → Text 형태로 변환

```
for (int i = 0; i < 4; i++) RData += strInData[10 + i];
TB_ReceivedData.Text = Convert.ToInt16(RData, 16).ToString();
```

2) 전체 프로그램

Form1.cs Form1.cs [디자인]

RS232_EX5 | WindowsFormsApp1.Form1

```
using System;
using System.IO.Ports;
using System.Threading;
using System.Windows.Forms;

namespace WindowsFormsApp1
{
    참조 3개
    public partial class Form1 : Form
    {
        SerialPort my_serial = new SerialPort();

        const char ETX = (char)0x03; //End Text [응답용Asc]
        const char EOT = (char)0x04; //End of Text[요구용 Asc]
        const char ENQ = (char)0x05; //Enquire[프레임시작코드]
        const char ACK = (char)0x06; //Acknowledge[응답 시작]
        const char NAK = (char)0x15; //Not Acknoledge[에러응답시작]

        참조 1개
        public Form1()
        {
            InitializeComponent();
        }

        참조 1개
        private void Form1_Load(object sender, EventArgs e)
        {
            FormStart(true);
        }

        참조 3개
        private void FormStart(bool t)
        {
            Bt_Open.Enabled = t;                    // OPEN BUTTON
            Bt_Close.Enabled = !t;                  // CLOSE BUTTON
            BT_Read.Enabled = !t;                   // 읽기 BUTTON
            BT_Stop.Enabled = !t;                   // 정지 BUTTON
            TB_ReceivedData.Enabled = !t;           // 데이터 TextBox
        }

        참조 1개
        private void CB_Port_MouseClick(object sender, MouseEventArgs e)
        {
            Combo_Port.Items.Clear();
            foreach (string comport in SerialPort.GetPortNames())
            {
                Combo_Port.Items.Add(comport);
            }
        }

        참조 1개
        private void BT_Open_Click(object sender, EventArgs e)
        {
            my_serial.PortName = Combo_Port.Text;
            my_serial.BaudRate = 19200;
            my_serial.DataBits = 8;
            my_serial.Parity = Parity.None;
            my_serial.StopBits = StopBits.One;

            if (!my_serial.IsOpen)
            {
                my_serial.Open();
                FormStart(false);
                BT_Stop.Enabled = false;
            }
        }

        참조 1개
```

(a)

```
        private void BT_Close_Click(object sender, EventArgs e)
        {
            if (null != my_serial)
            {
                if (my_serial.IsOpen)
                {
                    my_serial.Close();
                    FormStart(true);
                }
            }
        }

        참조 1개
        private void BT_Read_Click(object sender, EventArgs e)
        {
            BT_Read.Enabled = false;
            BT_Stop.Enabled = true;
            timer1.Enabled = true;
            timer1.Interval = 100;
        }

        참조 1개
        private void BT_Stop_Click(object sender, EventArgs e)
        {
            BT_Read.Enabled = true;
            BT_Stop.Enabled = false;
            timer1.Enabled = false;
        }

        참조 1개
        private void timer1_Tick(object sender, EventArgs e)
        {
            String SendDataTxt = ENQ + "00RSS" + "01" + "05%CW00" + EOT;
            SendData(SendDataTxt);
        }

        참조 1개
        private void SendData(string SendDataTxt)
        {
            my_serial.Write(SendDataTxt);
            do
            {
            } while (my_serial.WriteBufferSize == 0);
            Thread.Sleep(50);
            DataRead();
        }

        참조 1개
        private void DataRead()
        {
            bool m_Next = false;
            string strInData = string.Empty;

            do
            {
                string msg = my_serial.ReadExisting();
                strInData += msg;
                if (msg.IndexOf(ETX) > 0)
                {
                    if (strInData[0] == ACK)
                    {
                        string RData = string.Empty;
                        for (int i = 0; i < 4; i++) RData += strInData[10 + i];
                        TB_ReceivedData.Text = Convert.ToInt16(RData, 16).ToString();
                        m_Next = true;
                    }
                    else if (strInData[0] == NAK) m_Next = true;
                }
            } while (!m_Next);
        }
    }
}
```

(b)

[그림 3-82] C# 프로그램

실습과제 3-6

과제명 2 Word 데이터 읽기

1) 과제 설명

- [그림 3-83]과 같이 Window Form을 구성한다.
- Form이 시작되면 [OPEN] 버튼과 [Port Name] Combo Box만 활성화되며, 나머지 Component는 비활성화된다.
- [Port Name] Combo Box에서 현재 연결된 시리얼 포트를 읽어와서 시리얼 포트 Item에 추가하고, 사용할 시리얼 포트를 선택한다.
- [OPEN] 버튼을 클릭하여 선택된 시리얼 포트를 Open한다. [OPEN] 버튼은 비활성화되고 나머지 Component는 활성화된다.
- [읽기] 버튼을 클릭하면 PLC에서 카운터 C0의 현재값과 D10(Word 데이터) 값을 일정한 시간 주기로 읽어와서 Received Data [C0]와 [D10]의 Text Box에 쓴다.
- [정지] 버튼을 클릭하면 데이터 읽기를 중지한다.

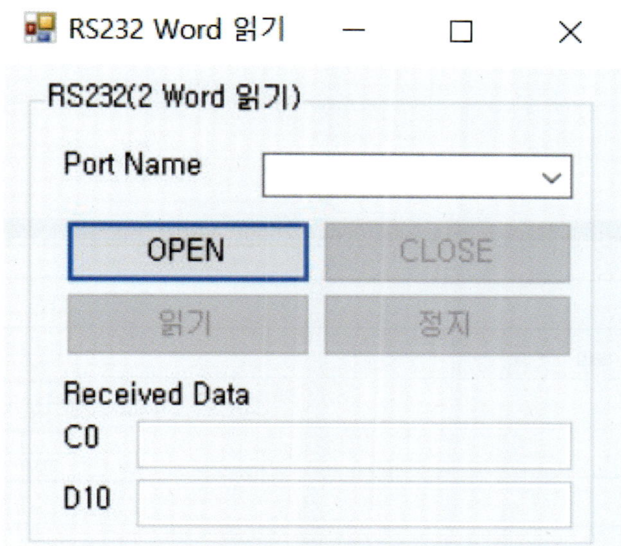

[그림 3-83] Window Form

2) Form Design

- 사용된 Component List

[표 3-40] Component List

도구	Name	Text
Label	-	Port Name
Label	-	Received Data
Label	-	C0
Label	-	D10
ComboBox	CB_Port	-
Button	BT_Open	OPEN
Button	BT_Close	CLOSE
Button	BT_Read	읽기
Button	BT_Stop	정지
TextBox	TB_C0	-
TextBox	TB_D10	-
Timer	timer1	-
GroupBox	-	RS232(2 Word 읽기)

❖ PLC 프로그램

[그림 3-84] PLC 프로그램

❖ C# 프로그램

1) 프로그램 설명

- FormStart 함수

  • 버튼 및 TextBox 활성화/비활성화 설정

```
private void FormStart(bool t)
{
    Bt_Open.Enabled = t;                    // OPEN BUTTON
    Bt_Close.Enabled = !t;                  // CLOSE BUTTON
    BT_Read.Enabled = !t;                   // 읽기 BUTTON
    BT_Stop.Enabled = !t;                   // 정지 BUTTON
    TB_C0.Enabled = !t;                     // C0 데이터 TextBox
    TB_D10.Enabled = !t;                    // D10 데이터 TextBox
}
```

[그림 3-85] FormStart 함수

- timer1_Tick 함수

```
private void timer1_Tick(object sender, EventArgs e)
{
    String SendDataTxt = ENQ + "00RSS" + "02" + "05%CW00" + "05%DW10" + EOT;
    SendData(SendDataTxt);
}
```

[그림 3-86] timer1_Tick 함수

- DataRead 함수

```
private void DataRead( )
{
    bool m_Next = false;
    string strInData = string.Empty;

    do
    {
        string msg = my_serial.ReadExisting( );
        strInData += msg;
        if (msg.IndexOf(ETX) > 0)
        {
            if (strInData[0] == ACK)
            {
                for( int k=0;k<2;k++)
                {
                    string RData = string.Empty;
                    for (int i = 0; i < 4; i++) RData += strInData[10 + 6*k + i];
                    if(k==0) TB_C0.Text = Convert.ToInt16(RData, 16).ToString( );
                    else TB_D10.Text = Convert.ToInt16(RData, 16).ToString( );
                }
                m_Next = true;
            }
            else if (strInData[0] == NAK) m_Next = true;
        }
    } while (!m_Next);
}
```

[그림 3-87] DataRead 함수

- 2개의 Word 데이터를 읽어와서 Text 형태로 표시

```
for( int k=0;k<2;k++)
{
    string RData = string.Empty;
    for (int i = 0; i < 4; i++) RData += strInData[10 + 6*k + i];
    if(k==0) TB_C0.Text = Convert.ToInt16(RData, 16).ToString( );
    else TB_D10.Text = Convert.ToInt16(RData, 16).ToString( );
}
```

2) 전체 프로그램

Form1.cs × Form1.cs [디자인]

RS232_EX6 — WindowsFormsApp1.Form1

```
using System;
using System.IO.Ports;
using System.Threading;
using System.Windows.Forms;

namespace WindowsFormsApp1
{
    참조 3개
    public partial class Form1 : Form
    {
        SerialPort my_serial = new SerialPort();

        const char ETX = (char)0x03; //End Text [응답용Asc]
        const char EOT = (char)0x04; //End of Text[요구용 Asc]
        const char ENQ = (char)0x05; //Enquire[프레임시작코드]
        const char ACK = (char)0x06; //Acknowledge[응답 시작]
        const char NAK = (char)0x15; //Not Acknoledge[에러응답시작]

        참조 1개
        public Form1()
        {
            InitializeComponent();
        }

        참조 1개
        private void Form1_Load(object sender, EventArgs e)
        {
            FormStart(true);
        }

        참조 3개
        private void FormStart(bool t)
        {
            Bt_Open.Enabled = t;                    // OPEN BUTTON
            Bt_Close.Enabled = !t;                  // CLOSE BUTTON
            BT_Read.Enabled = !t;                   // 읽기 BUTTON
            BT_Stop.Enabled = !t;                   // 정지 BUTTON
            TB_C0.Enabled = !t;                     // C0 데이터 TextBox
            TB_D10.Enabled = !t;                    // D10 데이터 TextBox
        }

        참조 1개
        private void CB_Port_MouseClick(object sender, MouseEventArgs e)
        {
            Combo_Port.Items.Clear();
            foreach (string comport in SerialPort.GetPortNames())
            {
                Combo_Port.Items.Add(comport);
            }
        }

        참조 1개
        private void BT_Open_Click(object sender, EventArgs e)
        {
            my_serial.PortName = Combo_Port.Text;
            my_serial.BaudRate = 19200;
            my_serial.DataBits = 8;
            my_serial.Parity = Parity.None;
            my_serial.StopBits = StopBits.One;

            if (!my_serial.IsOpen)
            {
                my_serial.Open();
                FormStart(false);
                BT_Stop.Enabled = false;
            }
        }
```

(a)

```
        참조 1개
        private void BT_Close_Click(object sender, EventArgs e)
        {
            if (null != my_serial)
            {
                if (my_serial.IsOpen)
                {
                    my_serial.Close();
                    FormStart(true);
                }
            }
        }

        참조 1개
        private void BT_Read_Click(object sender, EventArgs e)
        {
            BT_Read.Enabled = false;
            BT_Stop.Enabled = true;
            timer1.Enabled = true;
            timer1.Interval = 100;
        }

        참조 1개
        private void BT_Stop_Click(object sender, EventArgs e)
        {
            BT_Read.Enabled = true;
            BT_Stop.Enabled = false;
            timer1.Enabled = false;
        }

        참조 1개
        private void timer1_Tick(object sender, EventArgs e)
        {
            String SendDataTxt = ENQ + "00RSS" + "02" + "05%CW00" + "05%DW10" + EOT;
            SendData(SendDataTxt);
        }

        참조 1개
        private void SendData(string SendDataTxt)
        {
            my_serial.Write(SendDataTxt);
            do
            {
            } while (my_serial.WriteBufferSize == 0);
            Thread.Sleep(50);
            DataRead();
        }

        참조 1개
        private void DataRead()
        {
            bool m_Next = false;
            string strInData = string.Empty;

            do
            {
                string msg = my_serial.ReadExisting();
                strInData += msg;
                if (msg.IndexOf(ETX) > 0)
                {
                    if (strInData[0] == ACK)
                    {
                        for(int k=0;k<2;k++)
                        {
                            string RData = string.Empty;
                            for (int i = 0; i < 4; i++) RData += strInData[10 + 6*k + i];
                            if(k==0) TB_C0.Text = Convert.ToInt16(RData, 16).ToString();
                            else TB_D10.Text = Convert.ToInt16(RData, 16).ToString();
                        }
                        m_Next = true;
                    }
```

(b)

```
                    else if (strInData[0] == NAK) m_Next = true;
                }
            } while (!m_Next);
        }
    }
}
```

(c)

[그림 3-88] C# 프로그램

실습과제 3-7

과제명 **1 DoubleWord 데이터 읽기**

1) 과제 설명

- [그림 3-89]와 같이 Window Form을 구성한다.
- Form이 시작되면 **[OPEN]** 버튼과 **[Port Name]** Combo Box만 활성화되며, 나머지 Component는 비활성화된다.
- **[Port Name]** Combo Box에서 현재 연결된 시리얼 포트를 읽어와서 시리얼 포트 Item에 추가하고, 사용할 시리얼 포트를 선택한다.
- **[OPEN]** 버튼을 클릭하여 선택된 시리얼 포트를 Open한다. **[OPEN]** 버튼은 비활성화되고 나머지 Component는 활성화된다.
- **[읽기]** 버튼을 클릭하면 PLC에서 D10(DoubleWord 데이터)의 값을 일정한 시간 주기로 **[Received Data(D10)]** Text Box에 쓴다.
- **[정지]** 버튼을 클릭하면 데이터 읽기를 중지한다.

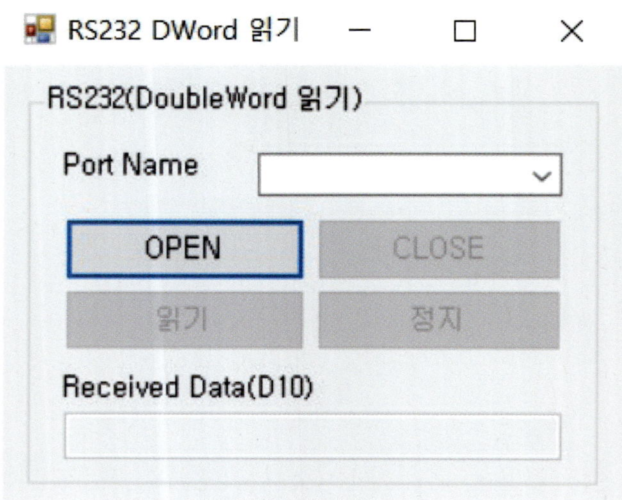

[그림 3-89] Window Form

2) Form Design

- 사용된 Component List

[표 3-41] Component List

도구	Name	Text
Label	-	Port Name
Label	-	Received Data(D10)
ComboBox	CB_Port	-
Button	BT_Open	OPEN
Button	BT_Close	CLOSE
Button	BT_Read	읽기
Button	BT_Stop	정지
TextBox	TB_ReceivedData	-
Timer	timer1	-
GroupBox	-	RS232(DoubleWord 읽기)

❖ PLC 프로그램

[그림 3-90] PLC 프로그램

❖ C# 프로그램

1) 프로그램 설명

- FormStart 함수
    - [OPEN], [CLOSE], [읽기], [정지] 버튼 활성화/비활성화 설정
    - 수신 데이터 표시 TextBox D10 활성화/비활성화 설정

```
private void FormStart(bool t)
{
    Bt_Open.Enabled = t;                      // OPEN BUTTON
    Bt_Close.Enabled = !t;                    // CLOSE BUTTON
    BT_Read.Enabled = !t;                     // 읽기 BUTTON
    BT_Stop.Enabled = !t;                     // 정지 BUTTON
    TB_ReceivedData.Enabled = !t;             // 데이터 TextBox
}
```

[그림 3-91] FormStart 함수

- timer1_Tick 함수
    - D10(Double Word)의 디바이스 주소 표기 → D5(10/2)

```
private void timer1_Tick(object sender, EventArgs e)
{
    String SendDataTxt = ENQ + "00RSS" + "01" + "05%DD05" + EOT;
    SendData(SendDataTxt);
}
```

[그림 3-92] timer1_Tick 함수

- DataRead 함수

  • Double Word : 32 Bit

```
string RData = string.Empty;
for (int i = 0; i < 8; i++) RData += strInData[10 + i];
TB_ReceivedData.Text = Convert.ToInt32(RData, 16).ToString();

private void DataRead()
{
    bool m_Next = false;
    string strInData = string.Empty;

    do
    {
        string msg = my_serial.ReadExisting();
        strInData += msg;
        if (msg.IndexOf(ETX) > 0)
        {
            if (strInData[0] == ACK)
            {
                string RData = string.Empty;
                for (int i = 0; i < 8; i++) RData += strInData[10 + i];
                TB_ReceivedData.Text = Convert.ToInt32(RData, 16).ToString();
                m_Next = true;
            }
            else if (strInData[0] == NAK) m_Next = true;
        }
    } while (!m_Next);
}
```

[그림 3-93] DataRead 함수

2) 전체 프로그램

Form1.cs ⇥ ✕ | Form1.cs [디자인]

RS232_EX7 | WindowsFormsApp1.Form1

```
using System;
using System.IO.Ports;
using System.Threading;
using System.Windows.Forms;

namespace WindowsFormsApp1
{
    public partial class Form1 : Form
    {
        SerialPort my_serial = new SerialPort();

        const char ETX = (char)0x03; //End Text [응답용Asc]
        const char EOT = (char)0x04; //End of Text[요구용 Asc]
        const char ENQ = (char)0x05; //Enquire[프레임시작코드]
        const char ACK = (char)0x06; //Acknowledge[응답 시작]
        const char NAK = (char)0x15; //Not Acknoledge[에러응답시작]

        public Form1()
        {
            InitializeComponent();
        }

        private void Form1_Load(object sender, EventArgs e)
        {
            FormStart(true);
        }

        private void FormStart(bool t)
        {
            Bt_Open.Enabled = t;                    // OPEN BUTTON
            Bt_Close.Enabled = !t;                  // CLOSE BUTTON
            BT_Read.Enabled = !t;                   // 읽기 BUTTON
            BT_Stop.Enabled = !t;                   // 정지 BUTTON
            TB_ReceivedData.Enabled = !t;           // 데이터 TextBox
        }

        private void CB_Port_MouseClick(object sender, MouseEventArgs e)
        {
            Combo_Port.Items.Clear();
            foreach (string comport in SerialPort.GetPortNames())
            {
                Combo_Port.Items.Add(comport);
            }
        }

        private void BT_Open_Click(object sender, EventArgs e)
        {
            my_serial.PortName = Combo_Port.Text;
            my_serial.BaudRate = 19200;
            my_serial.DataBits = 8;
            my_serial.Parity = Parity.None;
            my_serial.StopBits = StopBits.One;

            if (!my_serial.IsOpen)
            {
                my_serial.Open();
                FormStart(false);
                BT_Stop.Enabled = false;
            }
        }

        참조 1개
```

(a)

```
        private void BT_Close_Click(object sender, EventArgs e)
        {
            if (my_serial.IsOpen)
            {
                my_serial.Close();
                FormStart(true);
            }
        }

        참조 1개
        private void BT_Read_Click(object sender, EventArgs e)
        {
            BT_Read.Enabled = false;
            BT_Stop.Enabled = true;
            timer1.Enabled = true;
            timer1.Interval = 100;
        }

        참조 1개
        private void BT_Stop_Click(object sender, EventArgs e)
        {
            BT_Read.Enabled = true;
            BT_Stop.Enabled = false;
            timer1.Enabled = false;
        }

        참조 1개
        private void timer1_Tick(object sender, EventArgs e)
        {
            String SendDataTxt = ENQ + "00RSS" + "01" + "05%DD05" + EOT;
            SendData(SendDataTxt);
        }

        참조 1개
        private void SendData(string SendDataTxt)
        {
            my_serial.Write(SendDataTxt);
            do
            {
            } while (my_serial.WriteBufferSize == 0);
            Thread.Sleep(50);
            DataRead();
        }

        참조 1개
        private void DataRead()
        {
            bool m_Next = false;
            string strInData = string.Empty;

            do
            {
                string msg = my_serial.ReadExisting();
                strInData += msg;
                if (msg.IndexOf(ETX) > 0)
                {
                    if (strInData[0] == ACK)
                    {
                        string RData = string.Empty;
                        for (int i = 0; i < 8; i++) RData += strInData[10 + i];
                        TB_ReceivedData.Text = Convert.ToInt32(RData, 16).ToString();
                        m_Next = true;
                    }
                    else if (strInData[0] == NAK) m_Next = true;
                }
            } while (!m_Next);
        }
    }
}
```

(b)

[그림 3-94] C# 프로그램

실습과제 3-8

과제명 1 LongWord 데이터 읽기

1) 과제 설명

- [그림 3-95]와 같이 Window Form을 구성한다.
- Form이 시작되면 [OPEN] 버튼과 [Port Name] Combo Box만 활성화되며, 나머지 Component는 비활성화된다.
- [Port Name] Combo Box에서 현재 연결된 시리얼 포트를 읽어와서 시리얼 포트 Item에 추가하고, 사용할 시리얼 포트를 선택한다.
- [OPEN] 버튼을 클릭하여 선택된 시리얼 포트를 Open한다. [OPEN] 버튼은 비활성화되고 나머지 Component는 활성화된다.
- [읽기] 버튼을 클릭하면 PLC에서 D20(LongWord 데이터)의 값을 일정한 시간 주기로 읽어와서 [Received Data(D20)] Text Box에 쓴다.
- [정지] 버튼을 클릭하면 데이터 읽기를 중지한다.

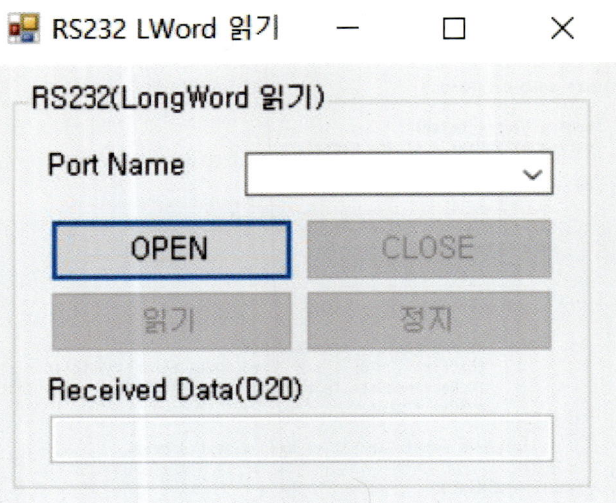

[그림 3-95] Window Form

2) Form Design

- 사용된 Component List

[표 3-42] Component List

도구	Name	Text
Label	–	Port Name
Label	–	Received Data(D20)
ComboBox	CB_Port	–
Button	BT_Open	OPEN
Button	BT_Close	CLOSE
Button	BT_Read	읽기
Button	BT_Stop	정지
TextBox	TB_ReceivedData	–
Timer	timer1	–
GroupBox	–	RS232(LongWord 읽기)

❖ PLC 프로그램

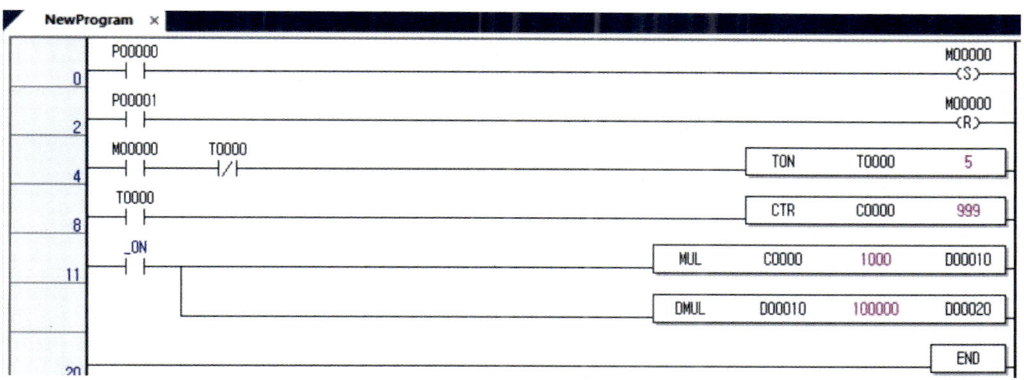

[그림 3-96] PLC 프로그램

❖ C# 프로그램

1) 프로그램 설명

- timer1_Tick 함수

  • D20(Long Word)의 디바이스 주소 표기 → D5(20/4)

```
private void timer1_Tick(object sender, EventArgs e)
{
    String SendDataTxt = ENQ + "00RSS" + "01" + "05%DL05" + EOT;
    SendData(SendDataTxt);
}
```

[그림 3-97] timer1_Tick 함수

- DataRead 함수

  • Long Word : 64 Bit

```
private void DataRead()
{
    bool m_Next = false;
    string strInData = string.Empty;

    do
    {
        string msg = my_serial.ReadExisting();
        strInData += msg;
        if (msg.IndexOf(ETX) > 0)
        {
            if (strInData[0] == ACK)
            {
                string RData = string.Empty;
                for (int i = 0; i < 16; i++) RData += strInData[10 + i];
                TB_ReceivedData.Text = Convert.ToInt64(RData, 16).ToString();
                m_Next = true;
            }
            else if (strInData[0] == NAK) m_Next = true;
        }
    } while (!m_Next);
}
```

[그림 3-98] DataRead 함수

2) 전체 프로그램

```
Form1.cs  ×  Form1.cs [디자인]
RS232_EX8                    WindowsFormsApp1.Form1

using System;
using System.IO.Ports;
using System.Threading;
using System.Windows.Forms;

namespace WindowsFormsApp1
{
    참조 3개
    public partial class Form1 : Form
    {
        SerialPort my_serial = new SerialPort();

        const char ETX = (char)0x03; //End Text [응답용Asc]
        const char EOT = (char)0x04; //End of Text[요구용 Asc]
        const char ENQ = (char)0x05; //Enquire[프레임시작코드]
        const char ACK = (char)0x06; //Acknowledge[응답 시작]
        const char NAK = (char)0x15; //Not Acknoledge[에러응답시작]

        참조 1개
        public Form1()
        {
            InitializeComponent();
        }

        참조 1개
        private void Form1_Load(object sender, EventArgs e)
        {
            FormStart(true);
        }

        참조 3개
        private void FormStart(bool t)
        {
            Bt_Open.Enabled = t;                    // OPEN BUTTON
            Bt_Close.Enabled = !t;                  // CLOSE BUTTON
            BT_Read.Enabled = !t;                   // 읽기 BUTTON
            BT_Stop.Enabled = !t;                   // 정지 BUTTON
            TB_ReceivedData.Enabled = !t;           // 데이터 TextBox
        }

        참조 1개
        private void CB_Port_MouseClick(object sender, MouseEventArgs e)
        {
            Combo_Port.Items.Clear();
            foreach (string comport in SerialPort.GetPortNames())
            {
                Combo_Port.Items.Add(comport);
            }
        }

        참조 1개
        private void BT_Open_Click(object sender, EventArgs e)
        {
            my_serial.PortName = Combo_Port.Text;
            my_serial.BaudRate = 19200;
            my_serial.DataBits = 8;
            my_serial.Parity = Parity.None;
            my_serial.StopBits = StopBits.One;

            if (!my_serial.IsOpen)
            {
                my_serial.Open();
                FormStart(false);
                BT_Stop.Enabled = false;
            }
        }

```

(a)

```
        참조 1개
        private void BT_Close_Click(object sender, EventArgs e)
        {
            if (my_serial.IsOpen)
            {
                my_serial.Close();
                FormStart(true);
            }
        }

        참조 1개
        private void BT_Read_Click(object sender, EventArgs e)
        {
            BT_Read.Enabled = false;
            BT_Stop.Enabled = true;
            timer1.Enabled = true;
            timer1.Interval = 100;
        }

        참조 1개
        private void BT_Stop_Click(object sender, EventArgs e)
        {
            BT_Read.Enabled = true;
            BT_Stop.Enabled = false;
            timer1.Enabled = false;
        }

        참조 1개
        private void timer1_Tick(object sender, EventArgs e)
        {
            String SendDataTxt = ENQ + "00RSS" + "01" + "05%DL05" + EOT;
            SendData(SendDataTxt);
        }

        참조 1개
        private void SendData(string SendDataTxt)
        {
            my_serial.Write(SendDataTxt);
            do
            {
            } while (my_serial.WriteBufferSize == 0);
            Thread.Sleep(50);
            DataRead();
        }

        참조 1개
        private void DataRead()
        {
            bool m_Next = false;
            string strInData = string.Empty;

            do
            {
                string msg = my_serial.ReadExisting();
                strInData += msg;
                if (msg.IndexOf(ETX) > 0)
                {
                    if (strInData[0] == ACK)
                    {
                        string RData = string.Empty;
                        for (int i = 0; i < 16; i++) RData += strInData[10 + i];
                        TB_ReceivedData.Text = Convert.ToInt64(RData, 16).ToString();
                        m_Next = true;
                    }
                    else if (strInData[0] == NAK) m_Next = true;
                }
            } while (!m_Next);
        }
    }
}
```

(b)

[그림 3-99] C# 프로그램

실습과제 3-9

과제명 **BYTE 데이터 연속 읽기**

1) 과제 설명

- [그림 3-99]와 같이 Window Form을 구성한다.
- Form이 시작되면 **[OPEN]** 버튼과 **[Port Name]** Combo Box만 활성화되며, 나머지 Component는 비활성화된다.
- **[Port Name]** Combo Box에서 현재 연결된 시리얼 포트를 읽어와서 시리얼 포트 Item에 추가하고, 사용할 시리얼 포트를 선택한다.
- **[OPEN]** 버튼을 클릭하여 선택된 시리얼 포트를 Open한다. **[OPEN]** 버튼은 비활성화되고 나머지 Component는 활성화된다.
- **[읽기]** 버튼을 클릭하면 PLC의 P20에서 P2F까지 연속 2 Byte 데이터를 일정 시간 주기로 읽어와서, 각 비트 ON/OFF 상태를 **[P20]**에서 **[P2F]**까지의 Check Box에 표시한다.
- **[정지]** 버튼을 클릭하면 읽기를 중지한다.

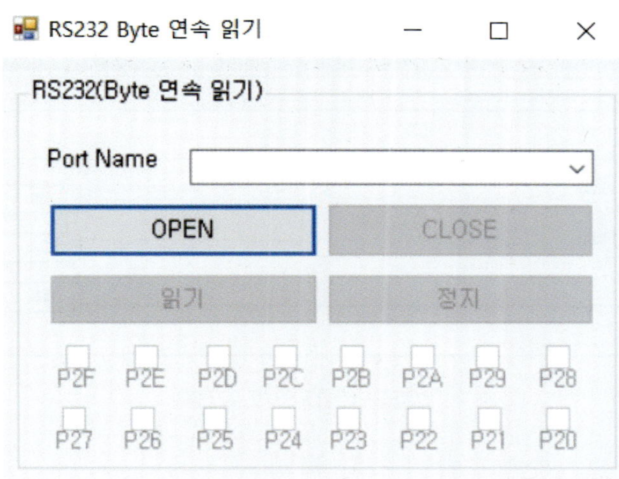

[그림 3-100] Window Form

2) Form Design

- 사용된 Component List

[표 3-43] Component List

도구	Name	Text
Label	-	Port Name
ComboBox	CB_Port	-
Button	BT_Open	OPEN
Button	BT_Close	CLOSE
Button	BT_Read	읽기
Button	BT_Stop	정지
CheckBox	CB_P20 ~ CB_P2F	P20 ~ P2F
GroupBox	-	RS232(Byte 연속 읽기)

❖ PLC 프로그램

[그림 3-101] PLC 프로그램

❖ C# 프로그램

1) 프로그램 설명

- FormStart 함수

```
private void FormStart(bool t)
{
    Bt_Open.Enabled = t;              // OPEN BUTTON
    Bt_Close.Enabled = !t;            // CLOSE BUTTON
    BT_Stop.Enabled = !t;             // 정지 BUTTON
    BT_Read.Enabled = !t;             // 읽기 BUTTON
    CB_P20.Enabled = !t;              // P20 CheckBox
    CB_P21.Enabled = !t;              // P21 CheckBox
    CB_P22.Enabled = !t;              // P22 CheckBox
    CB_P23.Enabled = !t;              // P23 CheckBox
    CB_P24.Enabled = !t;              // P24 CheckBox
    CB_P25.Enabled = !t;              // P25 CheckBox
    CB_P26.Enabled = !t;              // P26 CheckBox
    CB_P27.Enabled = !t;              // P27 CheckBox
    CB_P28.Enabled = !t;              // P28 CheckBox
    CB_P29.Enabled = !t;              // P29 CheckBox
    CB_P2A.Enabled = !t;              // P2A CheckBox
    CB_P2B.Enabled = !t;              // P2B CheckBox
    CB_P2C.Enabled = !t;              // P2C CheckBox
    CB_P2D.Enabled = !t;              // P2D CheckBox
    CB_P2E.Enabled = !t;              // P2E CheckBox
    CB_P2F.Enabled = !t;              // P2F CheckBox
}
```

[그림 3-102] FormStart 함수

- timer1_Tick 함수
    - ENQ + 국번 + 읽기 주 명령어 + 연속 읽기 명령어 + 변수 이름 길이 + 변수 이름 + 데이터 개수 + EOT

```
private void timer1_Tick(object sender, EventArgs e)
{
    String SendDataTxt = ENQ + "00RSB" + "05%PB04" + "02" + EOT;

    SendData(SendDataTxt);
}
```

[그림 3-103] timer1_Tick 함수

- DataRead 함수

```
private void DataRead( )
{
    bool m_Next = false;
    string strInData = string.Empty;

    do
    {
        string msg = my_serial.ReadExisting( );
        strInData += msg;
        if (msg.IndexOf(ETX) > 0)
        {
            if (strInData[0] == ACK)
            {
                for( int k=0;k<2;k++)
                {
                    string RData = string.Empty;
                    for (int i = 0; i < 2; i++) RData += strInData[10 + k*2 + i];
                    BitCheck(k, RData);
                }
                m_Next = true;
            }
            else if (strInData[0] == NAK) m_Next = true;
        }
    } while (!m_Next);
}
```

[그림 3-104] DataRead 함수

- BitCheck 함수

```
private void BitCheck( int k, string RData)
{
    int RNum = Convert.ToInt16(RData, 16);
    Int32[] RecData = new Int32[8];
    for (int i = 0; i < 8; i++)
    {
        RecData[i] = RNum & 0x00000001;
        RNum = RNum >> 1;
    }
    if(k==0)
    {
        CB_P20.Checked = Convert.ToBoolean(RecData[0]);
        CB_P21.Checked = Convert.ToBoolean(RecData[1]);
        CB_P22.Checked = Convert.ToBoolean(RecData[2]);
        CB_P23.Checked = Convert.ToBoolean(RecData[3]);
        CB_P24.Checked = Convert.ToBoolean(RecData[4]);
        CB_P25.Checked = Convert.ToBoolean(RecData[5]);
        CB_P26.Checked = Convert.ToBoolean(RecData[6]);
        CB_P27.Checked = Convert.ToBoolean(RecData[7]);
    }
    else
    {
        CB_P28.Checked = Convert.ToBoolean(RecData[0]);
        CB_P29.Checked = Convert.ToBoolean(RecData[1]);
        CB_P2A.Checked = Convert.ToBoolean(RecData[2]);
        CB_P2B.Checked = Convert.ToBoolean(RecData[3]);
        CB_P2C.Checked = Convert.ToBoolean(RecData[4]);
        CB_P2D.Checked = Convert.ToBoolean(RecData[5]);
        CB_P2E.Checked = Convert.ToBoolean(RecData[6]);
        CB_P2F.Checked = Convert.ToBoolean(RecData[7]);
    }
}
```

[그림 3-105] BitCheck 함수

2) 전체 프로그램

```
Form1.cs    Form1.cs [디자인]
RS232_EX9    WindowsFormsApp1.Form1

using System;
using System.IO.Ports;
using System.Threading;
using System.Windows.Forms;

namespace WindowsFormsApp1
{
    참조 3개
    public partial class Form1 : Form
    {
        SerialPort my_serial = new SerialPort();

        const char ETX = (char)0x03; //End Text [응답용Asc]
        const char EOT = (char)0x04; //End of Text[요구용 Asc]
        const char ENQ = (char)0x05; //Enquire[프레임시작코드]
        const char ACK = (char)0x06; //Acknowledge[응답 시작]
        const char NAK = (char)0x15; //Not Acknoledge[에러응답시작]

        참조 1개
        public Form1()
        {
            InitializeComponent();
        }

        참조 1개
        private void Form1_Load(object sender, EventArgs e)
        {
            FormStart(true);
        }

        참조 1개
        private void CB_Port_MouseClick(object sender, MouseEventArgs e)
        {
            CB_Port.Items.Clear();
            foreach (string comport in SerialPort.GetPortNames())
            {
                CB_Port.Items.Add(comport);
            }
        }

        참조 1개
        private void BT_Open_Click(object sender, EventArgs e)
        {
            my_serial.PortName = CB_Port.Text;
            my_serial.BaudRate = 19200;
            my_serial.DataBits = 8;
            my_serial.Parity = Parity.None;
            my_serial.StopBits = StopBits.One;

            if (!my_serial.IsOpen)
            {
                my_serial.Open();
                FormStart(false);
                BT_Stop.Enabled = false;
            }
        }

        참조 1개
        private void BT_Close_Click(object sender, EventArgs e)
        {
            if (my_serial.IsOpen)
            {
                my_serial.Close();
                FormStart(true);
            }
        }

```

(a)

```
참조 3개
private void FormStart(bool t)
{
    Bt_Open.Enabled = t;                        // OPEN BUTTON
    Bt_Close.Enabled = !t;                      // CLOSE BUTTON
    BT_Stop.Enabled = !t;                       // 정지 BUTTON
    BT_Read.Enabled = !t;                       // 읽기 BUTTON
    CB_P20.Enabled = !t;                        // P20 CheckBox
    CB_P21.Enabled = !t;                        // P21 CheckBox
    CB_P22.Enabled = !t;                        // P22 CheckBox
    CB_P23.Enabled = !t;                        // P23 CheckBox
    CB_P24.Enabled = !t;                        // P24 CheckBox
    CB_P25.Enabled = !t;                        // P25 CheckBox
    CB_P26.Enabled = !t;                        // P26 CheckBox
    CB_P27.Enabled = !t;                        // P27 CheckBox
    CB_P28.Enabled = !t;                        // P28 CheckBox
    CB_P29.Enabled = !t;                        // P29 CheckBox
    CB_P2A.Enabled = !t;                        // P2A CheckBox
    CB_P2B.Enabled = !t;                        // P2B CheckBox
    CB_P2C.Enabled = !t;                        // P2C CheckBox
    CB_P2D.Enabled = !t;                        // P2D CheckBox
    CB_P2E.Enabled = !t;                        // P2E CheckBox
    CB_P2F.Enabled = !t;                        // P2F CheckBox
}

참조 1개
private void BT_Read_Click(object sender, EventArgs e)
{
    BT_Stop.Enabled = true;
    BT_Read.Enabled = false;
    timer1.Enabled = true;
    timer1.Interval = 100;
}

참조 1개
private void BT_Stop_Click(object sender, EventArgs e)
{
    BT_Read.Enabled = true;
    BT_Stop.Enabled = false;
    timer1.Enabled = false;
}

참조 1개
private void timer1_Tick(object sender, EventArgs e)
{
    String SendDataTxt = ENQ + "00RSB" + "05%PB04" + "02" + EOT;

    SendData(SendDataTxt);
}

참조 1개
private void SendData(string SendDataTxt)
{
    my_serial.Write(SendDataTxt);
    do
    {
    } while (my_serial.WriteBufferSize == 0);
    Thread.Sleep(50);
    DataRead();
}

참조 1개
private void DataRead()
{
    bool m_Next = false;
    string strInData = string.Empty;

    do
    {
        string msg = my_serial.ReadExisting();
        strInData += msg;
        if (msg.IndexOf(ETX) > 0)
```

(b)

```
                    {
                        if (strInData[0] == ACK)
                        {
                            for( int k=0;k<2;k++)
                            {
                                string RData = string.Empty;
                                for (int i = 0; i < 2; i++) RData += strInData[10 + k*2 + i];
                                BitCheck(k, RData);
                            }
                            m_Next = true;
                        }
                        else if (strInData[0] == NAK) m_Next = true;
                    }
                } while (!m_Next);
            }

            참조 1개
            private void BitCheck(int k, string RData)
            {
                int RNum = Convert.ToInt16(RData, 16);
                Int32[] RecData = new Int32[8];
                for (int i = 0; i < 8; i++)
                {
                    RecData[i] = RNum & 0x00000001;
                    RNum = RNum >> 1;
                }
                if(k==0)
                {
                    CB_P20.Checked = Convert.ToBoolean(RecData[0]);
                    CB_P21.Checked = Convert.ToBoolean(RecData[1]);
                    CB_P22.Checked = Convert.ToBoolean(RecData[2]);
                    CB_P23.Checked = Convert.ToBoolean(RecData[3]);
                    CB_P24.Checked = Convert.ToBoolean(RecData[4]);
                    CB_P25.Checked = Convert.ToBoolean(RecData[5]);
                    CB_P26.Checked = Convert.ToBoolean(RecData[6]);
                    CB_P27.Checked = Convert.ToBoolean(RecData[7]);
                }
                else
                {
                    CB_P28.Checked = Convert.ToBoolean(RecData[0]);
                    CB_P29.Checked = Convert.ToBoolean(RecData[1]);
                    CB_P2A.Checked = Convert.ToBoolean(RecData[2]);
                    CB_P2B.Checked = Convert.ToBoolean(RecData[3]);
                    CB_P2C.Checked = Convert.ToBoolean(RecData[4]);
                    CB_P2D.Checked = Convert.ToBoolean(RecData[5]);
                    CB_P2E.Checked = Convert.ToBoolean(RecData[6]);
                    CB_P2F.Checked = Convert.ToBoolean(RecData[7]);
                }
            }
        }
    }
```

(c)

[그림 3-106] C# 프로그램

실습과제 3-10

과제명 WORD 데이터 연속 읽기

1) 과제 설명

- [그림 3-107]과 같이 Window Form을 구성한다.
- Form이 시작되면 [OPEN] 버튼과 [Port Name] Combo Box만 활성화되며, 나머지 Component는 비활성화된다.
- [Port Name] Combo Box에서 현재 연결된 시리얼 포트를 읽어와서 시리얼 포트 Item에 추가하고, 사용할 시리얼 포트를 선택한다.
- [OPEN] 버튼을 클릭하여 선택된 시리얼 포트를 Open한다. [OPEN] 버튼은 비활성화되고 나머지 Component는 활성화된다.
- [읽기] 버튼을 클릭하면 PLC에서 D0, D1 및 D2의 3개의 Word값을 일정 시간 주기로 읽어와서 Received Data [D0], [D1] 및 [D2]에 쓴다.
- [정지] 버튼을 클릭하면 데이터 읽기를 정지한다.

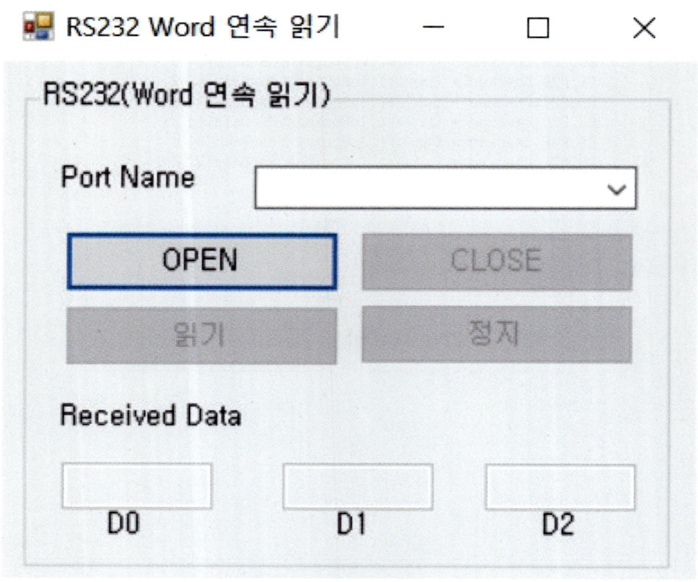

[그림 3-107] Window Form

2) Form Design

- 사용된 Component List

[표 3-44] Component List

도구	Name	Text
Label	-	Port Name
Label	-	Received Data
Label	-	D0
Label	-	D1
Label	-	D2
ComboBox	CB_Port	-
Button	BT_Open	OPEN
Button	BT_Close	CLOSE
Button	BT_Read	읽기
Button	BT_Stop	정지
TextBox	TB_D0	D0
TextBox	TB_D1	D1
TextBox	TB_D2	D2
GroupBox	-	RS232(Word 연속 읽기)

❖ PLC 프로그램

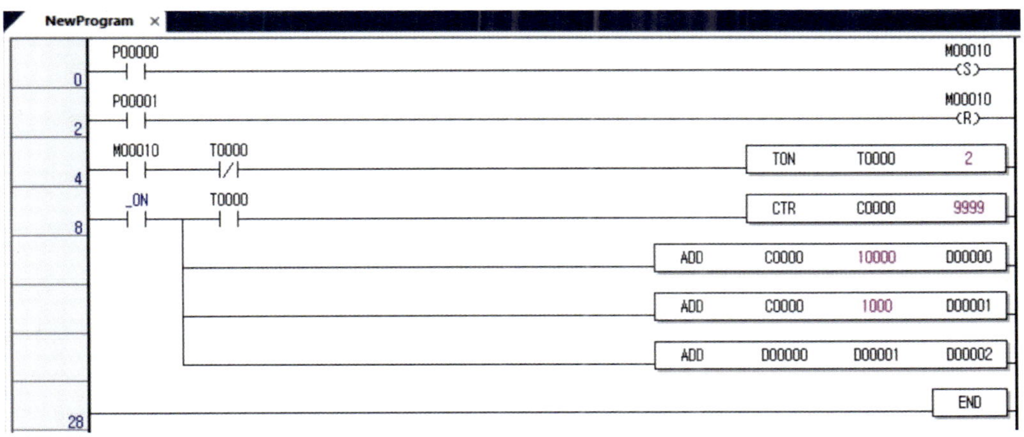

[그림 3-108] PLC 프로그램

❖ C# 프로그램

1) 프로그램 설명

- FormStart 함수

```
private void FormStart(bool t)
{
    Bt_Open.Enabled = t;     // OPEN BUTTON Enable
    Bt_Close.Enabled = !t;   // Close BUTTON Disable
    BT_Read.Enabled = !t;    // Start BUTTON Disable
    BT_Stop.Enabled = !t;    // Stop BUTTON Disable
    TB_D0.Enabled = !t;
    TB_D1.Enabled = !t;
    TB_D2.Enabled = !t;
}
```

[그림 3-109] FormStart 함수

- timer1_Tick 함수

```
private void timer1_Tick(object sender, EventArgs e)
{
    String SendDataTxt = ENQ + "00RSB" + "06%DW000" + "03" + EOT;
    SendData(SendDataTxt);
}
```

[그림 3-110] timer1_Tick 함수

- DataRead 함수

```
private void DataRead()
{
    bool m_Next = false;
    string strInData = string.Empty;
    string[] RData = new string[3];

    do
    {
        string msg = my_serial.ReadExisting();
        strInData += msg;

        if (msg.IndexOf(ETX) > 0)
        {
            if (strInData[0] == ACK)
            {
                for (int i = 0; i < 3; i++)
                {
                    for (int j = 0; j < 4; j++) RData[i] += strInData[10 + i * 4 + j];
                }
                TB_D0.Text = Convert.ToString(Convert.ToInt16(RData[0], 16));
                TB_D1.Text = Convert.ToString(Convert.ToInt16(RData[1], 16));
                TB_D2.Text = Convert.ToString(Convert.ToInt16(RData[2], 16));
                m_Next = true;
            }
            else if (strInData[0] == NAK) m_Next = true;
        }
    } while (!m_Next);
}
```

[그림 3-111] DataRead 함수

2) 전체 프로그램

Form1.cs* Form1.cs [디자인]*

RS232_EX10 WindowsFormsApp1.Form1

```
using System;
using System.IO.Ports;
using System.Threading;
using System.Windows.Forms;

namespace WindowsFormsApp1
{
    참조 3개
    public partial class Form1 : Form
    {
        SerialPort my_serial = new SerialPort();

        const char ETX = (char)0x03; //End Text [응답용Asc]
        const char EOT = (char)0x04; //End of Text[요구용 Asc]
        const char ENQ = (char)0x05; //Enquire[프레임시작코드]
        const char ACK = (char)0x06; //Acknowledge[응답 시작]
        const char NAK = (char)0x15; //Not Acknoledge[에러응답시작]

        참조 1개
        public Form1()
        {
            InitializeComponent();
        }

        참조 1개
        private void Form1_Load(object sender, EventArgs e)
        {
            FormStart(true);
        }

        참조 1개
        private void CB_Port_MouseClick(object sender, MouseEventArgs e)
        {
            CB_Port.Items.Clear();
            foreach (string comport in SerialPort.GetPortNames())
            {
                CB_Port.Items.Add(comport);
            }
        }

        참조 1개
        private void BT_Open_Click(object sender, EventArgs e)
        {
            my_serial.PortName = CB_Port.Text;
            my_serial.BaudRate = 19200;
            my_serial.DataBits = 8;
            my_serial.Parity = Parity.None;
            my_serial.StopBits = StopBits.One;

         if (!my_serial.IsOpen)
        {
                my_serial.Open();
                FormStart(false);
                Bt_Close.Enabled = false;    // Close BUTTON Enable
            }
        }

        참조 1개
        private void BT_Close_Click(object sender, EventArgs e)
        {
            if (my_serial.IsOpen)
            {
                my_serial.Close();
                FormStart(true);
            }
        }

```

(a)

```
        참조 3개
        private void FormStart(bool t)
        {
            Bt_Open.Enabled = t;     // OPEN BUTTON Enable
            Bt_Close.Enabled = !t;   // Close BUTTON Disable
            BT_Read.Enabled = !t;    // Start BUTTON Disable
            BT_Stop.Enabled = !t;    // Stop BUTTON Disable
            TB_D0.Enabled = !t;
            TB_D1.Enabled = !t;
            TB_D2.Enabled = !t;
        }

        참조 1개
        private void BT_Read_Click(object sender, EventArgs e)
        {
            BT_Stop.Enabled = true;
            BT_Read.Enabled = false;
            timer1.Enabled = true;
            timer1.Interval = 100;
        }

        참조 1개
        private void BT_Stop_Click(object sender, EventArgs e)
        {
            BT_Read.Enabled = true;
            BT_Stop.Enabled = false;
            timer1.Enabled = false;
        }

        참조 1개
        private void timer1_Tick(object sender, EventArgs e)
        {
            String SendDataTxt = ENQ + "00RSB" + "06%DW000" + "03" + EOT;
            SendData(SendDataTxt);
        }

        참조 1개
        private void SendData(string SendDataTxt)
        {
            my_serial.Write(SendDataTxt);
            do
            {
            } while (my_serial.WriteBufferSize == 0);
            Thread.Sleep(50);
            DataRead();
        }

        참조 1개
        private void DataRead()
        {
            bool m_Next = false;
            string strInData = string.Empty;
            string[] RData = new string[3];

            do
            {
                string msg = my_serial.ReadExisting();
                strInData += msg;

                if (msg.IndexOf(ETX) > 0)
                {
                    if (strInData[0] == ACK)
                    {
                        for (int i = 0; i < 3; i++)
                        {
                            for (int j = 0; j < 4; j++) RData[i] += strInData[10 + i * 4 + j];
                        }
                        TB_D0.Text = Convert.ToString(Convert.ToInt16(RData[0], 16));
                        TB_D1.Text = Convert.ToString(Convert.ToInt16(RData[1], 16));
                        TB_D2.Text = Convert.ToString(Convert.ToInt16(RData[2], 16));
                        m_Next = true;
                    }
                    else if (strInData[0] == NAK) m_Next = true;
                }
            } while (!m_Next);
        }
    }
}
```

(b)

[그림 3-112] C# 프로그램

실습과제 3-11

과제명 Double WORD 데이터 연속 읽기

1) 과제 설명

- [그림 3-113]과 같이 Window Form을 구성한다.
- Form이 시작되면 **[OPEN]** 버튼과 **[Port Name]** Combo Box만 활성화되며, 나머지 Component는 비활성화된다.
- **[Port Name]** Combo Box에서 현재 연결된 시리얼 포트를 읽어와서 시리얼 포트 Item에 추가하고, 사용할 시리얼 포트를 선택한다.
- **[OPEN]** 버튼을 클릭하여 선택된 시리얼 포트를 Open한다. **[OPEN]** 버튼은 비활성화되고, 나머지 Component는 활성화된다.
- **[읽기]** 버튼을 클릭하면 PLC에서 D10 및 D12의 Double Word값 2개를 일정 시간 주기로 읽어와서 Received Data(Double Word) **[D10]** 및 **[D12]**에 쓴다.
- **[정지]** 버튼을 클릭하면 데이터 읽기를 중지한다.

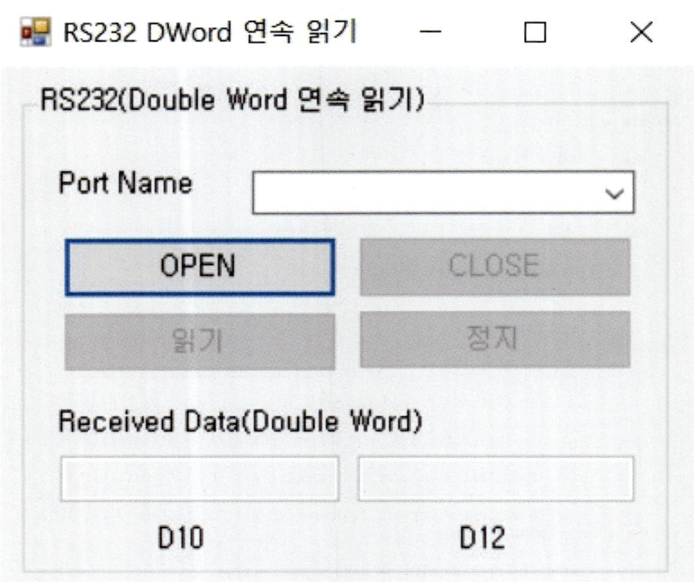

[그림 3-113] Window Form

2) Form Design

- 사용된 Component List

[표 3-45] Component List

도구	Name	Text
Label	-	Port Name
Label	-	Received Data(Double Word)
Label	-	D10
Label	-	D12
ComboBox	CB_Port	-
Button	BT_Open	OPEN
Button	BT_Close	CLOSE
Button	BT_Read	읽기
Button	BT_Stop	정지
TextBox	TB_D10	D10
TextBox	TB_D20	D12
GroupBox	-	RS232(Double Word 연속 읽기)

❖ PLC 프로그램

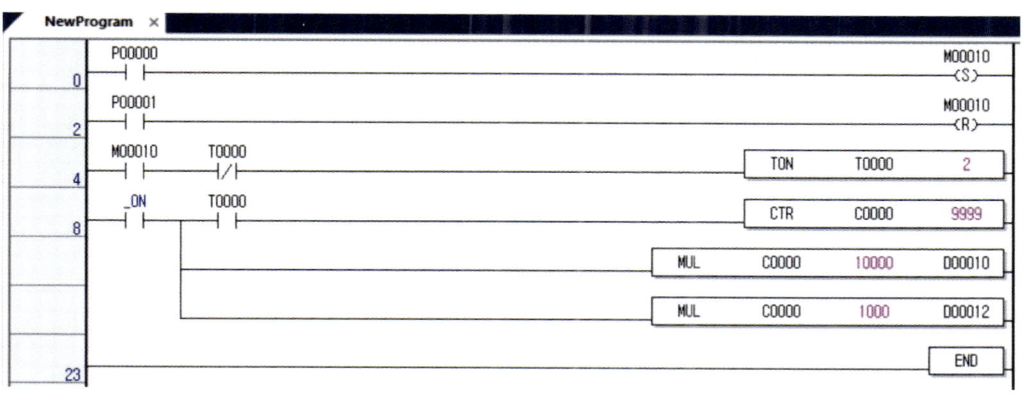

[그림 3-114] PLC 프로그램

❖ C# 프로그램

1) 프로그램 설명

- FormStart 함수

```
private void FormStart(bool t)
{
    Bt_Open.Enabled = t;     // OPEN BUTTON
    Bt_Close.Enabled = !t;  // Close BUTTON
    BT_Read.Enabled = !t;   // 읽기 BUTTON
    BT_Stop.Enabled = !t;   // 정지 BUTTON
    TB_D10.Enabled = !t;      // D0 TextBox
    TB_D12.Enabled = !t;      // D1 TextBox
}
```

[그림 3-115] FormStart 함수

- timer1_Tick 함수

```
private void timer1_Tick(object sender, EventArgs e)
{
    String SendDataTxt = ENQ + "00RSB" + "05%DD05" + "02" + EOT;
    SendData(SendDataTxt);
}
```

[그림 3-116] timer1_Tick 함수

- DataRead 함수

```
private void DataRead( )
{
    bool m_Next = false;
    string strInData = string.Empty;
    string[] RData = new string[3];

    do
    {
        string msg = my_serial.ReadExisting( );
        strInData += msg;

        if (msg.IndexOf(ETX) > 0)
        {
            if (strInData[0] == ACK)
            {
                for (int i = 0; i < 2; i++)
                {
                    for (int j = 0; j < 8; j++) RData[i] += strInData[10 + i * 8 + j];
                }
                TB_D10.Text = Convert.ToString(Convert.ToInt32(RData[0], 16));
                TB_D12.Text = Convert.ToString(Convert.ToInt32(RData[1], 16));
                m_Next = true;
            }
            else if (strInData[0] == NAK) m_Next = true;
        }
    } while (!m_Next);
}
```

[그림 3-117] DataRead 함수

2) 전체 프로그램

```
Form1.cs*   Form1.cs [디자인]*
RS232_EX11   WindowsFormsApp1.Form1

using System;
using System.IO.Ports;
using System.Threading;
using System.Windows.Forms;

namespace WindowsFormsApp1
{
    참조 3개
    public partial class Form1 : Form
    {
        SerialPort my_serial = new SerialPort();

        const char ETX = (char)0x03; //End Text [응답용Asc]
        const char EOT = (char)0x04; //End of Text[요구용 Asc]
        const char ENQ = (char)0x05; //Enquire[프레임시작코드]
        const char ACK = (char)0x06; //Acknowledge[응답 시작]
        const char NAK = (char)0x15; //Not Acknoledge[에러응답시작]

        참조 1개
        public Form1()
        {
            InitializeComponent();
        }

        참조 1개
        private void Form1_Load(object sender, EventArgs e)
        {
            FormStart(true);
        }

        참조 1개
        private void CB_Port_MouseClick(object sender, MouseEventArgs e)
        {
            CB_Port.Items.Clear();
            foreach (string comport in SerialPort.GetPortNames())
            {
                CB_Port.Items.Add(comport);
            }
        }

        참조 1개
        private void BT_Open_Click(object sender, EventArgs e)
        {
            my_serial.PortName = CB_Port.Text;
            my_serial.BaudRate = 19200;
            my_serial.DataBits = 8;
            my_serial.Parity = Parity.None;
            my_serial.StopBits = StopBits.One;

            if (!my_serial.IsOpen)
            {
                my_serial.Open();
                FormStart(false);
                Bt_Close.Enabled = false;     // Close BUTTON Enable
            }
        }

        참조 1개
        private void BT_Close_Click(object sender, EventArgs e)
        {
            if (my_serial.IsOpen)
            {
                my_serial.Close();
                FormStart(true);
            }
        }

```

(a)

```
        참조 3개
        private void FormStart(bool t)
        {
            Bt_Open.Enabled = t;     // OPEN BUTTON
            Bt_Close.Enabled = !t;   // Close BUTTON
            BT_Read.Enabled = !t;    // 읽기 BUTTON
            BT_Stop.Enabled = !t;    // 정지 BUTTON
            TB_D10.Enabled = !t;      // D0 TextBox
            TB_D12.Enabled = !t;      // D1 TextBox
        }

        참조 1개
        private void BT_Read_Click(object sender, EventArgs e)
        {
            BT_Stop.Enabled = true;
            BT_Read.Enabled = false;
            timer1.Enabled = true;
            timer1.Interval = 100;
        }

        참조 1개
        private void BT_Stop_Click(object sender, EventArgs e)
        {
            BT_Read.Enabled = true;
            BT_Stop.Enabled = false;
            timer1.Enabled = false;
        }

        참조 1개
        private void timer1_Tick(object sender, EventArgs e)
        {
            String SendDataTxt = ENQ + "00RSB" + "05%DD05" + "02" + EOT;
            SendData(SendDataTxt);
        }

        참조 1개
        private void SendData(string SendDataTxt)
        {
            my_serial.Write(SendDataTxt);
            do
            {
            } while (my_serial.WriteBufferSize == 0);
            Thread.Sleep(50);
            DataRead();
        }

        참조 1개
        private void DataRead()
        {
            bool m_Next = false;
            string strInData = string.Empty;
            string[] RData = new string[3];

            do
            {
                string msg = my_serial.ReadExisting();
                strInData += msg;

                if (msg.IndexOf(ETX) > 0)
                {
                    if (strInData[0] == ACK)
                    {
                        for (int i = 0; i < 2; i++)
                        {
                            for (int j = 0; j < 8; j++) RData[i] += strInData[10 + i * 8 + j];
                        }
                        TB_D10.Text = Convert.ToString(Convert.ToInt32(RData[0], 16));
                        TB_D12.Text = Convert.ToString(Convert.ToInt32(RData[1], 16));
                        m_Next = true;
                    }
                    else if (strInData[0] == NAK) m_Next = true;
                }
            } while (!m_Next);
        }
    }
}
```

(b)

[그림 3-118] C# 프로그램

실습과제 3-12

과제명 **1 BIT 데이터 쓰기**

1) 과제 설명

- [그림 3-119]와 같이 Window Form을 구성한다.
- Form이 시작되면 **[OPEN]** 버튼과 **[Port Name]** Combo Box만 활성화되며, 나머지 Component는 비활성화된다.
- **[Port Name]** Combo Box에서 현재 연결된 시리얼 포트를 읽어와서 시리얼 포트 Item에 추가하고, 사용할 시리얼 포트를 선택한다.
- **[OPEN]** 버튼을 클릭하여 선택된 시리얼 포트를 Open한다. **[CLOSE]** 버튼과 **[쓰기]** 버튼은 활성화되고, **[OPEN]** 버튼은 비활성화된다.
- **[쓰기]** 버튼을 클릭하면 **[정지]** 버튼과 CheckBox **[M1000]**은 활성화되고 **[쓰기]** 버튼은 비활성화된다. CheckBox **[M1000]**의 체크 상태가 변화하면 변화된 상태값을 PLC의 M1000에 쓴다.
- **[정지]** 버튼을 클릭하면 **[정지]** 버튼과 CheckBox **[M1000]**은 비활성화되어 **[M1000]**의 상태를 변경하지 못하게 된다. **[쓰기]** 버튼은 활성화된다.

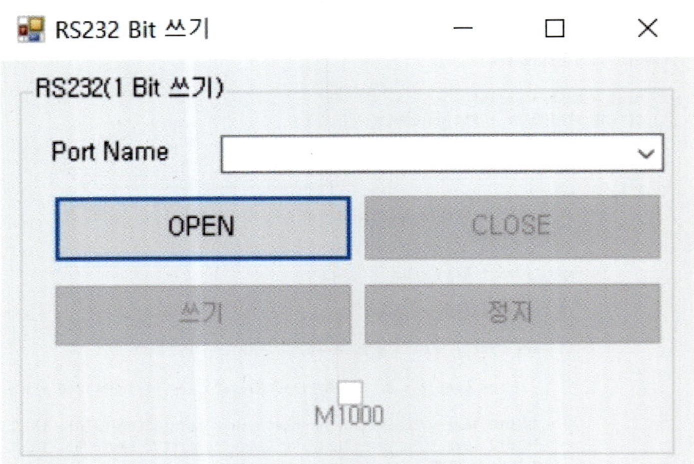

[그림 3-119] Window Form

2) Form Design

- 사용된 Component List

[표 3-46] Component List

도구	Name	Text
Label	-	Port Name
ComboBox	CB_Port	-
Button	BT_Open	OPEN
Button	BT_Close	CLOSE
Button	BT_Write	읽기
Button	BT_Stop	정지
CheckBox	CB_M1000	M1000
GroupBox	-	RS232(1 Bit 쓰기)

❖ PLC 프로그램

[그림 3-120] PLC 프로그램

❖ C# 프로그램

1) 프로그램 설명

- FormStart 함수

```
private void FormStart(bool t)
{
    BT_Open.Enabled = t;          // OPEN BUTTON
    Bt_Close.Enabled = !t;        // CLOSE BUTTON
    BT_Write.Enabled = !t;        // 쓰기 BUTTON
    BT_Stop.Enabled = !t;         // 정지 BUTTON
    CB_M1000.Enabled = !t;        // 체크박스 M1000
}
```

[그림 3-121] FormStart 함수

- BT_Open_Click 함수
  - CheckBox **[CB_M1000]**을 비활성화하여 **[쓰기]** 버튼을 클릭하기 전까지 쓰기 동작이 되지 않도록 한다.
  - 쓰기 동작을 실행하기 전에는 **[정지]** 버튼도 비활성화한다.

```
private void BT_Open_Click(object sender, EventArgs e)
{
    my_serial.PortName = Combo_Port.Text;
    my_serial.BaudRate = 19200;
    my_serial.DataBits = 8;
    my_serial.Parity = Parity.None;
    my_serial.StopBits = StopBits.One;

    if (!my_serial.IsOpen)
    {
        my_serial.Open();
        FormStart(false);
        BT_Stop.Enabled = false;
        CB_M1000.Enabled = false;
    }
}
```

[그림 3-122] BT_Open_Click 함수

- BT_Write_Click 함수
  - CB_M1000을 활성화하여 Check Box M1000의 상태가 바뀌면 바뀐 상태를 PLC M1000에 쓴다.
  - **[정지]** 버튼을 활성화하여 쓰기 동작 중에 정지 동작이 될 수 있도록 하고, **[쓰기]** 버튼은 비활성화한다.

```
private void BT_Write_Click(object sender, EventArgs e)
{
    BT_Stop.Enabled = true;
    BT_Write.Enabled = false;
    CB_M1000.Enabled = true;
}
```

[그림 3-123] BT_Write_Click 함수

- CB_M1000_CheckedChanged 함수
  - Form1.cs**[Design]**에서 CheckBox **[M1000]**을 클릭하고, 우측 속성창의 이벤트 아이콘을 클릭한다.
  - **[속성 → 기타 → CheckedChanged]** 우측 빈칸을 마우스로 더블클릭하면, “CB_M1000_CheckedChanged”가 생성되고, **[CB_M1000_CheckedChanged]**함수가 자동으로 생성된다.

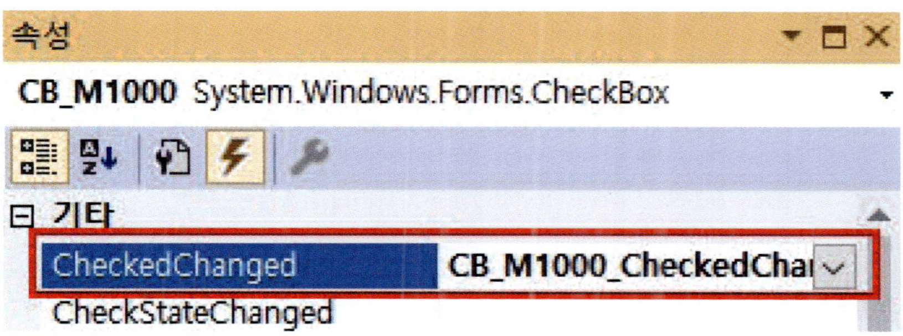

[그림 3-124] CB_M1000_CheckedChanged 함수 생성

  - 함수 작성

```
private void CB_M1000_CheckedChanged(object sender, EventArgs e)
{
    string Data = CB_M1000.Checked ? "01": "00";
    String SendDataTxt = ENQ + "00" + "W" + "SS" + "01" + "07%MX1000" + Data + EOT;
    SendData(SendDataTxt);
}
```

[그림 3-125] CB_M1000_CheckedChanged 함수

- BT_Stop_Click 함수
  - [정지] 버튼을 비활성화시킨다.
  - CB_M1000 CheckBox를 비활성화하여 상태가 바뀌지 않게 한다.
  - [쓰기] 버튼을 활성화하여 쓰기 동작을 가능하게 한다.

```
private void BT_Stop_Click(object sender, EventArgs e)
{
    BT_Stop.Enabled = false;
    BT_Write.Enabled = true;
    CB_M1000.Enabled = false;
}
```

[그림 3-126] BT_Stop_Click 함수

2) 전체 프로그램

Form1.cs* Form1.cs [디자인]*

RS232_EX12 WindowsFormsApp1.Form1

```
using System;
using System.IO.Ports;
using System.Windows.Forms;

namespace WindowsFormsApp1
{
    참조 3개
    public partial class Form1 : Form
    {
        SerialPort my_serial = new SerialPort();

        const char ETX = (char)0x03; //End Text [응답용Asc]
        const char EOT = (char)0x04; //End of Text[요구용 Asc]
        const char ENQ = (char)0x05; //Enquire[프레임시작코드]
        const char ACK = (char)0x06; //Acknowledge[응답 시작]
        const char NAK = (char)0x15; //Not Acknoledge[에러응답시작]

        참조 1개
        public Form1()
        {
            InitializeComponent();
        }

        참조 1개
        private void Form1_Load(object sender, EventArgs e)
        {
            FormStart(true);
        }

        참조 3개
        private void FormStart(bool t)
        {
            BT_Open.Enabled = t;        // OPEN BUTTON
            Bt_Close.Enabled = !t;      // CLOSE BUTTON
            BT_Write.Enabled = !t;      // 쓰기 BUTTON
            BT_Stop.Enabled = !t;       // 정지 BUTTON
            CB_M1000.Enabled = !t;      // 체크박스 M1000
        }

```

(a)

```
        참조 1개
        private void Combo_Port_MouseClick(object sender, MouseEventArgs e)
        {
            Combo_Port.Items.Clear();
            foreach (string comport in SerialPort.GetPortNames())
            {
                Combo_Port.Items.Add(comport);
            }
        }

        참조 1개
        private void BT_Open_Click(object sender, EventArgs e)
        {
            my_serial.PortName = Combo_Port.Text;
            my_serial.BaudRate = 19200;
            my_serial.DataBits = 8;
            my_serial.Parity = Parity.None;
            my_serial.StopBits = StopBits.One;

            if (!my_serial.IsOpen)
            {
                my_serial.Open();
                FormStart(false);
                BT_Stop.Enabled = false;
                CB_M1000.Enabled = false;
            }
        }

        참조 1개
        private void BT_Close_Click(object sender, EventArgs e)
        {
            if (my_serial.IsOpen)
            {
                my_serial.Close();
                FormStart(true);
            }
        }

        참조 1개
        private void BT_Write_Click(object sender, EventArgs e)
        {
            BT_Stop.Enabled = true;
            BT_Write.Enabled = false;
            CB_M1000.Enabled = true;
        }

        참조 1개
        private void BT_Stop_Click(object sender, EventArgs e)
        {
            BT_Stop.Enabled = false;
            BT_Write.Enabled = true;
            CB_M1000.Enabled = false;
        }

        참조 1개
        private void CB_M1000_CheckedChanged(object sender, EventArgs e)
        {
            string Data = CB_M1000.Checked ? "01": "00";
            String SendDataTxt = ENQ + "00" + "W" + "SS" + "01" + "07%MX1000" + Data + EOT;
            SendData(SendDataTxt);
        }

        참조 1개
        private void SendData(string SendDataTxt)
        {
            my_serial.Write(SendDataTxt);
            do
            {
            } while (my_serial.WriteBufferSize == 0);
        }
    }
}
```

(b)

[그림 3-127] C# 프로그램

실습과제 3-13

과제명 **2 BIT 데이터 쓰기**

1) 과제 설명

- [그림 3-128]과 같이 Window Form을 구성한다.
- Form이 시작되면 **[OPEN]** 버튼과 **[Port Name]** Combo Box만 활성화되며, 나머지 Component는 비활성화된다.
- **[Port Name]** Combo Box에서 현재 연결된 시리얼 포트를 읽어와서 시리얼 포트 Item에 추가하고, 사용할 시리얼 포트를 선택한다.
- **[OPEN]** 버튼을 클릭하여 선택된 시리얼 포트를 Open한다. **[CLOSE]** 버튼과 **[쓰기]** 버튼만 활성화되고 **[OPEN]** 버튼은 비활성화된다.
- **[쓰기]** 버튼을 클릭하면 **[정지]** 버튼과 CheckBox **[M0]**과 **[M1000]**은 활성화되고 **[쓰기]** 버튼은 비활성화된다. CheckBox **[M0]**과 **[M1000]**의 체크 상태를 일정 시간 주기로 PLC의 M0과 M1000에 쓴다.
- **[정지]** 버튼을 클릭하면 **[정지]** 버튼과 CheckBox **[M0]**과 **[M1000]**은 비활성화되어 상태를 변경되지 못하게 된다. **[쓰기]** 버튼은 활성화한다.

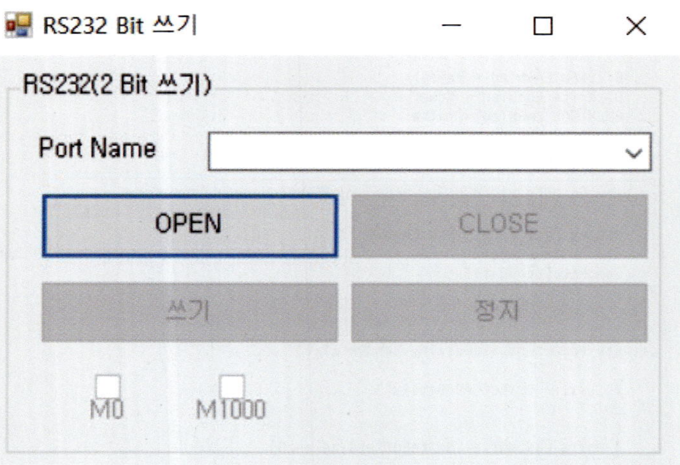

[그림 3-128] Window Form

2) Form Design

- 사용된 Component List

[표 3-47] Component List

도구	Name	Text
Label	-	Port Name
ComboBox	CB_Port	-
Button	BT_Open	OPEN
Button	BT_Close	CLOSE
Button	BT_Write	쓰기
Button	BT_Stop	정지
CheckBox	CB_M0	M0
CheckBox	CB_M1000	M1000
timer	timer1	-
GroupBox	-	RS232(2 Bit 쓰기)

❖ PLC 프로그램

[그림 3-129] PLC 프로그램

❖ C# 프로그램

1) 프로그램 설명

- FormStart 함수

```
private void FormStart(bool t)
{
    BT_Open.Enabled = t;          // OPEN BUTTON
    Bt_Close.Enabled = !t;        // CLOSE BUTTON
    BT_Write.Enabled = !t;        // 쓰기 BUTTON
    BT_Stop.Enabled = !t;         // 정지 BUTTON
    CB_M0.Enabled = !t;           // 체크박스 M0
    CB_M1000.Enabled = !t;        // 체크박스 M1000
}
```

[그림 3-130] FormStart 함수

- BT_Write_Click 함수
  - CheckBox CB_M0과 CB_M1000을 활성화하여 CheckBox M0과 M1000의 상태를 변경할 수 있도록 한다.
  - **[정지]** 버튼을 활성화하여 쓰기 동작 중에 정지 동작이 될 수 있도록 하고, **[쓰기]** 버튼은 비활성화한다.

  - timer를 활성화하여 실시간으로 Check Box M0과 M1000의 상태를 쓸 수 있도록 한다. 주기는 100mSec로 한다.

```
private void BT_Write_Click(object sender, EventArgs e)
{
    BT_Stop.Enabled = true;
    BT_Write.Enabled = false;
    CB_M0.Enabled = true;
    CB_M1000.Enabled = true;
    timer1.Enabled = true;
    timer1.Interval = 100;
}
```

[그림 3-131] BT_Write_Click 함수

- timer1_Tick 함수
  - Check Box M0과 M1000의 상태를 읽어와서 PLC에 쓴다.

```
private void timer1_Tick(object sender, EventArgs e)
{
    string Data = CB_M0.Checked ? "01" : "00";
    String SendDataTxt = ENQ + "00" + "W" + "SS" + "02" + "04%MX0" + Data;
    Data = CB_M1000.Checked ? "01" : "00";
    SendDataTxt += "07%MX1000" + Data + EOT;
    SendData(SendDataTxt);
}
```

[그림 3-132] timer1_Tick 함수

- BT_Stop_Click 함수
  - CheckBox M0과 M1000을 비활성화하여 상태가 바뀌지 않도록 한다.
  - **[쓰기]** 버튼을 활성화하여 쓰기 동작이 가능하도록 하고, **[정지]** 버튼은 비활성화시킨다.
  - 타이머를 비활성화시킨다.

```
private void BT_Stop_Click(object sender, EventArgs e)
{
    BT_Stop.Enabled = false;
    BT_Write.Enabled = true;
    CB_M0.Enabled = false;
    CB_M1000.Enabled = false;
    timer1.Enabled = false;
}
```

[그림 3-133] BT_Stop_Click 함수

2) 전체 프로그램

```
using System;
using System.IO.Ports;
using System.Windows.Forms;

namespace WindowsFormsApp1
{
    참조 3개
    public partial class Form1 : Form
    {
        SerialPort my_serial = new SerialPort();

        const char ETX = (char)0x03; //End Text [응답용Asc]
        const char EOT = (char)0x04; //End of Text[요구용 Asc]
        const char ENQ = (char)0x05; //Enquire[프레임시작코드]
        const char ACK = (char)0x06; //Acknowledge[응답 시작]
        const char NAK = (char)0x15; //Not Acknoledge[에러응답시작]

        참조 1개
        public Form1()
        {
            InitializeComponent();
        }

        참조 1개
        private void Form1_Load(object sender, EventArgs e)
        {
            FormStart(true);
        }

        참조 3개
        private void FormStart(bool t)
        {
            BT_Open.Enabled = t;        // OPEN BUTTON
            Bt_Close.Enabled = !t;      // CLOSE BUTTON
            BT_Write.Enabled = !t;      // 쓰기 BUTTON
            BT_Stop.Enabled = !t;       // 정지 BUTTON
            CB_M0.Enabled = !t;         // 체크박스 M0
            CB_M1000.Enabled = !t;      // 체크박스 M1000
        }

        참조 1개
        private void Combo_Port_MouseClick(object sender, MouseEventArgs e)
        {
            Combo_Port.Items.Clear();
            foreach (string comport in SerialPort.GetPortNames())
            {
                Combo_Port.Items.Add(comport);
            }
        }

        참조 1개
        private void BT_Open_Click(object sender, EventArgs e)
        {
            my_serial.PortName = Combo_Port.Text;
            my_serial.BaudRate = 19200;
            my_serial.DataBits = 8;
            my_serial.Parity = Parity.None;
            my_serial.StopBits = StopBits.One;

            if (!my_serial.IsOpen)
            {
                my_serial.Open();
                FormStart(false);
                BT_Stop.Enabled = false;
                CB_M0.Enabled = false;
                CB_M1000.Enabled = false;
            }
        }
```

(a)

```
        참조 1개
        private void BT_Close_Click(object sender, EventArgs e)
        {
            if (my_serial.IsOpen)
            {
                my_serial.Close( );
                FormStart(true);
            }
        }

        참조 1개
        private void BT_Write_Click(object sender, EventArgs e)
        {
            BT_Stop.Enabled = true;
            BT_Write.Enabled = false;
            CB_M0.Enabled = true;
            CB_M1000.Enabled = true;
            timer1.Enabled = true;
            timer1.Interval = 100;
        }

        참조 1개
        private void BT_Stop_Click(object sender, EventArgs e)
        {
            BT_Stop.Enabled = false;
            BT_Write.Enabled = true;
            CB_M0.Enabled = false;
            CB_M1000.Enabled = false;
            timer1.Enabled = false;
        }

        참조 1개
        private void timer1_Tick(object sender, EventArgs e)
        {
            string Data = CB_M0.Checked ? "01" : "00";
            String SendDataTxt = ENQ + "00" + "W" + "SS" + "02" + "04%MX0" + Data;
            Data = CB_M1000.Checked ? "01" : "00";
            SendDataTxt += "07%MX1000" + Data + EOT;
            SendData(SendDataTxt);
        }

        참조 1개
        private void SendData(string SendDataTxt)
        {
            my_serial.Write(SendDataTxt);
            do
            {
            } while (my_serial.WriteBufferSize == 0);
        }
    }
}
```

(b)

[그림 3-134] C# 프로그램

실습과제 3-14

과제명 **1 BYTE 데이터 쓰기**

1) 과제 설명

- [그림 3-135]와 같이 Window Form을 구성한다.
- Form이 시작되면 [OPEN] 버튼과 [Port Name] Combo Box만 활성화되며, 나머지 Component는 비활성화된다.
- [Port Name] Combo Box에서 현재 연결된 시리얼 포트를 읽어와서 시리얼 포트 Item에 추가하고, 사용할 시리얼 포트를 선택한다.
- [OPEN] 버튼을 클릭하여 선택된 시리얼 포트를 Open한다. [CLOSE] 버튼과 [쓰기] 버튼만 활성화되고 나머지 Component는 비활성화된다.
- [쓰기] 버튼을 클릭하면 [정지] 버튼과 CheckBox [M10]에서 [M17]까지 활성화되고, [쓰기] 버튼은 비활성화된다. 타이머를 활성화하여 CheckBox [M10]에서 [M17]까지 1 BYTE 데이터를 일정 시간 주기로 PLC 내 M10에서 M17에 쓴다.
- [정지] 버튼을 클릭하면 [정지] 버튼과 CheckBox [M10]에서 [M17]까지는 비활성화되고, [쓰기] 버튼은 활성화된다. 그리고 타이머를 비활성화하여 데이터 쓰기를 중지한다.

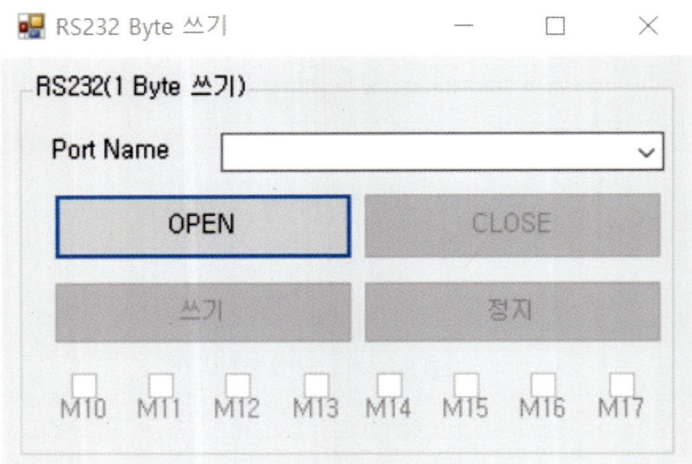

[그림 3-135] Window Form

2) Form Design

- 사용된 Component List

[표 3–48] Component List

도구	Name	Text
Label	–	Port Name
ComboBox	CB_Port	–
Button	BT_Open	OPEN
Button	BT_Close	CLOSE
Button	BT_Write	쓰기
Button	BT_Stop	정지
CheckBox	CB_M10 ~ CB_M17	M10 ~ M17
timer	timer1	–
GroupBox	–	RS232(1 Byte 쓰기)

❖ PLC 프로그램

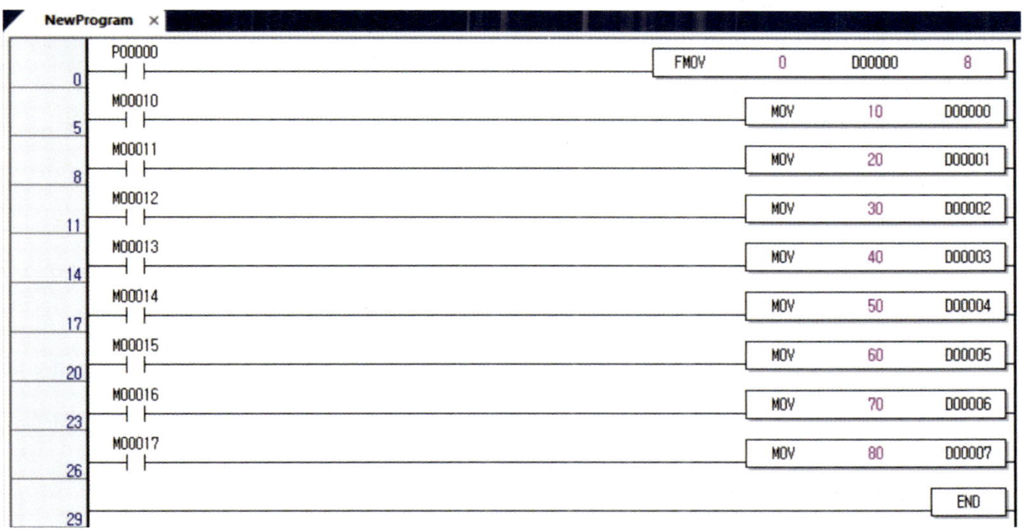

[그림 3–136] PLC 프로그램

❖ C# 프로그램

1) 프로그램 설명

- FormStart 함수

```
private void FormStart(bool t)
{
    BT_Open.Enabled = t;        // OPEN BUTTON
    Bt_Close.Enabled = !t;      // CLOSE BUTTON
    BT_Write.Enabled = !t;      // 쓰기 BUTTON
    BT_Stop.Enabled = !t;       // 정지 BUTTON
    CheckBox(!t);
}
```

[그림 3-137] FormStart 함수

- CheckBox 함수
  - CheckBox M10에서 M17까지의 활성화를 설정한다.

```
private void CheckBox(bool t)
{
    CB_M10.Enabled = t;          // 체크박스 M10
    CB_M11.Enabled = t;          // 체크박스 M11
    CB_M12.Enabled = t;          // 체크박스 M12
    CB_M13.Enabled = t;          // 체크박스 M13
    CB_M14.Enabled = t;          // 체크박스 M14
    CB_M15.Enabled = t;          // 체크박스 M15
    CB_M16.Enabled = t;          // 체크박스 M16
    CB_M17.Enabled = t;          // 체크박스 M17
}
```

[그림 3-138] CheckBox 함수

- BT_Write_Click 함수
  - **[정지]** 버튼과 모든 CheckBox는 활성화하고 **[쓰기]** 버튼은 비활성화한다.
  - 타이머를 활성화하여 일정 시간 주기로 데이터 쓰기를 한다.

```
private void BT_Write_Click(object sender, EventArgs e)
{
    BT_Stop.Enabled = true;
    BT_Write.Enabled = false;
    CheckBox(true);
    timer1.Enabled = true;
    timer1.Interval = 100;
}
```

[그림 3-139] BT_Write_Click 함수

- BT_Stop_Click 함수
    - **[정지]** 버튼과 모든 CheckBox는 비활성화하고 **[쓰기]** 버튼은 활성화한다.
    - 타이머를 비활성화하여 일정 시간 주기 데이터 쓰기는 중지한다.

```
private void BT_Stop_Click(object sender, EventArgs e)
{
    BT_Stop.Enabled = false;
    BT_Write.Enabled = true;
    CheckBox(false);
    timer1.Enabled = false;
}
```

[그림 3-140] BT_Stop_Click 함수

- timer1_Tick 함수
    - 체크 비트에 따라 자릿값이 다름 : 1, 2, 4, 8, 16, 32, 64, 128
    - 합산된 자릿값을 두 자리 16진수 문자열로 변경

```
private void timer1_Tick(object sender, EventArgs e)
{
    byte ByteData = 0;
    if (CB_M10.Checked == true) ByteData += 1;
    if (CB_M11.Checked == true) ByteData += 2;
    if (CB_M12.Checked == true) ByteData += 4;
    if (CB_M13.Checked == true) ByteData += 8;
    if (CB_M14.Checked == true) ByteData += 16;
    if (CB_M15.Checked == true) ByteData += 32;
    if (CB_M16.Checked == true) ByteData += 64;
    if (CB_M17.Checked == true) ByteData += 128;
    string Data = ByteData.ToString("X2");
    string SendDataTxt = ENQ + "00" + "W" + "SS" + "01" + "05%MB02" + Data + EOT;
    SendData(SendDataTxt);
}
```

[그림 3-141] timer1_Tick 함수

2) 전체 프로그램

Form1.cs* Form1.cs [디자인]*

RS232_EX14 WindowsFormsApp1.Form1

```
using System;
using System.IO.Ports;
using System.Windows.Forms;

namespace WindowsFormsApp1
{
    참조 3개
    public partial class Form1 : Form
    {
        SerialPort my_serial = new SerialPort();

        const char ETX = (char)0x03; //End Text [응답용Asc]
        const char EOT = (char)0x04; //End of Text[요구용 Asc]
        const char ENQ = (char)0x05; //Enquire[프레임시작코드]
        const char ACK = (char)0x06; //Acknowledge[응답 시작]
        const char NAK = (char)0x15; //Not Acknoledge[에러응답시작]

        참조 1개
        public Form1()
        {
            InitializeComponent();
        }

        참조 1개
        private void Form1_Load(object sender, EventArgs e)
        {
            FormStart(true);
        }

        참조 3개
        private void FormStart(bool t)
        {
            BT_Open.Enabled = t;        // OPEN BUTTON
            Bt_Close.Enabled = !t;      // CLOSE BUTTON
            BT_Write.Enabled = !t;      // 쓰기 BUTTON
            BT_Stop.Enabled = !t;       // 정지 BUTTON
            CheckBox(!t);
        }

        참조 4개
        private void CheckBox(bool t)
        {
            CB_M10.Enabled = t;         // 체크박스 M10
            CB_M11.Enabled = t;         // 체크박스 M11
            CB_M12.Enabled = t;         // 체크박스 M12
            CB_M13.Enabled = t;         // 체크박스 M13
            CB_M14.Enabled = t;         // 체크박스 M14
            CB_M15.Enabled = t;         // 체크박스 M15
            CB_M16.Enabled = t;         // 체크박스 M16
            CB_M17.Enabled = t;         // 체크박스 M17
        }

        참조 1개
        private void Combo_Port_MouseClick(object sender, MouseEventArgs e)
        {
            Combo_Port.Items.Clear();
            foreach (string comport in SerialPort.GetPortNames())
            {
                Combo_Port.Items.Add(comport);
            }
        }

        참조 1개
        private void BT_Open_Click(object sender, EventArgs e)
        {
            my_serial.PortName = Combo_Port.Text;
            my_serial.BaudRate = 19200;
            my_serial.DataBits = 8;
```

(a)

```
            my_serial.Parity = Parity.None;
            my_serial.StopBits = StopBits.One;

            if (!my_serial.IsOpen)
            {
                my_serial.Open();
                FormStart(false);
                BT_Stop.Enabled = false;
                CheckBox(false);
            }
        }

        참조 1개
        private void BT_Close_Click(object sender, EventArgs e)
        {
            if (my_serial.IsOpen)
            {
                my_serial.Close();
                FormStart(true);
            }
        }

        참조 1개
        private void BT_Write_Click(object sender, EventArgs e)
        {
            BT_Stop.Enabled = true;
            BT_Write.Enabled = false;
            CheckBox(true);
            timer1.Enabled = true;
            timer1.Interval = 100;
        }

        참조 1개
        private void BT_Stop_Click(object sender, EventArgs e)
        {
            BT_Stop.Enabled = false;
            BT_Write.Enabled = true;
            CheckBox(false);
            timer1.Enabled = false;
        }

        참조 1개
        private void SendData(string SendDataTxt)
        {
            my_serial.Write(SendDataTxt);
            do
            {
            } while (my_serial.WriteBufferSize == 0);
        }

        참조 1개
        private void timer1_Tick(object sender, EventArgs e)
        {
            byte ByteData = 0;
            if (CB_M10.Checked == true) ByteData += 1;
            if (CB_M11.Checked == true) ByteData += 2;
            if (CB_M12.Checked == true) ByteData += 4;
            if (CB_M13.Checked == true) ByteData += 8;
            if (CB_M14.Checked == true) ByteData += 16;
            if (CB_M15.Checked == true) ByteData += 32;
            if (CB_M16.Checked == true) ByteData += 64;
            if (CB_M17.Checked == true) ByteData += 128;
            string Data = ByteData.ToString("X2");
            string SendDataTxt = ENQ + "00" + "W" + "SS" + "01" + "05%MB02" + Data + EOT;
            SendData(SendDataTxt);
        }
    }
}
```

(b)

[그림 3-142] C# 프로그램

실습과제 3-15

과제명 **2 BYTE 데이터 쓰기**

1) 과제 설명

- [그림 3-143]과 같이 Window Form을 구성한다.
- Form이 시작되면 **[OPEN]** 버튼과 **[Port Name]** Combo Box만 활성화되며, 나머지 Component는 비활성화된다.
- **[Port Name]** Combo Box에서 현재 연결된 시리얼 포트를 읽어와서 시리얼 포트 Item에 추가하고, 사용할 시리얼 포트를 선택한다.
- **[OPEN]** 버튼을 클릭하여 선택된 시리얼 포트를 Open한다. **[CLOSE]** 버튼과 **[쓰기]** 버튼만 활성화되고 나머지 Component는 비활성화된다.
- **[쓰기]** 버튼을 클릭하면 **[정지]** 버튼과 CheckBox **[M10]**에서 **[M1F]**까지 활성화되고, **[쓰기]** 버튼은 비활성화된다. 타이머를 활성화하여 CheckBox **[M10]**에서 **[M1F]**까지 2 BYTE 데이터를 일정 시간 주기로 PLC의 M10에서 M1F에 쓴다.
- **[정지]** 버튼을 클릭하면 **[정지]** 버튼과 CheckBox **[M10]**에서 **[M1F]**까지 비활성화되고, **[쓰기]** 버튼은 활성화된다. 그리고 타이머를 비활성화하여 데이터 쓰기를 중지한다.

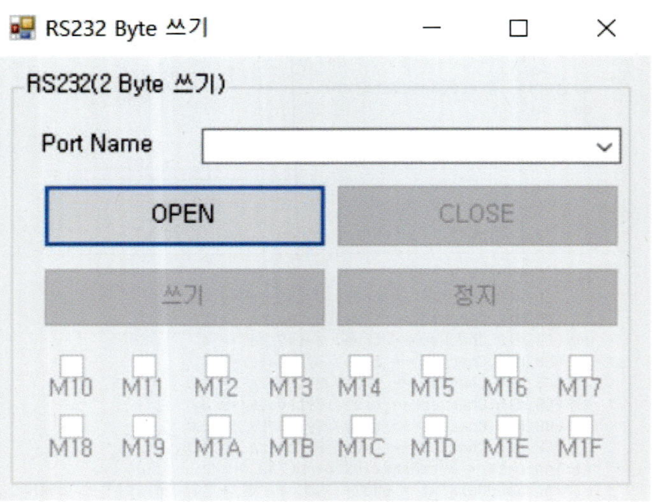

[그림 3-143] Window Form

2) Form Design

- 사용된 Component List

[표 3-49] Component List

도구	Name	Text
Label	-	Port Name
ComboBox	CB_Port	-
Button	BT_Open	OPEN
Button	BT_Close	CLOSE
Button	BT_Write	쓰기
Button	BT_Stop	정지
CheckBox	CB_M10 ~ CB_M1F	M10 ~ M1F
timer	timer1	-
GroupBox	-	RS232(2 Byte 쓰기)

❖ PLC 프로그램

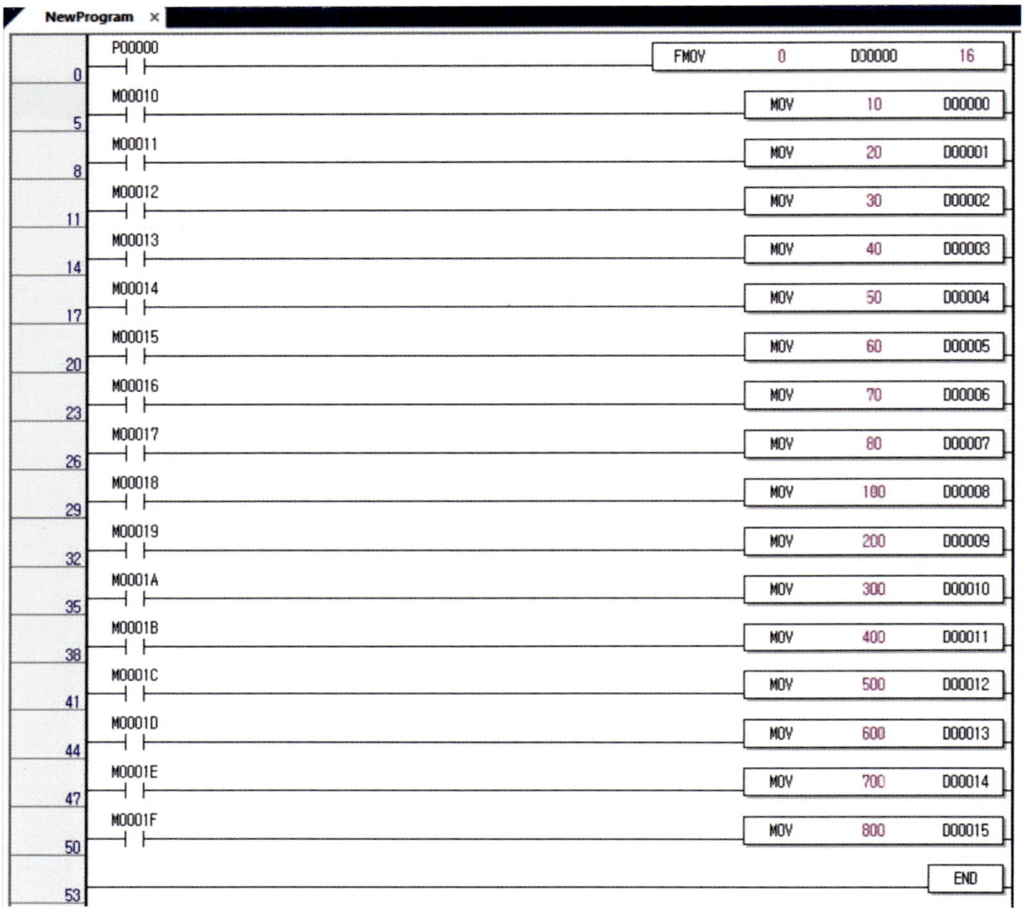

[그림 3-144] PLC 프로그램

❖ C# 프로그램

1) 프로그램 설명

- CheckBox 함수

  • CheckBox M10에서 M1F까지 활성화를 설정한다.

```
private void CheckBox(bool t)
{
    CB_M10.Enabled = t;        // 체크박스 M10
    CB_M11.Enabled = t;        // 체크박스 M11
    CB_M12.Enabled = t;        // 체크박스 M12
    CB_M13.Enabled = t;        // 체크박스 M13
    CB_M14.Enabled = t;        // 체크박스 M14
    CB_M15.Enabled = t;        // 체크박스 M15
    CB_M16.Enabled = t;        // 체크박스 M16
    CB_M17.Enabled = t;        // 체크박스 M17
    CB_M18.Enabled = t;        // 체크박스 M18
    CB_M19.Enabled = t;        // 체크박스 M19
    CB_M1A.Enabled = t;        // 체크박스 M1A
    CB_M1B.Enabled = t;        // 체크박스 M1B
    CB_M1C.Enabled = t;        // 체크박스 M1C
    CB_M1D.Enabled = t;        // 체크박스 M1D
    CB_M1E.Enabled = t;        // 체크박스 M1E
    CB_M1F.Enabled = t;        // 체크박스 M1F
}
```

[그림 3-145] CheckBox 함수

- timer1_Tick 함수

```
private void timer1_Tick(object sender, EventArgs e)
{
    byte ByteData = 0;
    if (CB_M10.Checked == true) ByteData += 1;
    if (CB_M11.Checked == true) ByteData += 2;
    if (CB_M12.Checked == true) ByteData += 4;
    if (CB_M13.Checked == true) ByteData += 8;
    if (CB_M14.Checked == true) ByteData += 16;
    if (CB_M15.Checked == true) ByteData += 32;
    if (CB_M16.Checked == true) ByteData += 64;
    if (CB_M17.Checked == true) ByteData += 128;
    string Data = ByteData.ToString("X2");
    string SendDataTxt = ENQ + "00" + "W" + "SS" + "02" + "05%MB02" + Data;
    ByteData = 0;
    if (CB_M18.Checked == true) ByteData += 1;
    if (CB_M19.Checked == true) ByteData += 2;
    if (CB_M1A.Checked == true) ByteData += 4;
    if (CB_M1B.Checked == true) ByteData += 8;
    if (CB_M1C.Checked == true) ByteData += 16;
    if (CB_M1D.Checked == true) ByteData += 32;
    if (CB_M1E.Checked == true) ByteData += 64;
    if (CB_M1F.Checked == true) ByteData += 128;
    Data = ByteData.ToString("X2");
    SendDataTxt += "05%MB03" + Data + EOT;
    SendData(SendDataTxt);
}
```

[그림 3-146] timer1_Tick 함수

2) 전체 프로그램

```
Form1.cs  Form1.cs [디자인]
RS232_EX15    WindowsFormsApp1.Form1

using System;
using System.IO.Ports;
using System.Windows.Forms;

namespace WindowsFormsApp1
{
    참조 3개
    public partial class Form1 : Form
    {
        SerialPort my_serial = new SerialPort();

        const char ETX = (char)0x03; //End Text [응답용Asc]
        const char EOT = (char)0x04; //End of Text[요구용 Asc]
        const char ENQ = (char)0x05; //Enquire[프레임시작코드]
        const char ACK = (char)0x06; //Acknowledge[응답 시작]
        const char NAK = (char)0x15; //Not Acknoledge[에러응답시작]

        참조 1개
        public Form1()
        {
            InitializeComponent();
        }

        참조 1개
        private void Form1_Load(object sender, EventArgs e)
        {
            FormStart(true);
        }

        참조 3개
        private void FormStart(bool t)
        {
            BT_Open.Enabled = t;        // OPEN BUTTON
            Bt_Close.Enabled = !t;      // CLOSE BUTTON
            BT_Write.Enabled = !t;      // 쓰기 BUTTON
            BT_Stop.Enabled = !t;       // 정지 BUTTON
            CheckBox(!t);
        }

        참조 4개
        private void CheckBox(bool t)
        {
            CB_M10.Enabled = t;         // 체크박스 M10
            CB_M11.Enabled = t;         // 체크박스 M11
            CB_M12.Enabled = t;         // 체크박스 M12
            CB_M13.Enabled = t;         // 체크박스 M13
            CB_M14.Enabled = t;         // 체크박스 M14
            CB_M15.Enabled = t;         // 체크박스 M15
            CB_M16.Enabled = t;         // 체크박스 M16
            CB_M17.Enabled = t;         // 체크박스 M17
            CB_M18.Enabled = t;         // 체크박스 M18
            CB_M19.Enabled = t;         // 체크박스 M19
            CB_M1A.Enabled = t;         // 체크박스 M1A
            CB_M1B.Enabled = t;         // 체크박스 M1B
            CB_M1C.Enabled = t;         // 체크박스 M1C
            CB_M1D.Enabled = t;         // 체크박스 M1D
            CB_M1E.Enabled = t;         // 체크박스 M1E
            CB_M1F.Enabled = t;         // 체크박스 M1F
        }

        참조 1개
        private void Combo_Port_MouseClick(object sender, MouseEventArgs e)
        {
            Combo_Port.Items.Clear();
            foreach (string comport in SerialPort.GetPortNames())
            {
                Combo_Port.Items.Add(comport);
```

(a)

```
        }
    }

    참조 1개
    private void BT_Open_Click(object sender, EventArgs e)
    {
        my_serial.PortName = Combo_Port.Text;
        my_serial.BaudRate = 19200;
        my_serial.DataBits = 8;
        my_serial.Parity = Parity.None;
        my_serial.StopBits = StopBits.One;

        if (!my_serial.IsOpen)
        {
            my_serial.Open( );
            FormStart(false);
            BT_Stop.Enabled = false;
            CheckBox(false);
        }
    }

    참조 1개
    private void BT_Close_Click(object sender, EventArgs e)
    {
        if (my_serial.IsOpen)
        {
            my_serial.Close( );
            FormStart(true);
        }
    }

    참조 1개
    private void BT_Write_Click(object sender, EventArgs e)
    {
        BT_Stop.Enabled = true;
        BT_Write.Enabled = false;
        CheckBox(true);
        timer1.Enabled = true;
        timer1.Interval = 100;
    }

    참조 1개
    private void BT_Stop_Click(object sender, EventArgs e)
    {
        BT_Stop.Enabled = false;
        BT_Write.Enabled = true;
        CheckBox(false);
        timer1.Enabled = false;
    }

    참조 1개
    private void SendData(string SendDataTxt)
    {
        my_serial.Write(SendDataTxt);
        do
        {
        } while (my_serial.WriteBufferSize == 0);
    }

    참조 1개
    private void timer1_Tick(object sender, EventArgs e)
    {
        byte ByteData = 0;
        if (CB_M10.Checked == true) ByteData += 1;
        if (CB_M11.Checked == true) ByteData += 2;
        if (CB_M12.Checked == true) ByteData += 4;
        if (CB_M13.Checked == true) ByteData += 8;
        if (CB_M14.Checked == true) ByteData += 16;
        if (CB_M15.Checked == true) ByteData += 32;
        if (CB_M16.Checked == true) ByteData += 64;
        if (CB_M17.Checked == true) ByteData += 128;
        string Data = ByteData.ToString("X2");
```

(b)

```
            string SendDataTxt = ENQ + "00" + "W" + "SS" + "02" + "05%MB02" + Data;
            ByteData = 0;
            if (CB_M18.Checked == true) ByteData += 1;
            if (CB_M19.Checked == true) ByteData += 2;
            if (CB_M1A.Checked == true) ByteData += 4;
            if (CB_M1B.Checked == true) ByteData += 8;
            if (CB_M1C.Checked == true) ByteData += 16;
            if (CB_M1D.Checked == true) ByteData += 32;
            if (CB_M1E.Checked == true) ByteData += 64;
            if (CB_M1F.Checked == true) ByteData += 128;
            Data = ByteData.ToString("X2");
            SendDataTxt += "05%MB03" + Data + EOT;
            SendData(SendDataTxt);
        }
    }
}
```

(c)

[그림 3-147] C# 프로그램

실습과제 3-16

과제명 1 WORD 데이터 쓰기

1) 과제 설명

- **[그림 3-148]**과 같이 Window Form을 구성한다.
- Form이 시작되면 **[OPEN]** 버튼과 **[Port Name]** Combo Box만 활성화되며, 나머지 Component는 비활성화된다.
- **[Port Name]** Combo Box에서 현재 연결된 시리얼 포트를 읽어와서 시리얼 포트 Item에 추가하고, 사용할 시리얼 포트를 선택한다.
- **[OPEN]** 버튼을 클릭하여 선택된 시리얼 포트를 Open한다. **[OPEN]** 버튼만 비활성화되고 나머지 Component는 활성화된다.
- **[쓰기]** 버튼을 클릭하면 TextBox **[D0]**의 Word 데이터를 PLC의 D0에 쓴다.

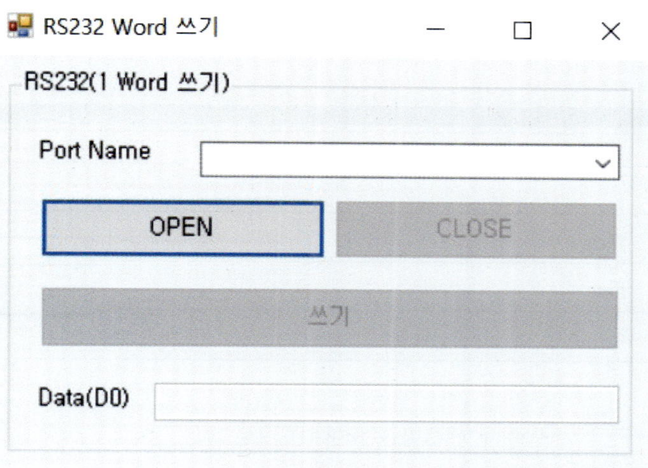

[그림 3-148] Window Form

2) Form Design

- 사용된 Component List

[표 3-50] Component List

도구	Name	Text
Label	-	Port Name
Label	-	Data(D0)
ComboBox	CB_Port	-
Button	BT_Open	OPEN
Button	BT_Close	CLOSE
Button	BT_Write	쓰기
TextBox	TB_D0	-
GroupBox	-	RS232(1 Word 쓰기)

❖ PLC 프로그램

[그림 3-149] PLC 프로그램

❖ C# 프로그램

1) 프로그램 설명

- BT_Open_Click 함수
  - TextBox D0의 초기값을 0으로 한다.

```
private void BT_Open_Click(object sender, EventArgs e)
{
    my_serial.PortName = CB_Port.Text;
    my_serial.BaudRate = 19200;
    my_serial.DataBits = 8;
    my_serial.Parity = Parity.None;
    my_serial.StopBits = StopBits.One;

    if (!my_serial.IsOpen)
    {
        my_serial.Open( );
        FormStart(false);
        TB_Data.Text = "0";
    }
}
```

[그림 3-150] BT_Open_Click 함수

- FromStart 함수

```
private void FormStart(bool t)
{
    Bt_OpenPort.Enabled = t;     // OPEN BUTTON
    Bt_Close.Enabled = !t;       // CLOSE BUTTON
    BT_Write.Enabled = !t;       // 쓰기 BUTTON
    TB_Data.Enabled = !t;        // 쓰기 Data
}
```

[그림 3-151] FormStart 함수

- BT_Write_Click 함수

```
private void BT_Write_Click(object sender, EventArgs e)
{
    string SendDataTxt = ENQ + "00" + "W" + "SS" + "01" + "05%DW00";
    string Data = Convert.ToInt16(TB_Data.Text).ToString("X4");
    SendDataTxt += Data + EOT;
    SendData(SendDataTxt);
}
```

[그림 3-152] BT_Write_Click 함수

2) 전체 프로그램

Form1.cs Form1.cs [디자인]

RS232_EX16 WindowsFormsApp1.Form1

```
using System;
using System.IO.Ports;
using System.Windows.Forms;

namespace WindowsFormsApp1
{
    참조 3개
    public partial class Form1 : Form
    {
        SerialPort my_serial = new SerialPort();

        const char ETX = (char)0x03; //End Text [응답용Asc]
        const char EOT = (char)0x04; //End of Text[요구용 Asc]
        const char ENQ = (char)0x05; //Enquire[프레임시작코드]
        const char ACK = (char)0x06; //Acknowledge[응답 시작]
        const char NAK = (char)0x15; //Not Acknoledge[에러응답시작]

        참조 1개
        public Form1()
        {
            InitializeComponent();
        }

        참조 1개
        private void Form1_Load(object sender, EventArgs e)
        {
            FormStart(true);
        }

        참조 1개
        private void CB_Port_MouseClick(object sender, MouseEventArgs e)
        {
            CB_Port.Items.Clear();
            foreach (string comport in SerialPort.GetPortNames())
            {
                CB_Port.Items.Add(comport);
            }
        }

        참조 1개
        private void BT_Open_Click(object sender, EventArgs e)
        {
            my_serial.PortName = CB_Port.Text;
            my_serial.BaudRate = 19200;
            my_serial.DataBits = 8;
            my_serial.Parity = Parity.None;
            my_serial.StopBits = StopBits.One;

            if (!my_serial.IsOpen)
            {
                my_serial.Open();
                FormStart(false);
                TB_Data.Text = "0";
            }
        }

        참조 1개
        private void BT_Close_Click(object sender, EventArgs e)
        {
            if (my_serial.IsOpen)
            {
                my_serial.Close();
                FormStart(true);
            }
        }

        참조 3개
```

(a)

```
        private void FormStart(bool t)
        {
            Bt_OpenPort.Enabled = t;     // OPEN BUTTON
            Bt_Close.Enabled = !t;       // CLOSE BUTTON
            BT_Write.Enabled = !t;       // 쓰기 BUTTON
            TB_Data.Enabled = !t;        // 쓰기 Data
        }

        참조 1개
        private void BT_Write_Click(object sender, EventArgs e)
        {
            string SendDataTxt = ENQ + "00" + "W" + "SS" + "01" + "05%DW00";
            string Data = Convert.ToInt16(TB_Data.Text).ToString("X4");
            SendDataTxt += Data + EOT;
            SendData(SendDataTxt);
        }

        참조 1개
        private void SendData(string SendDataTxt)
        {
            my_serial.Write(SendDataTxt);
            do
            {
            } while (my_serial.WriteBufferSize == 0);
        }
    }
}
```

(b)

[그림 3-153] C# 프로그램

실습과제 3-17

과제명 2 WORD 데이터 쓰기

1) 과제 설명

- [그림 3-154]와 같이 Window Form을 구성한다.
- Form이 시작되면 [OPEN] 버튼과 [Port Name] Combo Box만 활성화되며, 나머지 Component는 비활성화된다.
- [Port Name] Combo Box에서 현재 연결된 시리얼 포트를 읽어와서 시리얼 포트 Item에 추가하고, 사용할 시리얼 포트를 선택한다.
- [OPEN] 버튼을 클릭하여 선택된 시리얼 포트를 Open한다. [OPEN] 버튼만 비활성화되고 나머지 Component는 활성화된다.
- [쓰기] 버튼을 클릭하면 TextBox [Data(D0)]와 [Data(D1)]의 Word 데이터를 PLC의 D0와 D1에 쓴다.

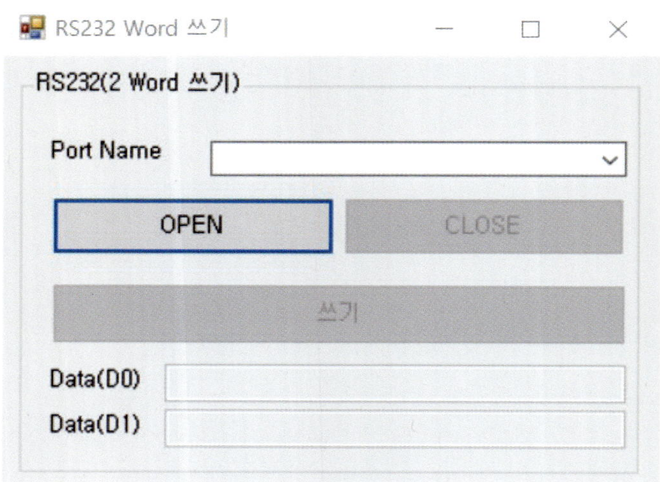

[그림 3-154] Window Form

2) Form Design

- 사용된 Component List

[표 3-51] Component List

도구	Name	Text
Label	-	Port Name
Label	-	Data(D0)
Label		Data(D1)
ComboBox	CB_Port	-
Button	BT_Open	OPEN
Button	BT_Close	CLOSE
Button	BT_Write	쓰기
TextBox	TB_D0	-
TextBox	TB_D1	
GroupBox	-	RS232(2 Word 쓰기)

❖ PLC 프로그램

[그림 3-155] PLC 프로그램

❖ C# 프로그램

1) 프로그램 설명

- BT_Open_Click 함수
    - TextBox D0와 D1의 초기값을 0으로 한다.

```
private void BT_Open_Click(object sender, EventArgs e)
{
    my_serial.PortName = CB_Port.Text;
    my_serial.BaudRate = 19200;
    my_serial.DataBits = 8;
    my_serial.Parity = Parity.None;
    my_serial.StopBits = StopBits.One;

    if (!my_serial.IsOpen)
    {
        my_serial.Open();
        FormStart(false);
        TB_D0.Text = "0";
        TB_D1.Text = "0";
    }
}
```

[그림 3-156] BT_Open_Click 함수

- FormStart 함수

```
private void FormStart(bool t)
{
    Bt_OpenPort.Enabled = t;     // OPEN BUTTON
    Bt_Close.Enabled = !t;       // CLOSE BUTTON
    BT_Write.Enabled = !t;       // 쓰기 BUTTON
    TB_D0.Enabled = !t;          // 쓰기 Data1
    TB_D1.Enabled = !t;          // 쓰기 Data2
}
```

[그림 3-157] FormStart 함수

- BT_Write_Click 함수

```
private void BT_Write_Click(object sender, EventArgs e)
{
    string SendDataTxt = ENQ + "00" + "W" + "SS" + "02" + "05%DW00";
    string Data = Convert.ToInt16(TB_D0.Text).ToString("X4");
    SendDataTxt += Data;
    Data = Convert.ToInt16(TB_D1.Text).ToString("X4");
    SendDataTxt += "05%DW01" + Data + EOT;
    SendData(SendDataTxt);
}
```

[그림 3-158] BT_Write_Click 함수

2) 전체 프로그램

Form1.cs | Form1.cs [디자인]

RS232_EX17 | WindowsFormsApp1.Form1

```
using System;
using System.IO.Ports;
using System.Windows.Forms;

namespace WindowsFormsApp1
{
    참조 3개
    public partial class Form1 : Form
    {
        SerialPort my_serial = new SerialPort();

        const char ETX = (char)0x03; //End Text [응답용Asc]
        const char EOT = (char)0x04; //End of Text[요구용 Asc]
        const char ENQ = (char)0x05; //Enquire[프레임시작코드]
        const char ACK = (char)0x06; //Acknowledge[응답 시작]
        const char NAK = (char)0x15; //Not Acknoledge[에러응답시작]

        참조 1개
        public Form1()
        {
            InitializeComponent();
        }

        참조 1개
        private void Form1_Load(object sender, EventArgs e)
        {
            FormStart(true);
        }

        참조 1개
        private void CB_Port_MouseClick(object sender, MouseEventArgs e)
        {
            CB_Port.Items.Clear();
            foreach (string comport in SerialPort.GetPortNames())
            {
                CB_Port.Items.Add(comport);
            }
        }

        참조 1개
        private void BT_Open_Click(object sender, EventArgs e)
        {
            my_serial.PortName = CB_Port.Text;
            my_serial.BaudRate = 19200;
            my_serial.DataBits = 8;
            my_serial.Parity = Parity.None;
            my_serial.StopBits = StopBits.One;

            if (!my_serial.IsOpen)
            {
                my_serial.Open();
                FormStart(false);
                TB_D0.Text = "0";
                TB_D1.Text = "0";
            }
        }

        참조 1개
        private void BT_Close_Click(object sender, EventArgs e)
        {
            if (my_serial.IsOpen)
            {
                my_serial.Close();
                FormStart(true);
            }
        }

```

(a)

```
        참조 3개
        private void FormStart(bool t)
        {
            Bt_OpenPort.Enabled = t;     // OPEN BUTTON
            Bt_Close.Enabled = !t;       // CLOSE BUTTON
            BT_Write.Enabled = !t;       // 쓰기 BUTTON
            TB_D0.Enabled = !t;          // 쓰기 Data1
            TB_D1.Enabled = !t;          // 쓰기 Data2
        }

        참조 1개
        private void BT_Write_Click(object sender, EventArgs e)
        {
            string SendDataTxt = ENQ + "00" + "W" + "SS" + "02" + "05%DW00";
            string Data = Convert.ToInt16(TB_D0.Text).ToString("X4");
            SendDataTxt += Data;
            Data = Convert.ToInt16(TB_D1.Text).ToString("X4");
            SendDataTxt += "05%DW01" + Data + EOT;
            SendData(SendDataTxt);
        }

        참조 1개
        private void SendData(string SendDataTxt)
        {
            my_serial.Write(SendDataTxt);
            do
            {
            } while (my_serial.WriteBufferSize == 0);
        }
    }
}
```

(b)

[그림 3-159] C# 프로그램

실습과제 3-18

과제명 1 Double WORD 데이터 쓰기

1) 과제 설명

- [그림 3-160]과 같이 Window Form을 구성한다.
- Form이 시작되면 [OPEN] 버튼과 [Port Name] Combo Box만 활성화되며, 나머지 Component는 비활성화된다.
- [Port Name] Combo Box에서 현재 연결된 시리얼 포트를 읽어와서 시리얼 포트 Item에 추가하고, 사용할 시리얼 포트를 선택한다.
- [OPEN] 버튼을 클릭하여 선택된 시리얼 포트를 Open한다. [OPEN] 버튼만 비활성화되고 나머지 Component는 활성화된다.
- [쓰기] 버튼을 클릭하면 TextBox [Data(D20)]의 Double Word 데이터를 PLC의 D20에 쓴다.

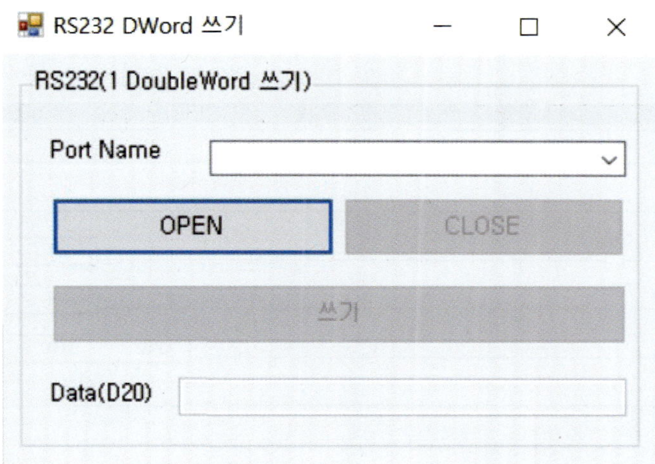

[그림 3-160] Window Form

2) Form Design

- 사용된 Component List

[표 3-52] Component List

도구	Name	Text
Label	-	Port Name
Label	-	Data(D20)
ComboBox	CB_Port	-
Button	BT_Open	OPEN
Button	BT_Close	CLOSE
Button	BT_Write	쓰기
TextBox	TB_Data	-
GroupBox	-	RS232(1 DoubleWord 쓰기)

❖ PLC 프로그램

[그림 3-161] PLC 프로그램

❖ C# 프로그램

1) 프로그램 설명

- BT_Write_Click 함수

```
private void BT_Write_Click(object sender, EventArgs e)
{
    string SendDataTxt = ENQ + "00" + "W" + "SS" + "01" + "05%DD10";
    string Data = Convert.ToInt32(TB_Data.Text).ToString("X8");
    SendDataTxt += Data + EOT;
    SendData(SendDataTxt);
}
```

[그림 3-162] BT_Write_Click 함수

2) 전체 프로그램

```
Form1.cs  Form1.cs [디자인]
RS232_EX18    WindowsFormsApp1.Form1

using System;
using System.IO.Ports;
using System.Windows.Forms;

namespace WindowsFormsApp1
{
    참조 3개
    public partial class Form1 : Form
    {
        SerialPort my_serial = new SerialPort();

        const char ETX = (char)0x03; //End Text [응답용Asc]
        const char EOT = (char)0x04; //End of Text[요구용 Asc]
        const char ENQ = (char)0x05; //Enquire[프레임시작코드]
        const char ACK = (char)0x06; //Acknowledge[응답 시작]
        const char NAK = (char)0x15; //Not Acknoledge[에러응답시작]

        참조 1개
        public Form1()
        {
            InitializeComponent();
        }

        참조 1개
        private void Form1_Load(object sender, EventArgs e)
        {
```

(a)

```
            FormStart(true);
        }

        참조 1개
        private void CB_Port_MouseClick(object sender, MouseEventArgs e)
        {
            CB_Port.Items.Clear();
            foreach (string comport in SerialPort.GetPortNames())
            {
                CB_Port.Items.Add(comport);
            }
        }

        참조 1개
        private void BT_Open_Click(object sender, EventArgs e)
        {
            my_serial.PortName = CB_Port.Text;
            my_serial.BaudRate = 19200;
            my_serial.DataBits = 8;
            my_serial.Parity = Parity.None;
            my_serial.StopBits = StopBits.One;

            if (!my_serial.IsOpen)
            {
                my_serial.Open();
                FormStart(false);
                TB_Data.Text = "0";
            }
        }

        참조 1개
        private void BT_Close_Click(object sender, EventArgs e)
        {
            if (my_serial.IsOpen)
            {
                my_serial.Close();
                FormStart(true);
            }
        }

        참조 3개
        private void FormStart(bool t)
        {
            Bt_OpenPort.Enabled = t;     // OPEN BUTTON
            Bt_Close.Enabled = !t;       // CLOSE BUTTON
            BT_Write.Enabled = !t;       // 쓰기 BUTTON
            TB_Data.Enabled = !t;        // 쓰기 Data
        }

        참조 1개
        private void BT_Write_Click(object sender, EventArgs e)
        {
            string SendDataTxt = ENQ + "00" + "W" + "SS" + "01" + "05%DD10";
            string Data = Convert.ToInt32(TB_Data.Text).ToString("X8");
            SendDataTxt += Data + EOT;
            SendData(SendDataTxt);
        }

        참조 1개
        private void SendData(string SendDataTxt)
        {
            my_serial.Write(SendDataTxt);
            do
            {
            } while (my_serial.WriteBufferSize == 0);
        }
    }
}
```

(b)

[그림 3-163] C# 프로그램

실습과제 3-19

과제명 2 BYTE 데이터 연속 쓰기

1) 과제 설명

- [그림 3-164]와 같이 Window Form을 구성한다.
- Form이 시작되면 [OPEN] 버튼과 [Port Name] Combo Box만 활성화되며, 나머지 Component는 비활성화된다.
- [Port Name] Combo Box에서 현재 연결된 시리얼 포트를 읽어와서 시리얼 포트 Item에 추가하고, 사용할 시리얼 포트를 선택한다.
- [OPEN] 버튼을 클릭하여 선택된 시리얼 포트를 Open한다. [CLOSE] 버튼과 **[쓰기]** 버튼만 활성화되고 나머지 Component는 비활성화된다.
- **[쓰기]** 버튼을 클릭하면 **[정지]** 버튼과 CheckBox [M10]에서 [M1F]까지 활성화되고 **[쓰기]** 버튼은 비활성화된다. 타이머를 활성화하여 CheckBox [M10]에서 [M1F]까지 2 BYTE 데이터를 일정 시간 주기로 PLC의 M10에서 M1F까지 쓴다.
- **[정지]** 버튼을 클릭하면 **[정지]** 버튼과 CheckBox [M10]에서 [M1F]까지 비활성화되고, **[쓰기]** 버튼은 활성화된다. 그리고 타이머를 비활성화하여 데이터 쓰기를 중지한다.

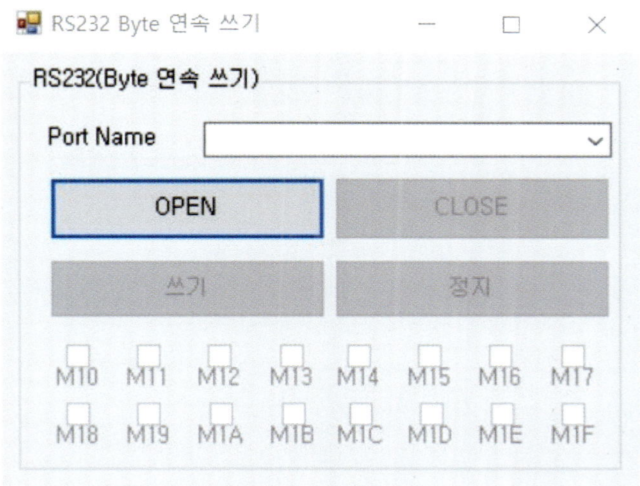

[그림 3-164] Window Form

2) Form Design

- 사용된 Component List

[표 3-53] Component List

도구	Name	Text
Label	-	Port Name
ComboBox	CB_Port	-
Button	BT_Open	OPEN
Button	BT_Close	CLOSE
Button	BT_Write	쓰기
Button	BT_Stop	정지
CheckBox	CB_M10 ~ CB_M1F	M10 ~ M1F
timer	timer1	-
GroupBox	-	RS232(Byte 연속 쓰기)

❖ PLC 프로그램

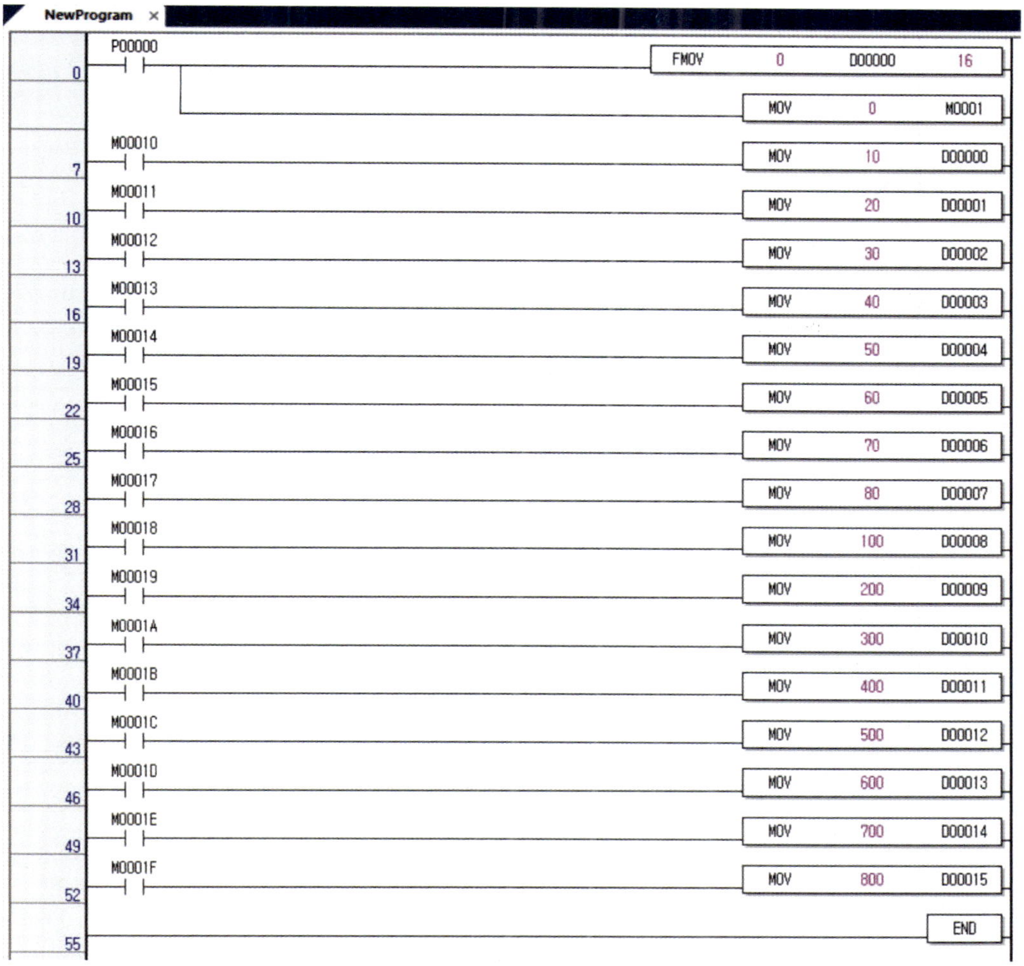

[그림 3-165] PLC 프로그램

❖ C# 프로그램

1) 프로그램 설명

- timer1_Tick 함수

```
private void timer1_Tick(object sender, EventArgs e)
{
    byte ByteData = 0;
    if (CB_M10.Checked == true) ByteData += 1;
    if (CB_M11.Checked == true) ByteData += 2;
    if (CB_M12.Checked == true) ByteData += 4;
    if (CB_M13.Checked == true) ByteData += 8;
    if (CB_M14.Checked == true) ByteData += 16;
    if (CB_M15.Checked == true) ByteData += 32;
    if (CB_M16.Checked == true) ByteData += 64;
    if (CB_M17.Checked == true) ByteData += 128;
    string Data = ByteData.ToString("X2");
    string SendDataTxt = ENQ + "00" + "W" + "SB" + "05%MB02" + "02" +  Data;
    ByteData = 0;
    if (CB_M18.Checked == true) ByteData += 1;
    if (CB_M19.Checked == true) ByteData += 2;
    if (CB_M1A.Checked == true) ByteData += 4;
    if (CB_M1B.Checked == true) ByteData += 8;
    if (CB_M1C.Checked == true) ByteData += 16;
    if (CB_M1D.Checked == true) ByteData += 32;
    if (CB_M1E.Checked == true) ByteData += 64;
    if (CB_M1F.Checked == true) ByteData += 128;
    Data = ByteData.ToString("X2");
    SendDataTxt += Data + EOT;
    SendData(SendDataTxt);
}
```

[그림 3-166] timer1_Tick 함수

2) 전체 프로그램

Form1.cs Form1.cs [디자인]

RS232_EX19 | WindowsFormsApp1.Form1

```
using System;
using System.IO.Ports;
using System.Windows.Forms;

namespace WindowsFormsApp1
{
    참조 3개
    public partial class Form1 : Form
    {
        SerialPort my_serial = new SerialPort();

        const char ETX = (char)0x03; //End Text [응답용Asc]
        const char EOT = (char)0x04; //End of Text[요구용 Asc]
        const char ENQ = (char)0x05; //Enquire[프레임시작코드]
        const char ACK = (char)0x06; //Acknowledge[응답 시작]
        const char NAK = (char)0x15; //Not Acknoledge[에러응답시작]

        참조 1개
        public Form1()
        {
            InitializeComponent();
        }

        참조 1개
        private void Form1_Load(object sender, EventArgs e)
        {
            FormStart(true);
        }

        참조 3개
        private void FormStart(bool t)
        {
            BT_Open.Enabled = t;          // OPEN BUTTON
            Bt_Close.Enabled = !t;        // CLOSE BUTTON
            BT_Write.Enabled = !t;        // 쓰기 BUTTON
            BT_Stop.Enabled = !t;         // 정지 BUTTON
            CheckBox(!t);
        }

        참조 4개
        private void CheckBox(bool t)
        {
            CB_M10.Enabled = t;          // 체크박스 M10
            CB_M11.Enabled = t;          // 체크박스 M11
            CB_M12.Enabled = t;          // 체크박스 M12
            CB_M13.Enabled = t;          // 체크박스 M13
            CB_M14.Enabled = t;          // 체크박스 M14
            CB_M15.Enabled = t;          // 체크박스 M15
            CB_M16.Enabled = t;          // 체크박스 M16
            CB_M17.Enabled = t;          // 체크박스 M17
            CB_M18.Enabled = t;          // 체크박스 M18
            CB_M19.Enabled = t;          // 체크박스 M19
            CB_M1A.Enabled = t;          // 체크박스 M1A
            CB_M1B.Enabled = t;          // 체크박스 M1B
            CB_M1C.Enabled = t;          // 체크박스 M1C
            CB_M1D.Enabled = t;          // 체크박스 M1D
            CB_M1E.Enabled = t;          // 체크박스 M1E
            CB_M1F.Enabled = t;          // 체크박스 M1F
        }

        참조 1개
        private void Combo_Port_MouseClick(object sender, MouseEventArgs e)
        {
            Combo_Port.Items.Clear();
            foreach (string comport in SerialPort.GetPortNames())
            {
                Combo_Port.Items.Add(comport);
            }
```

(a)

```
        }

        참조 1개
        private void BT_Open_Click(object sender, EventArgs e)
        {
            my_serial.PortName = Combo_Port.Text;
            my_serial.BaudRate = 19200;
            my_serial.DataBits = 8;
            my_serial.Parity = Parity.None;
            my_serial.StopBits = StopBits.One;

            if (!my_serial.IsOpen)
            {
                my_serial.Open( );
                FormStart(false);
                BT_Stop.Enabled = false;
                CheckBox(false);
            }
        }

        참조 1개
        private void BT_Close_Click(object sender, EventArgs e)
        {
            if (my_serial.IsOpen)
            {
                my_serial.Close( );
                FormStart(true);
            }
        }

        참조 1개
        private void BT_Write_Click(object sender, EventArgs e)
        {
            BT_Stop.Enabled = true;
            BT_Write.Enabled = false;
            CheckBox(true);
            timer1.Enabled = true;
            timer1.Interval = 100;
        }

        참조 1개
        private void BT_Stop_Click(object sender, EventArgs e)
        {
            BT_Stop.Enabled = false;
            BT_Write.Enabled = true;
            CheckBox(false);
            timer1.Enabled = false;
        }

        참조 1개
        private void timer1_Tick(object sender, EventArgs e)
        {
            byte ByteData = 0;
            if (CB_M10.Checked == true) ByteData += 1;
            if (CB_M11.Checked == true) ByteData += 2;
            if (CB_M12.Checked == true) ByteData += 4;
            if (CB_M13.Checked == true) ByteData += 8;
            if (CB_M14.Checked == true) ByteData += 16;
            if (CB_M15.Checked == true) ByteData += 32;
            if (CB_M16.Checked == true) ByteData += 64;
            if (CB_M17.Checked == true) ByteData += 128;
            string Data = ByteData.ToString("X2");
            string SendDataTxt = ENQ + "00" + "W" + "SB" + "05%MB02" + "02" +  Data;
            ByteData = 0;
            if (CB_M18.Checked == true) ByteData += 1;
            if (CB_M19.Checked == true) ByteData += 2;
            if (CB_M1A.Checked == true) ByteData += 4;
            if (CB_M1B.Checked == true) ByteData += 8;
            if (CB_M1C.Checked == true) ByteData += 16;
            if (CB_M1D.Checked == true) ByteData += 32;
            if (CB_M1E.Checked == true) ByteData += 64;
            if (CB_M1F.Checked == true) ByteData += 128;
```

(b)

```
                Data = ByteData.ToString("X2");
                SendDataTxt += Data + EOT;
                SendData(SendDataTxt);
            }

            참조 1개
            private void SendData(string SendDataTxt)
            {
                my_serial.Write(SendDataTxt);
                do
                {
                } while (my_serial.WriteBufferSize == 0);
            }
        }
    }
```

(c)

[그림 3-167] C# 프로그램

실습과제 3-20

과제명 **2 WORD 데이터 연속 쓰기**

1) 과제 설명

- [그림 3-168]과 같이 Window Form을 구성한다.
- Form이 시작되면 [OPEN] 버튼과 [Port Name] Combo Box만 활성화되며, 나머지 Component는 비활성화된다.
- [Port Name] Combo Box에서 현재 연결된 시리얼 포트를 읽어와서 시리얼 포트 Item에 추가하고, 사용할 시리얼 포트를 선택한다.
- [OPEN] 버튼을 클릭하여 선택된 시리얼 포트를 Open한다. [OPEN] 버튼만 비활성화되고 나머지 Component는 활성화된다.
- [쓰기] 버튼을 누르면 TextBox [D0] 및 [D1]의 Word 데이터를 PLC의 D0와 D1에 쓴다.

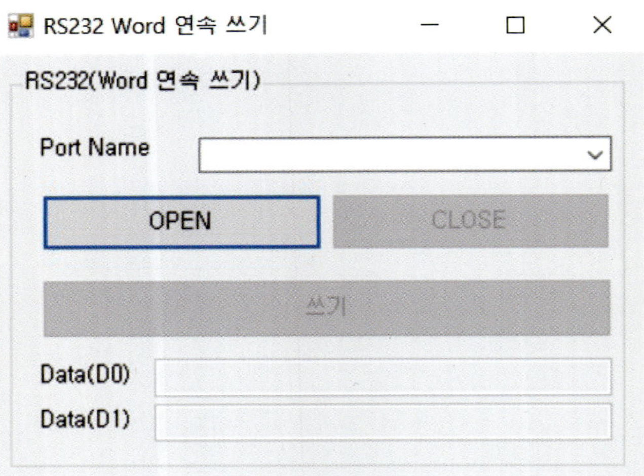

[그림 3-168] Window Form

2) Form Design

- 사용된 Component List

[표 3-54] Component List

도구	Name	Text
Label	-	Port Name
Label	-	Data(D0)
Label	-	Data(D1)
ComboBox	CB_Port	-
Button	BT_Open	OPEN
Button	BT_Close	CLOSE
Button	BT_Write	쓰기
TextBox	TB_D0	-
TextBox	TB_D1	-
GroupBox	-	RS232(Word 연속 쓰기)

❖ PLC 프로그램

[그림 3-169] PLC 프로그램

❖ C# 프로그램

1) 프로그램 설명

- BT_Write_Click 함수

```
private void BT_Write_Click(object sender, EventArgs e)
{
    string SendDataTxt = ENQ + "00" + "W" + "SB"+ "05%DW00" + "02";
    string Data = Convert.ToInt16(TB_D0.Text).ToString("X4");
    SendDataTxt += Data;
    Data = Convert.ToInt16(TB_D1.Text).ToString("X4");
    SendDataTxt += Data + EOT;
    SendData(SendDataTxt);
}
```

[그림 3-170] BT_Write_Click 함수

2) 전체 프로그램

Form1.cs Form1.cs [디자인]

RS232_EX20 WindowsFormsApp1.Form1

```
using System;
using System.IO.Ports;
using System.Windows.Forms;

namespace WindowsFormsApp1
{
    참조 3개
    public partial class Form1 : Form
    {
        SerialPort my_serial = new SerialPort();

        const char ETX = (char)0x03; //End Text [응답용Asc]
        const char EOT = (char)0x04; //End of Text[요구용 Asc]
        const char ENQ = (char)0x05; //Enquire[프레임시작코드]
        const char ACK = (char)0x06; //Acknowledge[응답 시작]
        const char NAK = (char)0x15; //Not Acknoledge[에러응답시작]

        참조 1개
        public Form1()
        {
            InitializeComponent();
        }

        참조 1개
        private void Form1_Load(object sender, EventArgs e)
        {
            FormStart(true);
        }

        참조 1개
        private void CB_Port_MouseClick(object sender, MouseEventArgs e)
        {
            CB_Port.Items.Clear();
            foreach (string comport in SerialPort.GetPortNames())
            {
                CB_Port.Items.Add(comport);
            }
        }

        참조 1개
        private void BT_Open_Click(object sender, EventArgs e)
        {
            my_serial.PortName = CB_Port.Text;
            my_serial.BaudRate = 19200;
            my_serial.DataBits = 8;
            my_serial.Parity = Parity.None;
            my_serial.StopBits = StopBits.One;

            if (!my_serial.IsOpen)
            {
                my_serial.Open();
                FormStart(false);
                TB_D0.Text = "0";
                TB_D1.Text = "0";
            }
        }

        참조 1개
        private void BT_Close_Click(object sender, EventArgs e)
        {
            if (my_serial.IsOpen)
            {
                my_serial.Close();
                FormStart(true);
            }
        }

```

(a)

```
        참조 3개
        private void FormStart(bool t)
        {
            Bt_OpenPort.Enabled = t;     // OPEN BUTTON
            Bt_Close.Enabled = !t;       // CLOSE BUTTON
            BT_Write.Enabled = !t;       // 쓰기 BUTTON
            TB_D0.Enabled = !t;          // 쓰기 Data1
            TB_D1.Enabled = !t;          // 쓰기 Data2
        }

        참조 1개
        private void BT_Write_Click(object sender, EventArgs e)
        {
            string SendDataTxt = ENQ + "00" + "W" + "SB"+ "05%DW00" + "02";
            string Data = Convert.ToInt16(TB_D0.Text).ToString("X4");
            SendDataTxt += Data;
            Data = Convert.ToInt16(TB_D1.Text).ToString("X4");
            SendDataTxt += Data + EOT;
            SendData(SendDataTxt);
        }

        참조 1개
        private void SendData(string SendDataTxt)
        {
            my_serial.Write(SendDataTxt);
            do
            {
            } while (my_serial.WriteBufferSize == 0);
        }
    }
}
```

(b)

[그림 3-171] C# 프로그램

실습과제 3-21

과제명 **종합실습**

1) 과제 설명

- [그림 3-172]와 같이 Window Form을 구성한다.
- Form이 시작되면 **[OPEN]** 버튼과 **[Port Name]** Combo Box만 활성화되며, 나머지 Component는 비활성화된다.
- **[Port Name]** Combo Box를 클릭하여 현재 연결된 시리얼 포트를 읽어와서 시리얼 포트 Item에 추가하고, 사용할 시리얼 포트를 선택한다.
- **[OPEN]** 버튼을 클릭하여 선택된 시리얼 포트를 Open한다. **[OPEN]** 버튼만 비활성화되고 나머지 Component는 활성화된다. PLC에서 D0(Word), D1(Word) 및 D2(DWord) 값을 읽어와서 **[생산단가]**, **[생산목표]** 및 **[목표금액]**의 Text Box에 쓰고, D10(Word), D11(DWord), D13(DWord) 값을 읽어와서 **[생산수량]**, **[생산금액]** 및 **[차액]**의 Text Box에 쓴다.
- **[생산시작]** 버튼을 클릭하면 **[생산정지]** 버튼만 활성화되고, 나머지 버튼들은 비활성화되면서 생산을 시작한다. 타이머가 활성화되어 200mSec 간격으로 D10(Word), D11(DWord) 및 D13(DWord)의 값을 **[생산수량]**, **[생산금액]** 및 **[차액]** 값에 차례대로 쓴다.
- **[생산정지]** 버튼을 클릭하면 **[생산정지]** 버튼이 비활성화되고, **[생산시작]**, **[설정]**, **[RESET]** 및 **[CLOSE]** 버튼은 활성화되면서 생산이 중지된다. 그리고 timer도 비활성화된다.
- Form에서 **[생산단가]**와 **[생산목표]** 값을 수정하고 **[설정]** 버튼을 클릭하면 **[목표금액]**을 자동으로 계산하고, **[생산단가]**, **[생산목표]** 및 **[목표금액]** 값을 PLC에 쓴다.
- **[RESET]** 버튼을 클릭하면 생산수량이 리셋된다.
- **[생산목표]**과 **[생산수량]**이 같아지면 자동으로 생산이 중지된다.

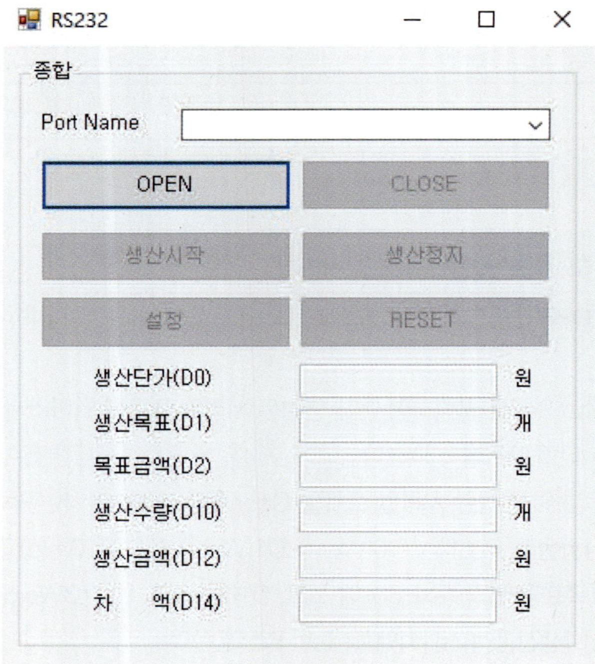

[그림 3-172] Window Form

2) Form Design

- 사용된 Component List

[표 3-55] Component List

도구	Name	Text
Label	-	Port Name
Label	-	생산단가(D0)
Label	-	생산목표(D1)
Label	-	목표금액(D2)
Label	-	판매수량(D10)
Label	-	판매금액(D11)
Label	-	차　액(D13)
Label	-	원
Label	-	개
ComboBox	CB_Port	-

도구	Name	Text
Button	BT_Open	OPEN
Button	BT_Close	CLOSE
Button	BT_Set	설정
Button	BT_Start	생산시작
Button	BT_Stop	생산정지
Button	BT_Reset	RESET
TextBox	TB_D0	–
TextBox	TB_D1	–
TextBox	TB_D2	–
TextBox	TB_D10	–
TextBox	TB_D11	–
TextBox	TB_D13	–
GroupBox	–	종합

❖ PLC 프로그램

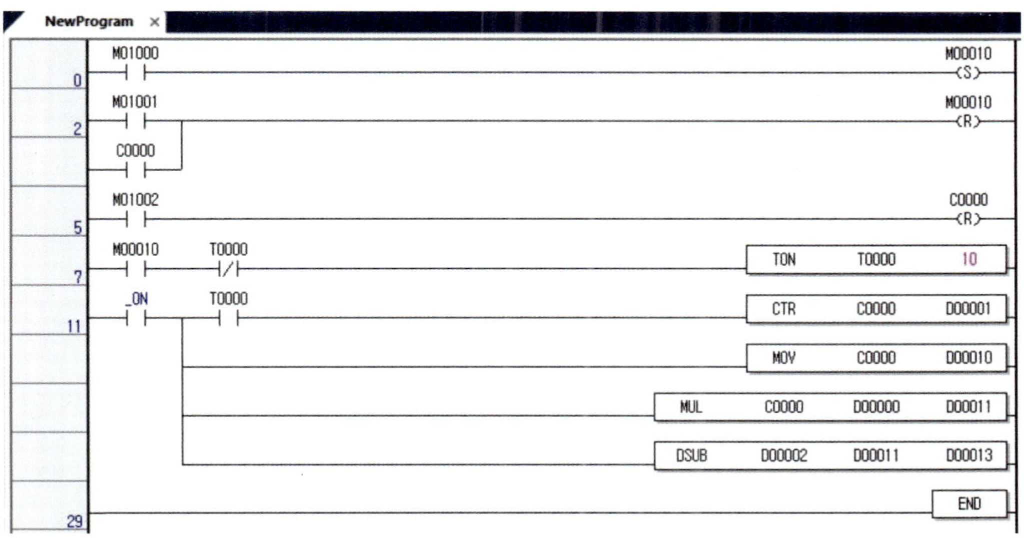

[그림 3-173] PLC 프로그램

PLC DATA COMMUNICATION

PLC DATA COMMUNICATION

PART

04

모드버스 RTU

PLC 데이터통신

01

모드버스 RTU 서버

1 개요

자사 전용 프로토콜 서비스로 자사 간 통신의 경우 사용되는 통신으로 모든 프레임에 사용된 문자는 ASCII 코드로 구성되어 있다. 멀티 드롭으로 사용하는 경우 최대 32국까지 접속가능하고, 국번 설정 시 중복 국번이 동일 네트워크에 설정되지 않도록 주의한다.

전기 통신과 컴퓨터 과학 분야에서는 통신 채널이나 컴퓨터 버스를 거쳐 한 번에 하나의 비트 단위로 연속적으로 데이터를 전송하는 방식인 **[그림 1-2]**와 같은 직렬 통신이 많이 사용된다.

2 모드버스 프로토콜

1) 개요

클라이언트-서버 사이의 통신에 사용되는 규격화된 개방형 프로토콜로 펑션 코드에 따라 데이터를 읽거나 쓴다. 모드버스 프로토콜을 사용하는 기기 간 통신은 오직 하나의 클라이언트에서만 처리하는 클라이언트-서버 기능을 사용한다.

2) 모드버스 프로토콜의 종류

(1) 모드버스의 통신 모드 : ASCII, RTU

[표 4-1] 모드버스 통신 모드 종류

특성		ASCII 모드	RTU 모드
부호체계		ASCII 코드	0~1
1 문자당 데이터 수	시작 비트	1	1
	데이터 비트	7	8
	패리티 비트	Even, Odd, None	Even, Odd, None
	정지 비트	1 or 2	1 or 2
에러체크		LRC(Longitudinal Redundancy Check)	CRC(Cyclical Redundancy Check)
프레임의 시작		콜론(:)	3.5문자(Character) 무응답시간

3) 모드버스 프로토콜의 구조

(1) 펑션 코드와 데이터로 구성되는 PDU와 상대방 국번과 에러 체크가 추가된 ADU로 구성

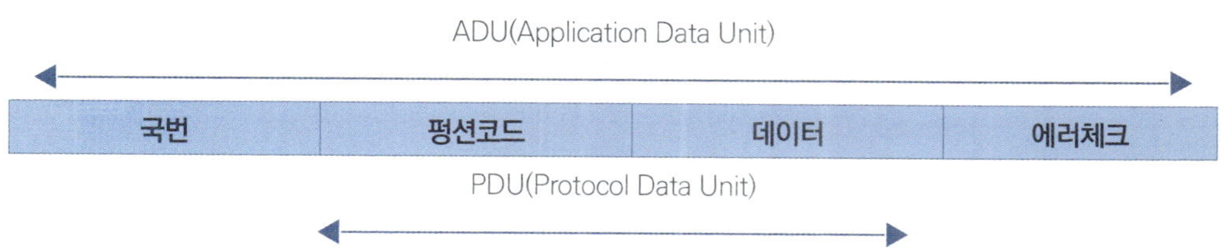

[그림 4-1] 모드버스 프로토콜 구조

(2) 정상적인 모드버스 통신일 때의 처리 과정

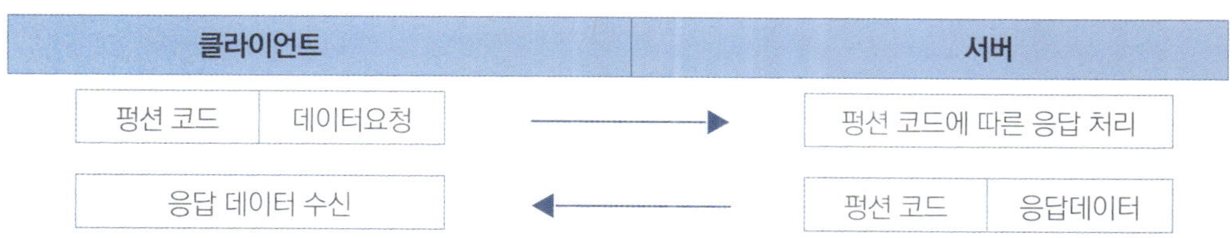

[그림 4-2] 정상적인 모드버스 통신 처리 과정

(3) 모드버스 통신 시 에러가 발생하였을 경우 서버 측에서는 [그림 4-3]과 같이 클라이언트에 에러 코드를 포함한 응답을 송신

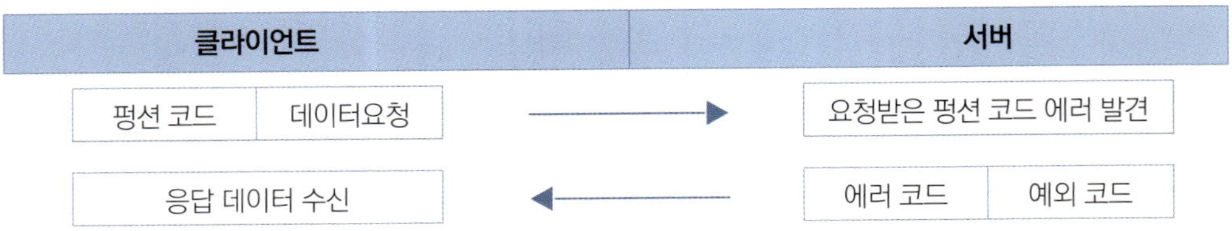

[그림 4-3] 에러 발생 시 모드버스 통신 처리 과정

(4) 비정상적인 프레임 수신 시 서버에서는 에러 코드와 예외 코드를 클라이언트측에 송신하게 되는데 에러 코드는 펑션 코드에 80(Hex)값을 더하여 표현

(5) 예외 코드는 상세 에러 내역을 나타내며 각 코드별 내용은 [표 4-2]와 같음

[표 4-2] 에러 코드별 상세 내역

코드	코드명	의미
01	펑션 코드 에러	펑션 코드 에러
02	어드레스 에러	어드레스 허용범위 초과 에러
03	데이터 설정 에러	데이터 값이 허용되지 않는 에러
04	서버국 이상 에러	서버(슬레이브)국이 에러 상태
05	서버국 재전송 요청	서버의 처리 내용이 많아 처리할 수 없는 상태로 클라이언트측에 가능한 시간 때 재요구를 달라는 요청 응답
06	서버국 처리시간 지연	서버국이 처리하는데 시간이 걸림 마스터는 재요구를 해야 함

3 프레임 구조

1) ASCII 모드

(1) 프레임 구조

[표 4-3] ASCII 모드 프레임 구조

구분	시작	국번	펑션 코드	데이터	에러 체크	종료
크기(바이트)	1	2	2	N	2	2

(2) 특징

- 프레임의 시작 : 1바이트 ASCII 코드인 콜론(':', 0x3A)
- 프레임의 끝 : 'CR(0x0D), LF(0x0A)'를 사용하여 프레임 구분
- 문자 간 최대 1초 인터벌(interval) 허용

(3) 국번 영역

- 2바이트로 구성
- XGT Cnet I/F 모듈 사용 시 국번은 0~31번까지 설정 가능
- 0국은 클라이언트 국번으로 사용
- 서버 응답 시 클라이언트의 응답을 알 수 있도록 응답 프레임에 자신의 어드레스를 포함시켜 응답

(4) 데이터 영역

- ASCII 데이터를 이용하여 데이터를 전송하고, 각각의 펑션 코드에 따라 데이터의 구조가 변경
- 정상적인 프레임 응답 시에는 응답 데이터로 응답
- 비정상적인 프레임 수신 시에는 에러 코드로 응답

(5) 에러 체크 영역

- 프레임의 에러 체크 방식은 LRC를 이용하여 프레임의 시작/끝을 제외한 프레임의 합에 2의 보수를 취하여 ASCII 코드로 변화

2) RTU 모드

(1) 프레임 구조

[표 4-4] RTU 모드 프레임 구조

구분	시작	국번	펑션 코드	데이터	에러 체크	종료
크기(바이트)	Idle time	1	1	N	2	Idle time

(2) RTU 모드의 특징

- 16진수를 이용하여 통신
- 시작 문자는 국번이고 프레임의 끝은 CRC 에러 체크로 프레임 구분
- 프레임의 시작과 끝에 1 비트의 아이들 타임(Idle time)을 추가하여 프레임의 시작과 끝을 구분
- 프레임 간 최소 3.5 캐릭터 타임(Character time)의 인터벌(interval)을 가지며 문자 간 1.5 캐릭터 타임 이상 경과 시 독립적인 프레임으로 인식

(3) 국번 영역

- 1바이트로 구성
- XGT Cnet I/F 모듈 사용 시 국번은 0 ~ 31번까지 설정 가능
- 0번국은 클라이언트 국번으로 사용
- 서버가 응답 시 클라이언트의 응답을 알 수 있도록 응답 프레임에 자신의 어드레스를 포함시켜 응답

(4) 데이터 영역

- 헥사(Hex.) 데이터를 이용하여 데이터를 전송하고, 각각의 펑션 코드에 따라 데이터의 구조가 변경
- 정상적인 프레임 응답 시에는 응답 데이터로 응답
- 정상적인 프레임 수신 시에는 에러 코드를 사용하여 응답

(5) 에러 체크 영역

- 2 바이트의 CRC(Cyclical Redundancy Checking) 체크 방법을 사용하여 프레임의 정상 여부 판단

(6) 모드버스 어드레스 규칙

- 데이터 내의 어드레스는 0부터 시작되며 모드버스 메모리에서 1을 뺀 값과 동일(즉, 모드버스 어드레스 2은 데이터 내의 어드레스 1과 동일)

4 데이터 및 어드레스의 표현

1) 표현 형식

(1) Hex(16진수) 데이터를 기본 형식으로 사용

(2) ASCII 모드 : Hex 데이터를 ASCII 코드로 변환하여 사용

(3) RTU 모드 : Hex 데이터를 사용

(4) 각 펑션 코드별 의미

[표 4-5] 모드버스 코드 및 용도

코드(HEX)	용도	사용 영역	주소	최대 응답 데이터
01	비트 개별/연속 읽기	비트 출력	0XXXX	2000 비트
02	비트 개별/연속 읽기	비트 출력	1XXXX	2000 비트
03	워드 개별/연속 읽기	워드 출력	4XXXX	120 워드
04	워드 개별/연속 읽기	워드 출력	3XXXX	120 워드
05	비트 개별 쓰기	비트 출력	0XXXX	1 비트
06	워드 개별 쓰기	워드 출력	4XXXX	1 워드
0F	비트 연속 쓰기	비트 출력	0XXXX	1968 비트
10	워드 연속 쓰기	워드 출력	4XXXX	120 워드

5 명령어 상세

1) 비트 출력영역에서 데이터 읽기

(1) 출력영역의 비트 읽기(펑션 코드 : 01)

- 프레임의 구조(테일은 ASCII 모드일 때만 적용)

• 요청 프레임

[표 4-6] 모드버스 요청 프레임

프레임	국번	펑션 코드	어드레스	데이터 크기	프레임 에러체크	테일 (CRLF)
크기(바이트)	1	1	2	2	2	2

• 응답 프레임(정상 프레임 수신 시)

[표 4-7] 모드버스 응답 프레임(정상적인 경우)

프레임	국번	펑션 코드	어드레스	데이터 크기	프레임 에러체크	테일 (CRLF)
크기(바이트)	1	1	1	N	2	2

• 응답 프레임(비정상 프레임 수신 시)

[표 4-8] 모드버스 응답 프레임(비정상적인 경우)

프레임	국번	에러 코드	예외 코드	테일 (CRLF)
크기(바이트)	1	1	1	2

(2) 프레임 상세 내역

- 국번 : 비트를 읽고자 하는 슬레이브측 국번
- 펑션 코드 : 출력 영역의 비트 연속/개별 읽기를 의미하는 '01'
- 어드레스 : 읽고자 하는 데이터의 시작 주소(2바이트로 구성, 모드버스 어드레스 규칙에 따름)
- 데이터 크기 : 읽고자 하는 데이터 크기(2바이트로 구성)
- 프레임 에러 체크 : ASCII 모드 → LRC, RTU 모드 → CRC(2바이트로 구성)
- 테일 : ASCII 모드일 경우에만 해당(LRC 이후에 CR LF 추가)
- 바이트 수 : 응답하는 데이터의 바이트 수
- 데이터 : 요청 프레임의 어드레스를 시작 주소로 하여 바이트 단위로 데이터 송신
- 에러 코드 : 펑션 코드에 80(Hex)값을 더하여 표현(출력 영역의 비트 읽기의 경우 81(Hex)로 전송)
- 예외 코드: 상세 에러 내역(1바이트로 구성)

(3) 프레임 예 (RTU)

- 1번 서버국에 20번째에서 38번째까지 19개 비트를 읽을 때

• 요청 프레임

• 국번 : 01, 펑션 코드 : 01, 어드레스 : 20번째 → 19번(Hex : 13), 데이터 크기 : 19개(Hex : 13)

[표 4-9] 모드버스 RTU 요청 프레임 예

구분	국번	펑션 코드	어드레스		데이터크기		에러 체크
			상위바이트	하위바이트	상위바이트	하위바이트	
프레임	01	01	00	13	00	13	CRC

• 응답 프레임(정상 프레임 수신 시)

• 바이트 수 : (19개 비트 : 3바이트)

[표 4-10] 모드버스 RTU 응답 프레임(정상적인 경우) 예

구분	국번	펑션코드	바이트 수	데이터			에러체크
프레임	01	01	03	12	34	05	CRC

- 응답 프레임(비정상 프레임 수신 시)
- 에러 코드 : 80(Hex) + 01(국번) → 81(Hex)

[표 4-11] 모드버스 RTU 응답 프레임(비정상적인 경우) 예

구분	국번	에러 코드	예외 코드	에러체크
프레임	01	81	02	CRC

2) 비트 입력영역에서 데이터 읽기

(1) 입력영역의 비트 읽기(펑션 코드 : 02)

– 프레임 구조

- 요청 프레임

[표 4-12] 모드버스 요청 프레임

구분	국번	펑션 코드	어드레스	데이터 크기	프레임 에러체크	테일 (CRLF)
크기(바이트)	1	1	2	2	2	2

- 응답 프레임(정상 프레임 수신 시)

[표 4-13] 모드버스 응답 프레임(정상적인 경우)

구분	국번	펑션 코드	바이트 수	데이터	프레임 에러체크	테일 (CRLF)
크기(바이트)	1	1	1	N	2	2

- 응답 프레임(비정상 프레임 수신 시)

[표 4-14] 모드버스 응답 프레임(비정상적인 경우)

구분	국번	에러 코드	예외 코드	테일 (CRLF)
크기(바이트)	1	1	1	2

(2) 프레임 상세 내역

- 펑션 코드 : 입력영역의 비트 읽기를 의미하는 '02'

(3) 프레임 예

- 1번 서버국에 20번째에서 38번째까지 비트를 읽을 때

• 요청 프레임

[표 4-15] 모드버스 RTU 요청 프레임 예

구분	국번	펑션 코드	어드레스		데이터 크기		에러 체크
			상위바이트	하위바이트	상위바이트	하위바이트	
프레임	01	02	00	13	00	13	CRC

• 응답 프레임(정상 프레임 수신 시)

[표 4-16] 모드버스 RTU 응답 프레임(정상적인 경우) 예

구분	국번	펑션코드	바이트 수	데이터			에러체크
프레임	01	02	03	12	31	05	CRC

• 응답 프레임(비정상 프레임 수신 시)

[표 4-17] 모드버스 RTU 응답 프레임(비정상적인 경우) 예

구분	국번	에러 코드	예외 코드	에러체크
프레임	01	82	02	CRC

3) 워드 출력영역에서 데이터 읽기

(1) 출력영역의 워드 읽기(펑션 코드 : 03)

- 프레임의 구조

• 요청 프레임

[표 4-18] 모드버스 요청 프레임

프레임	국번	펑션 코드	어드레스	데이터 크기	프레임 에러체크	테일 (CRLF)
크기(바이트)	1	1	2	2	2	2

• 응답 프레임(정상 프레임 수신 시)

[표 4-19] 모드버스 응답 프레임(정상적인 경우)

프레임	국번	펑션 코드	바이트 수	데이터	프레임 에러체크	테일 (CRLF)
크기(바이트)	1	1	1	N*2	2	2

• 응답 프레임(비정상 프레임 수신 시)

[표 4-20] 모드버스 응답 프레임(비정상적인 경우)

프레임	국번	에러 코드	예외 코드	테일 (CRLF)
크기(바이트)	1	1	1	2

(2) 프레임 상세 내역

- 펑션 코드 : 출력영역의 워드 읽기를 의미하는 '03'
- 데이터 : 바이트 단위로 데이터(워드 타입(바이트 수 : 워드 수 2배)) 송신

(3) 프레임 예

- 1번 서버국에 108번째에서 110번째까지 3 워드의 데이터를 읽을 때

• 요청 프레임

• 어드레스 : 108번째 → 107번(Hex : 6B)

[표 4-21] 모드버스 RTU 요청 프레임 예

구분	국번	펑션 코드	어드레스		데이터 크기		에러 체크
			상위바이트	하위바이트	상위바이트	하위바이트	
프레임	01	03	00	6B	00	03	CRC

• 응답 프레임(정상 프레임 수신 시)

• 바이트 수 : 3 워드 → 6 바이트

[표 4-22] 모드버스 RTU 응답 프레임(정상적인 경우) 예

구분	국번	펑션 코드	바이트 수	데이터						에러체크
프레임	01	03	06	13	12	3D	12	05	2D	CRC

• 응답 프레임(비정상 프레임 수신 시)

[표 4-23] 모드버스 RTU 응답 프레임(비정상적인 경우) 예

구분	국번	에러 코드	예외 코드	에러체크
프레임	01	83	04	CRC

4) 워드 입력영역에 워드 형식의 데이터 읽기

(1) 입력영역의 워드 읽기(펑션 코드 : 04)

- 프레임의 구조

• 요청 프레임

[표 4-24] 모드버스 요청 프레임

프레임	국번	펑션 코드	어드레스	데이터 크기	프레임 에러체크	테일 (CRLF)
크기(바이트)	1	1	2	2	2	2

• 응답 프레임(정상 프레임 수신 시)

[표 4-25] 모드버스 응답 프레임(정상적인 경우)

프레임	국번	펑션 코드	바이트 수	데이터	프레임 에러체크	테일 (CRLF)
크기(바이트)	1	1	1	N*2	2	2

• 응답 프레임(비정상 프레임 수신 시)

[표 4-26] 모드버스 응답 프레임(비정상적인 경우)

프레임	국번	에러 코드	예외 코드	테일 (CRLF)
크기(바이트)	1	1	1	2

(2) 프레임 상세 내역

- 펑션 코드: 입력영역의 워드 읽기를 의미하는 '04'

(3) 프레임 예

- 1번 서버에 입력영역 9번째에 저장된 워드 데이터를 읽을 때

• 요청 프레임

[표 4-27] 모드버스 RTU 요청 프레임 예

구분	국번	펑션 코드	어드레스		데이터크기		에러 체크
			상위바이트	하위바이트	상위바이트	하위바이트	
프레임	01	04	00	08	00	01	CRC

• 응답 프레임(정상 프레임 수신 시)

[표 4-28] 모드버스 RTU 응답 프레임(정상적인 경우) 예

구분	국번	펑션코드	바이트 수	데이터		에러체크
프레임	01	04	02	01	4D	CRC

• 응답 프레임(비정상 프레임 수신 시)

[표 4-29] 모드버스 RTU 응답 프레임(비정상적인 경우) 예

구분	국번	에러 코드	예외 코드	에러체크
프레임	01	84	04	CRC

5) 비트 출력영역에 비트 형식의 데이터 개별 쓰기

(1) 출력영역의 비트 개별 쓰기(펑션 코드 : 05)

- 프레임의 구조

• 요청 프레임

[표 4-30] 모드버스 요청 프레임

프레임	국번	펑션 코드	어드레스	출력값	프레임 에러체크	테일 (CRLF)
크기(바이트)	1	1	2	2	2	2

• 응답 프레임(정상 프레임 수신 시)

[표 4-31] 모드버스 응답 프레임(비정상적인 경우)

프레임	국번	펑션 코드	어드레스	출력값	프레임 에러체크	테일 (CRLF)
크기(바이트)	1	1	2	2	2	2

• 응답 프레임(비정상 프레임 수신 시)

[표 4-32] 모드버스 응답 프레임(비정상적인 경우)

프레임	국번	에러 코드	예외 코드	테일 (CRLF)
크기(바이트)	1	1	1	2

(2) 프레임 상세 내역

- 펑션 코드 : 출력영역의 비트 개별 쓰기를 의미하는 '05'
- 출력 값 : ON으로 동작할 경우 FF00(Hex), OFF로 동작할 경우 0000(Hex)

(3) 프레임 예

- 1번 서버국에 출력영역 9번째 비트를 ON시키는 경우

• 요청 프레임

[표 4-33] 모드버스 RTU 요청 프레임 예

구분	국번	펑션 코드	어드레스		출력값		에러 체크
			상위바이트	하위바이트	상위바이트	하위바이트	
프레임	01	05	00	08	FF	00	CRC

• 응답 프레임(정상 프레임 수신 시)

[표 4-34] 모드버스 RTU 응답 프레임(정상적인 경우) 예

구분	국번	펑션 코드	어드레스		출력값		에러 체크
			상위바이트	하위바이트	상위바이트	하위바이트	
프레임	01	05	00	08	FF	00	CRC

• 응답 프레임(비정상 프레임 수신 시)

[표 4-35] 모드버스 RTU 응답 프레임(비정상적인 경우) 예

구분	국번	에러 코드	예외 코드	에러체크
프레임	01	85	04	CRC

6) 워드 출력영역에 워드 형식의 데이터 개별 쓰기

(1) 출력영역의 워드 개별 쓰기(펑션 코드 : 06)

- 프레임의 구조

• 요청 프레임

[표 4-36] 모드버스 요청 프레임

프레임	국번	펑션 코드	어드레스	출력값	프레임 에러체크	테일 (CRLF)
크기(바이트)	1	1	2	2	2	2

• 응답 프레임(정상 프레임 수신 시)

[표 4-37] 모드버스 응답 프레임(정상적인 경우)

프레임	국번	펑션 코드	어드레스	출력값	프레임 에러체크	테일 (CRLF)
크기(바이트)	1	1	2	2	2	2

• 응답 프레임(비정상 프레임 수신 시)

[표 4-38] 모드버스 응답 프레임(비정상적인 경우)

프레임	국번	에러 코드	예외 코드	테일 (CRLF)
크기(바이트)	1	1	1	2

(2) 프레임 상세 내역

- 펑션 코드 : 출력영역의 워드 개별 쓰기를 의미하는 '06'

(3) 프레임 예

- 1번 서버국에 워드 형식의 9번째 출력영역에 0003(Hex)를 쓸 경우

• 요청 프레임

[표 4-39] 모드버스 RTU 요청 프레임 예

구분	국번	펑션 코드	어드레스		출력값		에러 체크
			상위바이트	하위바이트	상위바이트	하위바이트	
프레임	01	06	00	08	00	03	CRC

• 응답 프레임(정상 프레임 수신 시)

[표 4-40] 모드버스 RTU 응답 프레임(정상적인 경우) 예

구분	국번	펑션 코드	어드레스		출력값		에러 체크
			상위바이트	하위바이트	상위바이트	하위바이트	
프레임	01	06	00	08	00	03	CRC

• 응답 프레임(비정상 프레임 수신 시)

[표 4-41] 모드버스 RTU 응답 프레임(비정상적인 경우) 예

구분	국번	에러 코드	예외 코드	에러체크
프레임	01	86	02	CRC

7) 비트 출력영역에 비트 형식의 데이터 연속 쓰기

(1) 출력영역의 비트 연속 쓰기(펑션 코드 : 0F)

- 프레임의 구조

• 요청 프레임

[표 4-42] 모드버스 요청 프레임

프레임	국번	펑션 코드	어드레스	출력 수	데이터 크기	출력값	프레임 에러체크	테일 (CRLF)
크기(바이트)	1	1	2	2	1	N	2	2

• 응답 프레임(정상 프레임 수신 시)

[표 4-43] 모드버스 응답 프레임(정상적인 경우)

프레임	국번	펑션 코드	어드레스	출력 수	프레임 에러체크	테일 (CRLF)
크기(바이트)	1	1	2	2	2	2

• 응답 프레임(비정상 프레임 수신 시)

[표 4-44] 모드버스 응답 프레임(비정상적인 경우)

프레임	국번	에러 코드	예외 코드	테일 (CRLF)
크기(바이트)	1	1	1	2

(2) 프레임 상세 내역

- 펑션 코드 : 출력영역의 비트 연속 쓰기를 의미하는 '0F'
- 출력 수 : 쓸 데이터 수(2바이트로 구성)
- 데이터 크기 : 출력 수를 바이트 값으로 나타냄(데이터 크기가 1인 경우 연속 쓰기 데이터 최대 수 : 8, 예 : 연속 10비트의 데이터를 쓰는 경우 데이터 크기 : 2)
- 출력 값 : 어드레스에서 설정한 주소에 쓸 데이터 값

(3) 프레임 예

- 1번 서버국에 20번째 주소를 시작으로 하여 연속 10개의 비트 값을 쓸 경우의 예

• 쓸 연속 비트 데이터 값

비트값	1	1	0	0	1	0	0	1	0	0	0	0	0	0	1	0
HEX	C				9				0				2			
주소	26	25	24	23	22	21	20	19							28	27

• 요청 프레임

[표 4-45] 모드버스 RTU 요청 프레임 예

구분	국번	펑션 코드	어드레스		출력 수		데이터 크기	출력값		에러 체크
			상위 바이트	하위 바이트	상위 바이트	하위 바이트		상위 바이트	하위 바이트	
프레임	01	0F	00	13	00	0A	02	02	C9	CRC

• 응답 프레임(정상 프레임 수신 시)

[표 4-46] 모드버스 RTU 응답 프레임(정상적인 경우) 예

구분	국번	펑션 코드	어드레스		출력 수		에러 체크
			상위바이트	하위바이트	상위바이트	하위바이트	
프레임	01	0F	00	13	00	0A	CRC

• 응답 프레임(비정상 프레임 수신 시)

[표 4-47] 모드버스 RTU 응답 프레임(비정상적인 경우) 예

구분	국번	에러 코드	예외 코드	에러체크
프레임	01	8F	01	CRC

8) 워드 출력영역에 워드 데이터 연속 쓰기

(1) 출력영역의 워드 연속 쓰기(펑션 코드 : 10)

- 프레임의 구조

• 요청 프레임

[표 4-48] 모드버스 요청 프레임

프레임	국번	펑션 코드	어드레스	출력 수	데이터 크기	출력값	프레임 에러체크	테일 (CRLF)
크기(바이트)	1	1	2	2	1	N*2	2	2

• 응답 프레임(정상 프레임 수신 시)

[표 4-49] 모드버스 응답 프레임(정상적인 경우)

프레임	국번	펑션 코드	어드레스	출력 수	프레임 에러체크	테일 (CRLF)
크기(바이트)	1	1	2	2	2	2

• 응답 프레임(비정상 프레임 수신 시)

[표 4-50] 모드버스 응답 프레임(비정상적인 경우)

프레임	국번	에러 코드	예외 코드	테일 (CRLF)
크기(바이트)	1	1	1	2

(2) 프레임 상세 내역

- 펑션 코드: 입력영역의 워드 연속/개별 읽기를 의미하는 '10'

(3) 프레임 예

- 1번 서버국에 20번째 주소를 시작으로 하여 연속 2워드를 쓸 경우

• 연속 쓰기 할 워드 데이터 값

HEX	C	D	9	0	0	A	2	D
주소	19				20			

• 요청 프레임

[표 4-51] 모드버스 RTU 요청 프레임 예

구분	국번	펑션 코드	어드레스		출력 수		데이터 크기	출력값				에러 체크
			상위 바이트	하위 바이트	상위 바이트	하위 바이트						
프레임	01	10	00	13	00	02	04	CD	90	0A	2D	CRC

• 응답 프레임(정상 프레임 수신 시)

[표 4-52] 모드버스 RTU 응답 프레임(정상적인 경우) 예

구분	국번	펑션 코드	어드레스		출력 수		에러 체크
			상위바이트	하위바이트	상위바이트	하위바이트	
프레임	01	10	00	13	00	02	CRC

• 응답 프레임(비정상 프레임 수신 시)

[표 4-53] 모드버스 RTU 응답 프레임(비정상적인 경우) 예

구분	국번	에러 코드	예외 코드	에러체크
프레임	01	90	01	CRC

02

XG5000 설정

1 설정

1) 채널1 RS232C 서버 설정

(1) 프로젝트-네트워크 구성 - 기본 네트워크 - NewPLC(B0S0 내장 Cnet) 더블클릭

(2) [그림 4-4]와 같이 기본 설정 - Cnet - 기본 설정 - 채널1 : 모드버스 RTU 서버 선택

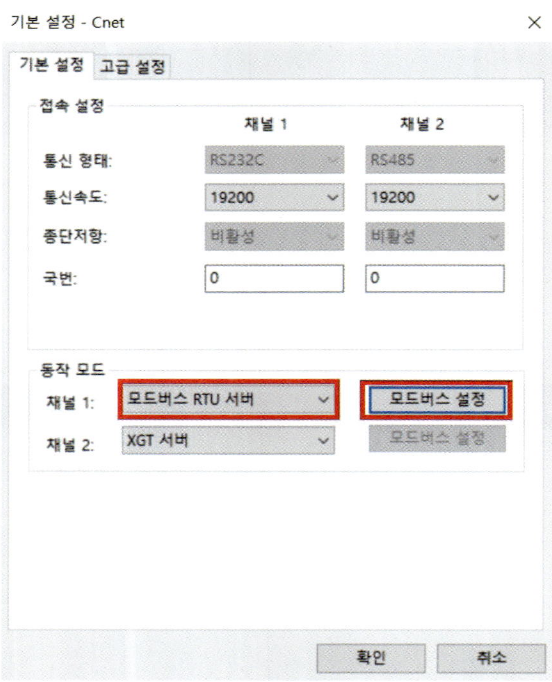

[그림 4-4] RS232 모드버스 RTU 서버 선택

(3) 모드버스 설정 클릭 – 각 영역의 시작 번지를 [그림 4-5]와 같이 지정

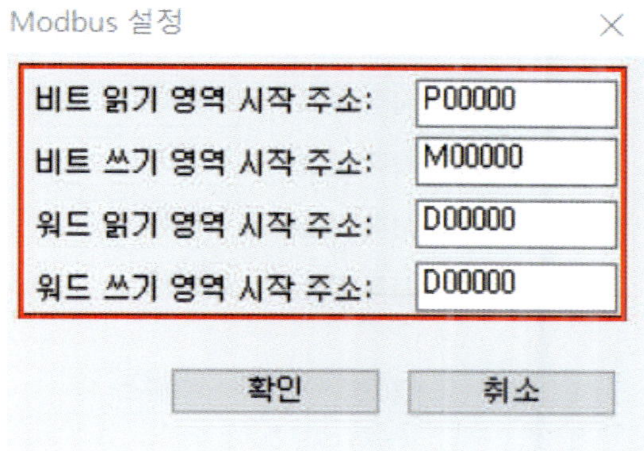

[그림 4-5] 모드버스 설정

2) 채널2 RS485 서버 설정

(1) 프로젝트–네트워크 구성 – 기본 네트워크 – NewPLC(B0S0 내장 Cnet) 더블클릭

(2) [그림 4-6]과 같이 기본 설정 – Cnet – 기본 설정 – 채널2 : 모드버스 RTU 서버 선택

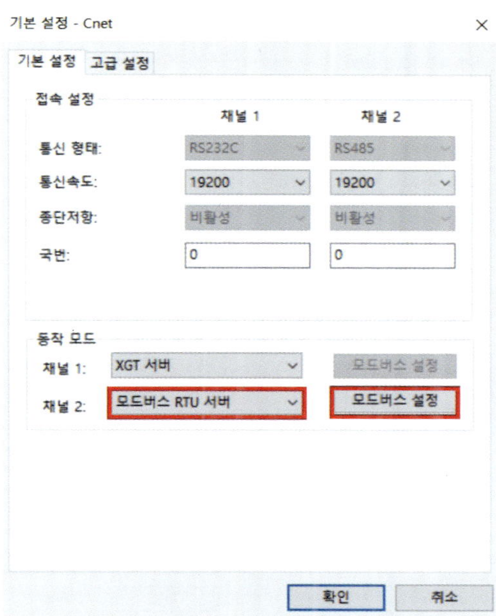

[그림 4-6] RS485 모드버스 RTU 서버 선택

(3) 모드버스 설정 클릭 - [그림 4-7]과 같이 각 영역의 시작 번지를 지정

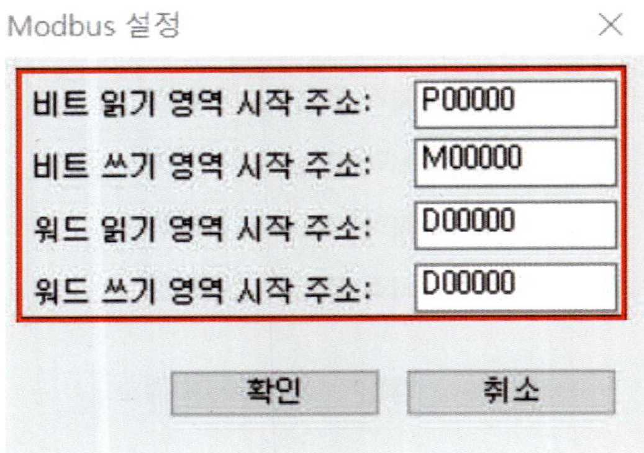

[그림 4-7] 모드버스 설정

3) 채널2 RS485 클라이언트 설정

(1) 프로젝트-네트워크 구성 - 기본 네트워크 - NewPLC(B0S0 내장 Cnet) 더블클릭

(2) [그림 4-8]과 같이 채널2 : "P2P 사용" 선택 후 확인

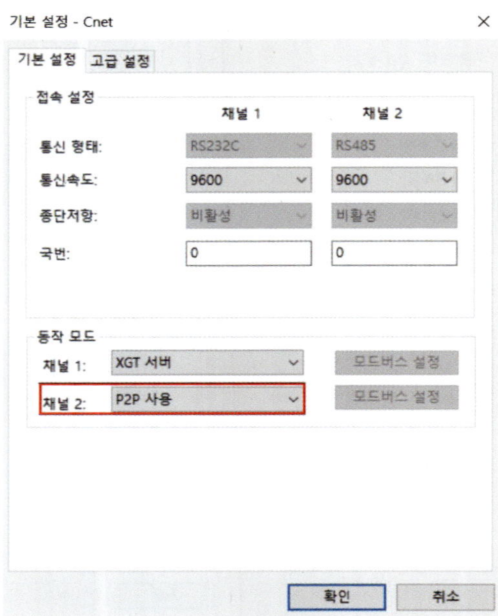

[그림 4-8] RS485 모드버스 RTU 클라이언트 선택

(3) **프로젝트-네트워크 구성 - 기본 네트워크 - NewPLC(B0S0 내장 Cnet) :** [그림 4-9]와 같이 마우스 오른쪽 클릭 → 항목 추가 → P2P 통신 클릭

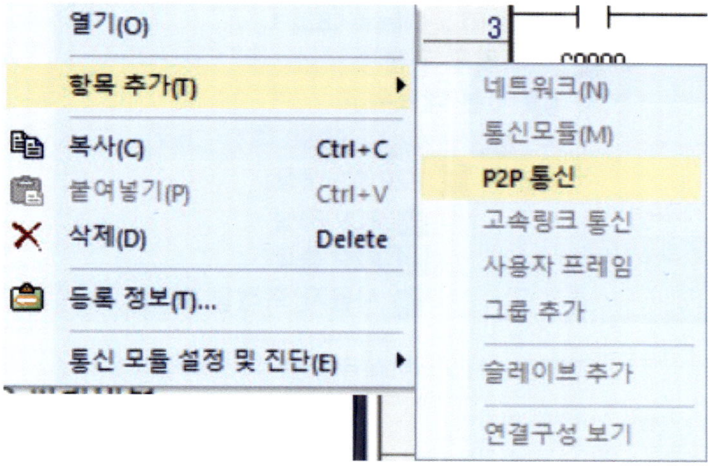

[그림 4-9] 모드버스 RTU 클라이언트 설정 1

(4) **P2P 선택 :** 01 → 확인 클릭

[그림 4-10] 모드버스 RTU 클라이언트 설정 2

(5) **프로젝트 창 :** [그림 4-11]과 같이 P2P 01(내장) 생성 확인

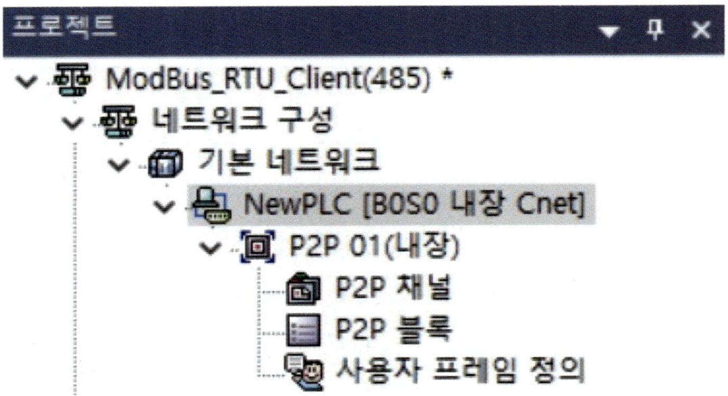

[그림 4-11] 모드버스 RTU 클라이언트 설정 3

(6) **P2P 01(내장) → P2P 채널 :** 더블 클릭 → 채널2(P2P 사용 - 모드버스 RTU 클라이언트 선택)

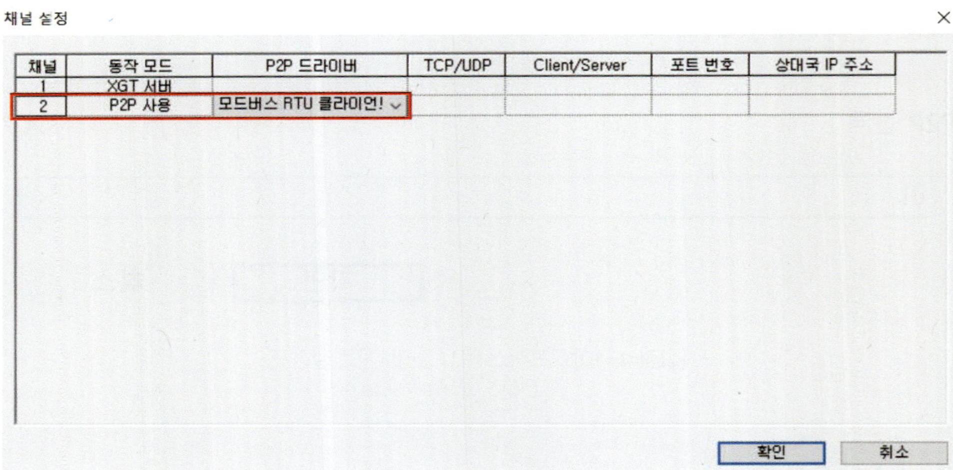

[그림 4-12] 모드버스 RTU 클라이언트 설정 4

(7) **P2P 01(내장) → P2P 블록 :** 더블 클릭(국번 1 서버측 03E8번지의 1워드를 클라이언트측 워드 읽기 영역 D100번지에 저장)

- 채널 : P2P 채널 설정에서 모드버스 RTU 클라이언트로 설정한 채널 2 선택
- P2P 기능 : 읽기 동작을 수행하므로 READ 선택
- 기동조건 : 100ms마다 프레임을 수신하기 위해 특수 플래그_T100MS 사용
- 방식 및 데이터 타입 : 1워드이므로 개별 및 WORD로 선택
- 상대국번 : 서버측 국번 1 선택

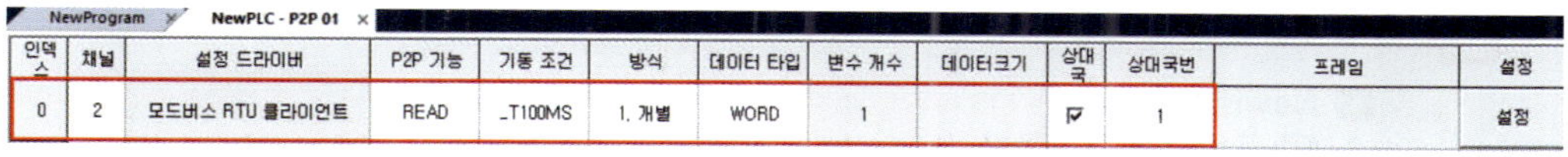

NewProgram | NewPLC - P2P 01

인덱스	채널	설정 드라이버	P2P 기능	기동 조건	방식	데이터 타입	변수 개수	데이터크기	상대국	상대국번	프레임	설정
0	2	모드버스 RTU 클라이언트	READ	_T100MS	1. 개별	WORD	1		☑	1		설정

[그림 4-13] 모드버스 RTU 클라이언트 설정 5

- 설정 클릭
  - 읽을 영역 : 서버측의 저장된 데이터의 디바이스 주소(0x303E8)
  - 저장 영역 : 클라이언트측에 저장될 데이터의 디바이스 주소(D00100)

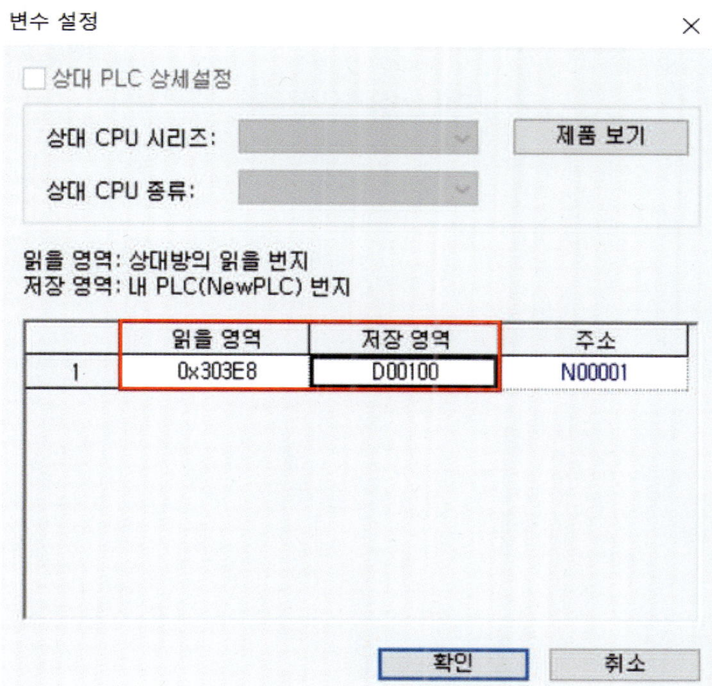

[그림 4-14] 모드버스 RTU 클라이언트 설정 6

4) PLC 쓰기

(1) [그림 4-15]와 같이 반드시 [링크 인에이블 함께 설정하기] 체크 후 쓰기

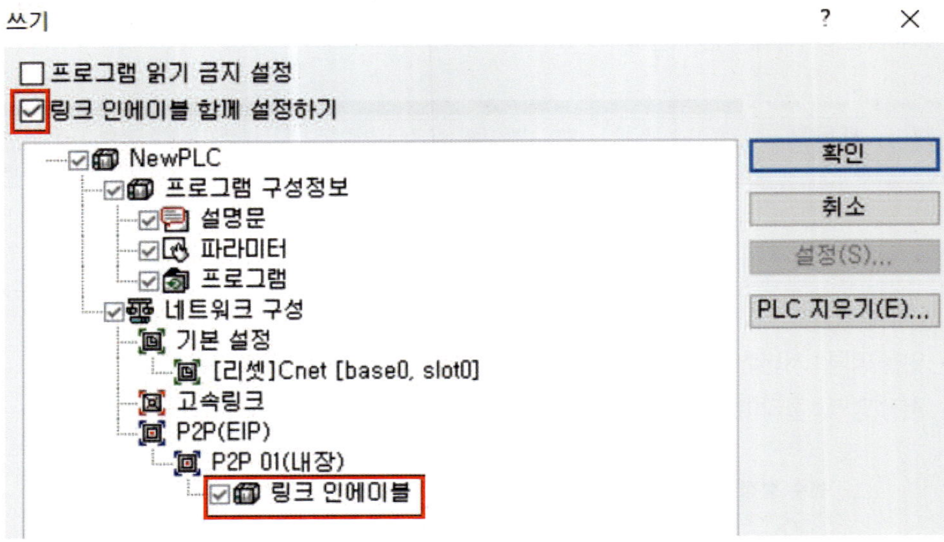

[그림 4-15] PLC 쓰기 설정

03

실습

실습과제 4-1

과제명 출력영역 비트 읽기(코드 1:MXXXX)

1) 과제 설명

- [그림 4-16]과 같이 Window Form을 구성한다.
- Form이 시작할 때 **[OPEN]** 버튼과 **[Port Name]** Combo Box만 활성화되며 나머지 Component는 비활성화된다.
- **[Port Name]** Combo Box를 클릭하여 현재 연결된 시리얼 포트를 읽어와서 시리얼 포트 Item에 추가하고, 사용할 시리얼 포트를 선택한다.
- **[OPEN]** 버튼을 클릭하여 선택된 시리얼 포트를 Open한다. **[정지]** 버튼과 **[OPEN]** 버튼만 비활성화되며, 나머지 Component는 활성화된다.
- **[읽기]** 버튼을 클릭하면 PLC의 M100에서 M107까지 8Bit 데이터 읽어와서 Check Box M100에서 M107까지 표시한다. 그리고 **[정지]** 버튼이 활성화되고 **[읽기]** 버튼은 비활성화된다.
- 송신 Frame과 수신 Frame에 바이트 어레이 데이터를 **[송신 Frame]**과 **[수신 Frame]** Text Box에 표시한다.
- **[정지]** 버튼을 클릭하면 읽기가 일시 정지된다. 그리고 **[정지]** 버튼이 비활성화되고 **[읽기]** 버튼은 활성화된다.

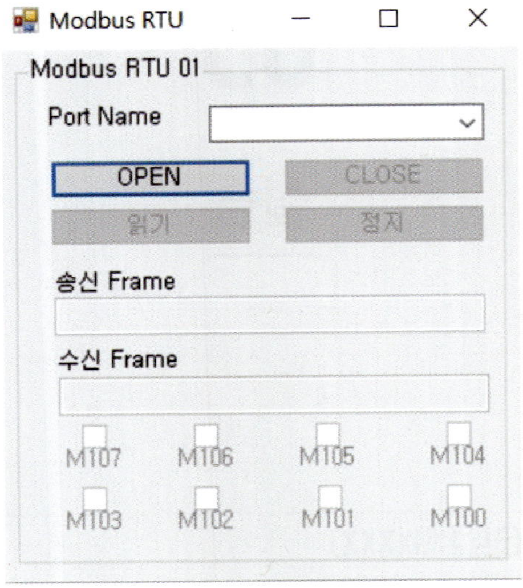

[그림 4-16] Window Form

2) Form Design

– 사용된 Component List

[표 4-54] Component List

도구	Name	Text
Label	–	Port Name
Label	–	송신 Frame
Label	–	수신 Frame
ComboBox	CB_Port	–
Button	BT_Open	OPEN
Button	BT_Close	CLOSE
Button	BT_Read	읽기
Button	BT_Stop	정지
CheckBox	CB_M100 ~ CB_M107	M100 ~ M107
TextBox	TB_SendFrame	–
TextBox	TB_ReceivedFrame	–
timer	timer1	–
GroupBox	–	Modbus RTU 01

❖ PLC 프로그램

[그림 4-17] PLC 프로그램

❖ C# 프로그램

1) FormStart 함수

```
private void FormStart(bool t)
{
    BT_Open.Enabled = t;                 // OPEN BUTTON
    BT_Close.Enabled = !t;               // CLOSE BUTTON
    BT_Read.Enabled = !t;                // 읽기 BUTTON
    BT_Stop.Enabled = !t;                // 정지 BUTTON
    TB_ReceivedFrame.Enabled = !t;       // 수신 Frame
    TB_SendFrame.Enabled = !t;           // 송신 Frame
    CB_M100.Enabled = !t;                // M100 Check Box
    CB_M101.Enabled = !t;                // M101 Check Box
    CB_M102.Enabled = !t;                // M102 Check Box
    CB_M103.Enabled = !t;                // M103 Check Box
    CB_M104.Enabled = !t;                // M104 Check Box
    CB_M105.Enabled = !t;                // M105 Check Box
    CB_M106.Enabled = !t;                // M106 Check Box
    CB_M107.Enabled = !t;                // M107 Check Box
}
```

[그림 4-18] FormStart 함수

2) BT_Read_Click 함수

- [정지] 버튼 활성화 및 [읽기] 버튼 비활성화
- 타이머 활성화(주기 100mSec)

```
private void BT_Read_Click(object sender, EventArgs e)
{
    BT_Read.Enabled = false;
    BT_Stop.Enabled = true;
    timer1.Enabled = true;
    timer1.Interval = 100;
}
```

[그림 4-19] BT_Read_Click 함수

3) BT_Stop_Click 함수

- [정지] 버튼 활성화 및 [읽기] 버튼 비활성화
- 타이머 비활성화

```
private void BT_Stop_Click(object sender, EventArgs e)
{
    BT_Read.Enabled = true;
    BT_Stop.Enabled = false;
    timer1.Enabled = false;
}
```

[그림 4-20] BT_Stop_Click 함수

4) timer1_Tick 함수

- 국번(1) + 코드(1) + 시작 주소(2) + 데이터 개수(2) + CRC
    - 국번 : 0x00
    - 코드 : 0x01
    - 시작 주소(M100) : 0x00(HIGH Byte), 0xA0(LOW Byte : 100 → A0)
    - 데이터 개수(8개) : 0x00(HIGH Byte), 0x08(LOW Byte)

```
private void timer1_Tick(object sender, EventArgs e)
{
    byte slaveAddress = 0x00;                                  // 국번
    byte functionCode = 0x01;                                  // 코드
    byte startAddress_H = 0x00;                                // 시작주소
    byte startAddress_L = 0xA0;
    byte NumberOfPoint_H = 0x00;                               // 데이터 개수
    byte NumberOfPoint_L = 0x08;
    byte[] SData = new byte[] { slaveAddress, functionCode,
        startAddress_H, startAddress_L, NumberOfPoint_H, NumberOfPoint_L };
    ushort CRC = Calc_CRC(SData);                                  // CRC 계산
    byte[] CrcNums = BitConverter.GetBytes(CRC);
    byte[] SendData = Combine(SData, CrcNums);                 // CRC 바이트어레이 추가
    my_serial.Write(SendData, 0, SendData.Length);
    TB_SendFrame.Text = BitConverter.ToString(SendData);
    Thread.Sleep(50);
    DataRead(slaveAddress);                                    // 데이터 읽기
}
```

[그림 4-21] timer1_Tick 함수

5) CRC 계산

- Calc_CRC 함수

```
private static ushort Calc_CRC(byte[] data)                        //CRC코드 생성
{
    ushort crc = 0xFFFF;
    for (int k = 0; k < data.Length; k++)
    {
        crc ^= data[k];
        for (int i = 0; i < 8; i++)
        {
            if ((crc & 0x0001) != 0)
            {
                crc >>= 1;
                crc ^= 0xA001;
            }
            else
            {
                crc >>= 1;
            }
        }
    }
    return crc;
}
```

[그림 4-22] Calc_CRC 함수

6) 바이트 어레이 결합

- Combine 함수

```
private byte[] Combine(byte[] a, byte[] b)                    //바이트 합치기
{
    byte[] c = new byte[a.Length + b.Length];
    Buffer.BlockCopy(a, 0, c, 0, a.Length);
    Buffer.BlockCopy(b, 0, c, a.Length, b.Length);
    return c;
}
```

[그림 4-23] Combine 함수

7) 데이터 읽기

- DataRead 함수

```
private void DataRead(byte SLAddress)
{
    int bytes = my_serial.BytesToRead;
    if (bytes >= 6)
    {
        byte[] array = new byte[bytes];
        my_serial.Read(array, 0, bytes);
        if (array[0] == SLAddress && array[1] == 1)
        {
            int Datas = array[3];
            int[] Data = new int[8];
            for (int i = 0; i < 8; i++)
            {
                Data[i] = Datas & 0x00000001;
                Datas = Datas >> 1;
            }
            CB_M100.Checked = Convert.ToBoolean(Data[0]);
            CB_M101.Checked = Convert.ToBoolean(Data[1]);
            CB_M102.Checked = Convert.ToBoolean(Data[2]);
            CB_M103.Checked = Convert.ToBoolean(Data[3]);
            CB_M104.Checked = Convert.ToBoolean(Data[4]);
            CB_M105.Checked = Convert.ToBoolean(Data[5]);
            CB_M106.Checked = Convert.ToBoolean(Data[6]);
            CB_M107.Checked = Convert.ToBoolean(Data[7]);
        }
        TB_ReceivedFrame.Text = BitConverter.ToString(array);
    }
}
```

[그림 4-24] DataRead 함수

8) 전체 프로그램

```
Form1.cs    Form1.cs [디자인]
ModBus_EX1    WindowsFormsApp1.Form1

using System;
using System.IO.Ports;
using System.Threading;
using System.Windows.Forms;

namespace WindowsFormsApp1
{
    참조 3개
    public partial class Form1 : Form
    {
        SerialPort my_serial = new SerialPort();

        참조 1개
        public Form1()
        {
            InitializeComponent();
        }

        참조 1개
        private void Form1_Load(object sender, EventArgs e)
        {
            FormStart(true);
        }

        참조 1개
        private void CB_Port_MouseClick(object sender, MouseEventArgs e)
        {
            CB_Port.Items.Clear();
            foreach (string comport in SerialPort.GetPortNames())
            {
                CB_Port.Items.Add(comport);
            }
        }

        참조 1개
        public void BT_Open_Click(object sender, EventArgs e)
        {
            my_serial.PortName = CB_Port.Text;
            my_serial.BaudRate = 19200;
            my_serial.DataBits = 8;
            my_serial.Parity = Parity.None;
            my_serial.StopBits = StopBits.One;

            if (!my_serial.IsOpen)
            {
                my_serial.Open();
                FormStart(false);
                BT_Stop.Enabled = false;
            }
        }

        참조 1개
        private void BT_Close_Click(object sender, EventArgs e)
        {
            if (my_serial.IsOpen)
            {
                my_serial.Close();
                FormStart(true);
            }
        }

        참조 3개
        private void FormStart(bool t)
        {
            BT_Open.Enabled = t;            // OPEN BUTTON
            BT_Close.Enabled = !t;          // CLOSE BUTTON
            BT_Read.Enabled = !t;           // 읽기 BUTTON
```

(a)

```
        BT_Stop.Enabled = !t;           // 정지 BUTTON
        TB_ReceivedFrame.Enabled = !t;  // 수신 Frame
        TB_SendFrame.Enabled = !t;      // 송신 Frame
        CB_M100.Enabled = !t;           // M100 Check Box
        CB_M101.Enabled = !t;           // M101 Check Box
        CB_M102.Enabled = !t;           // M102 Check Box
        CB_M103.Enabled = !t;           // M103 Check Box
        CB_M104.Enabled = !t;           // M104 Check Box
        CB_M105.Enabled = !t;           // M105 Check Box
        CB_M106.Enabled = !t;           // M106 Check Box
        CB_M107.Enabled = !t;           // M107 Check Box
    }

    참조 1개
    private void BT_Read_Click(object sender, EventArgs e)
    {
        BT_Read.Enabled = false;
        BT_Stop.Enabled = true;
        timer1.Enabled = true;
        timer1.Interval = 100;
    }

    참조 1개
    private void BT_Stop_Click(object sender, EventArgs e)
    {
        BT_Read.Enabled = true;
        BT_Stop.Enabled = false;
        timer1.Enabled = false;
    }

    참조 1개
    private void timer1_Tick(object sender, EventArgs e)
    {
        byte slaveAddress = 0x00;                              // 국번
        byte functionCode = 0x01;                              // 코드
        byte startAddress_H = 0x00;                            // 시작주소
        byte startAddress_L = 0xA0;
        byte NumberOfPoint_H = 0x00;                           // 데이터 개수
        byte NumberOfPoint_L = 0x08;
        byte[] SData = new byte[] { slaveAddress, functionCode,
            startAddress_H, startAddress_L, NumberOfPoint_H, NumberOfPoint_L };
        ushort CRC = Calc_CRC(SData);                            // CRC 계산
        byte[] CrcNums = BitConverter.GetBytes(CRC);
        byte[] SendData = Combine(SData, CrcNums);             // CRC 바이트어레이 추가
        my_serial.Write(SendData, 0, SendData.Length);
        TB_SendFrame.Text = BitConverter.ToString(SendData);
        Thread.Sleep(50);
        DataRead(slaveAddress);                                // 데이터 읽기
    }

    참조 1개
    private static ushort Calc_CRC(byte[] data)                  //CRC코드 생성
    {
        ushort crc = 0xFFFF;
        for (int k = 0; k < data.Length; k++)
        {
            crc ^= data[k];
            for (int i = 0; i < 8; i++)
            {
                if ((crc & 0x0001) != 0)
                {
                    crc >>= 1;
                    crc ^= 0xA001;
                }
                else
                {
                    crc >>= 1;
                }
            }
        }
        return crc;
    }
```

(b)

```
        참조 1개
        private byte[] Combine(byte[] a, byte[] b)                //바이트 합치기
        {
            byte[] c = new byte[a.Length + b.Length];
            Buffer.BlockCopy(a, 0, c, 0, a.Length);
            Buffer.BlockCopy(b, 0, c, a.Length, b.Length);
            return c;
        }

        참조 1개
        private void DataRead(byte SLAddress)
        {
            int bytes = my_serial.BytesToRead;
            if (bytes >= 6)
            {
                byte[] array = new byte[bytes];
                my_serial.Read(array, 0, bytes);
                if (array[0] == SLAddress && array[1] == 1)
                {
                    int Datas = array[3];
                    int[] Data = new int[8];
                    for (int i = 0; i < 8; i++)
                    {
                        Data[i] = Datas & 0x00000001;
                        Datas = Datas >> 1;
                    }
                    CB_M100.Checked = Convert.ToBoolean(Data[0]);
                    CB_M101.Checked = Convert.ToBoolean(Data[1]);
                    CB_M102.Checked = Convert.ToBoolean(Data[2]);
                    CB_M103.Checked = Convert.ToBoolean(Data[3]);
                    CB_M104.Checked = Convert.ToBoolean(Data[4]);
                    CB_M105.Checked = Convert.ToBoolean(Data[5]);
                    CB_M106.Checked = Convert.ToBoolean(Data[6]);
                    CB_M107.Checked = Convert.ToBoolean(Data[7]);
                }
                TB_ReceivedFrame.Text = BitConverter.ToString(array);
            }
        }
    }
}
```

(c)

[그림 4-25] C# 프로그램

실습과제 4-2

과제명 **입력영역 비트 읽기(코드 2:PXXXX)**

1) 과제 설명

- [그림 4-26]과 같이 Window Form을 구성한다.
- Form이 시작할 때 **[OPEN]** 버튼과 Port Name Combo Box만 활성화되며 나머지 Component는 비활성화된다.
- **[Port Name]** Combo Box를 클릭하여 현재 연결된 시리얼 포트를 읽어와서 시리얼 포트 Item에 추가하고, 사용할 시리얼 포트를 선택한다.
- **[OPEN]** 버튼을 클릭하여 선택된 시리얼 포트를 Open한다. **[정지]** 버튼과 **[OPEN]** 버튼만 비활성화되며, 나머지 Component는 활성화된다.
- **[읽기]** 버튼을 클릭하면 PLC의 P20에서 P23까지 4Bit 데이터를 읽어와서 Check Box P20에서 P23까지 표시한다. 그리고 **[정지]** 버튼이 활성화되고 **[읽기]** 버튼은 비활성화된다.
- 송신 Frame과 수신 Frame 바이트 어레이 데이터를 **[송신 Frame]**과 **[수신 Frame]** Text Box에 표시 한다.
- **[정지]** 버튼을 클릭하면 데이터 읽기를 중지한다. 그리고 **[정지]** 버튼이 비활성화되고 **[읽기]** 버튼은 활성화된다.

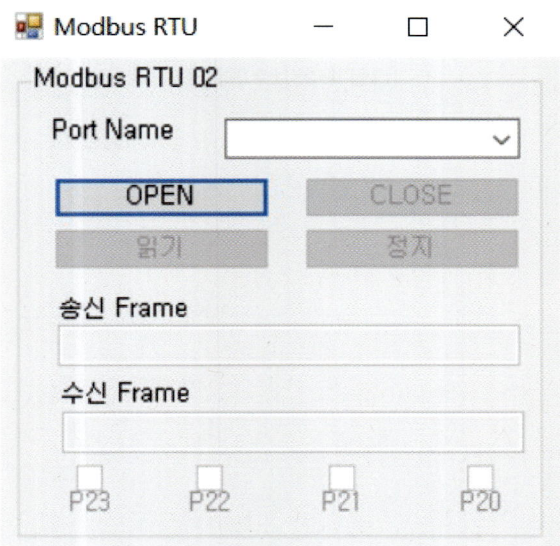

[그림 4-26] Window Form

2) Form Design

- 사용된 Component List

[표 4-55] Component List

도구	Name	Text
Label	-	Port Name
Label	-	송신 Frame
Label	-	수신 Frame
ComboBox	CB_Port	-
Button	BT_Open	OPEN
Button	BT_Close	CLOSE
Button	BT_Read	읽기
Button	BT_Stop	정지
CheckBox	CB_P20 ~ CB_P23	P20 ~ P23
TextBox	TB_SendFrame	-
TextBox	TB_ReceivedFrame	-
timer	timer1	-
GroupBox	-	Modbus RTU 02

❖ PLC 프로그램

[그림 4-27] PLC 프로그램

❖ C# 프로그램

1) timer1_Tick 함수

– 국번(1) + 코드(2) + 시작 주소(2) + 데이터 개수(2) + CRC

- 국번 : 0x00
- 코드 : 0x02
- 시작 주소(P20) : 0x00(HIGH Byte), 0x20(LOW Byte)
- 데이터 개수(4개) : 0x00(HIGH Byte), 0x04(LOW Byte)

```
private void timer1_Tick(object sender, EventArgs e)
{
    byte slaveAddress = 0x00;                                    // 국번
    byte functionCode = 0x02;                                    // 코드
    byte startAddress_H = 0x00;                                  // 시작주소
    byte startAddress_L = 0x20;
    byte NumberOfPoint_H = 0x00;                                 // 데이터 개수
    byte NumberOfPoint_L = 0x04;
    byte[] SData = new byte[] { slaveAddress, functionCode,
        startAddress_H, startAddress_L, NumberOfPoint_H, NumberOfPoint_L };
    ushort CRC = Calc_CRC(SData);                                // CRC 계산
    byte[] CrcNums = BitConverter.GetBytes(CRC);
    byte[] SendData = Combine(SData, CrcNums);                   // CRC 바이트어레이 추가
    my_serial.Write(SendData, 0, SendData.Length);
    TB_SendFrame.Text = BitConverter.ToString(SendData);
    Thread.Sleep(50);
    DataRead(slaveAddress);                                      // 데이터 읽기
}
```

[그림 4-28] timer1_Tick 함수

2) DataRead 함수

```
private void DataRead(byte SLAddress)
{
    int bytes = my_serial.BytesToRead;
    if (bytes >= 6)
    {
        byte[] array = new byte[bytes];
        my_serial.Read(array, 0, bytes);
        if (array[0] == SLAddress && array[1] == 2)
        {
            int Datas = array[3];
            int[] Data = new int[4];
            for (int i = 0; i < 4; i++)
            {
                Data[i] = Datas & 0x00000001;
                Datas = Datas >> 1;
            }
            CB_P20.Checked = Convert.ToBoolean(Data[0]);
            CB_P21.Checked = Convert.ToBoolean(Data[1]);
            CB_P22.Checked = Convert.ToBoolean(Data[2]);
            CB_P23.Checked = Convert.ToBoolean(Data[3]);
        }
        TB_ReceivedFrame.Text = BitConverter.ToString(array);
    }
}
```

[그림 4-29] DataRead 함수

3) 전체 프로그램

Form1.cs   Form1.cs [디자인]

ModBus_RTU_EX2   WindowsFormsApp1.Form1

```
using System;
using System.IO.Ports;
using System.Threading;
using System.Windows.Forms;

namespace WindowsFormsApp1
{
    참조 3개
    public partial class Form1 : Form
    {
        SerialPort my_serial = new SerialPort();

        참조 1개
        public Form1()
        {
            InitializeComponent();
        }

        참조 1개
        private void Form1_Load(object sender, EventArgs e)
        {
            FormStart(true);
        }

        참조 1개
        private void CB_Port_MouseClick(object sender, MouseEventArgs e)
        {
            CB_Port.Items.Clear();
            foreach (string comport in SerialPort.GetPortNames())
            {
                CB_Port.Items.Add(comport);
            }
        }

        참조 1개
        public void BT_Open_Click(object sender, EventArgs e)
        {
            my_serial.PortName = CB_Port.Text;
            my_serial.BaudRate = 19200;
            my_serial.DataBits = 8;
            my_serial.Parity = Parity.None;
            my_serial.StopBits = StopBits.One;

            if (!my_serial.IsOpen)
            {
                my_serial.Open();
                FormStart(false);
                BT_Stop.Enabled = false;
            }
        }

        참조 1개
        private void BT_Close_Click(object sender, EventArgs e)
        {
            if (my_serial.IsOpen)
            {
                my_serial.Close();
                FormStart(true);
            }
        }

        참조 3개
        private void FormStart(bool t)
        {
            BT_Open.Enabled = t;            // OPEN BUTTON
            BT_Close.Enabled = !t;          // CLOSE BUTTON
            BT_Read.Enabled = !t;           // 읽기 BUTTON
```

(a)

```
        BT_Stop.Enabled = !t;            // 정지 BUTTON
        TB_ReceivedFrame.Enabled = !t;  // 수신 Frame
        TB_SendFrame.Enabled = !t;      // 송신 Frame
        CB_P20.Enabled = !t;            // P20 Check Box
        CB_P21.Enabled = !t;            // P21 Check Box
        CB_P22.Enabled = !t;            // P22 Check Box
        CB_P23.Enabled = !t;            // P23 Check Box
    }

    참조 1개
    private void BT_Read_Click(object sender, EventArgs e)
    {
        BT_Read.Enabled = false;
        BT_Stop.Enabled = true;
        timer1.Enabled = true;
        timer1.Interval = 100;
    }

    참조 1개
    private void BT_Stop_Click(object sender, EventArgs e)
    {
        BT_Read.Enabled = true;
        BT_Stop.Enabled = false;
        timer1.Enabled = false;
    }

    참조 1개
    private void timer1_Tick(object sender, EventArgs e)
    {
        byte slaveAddress = 0x00;                                  // 국번
        byte functionCode = 0x02;                                  // 코드
        byte startAddress_H = 0x00;                                // 시작주소
        byte startAddress_L = 0x20;
        byte NumberOfPoint_H = 0x00;                               // 데이터 개수
        byte NumberOfPoint_L = 0x04;
        byte[] SData = new byte[] { slaveAddress, functionCode,
            startAddress_H, startAddress_L, NumberOfPoint_H, NumberOfPoint_L };
        ushort CRC = Calc_CRC(SData);                              // CRC 계산
        byte[] CrcNums = BitConverter.GetBytes(CRC);
        byte[] SendData = Combine(SData, CrcNums);                 // CRC 바이트어레이 추가
        my_serial.Write(SendData, 0, SendData.Length);
        TB_SendFrame.Text = BitConverter.ToString(SendData);
        Thread.Sleep(50);
        DataRead(slaveAddress);                                    // 데이터 읽기
    }

    참조 1개
    private static ushort Calc_CRC(byte[] data)                      //CRC코드 생성
    {
        ushort crc = 0xFFFF;
        for (int k = 0; k < data.Length; k++)
        {
            crc ^= data[k];
            for (int i = 0; i < 8; i++)
            {
                if ((crc & 0x0001) != 0)
                {
                    crc >>= 1;
                    crc ^= 0xA001;
                }
                else crc >>= 1;
            }
        }
        return crc;
    }

    참조 1개
    private byte[] Combine(byte[] a, byte[] b)                     //바이트 합치기
    {
        byte[] c = new byte[a.Length + b.Length];
        Buffer.BlockCopy(a, 0, c, 0, a.Length);
        Buffer.BlockCopy(b, 0, c, a.Length, b.Length);
```

(b)

```
                return c;
            }

            참조 1개
            private void DataRead(byte SLAddress)
            {
                int bytes = my_serial.BytesToRead;
                if (bytes >= 6)
                {
                    byte[] array = new byte[bytes];
                    my_serial.Read(array, 0, bytes);
                    if (array[0] == SLAddress && array[1] == 2)
                    {
                        int Datas = array[3];
                        int[] Data = new int[4];
                        for (int i = 0; i < 4; i++)
                        {
                            Data[i] = Datas & 0x00000001;
                            Datas = Datas >> 1;
                        }
                        CB_P20.Checked = Convert.ToBoolean(Data[0]);
                        CB_P21.Checked = Convert.ToBoolean(Data[1]);
                        CB_P22.Checked = Convert.ToBoolean(Data[2]);
                        CB_P23.Checked = Convert.ToBoolean(Data[3]);
                    }
                    TB_ReceivedFrame.Text = BitConverter.ToString(array);
                }
            }
        }
}
```

(c)

[그림 4-30] C# 프로그램

실습과제 4-3

과제명 **출력/입력영역 워드 읽기(코드 3/4:DXXXX)**

1) 과제 설명

- [그림 4-31]과 같이 Window Form을 구성한다.
- Form이 시작할 때 **[OPEN]** 버튼과 **[Port Name]** Combo Box만 활성화되며, 나머지 Component는 비활성화된다.
- **[Port Name]** Combo Box를 클릭하여 현재 연결된 시리얼 포트를 읽어와서 시리얼 포트 Item에 추가하고, 사용할 시리얼 포트를 선택한다.
- **[OPEN]** 버튼을 클릭하여 선택된 시리얼 포트를 Open한다. **[정지]** 버튼과 **[OPEN]** 버튼만 비활성화되며, 나머지 Component는 활성화된다.
- **[읽기]** 버튼을 클릭하면 PLC의 C0과 D1(Double Word) 데이터 값을 읽어와서 Text Box **[C0]**과 **[D1]**에 표시한다. 그리고 **[정지]** 버튼이 활성화되고 **[읽기]** 버튼은 비활성화된다.
- 송신 Frame과 수신 Frame 바이트 어레이 데이터를 **[송신 Frame]**과 **[수신 Frame]** Text Box에 표시한다.
- **[정지]** 버튼을 클릭하면 데이터 읽기를 중지한다. 그리고 **[정지]** 버튼이 비활성화되고 **[읽기]** 버튼은 활성화된다.

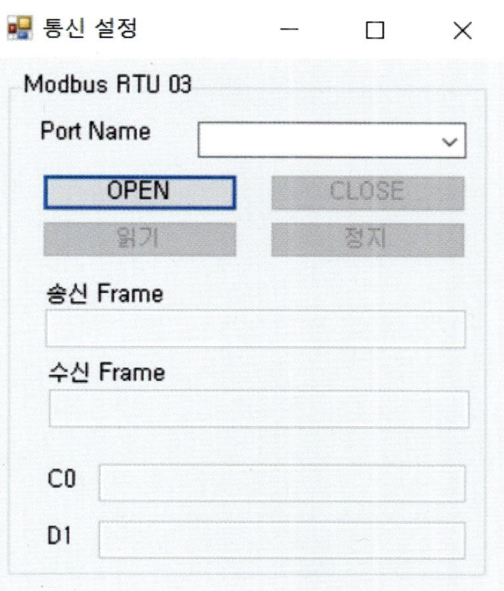

[그림 4-31] Window Form

2) Form Design

- 사용된 Component List

[표 4-56] Component List

도구	Name	Text
Label	-	Port Name
Label	-	송신 Frame
Label	-	수신 Frame
Label	-	C0
Label	-	D1
ComboBox	CB_Port	-
Button	BT_Open	OPEN
Button	BT_Close	CLOSE
Button	BT_Read	읽기
Button	BT_Stop	정지
TextBox	TB_C0	-
TextBox	TB_D1	-
TextBox	TB_SendFrame	-
TextBox	TB_ReceivedFrame	-
timer	timer1	-
GroupBox	-	Modbus RTU 03

❖ PLC 프로그램

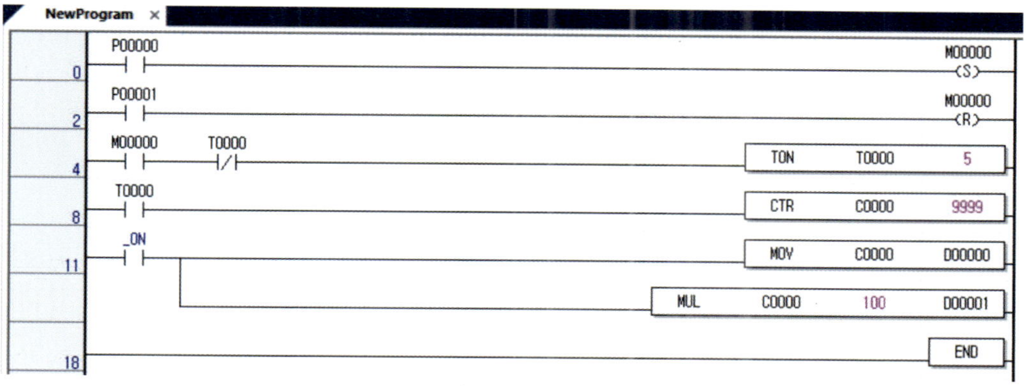

[그림 4-32] PLC 프로그램

❖ C# 프로그램

1) timer1_Tick 함수

- 국번(1) + 코드(2) + 시작 주소(2) + 데이터 개수(2) + CRC
  - 코드 : 0x03
  - 시작 주소(D0) : 0x00(HIGH Byte), 0x00(LOW Byte)
  - 데이터 개수(3개) : 0x00(HIGH Byte), 0x03(LOW Byte)

```
private void timer1_Tick(object sender, EventArgs e)
{
    byte slaveAddress = 0x00;                          // 국번
    byte functionCode = 0x03;                          // 코드
    byte startAddress_H = 0x00;                        // 시작주소
    byte startAddress_L = 0x00;
    byte NumberOfPoint_H = 0x00;                       // 데이터 개수
    byte NumberOfPoint_L = 0x03;
    byte[] SData = new byte[] { slaveAddress, functionCode,
        startAddress_H, startAddress_L, NumberOfPoint_H, NumberOfPoint_L };
    ushort CRC = Calc_CRC(SData);                      // CRC 계산
    byte[] CrcNums = BitConverter.GetBytes(CRC);
    byte[] SendData = Combine(SData, CrcNums);         // CRC 바이트어레이 추가
    my_serial.Write(SendData, 0, SendData.Length);
    TB_SendFrame.Text = BitConverter.ToString(SendData);
    Thread.Sleep(50);
    DataRead(slaveAddress);                            // 데이터 읽기
}
```

[그림 4-33] timer1_Tick 함수

2) DataRead 함수

- RData0(Word) :

array[3]	array[4]

- RData1(Double Word) :

array[7]	array[8]	array[5]	array[6]

```
private void DataRead(byte SLAddress)
{
    int bytes = my_serial.BytesToRead;
    if (bytes >= 6)
    {
        byte[] array = new byte[bytes];
        my_serial.Read(array, 0, bytes);
        if (array[0] == SLAddress && array[1] == 03)
        {
            byte[] RData0 = new byte[] { array[4], array[3] };
            byte[] RData1 = new byte[] { array[6], array[5], array[8], array[7] };
            short Data0 = BitConverter.ToInt16(RData0, 0);          // C0 표현
            TB_C0.Text = Convert.ToString(Data0);
            int Data1 = BitConverter.ToInt32(RData1, 0);            // D1 표현
            TB_D1.Text = Convert.ToString(Data1);
            TB_ReceivedFrame.Text = BitConverter.ToString(array);
        }
    }
}
```

[그림 4-34] DataRead 함수

3) 전체 프로그램

Form1.cs Form1.cs [디자인]
ModBus_RTU_EX3 WindowsFormsApp1.Form1

```
using System;
using System.IO.Ports;
using System.Threading;
using System.Windows.Forms;

namespace WindowsFormsApp1
{
    참조 3개
    public partial class Form1 : Form
    {
        SerialPort my_serial = new SerialPort();

        참조 1개
        public Form1()
        {
            InitializeComponent();
        }

        참조 1개
        private void Form1_Load(object sender, EventArgs e)
        {
            FormStart(true);
        }

        참조 1개
        private void CB_Port_MouseClick(object sender, MouseEventArgs e)
        {
            CB_Port.Items.Clear();
            foreach (string comport in SerialPort.GetPortNames())
            {
                CB_Port.Items.Add(comport);
            }
        }

        참조 1개
        public void BT_Open_Click(object sender, EventArgs e)
        {
            my_serial.PortName = CB_Port.Text;
            my_serial.BaudRate = 19200;
            my_serial.DataBits = 8;
            my_serial.Parity = Parity.None;
            my_serial.StopBits = StopBits.One;

            if (!my_serial.IsOpen)
            {
                my_serial.Open();
                FormStart(false);
                BT_Stop.Enabled = false;
            }
        }

        참조 1개
        private void BT_Close_Click(object sender, EventArgs e)
        {
            if (my_serial.IsOpen)
            {
                my_serial.Close();
                FormStart(true);
            }
        }

        참조 3개
        private void FormStart(bool t)
        {
            BT_Open.Enabled = t;              // OPEN BUTTON
            BT_Close.Enabled = !t;            // CLOSE BUTTON
            BT_Read.Enabled = !t;             // 읽기 BUTTON
            BT_Stop.Enabled = !t;             // 정지 BUTTON
```

(a)

```
        TB_ReceivedFrame.Enabled = !t;  // 수신 Frame
        TB_SendFrame.Enabled = !t;      // 송신 Frame
        TB_C0.Enabled = !t;             // C0 Text Box
        TB_D1.Enabled = !t;             // D1 Text Box
    }

    참조 1개
    private void BT_Read_Click(object sender, EventArgs e)
    {
        BT_Read.Enabled = false;
        BT_Stop.Enabled = true;
        timer1.Enabled = true;
        timer1.Interval = 100;
    }

    참조 1개
    private void BT_Stop_Click(object sender, EventArgs e)
    {
        BT_Read.Enabled = true;
        BT_Stop.Enabled = false;
        timer1.Enabled = false;
    }

    참조 1개
    private void timer1_Tick(object sender, EventArgs e)
    {
        byte slaveAddress = 0x00;                                   // 국번
        byte functionCode = 0x03;                                   // 코드
        byte startAddress_H = 0x00;                                 // 시작주소
        byte startAddress_L = 0x00;
        byte NumberOfPoint_H = 0x00;                                // 데이터 개수
        byte NumberOfPoint_L = 0x03;
        byte[] SData = new byte[] { slaveAddress, functionCode,
            startAddress_H, startAddress_L, NumberOfPoint_H, NumberOfPoint_L };
        ushort CRC = Calc_CRC(SData);                               // CRC 계산
        byte[] CrcNums = BitConverter.GetBytes(CRC);
        byte[] SendData = Combine(SData, CrcNums);                  // CRC 바이트어레이 추가
        my_serial.Write(SendData, 0, SendData.Length);
        TB_SendFrame.Text = BitConverter.ToString(SendData);
        Thread.Sleep(50);
        DataRead(slaveAddress);                                     // 데이터 읽기
    }

    참조 1개
    private static ushort Calc_CRC(byte[] data)                       //CRC코드 생성
    {
        ushort crc = 0xFFFF;
        for (int k = 0; k < data.Length; k++)
        {
            crc ^= data[k];
            for (int i = 0; i < 8; i++)
            {
                if ((crc & 0x0001) != 0)
                {
                    crc >>= 1;
                    crc ^= 0xA001;
                }
                else crc >>= 1;
            }
        }
        return crc;
    }

    참조 1개
    private byte[] Combine(byte[] a, byte[] b)                             //바이트 합치기
    {
        byte[] c = new byte[a.Length + b.Length];
        Buffer.BlockCopy(a, 0, c, 0, a.Length);
        Buffer.BlockCopy(b, 0, c, a.Length, b.Length);
        return c;
    }
```

(b)

```
        참조 1개
        private void DataRead(byte SLAddress)
        {
            int bytes = my_serial.BytesToRead;
            if (bytes >= 6)
            {
                byte[] array = new byte[bytes];
                my_serial.Read(array, 0, bytes);
                if (array[0] == SLAddress && array[1] == 03)
                {
                    byte[] RData0 = new byte[] { array[4], array[3] };
                    byte[] RData1 = new byte[] { array[6], array[5], array[8], array[7] };
                    short Data0 = BitConverter.ToInt16(RData0, 0);          // C0 표현
                    TB_C0.Text = Convert.ToString(Data0);
                    int Data1 = BitConverter.ToInt32(RData1, 0);            // D1 표현
                    TB_D1.Text = Convert.ToString(Data1);
                    TB_ReceivedFrame.Text = BitConverter.ToString(array);
                }
            }
        }
    }
}
```

(c)

[그림 4-35] C# 프로그램

실습과제 4-4

과제명 **출력영역 비트 개별 쓰기(코드 5:MXXXX)**

1) 과제 설명

- [그림 4-36]과 같이 Window Form을 구성한다.
- Form이 시작할 때 [OPEN] 버튼과 [Port Name] Combo Box만 활성화되며, 나머지 Component는 비활성화된다.
- [Port Name] Combo Box를 클릭하여 현재 연결된 시리얼 포트를 읽어와서 시리얼 포트 Item에 추가하고, 사용할 시리얼 포트를 선택한다.
- [OPEN] 버튼을 클릭하여 선택된 시리얼 포트를 Open한다. [OPEN] 버튼만 비활성화되며, 나머지 Component는 활성화된다.
- [쓰기] 버튼을 클릭하면 Check Box [M1000] ON/OFF 상태값을 PLC의 M1000에 쓴다.
- 송신 Frame 바이트 어레이 데이터를 [송신 Frame] Text Box에 표시한다.

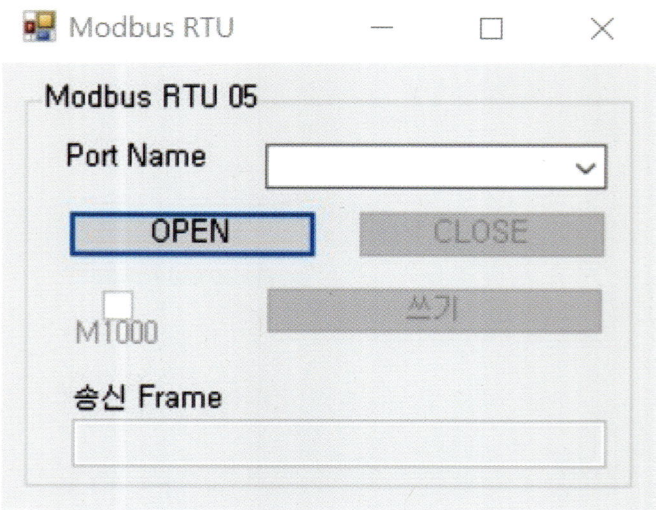

[그림 4-36] Window Form

2) Form Design

- 사용된 Component List

[표 4-57] Component List

도구	Name	Text
Label	-	Port Name
Label	-	송신 Frame
ComboBox	CB_Port	-
Button	BT_Open	OPEN
Button	BT_Close	CLOSE
Button	BT_Write	쓰기
TextBox	TB_SendFrame	-
CheckBox	CB_M1000	M1000
CheckBox	-	Modbus RTU 05

❖ PLC 프로그램

[그림 4-37] PLC 프로그램

❖ C# 프로그램

1) BT_Write_Click 함수

- 국번(1) + 코드(2) + 시작 주소(2) + 데이터(2) + CRC
  - 코드 : 0x05
  - 시작 주소(M1000) : 0x06(HIGH Byte), 0x40(LOW Byte)
  - 데이터 : ON → 0xFF(HIGH Byte), 0x00(LOW Byte), OFF → 0x00(HIGH Byte), 0x00(LOW Byte)

```
private void BT_Write_Click(object sender, EventArgs e)
{
    byte slaveAddress = 0x00;                              // 국번
    byte functionCode = 0x05;                              // 코드
    byte startAddress_H = 0x06;                            // 시작주소(1000)
    byte startAddress_L = 0x40;
    byte[] SData = new byte[] { slaveAddress, functionCode, startAddress_H, startAddress_L };
    byte[] BitData = new byte[0];                          // 데이터
    if (CB_M1000.Checked == true) BitData = new byte[] { 0xFF, 0x00 };
    else BitData = new byte[] { 0x00, 0x00 };
    SData = Combine(SData, BitData);
    ushort CRC = Calc_CRC(SData);                          // CRC 계산
    byte[] CrcNums = BitConverter.GetBytes(CRC);
    byte[] SendData = Combine(SData, CrcNums);
    my_serial.Write(SendData, 0, SendData.Length);
    TB_SendFrame.Text = BitConverter.ToString(SendData);
}
```

[그림 4-38] BT_Write_Click 함수

2) 전체 프로그램

Form1.cs Form1.cs [디자인]

ModBus_RTU_EX4 ModBus_RTU_EX4.Form1

```
using System;
using System.IO.Ports;
using System.Windows.Forms;

namespace ModBus_RTU_EX4
{
    참조 3개
    public partial class Form1 : Form
    {
        SerialPort my_serial = new SerialPort();

        참조 1개
        public Form1()
        {
            InitializeComponent();
        }

        참조 1개
        private void Form1_Load(object sender, EventArgs e)
        {
            FormStart(true);
        }

        참조 1개
        private void CB_Port_MouseClick(object sender, MouseEventArgs e)
        {
            CB_Port.Items.Clear();
            foreach (string comport in SerialPort.GetPortNames())
            {
                CB_Port.Items.Add(comport);
            }
        }

        참조 1개
        public void BT_Open_Click(object sender, EventArgs e)
        {
            my_serial.PortName = CB_Port.Text;
            my_serial.BaudRate = 19200;
            my_serial.DataBits = 8;
            my_serial.Parity = Parity.None;
            my_serial.StopBits = StopBits.One;

            if (!my_serial.IsOpen)
            {
                my_serial.Open();
                FormStart(false);
            }
        }

        참조 1개
        private void BT_Close_Click(object sender, EventArgs e)
        {
            if (my_serial.IsOpen)
            {
                my_serial.Close();
                FormStart(true);
            }
        }

        참조 3개
        private void FormStart(bool t)
        {
            BT_Open.Enabled = t;              // OPEN BUTTON
            BT_Close.Enabled = !t;            // CLOSE BUTTON
            BT_Write.Enabled = !t;            // 쓰기 BUTTON
            TB_SendFrame.Enabled = !t;        // 송신 Frame
            CB_M1000.Enabled = !t;            // M1000 Check Box
        }
```

(a)

```
        참조 1개
        private void BT_Write_Click(object sender, EventArgs e)
        {
            byte slaveAddress = 0x00;                               // 국번
            byte functionCode = 0x05;                               // 코드
            byte startAddress_H = 0x06;                             // 시작주소(1000)
            byte startAddress_L = 0x40;
            byte[] SData = new byte[] { slaveAddress, functionCode, startAddress_H, startAddress_L };
            byte[] BitData = new byte[0];                           // 데이터
            if (CB_M1000.Checked == true) BitData = new byte[] { 0xFF, 0x00 };
            else BitData = new byte[] { 0x00, 0x00 };
            SData = Combine(SData, BitData);
            ushort CRC = Calc_CRC(SData);                           // CRC 계산
            byte[] CrcNums = BitConverter.GetBytes(CRC);
            byte[] SendData = Combine(SData, CrcNums);
            my_serial.Write(SendData, 0, SendData.Length);
            TB_SendFrame.Text = BitConverter.ToString(SendData);
        }

        참조 1개
        private static ushort Calc_CRC(byte[] data)                 // CRC코드 생성
        {
            ushort crc = 0xFFFF;
            for (int k = 0; k < data.Length; k++)
            {
                crc ^= data[k];
                for (int i = 0; i < 8; i++)
                {
                    if ((crc & 0x0001) != 0)
                    {
                        crc >>= 1;
                        crc ^= 0xA001;
                    }
                    else
                    {
                        crc >>= 1;
                    }
                }
            }
            return crc;
        }

        참조 2개
        private byte[] Combine(byte[] a, byte[] b)                  //바이트 합치기
        {
            byte[] c = new byte[a.Length + b.Length];
            Buffer.BlockCopy(a, 0, c, 0, a.Length);
            Buffer.BlockCopy(b, 0, c, a.Length, b.Length);
            return c;
        }
    }
}
```

(b)

[그림 4-39] C# 프로그램

실습과제 4-5

과제명 출력영역 워드 개별 쓰기(코드 6:DXXXX)

1) 과제 설명

- [그림 4-40]과 같이 Window Form을 구성한다.
- Form이 시작할 때 [OPEN] 버튼과 [Port Name] Combo Box만 활성화되며, 나머지 Component는 비활성화된다.
- [Port Name] Combo Box를 클릭하여 현재 연결된 시리얼 포트를 읽어와서 시리얼 포트 Item에 추가하고, 사용할 시리얼 포트를 선택한다.
- [OPEN] 버튼을 클릭하여 선택된 시리얼 포트를 Open한다. [OPEN] 버튼만 비활성화되며, 나머지 Component는 활성화된다.
- [쓰기] 버튼을 클릭하면 Text Box [D0] 값을 PLC의 D0에 쓴다.
- 송신 Frame 바이트 어레이 데이터를 [송신 Frame] Text Box에 표시한다.

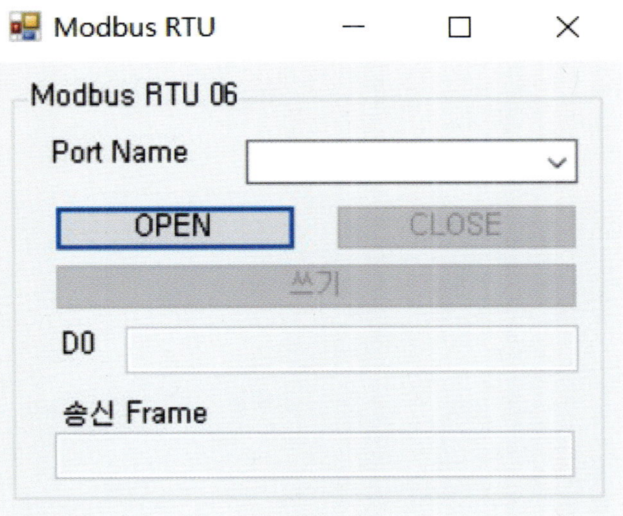

[그림 4-40] Window Form

2) Form Design

- 사용된 Component List

[표 4-58] Component List

도구	Name	Text
Label	-	Port Name
Label	-	송신 Frame
Label	-	D0
ComboBox	CB_Port	-
Button	BT_Open	OPEN
Button	BT_Close	CLOSE
Button	BT_Write	쓰기
TextBox	TB_SendFrame	-
TextBox	TB_D0	-
GroupBox	-	Modbus RTU 06

❖ PLC 프로그램

[그림 4-41] PLC 프로그램

❖ C# 프로그램

1) BT_Write_Click 함수

- 국번(1) + 코드(2) + 시작 주소(2) + 데이터(2) + CRC
  - 코드 : 0x06
  - 시작 주소(D0) : 0x00(HIGH Byte), 0x00(LOW Byte)
  - 데이터

```
private void BT_Write_Click(object sender, EventArgs e)
{
    byte slaveAddress = 0x00;                                   // 국번
    byte functionCode = 0x06;                                   // 코드
    byte startAddress_H = 0x00;                                 // 시작주소
    byte startAddress_L = 0x00;
    byte[] SData = new byte[] { slaveAddress, functionCode, startAddress_H, startAddress_L };
    byte[] Data = BitConverter.GetBytes(Convert.ToInt16(TB_D0.Text));
    Data = new byte[] { Data[1], Data[0] };
    SData = Combine(SData, Data);
    ushort CRC = Calc_CRC(SData);                               // CRC 계산
    byte[] CrcNums = BitConverter.GetBytes(CRC);
    byte[] SendData = Combine(SData, CrcNums);
    my_serial.Write(SendData, 0, SendData.Length);
    TB_SendFrame.Text = BitConverter.ToString(SendData);
}
```

[그림 4-42] BT_Write_Click 함수

2) 전체 프로그램

```
Form1.cs*  Form1.cs [디자인]*
Modbus_RTU_EX5          Modbus_RTU_EX5.Form1

using System;
using System.IO.Ports;
using System.Windows.Forms;

namespace Modbus_RTU_EX5
{
    참조 3개
    public partial class Form1 : Form
    {
        SerialPort my_serial = new SerialPort();

        참조 1개
        public Form1()
        {
            InitializeComponent();
        }

        참조 1개
        private void Form1_Load(object sender, EventArgs e)
        {
            FormStart(true);
        }

        참조 1개
        private void CB_Port_MouseClick(object sender, MouseEventArgs e)
        {
            CB_Port.Items.Clear();
            foreach (string comport in SerialPort.GetPortNames())
            {
                CB_Port.Items.Add(comport);
            }
        }

        참조 1개
        public void BT_Open_Click(object sender, EventArgs e)
        {
            my_serial.PortName = CB_Port.Text;
            my_serial.BaudRate = 19200;
            my_serial.DataBits = 8;
            my_serial.Parity = Parity.None;
            my_serial.StopBits = StopBits.One;

            if (!my_serial.IsOpen)
            {
                my_serial.Open();
                FormStart(false);
            }
        }

        참조 1개
        private void BT_Close_Click(object sender, EventArgs e)
        {
            if (my_serial.IsOpen)
            {
                my_serial.Close();
                FormStart(true);
            }
        }

        참조 3개
        private void FormStart(bool t)
        {
            BT_Open.Enabled = t;            // OPEN BUTTON
            BT_Close.Enabled = !t;          // CLOSE BUTTON
            BT_Write.Enabled = !t;          // 쓰기 BUTTON
            TB_SendFrame.Enabled = !t;      // 송신 Frame
            TB_DO.Enabled = !t;             // CO Text Box
        }
```

(a)

```
        참조 1개
        private void BT_Write_Click(object sender, EventArgs e)
        {
            byte slaveAddress = 0x00;                              // 국번
            byte functionCode = 0x06;                              // 코드
            byte startAddress_H = 0x00;                            // 시작주소
            byte startAddress_L = 0x00;
            byte[] SData = new byte[] { slaveAddress, functionCode, startAddress_H, startAddress_L };
            byte[] Data = BitConverter.GetBytes(Convert.ToInt16(TB_DO.Text));
            Data = new byte[] { Data[1], Data[0] };
            SData = Combine(SData, Data);
            ushort CRC = Calc_CRC(SData);                          // CRC 계산
            byte[] CrcNums = BitConverter.GetBytes(CRC);
            byte[] SendData = Combine(SData, CrcNums);
            my_serial.Write(SendData, 0, SendData.Length);
            TB_SendFrame.Text = BitConverter.ToString(SendData);
        }

        참조 2개
        private byte[] Combine(byte[] a, byte[] b)                       //바이트 합치기
        {
            byte[] c = new byte[a.Length + b.Length];
            Buffer.BlockCopy(a, 0, c, 0, a.Length);
            Buffer.BlockCopy(b, 0, c, a.Length, b.Length);
            return c;
        }

        참조 1개
        private static ushort Calc_CRC(byte[] data)                    //CRC코드 생성
        {
            ushort crc = 0xFFFF;
            for (int k = 0; k < data.Length; k++)
            {
                crc ^= data[k];
                for (int i = 0; i < 8; i++)
                {
                    if ((crc & 0x0001) != 0)
                    {
                        crc >>= 1;
                        crc ^= 0xA001;
                    }
                    else crc >>= 1;
                }
            }
            return crc;
        }
    }
}
```

(b)

[그림 4-43] C# 프로그램

실습과제 4-6

과제명 **출력영역 비트 연속 쓰기(코드 F:MXXXX)**

1) 과제 설명

- [그림 4-45]와 같이 Window Form을 구성한다.
- Form이 시작할 때 **[OPEN]** 버튼과 **[Port Name]** Combo Box만 활성화되며, 나머지 Component는 비활성화된다.
- **[Port Name]** Combo Box를 클릭하여 현재 연결된 시리얼 포트를 읽어와서 시리얼 포트 Item에 추가하고, 사용할 시리얼 포트를 선택한다.
- **[OPEN]** 버튼을 클릭하여 선택된 시리얼 포트를 Open한다. **[OPEN]** 버튼과 **[정지]** 버튼만 비활성화되며, 나머지 Component는 활성화된다.
- **[쓰기]** 버튼을 클릭하면 실시간으로 Check Box **[M100]**에서 **[M10F]**까지 16개의 Bit값을 PLC M100에서 M10F까지 쓴다. **[쓰기]** 버튼은 비활성화되고, **[정지]** 버튼이 활성화된다.
- **[정지]** 버튼을 클릭하면 쓰기 동작을 중지한다. **[정지]** 버튼은 비활성화되고, **[쓰기]** 버튼이 활성화된다.
- 송신 Frame 바이트 어레이 데이터를 **[송신 Frame]** Text Box에 표시한다.

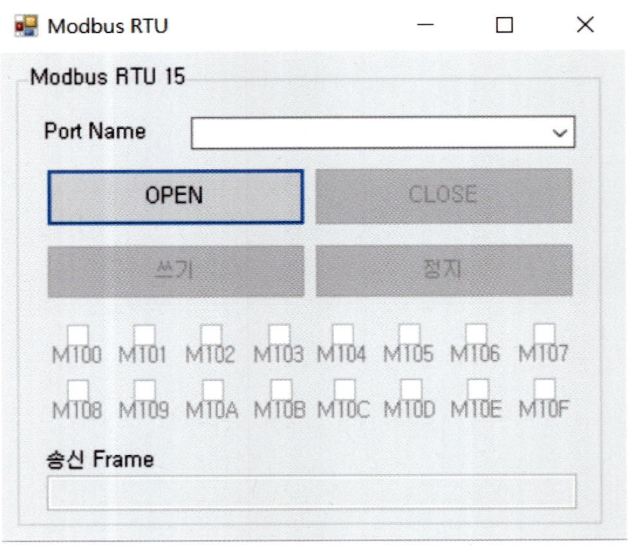

[그림 4-44] Window Form

2) Form Design

- 사용된 Component List

[표 4-59] Component List

도구	Name	Text
Label	-	Port Name
Label	-	송신 Frame
ComboBox	CB_Port	-
Button	BT_Open	OPEN
Button	BT_Close	CLOSE
Button	BT_Write	쓰기
Button	BT_Stop	정지
TextBox	TB_SendFrame	-
CheckBox	CB_M100 ~ CB_M10F	M100 ~ M10F
GroupBox	-	Modbus RTU 0F

❖ PLC 프로그램

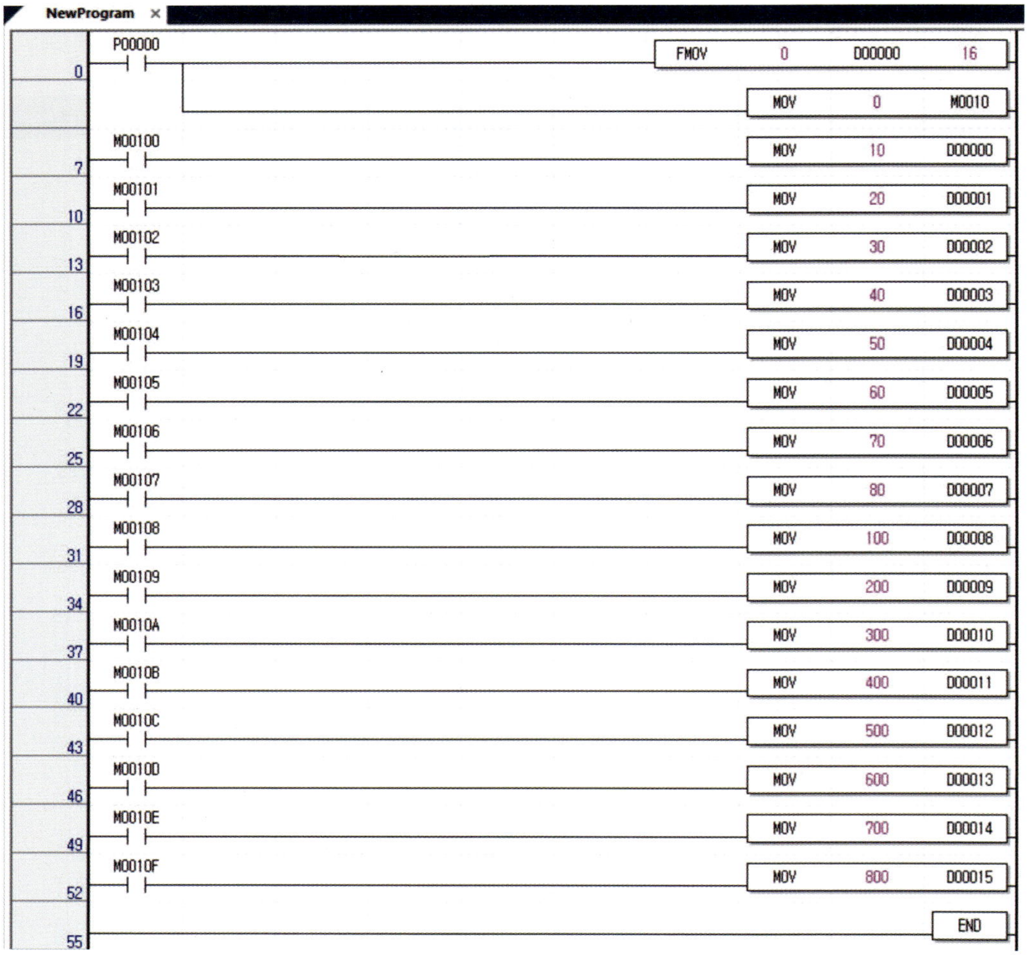

[그림 4-45] PLC 프로그램

❖ C# 프로그램

1) CheckBox 함수

- [M100]에서 [M10F]까지 체크 박스 활성화/비활성화 설정

```
private void CheckBox(bool t)
{
    CB_M100.Enabled = t;         // 체크박스 M100
    CB_M101.Enabled = t;         // 체크박스 M101
    CB_M102.Enabled = t;         // 체크박스 M102
    CB_M103.Enabled = t;         // 체크박스 M103
    CB_M104.Enabled = t;         // 체크박스 M104
    CB_M105.Enabled = t;         // 체크박스 M105
    CB_M106.Enabled = t;         // 체크박스 M106
    CB_M107.Enabled = t;         // 체크박스 M107
    CB_M108.Enabled = t;         // 체크박스 M108
    CB_M109.Enabled = t;         // 체크박스 M109
    CB_M10A.Enabled = t;         // 체크박스 M10A
    CB_M10B.Enabled = t;         // 체크박스 M10B
    CB_M10C.Enabled = t;         // 체크박스 M10C
    CB_M10D.Enabled = t;         // 체크박스 M10D
    CB_M10E.Enabled = t;         // 체크박스 M10E
    CB_M10F.Enabled = t;         // 체크박스 M10F
    TB_SendFrame.Enabled = t;  // 수신프레임 Text Box
}
```

[그림 4-46] CheckBox 함수

2) Timer1_Tick 함수

- 국번(1) + 코드(2) + 시작 주소(2) + 데이터 개수(2) + 데이터 크기(1) + 데이터(2) + CRC
  - 코드 : 0x0F
  - 시작 주소(M100) : 0x00(HIGH Byte), 0xA0(LOW Byte)
  - 데이터 개수(16) : 0x00(HIGH Byte), 0x10(LOW Byte)
  - 데이터 크기(2 Byte) : 0x02

```
private void timer1_Tick(object sender, EventArgs e)
{
    byte slaveAddress = 0x00;                              // 국번
    byte functionCode = 0x0F;                              // 코드
    byte startAddress_H = 0x00;                            // 시작주소(100)
    byte startAddress_L = 0xA0;
    byte NumberOfPoint_H = 0x00;                           // 데이터 개수(16)
    byte NumberOfPoint_L = 0x10;
    byte SizeOfByte = 0x02;                                // 데이터 크기(2byte)
    byte[] SData = new byte[] { slaveAddress, functionCode, startAddress_H,
          startAddress_L, NumberOfPoint_H, NumberOfPoint_L, SizeOfByte};
    byte[] ByteData = MakeData(); ;                        // Byte 데이터 만들기
    SData = Combine(SData, ByteData);
    ushort CRC = Calc_CRC(SData);                          // CRC 계산
    byte[] CrcNums = BitConverter.GetBytes(CRC);
    byte[] SendData = Combine(SData, CrcNums);             // CRC 바이트어레이 추가
    my_serial.Write(SendData, 0, SendData.Length);
    TB_SendFrame.Text = BitConverter.ToString(SendData);
}
```

[그림 4-47] Timer1_Tick 함수

3) MakeData 함수

- Bit 데이터를 바이트 데이터로 변환

```
private byte[] MakeData()
{
    byte[] ByteData = new byte[2];

    if (CB_M100.Checked == true) ByteData[0] += 1;
    if (CB_M101.Checked == true) ByteData[0] += 2;
    if (CB_M102.Checked == true) ByteData[0] += 4;
    if (CB_M103.Checked == true) ByteData[0] += 8;
    if (CB_M104.Checked == true) ByteData[0] += 16;
    if (CB_M105.Checked == true) ByteData[0] += 32;
    if (CB_M106.Checked == true) ByteData[0] += 64;
    if (CB_M107.Checked == true) ByteData[0] += 128;

    if (CB_M108.Checked == true) ByteData[1] += 1;
    if (CB_M109.Checked == true) ByteData[1] += 2;
    if (CB_M10A.Checked == true) ByteData[1] += 4;
    if (CB_M10B.Checked == true) ByteData[1] += 8;
    if (CB_M10C.Checked == true) ByteData[1] += 16;
    if (CB_M10D.Checked == true) ByteData[1] += 32;
    if (CB_M10E.Checked == true) ByteData[1] += 64;
    if (CB_M10F.Checked == true) ByteData[1] += 128;

    return ByteData;
}
```

[그림 4-48] MakeData 함수

4) 전체 프로그램

```
Form1.cs  Form1.cs [디자인]
Modbus_RTU_EX6                Modbus_RTU_EX6.Form1

using System;
using System.IO.Ports;
using System.Windows.Forms;

namespace Modbus_RTU_EX6
{
    참조 3개
    public partial class Form1 : Form
    {
        SerialPort my_serial = new SerialPort();

        참조 1개
        public Form1()
        {
            InitializeComponent();
        }

        참조 1개
        private void Form1_Load(object sender, EventArgs e)
        {
            FormStart(true);
        }

        참조 1개
        private void CB_Port_MouseClick(object sender, MouseEventArgs e)
        {
            CB_Port.Items.Clear();
            foreach (string comport in SerialPort.GetPortNames())
            {
                CB_Port.Items.Add(comport);
            }
        }

        참조 1개
        private void BT_Open_Click(object sender, EventArgs e)
        {
            my_serial.PortName = CB_Port.Text;
            my_serial.BaudRate = 19200;
            my_serial.DataBits = 8;
            my_serial.Parity = Parity.None;
            my_serial.StopBits = StopBits.One;

            if (!my_serial.IsOpen)
            {
                    my_serial.Open();
                    FormStart(false);
                    BT_Stop.Enabled = false;
                    CheckBox(false);
            }
        }

        참조 1개
        private void BT_Close_Click(object sender, EventArgs e)
        {
            if (my_serial.IsOpen)
            {
                my_serial.Close();
                FormStart(true);
            }
        }

        참조 1개
        private void BT_Write_Click(object sender, EventArgs e)
        {
            BT_Stop.Enabled = true;
            BT_Write.Enabled = false;
            CheckBox(true);
```

(a)

```
            timer1.Enabled = true;
            timer1.Interval = 100;
        }

        참조 1개
        private void BT_Stop_Click(object sender, EventArgs e)
        {
            BT_Stop.Enabled = false;
            BT_Write.Enabled = true;
            CheckBox(false);
            timer1.Enabled = false;
        }

        참조 3개
        private void FormStart(bool t)
        {
            BT_Open.Enabled = t;         // OPEN BUTTON
            Bt_ClosePort.Enabled = !t;   // CLOSE BUTTON
            BT_Write.Enabled = !t;       // 쓰기 BUTTON
            BT_Stop.Enabled = !t;        // 정지 BUTTON
            CheckBox(!t);
        }

        참조 4개
        private void CheckBox(bool t)
        {
            CB_M100.Enabled = t;         // 체크박스 M100
            CB_M101.Enabled = t;         // 체크박스 M101
            CB_M102.Enabled = t;         // 체크박스 M102
            CB_M103.Enabled = t;         // 체크박스 M103
            CB_M104.Enabled = t;         // 체크박스 M104
            CB_M105.Enabled = t;         // 체크박스 M105
            CB_M106.Enabled = t;         // 체크박스 M106
            CB_M107.Enabled = t;         // 체크박스 M107
            CB_M108.Enabled = t;         // 체크박스 M108
            CB_M109.Enabled = t;         // 체크박스 M109
            CB_M10A.Enabled = t;         // 체크박스 M10A
            CB_M10B.Enabled = t;         // 체크박스 M10B
            CB_M10C.Enabled = t;         // 체크박스 M10C
            CB_M10D.Enabled = t;         // 체크박스 M10D
            CB_M10E.Enabled = t;         // 체크박스 M10E
            CB_M10F.Enabled = t;         // 체크박스 M10F
            TB_SendFrame.Enabled = t;  // 수신프레임 Text Box
        }

        참조 1개
        private void timer1_Tick(object sender, EventArgs e)
        {
            byte slaveAddress = 0x00;                                  // 국번
            byte functionCode = 0x0F;                                  // 코드
            byte startAddress_H = 0x00;                                // 시작주소(100)
            byte startAddress_L = 0xA0;
            byte NumberOfPoint_H = 0x00;                               // 데이터 개수(16)
            byte NumberOfPoint_L = 0x10;
            byte SizeOfByte = 0x02;                                    // 데이터 크기(2byte)
            byte[] SData = new byte[] { slaveAddress, functionCode, startAddress_H,
                startAddress_L, NumberOfPoint_H, NumberOfPoint_L, SizeOfByte};
            byte[] ByteData = MakeData(); ;                            // Byte 데이터 만들기
            SData = Combine(SData, ByteData);
            ushort CRC = Calc_CRC(SData);                              // CRC 계산
            byte[] CrcNums = BitConverter.GetBytes(CRC);
            byte[] SendData = Combine(SData, CrcNums);                 // CRC 바이트어레이 추가
            my_serial.Write(SendData, 0, SendData.Length);
            TB_SendFrame.Text = BitConverter.ToString(SendData);
        }

        참조 1개
        private byte[] MakeData()
        {
            byte[] ByteData = new byte[2];

            if (CB_M100.Checked == true) ByteData[0] += 1;
```

(b)

```
            if (CB_M101.Checked == true) ByteData[0] += 2;
            if (CB_M102.Checked == true) ByteData[0] += 4;
            if (CB_M103.Checked == true) ByteData[0] += 8;
            if (CB_M104.Checked == true) ByteData[0] += 16;
            if (CB_M105.Checked == true) ByteData[0] += 32;
            if (CB_M106.Checked == true) ByteData[0] += 64;
            if (CB_M107.Checked == true) ByteData[0] += 128;

            if (CB_M108.Checked == true) ByteData[1] += 1;
            if (CB_M109.Checked == true) ByteData[1] += 2;
            if (CB_M10A.Checked == true) ByteData[1] += 4;
            if (CB_M10B.Checked == true) ByteData[1] += 8;
            if (CB_M10C.Checked == true) ByteData[1] += 16;
            if (CB_M10D.Checked == true) ByteData[1] += 32;
            if (CB_M10E.Checked == true) ByteData[1] += 64;
            if (CB_M10F.Checked == true) ByteData[1] += 128;

            return ByteData;
        }

        참조 1개
        private static ushort Calc_CRC(byte[] data)                         //CRC코드 생성
        {
            ushort crc = 0xFFFF;
            for (int k = 0; k < data.Length; k++)
            {
                crc ^= data[k];
                for (int i = 0; i < 8; i++)
                {
                    if ((crc & 0x0001) != 0)
                    {
                        crc >>= 1;
                        crc ^= 0xA001;
                    }
                    else crc >>= 1;
                }
            }
            return crc;
        }

        참조 2개
        private byte[] Combine(byte[] a, byte[] b)                          //바이트 합치기
        {
            byte[] c = new byte[a.Length + b.Length];
            Buffer.BlockCopy(a, 0, c, 0, a.Length);
            Buffer.BlockCopy(b, 0, c, a.Length, b.Length);
            return c;
        }
    }
}
```

(c)

[그림 4-49] C# 프로그램

실습과제 4-7

과제명 **출력영역 워드 연속 쓰기(코드 10:DXXXX)**

1) 과제 설명

- [그림 4-50]과 같이 Window Form을 구성한다.
- Form이 시작할 때 **[OPEN]** 버튼과 **[Port Name]** Combo Box만 활성화되며, 나머지 Component는 비활성화된다.
- **[Port Name]** Combo Box를 클릭하여 현재 연결된 시리얼 포트를 읽어와서 시리얼 포트 Item에 추가하고, 사용할 시리얼 포트를 선택한다.
- **[OPEN]** 버튼을 클릭하여 선택된 시리얼 포트를 Open한다. **[OPEN]** 버튼만 비활성화되며, 나머지 Component는 활성화된다.
- **[설정]** 버튼을 클릭하면 **[생산주기]**와 **[생산량]** 값을 PLC의 D0와 D1에 쓴다.
- 송신 Frame 바이트 어레이 데이터를 **[송신 Frame]** Text Box에 표시한다.

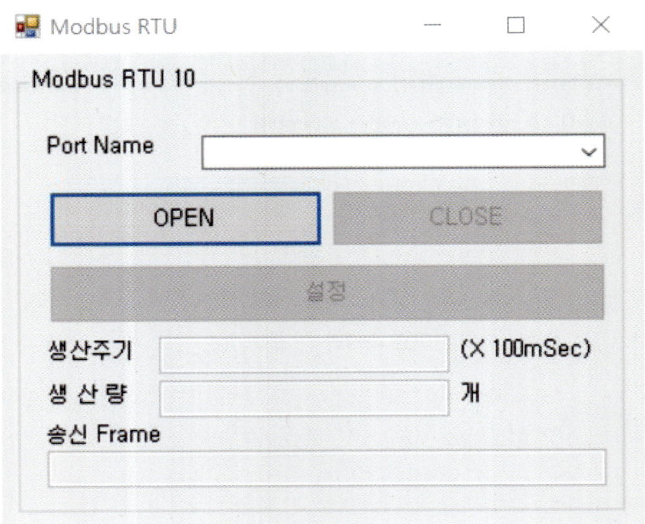

[그림 4-50] Window Form

2) Form Design

- 사용된 Component List

[표 4-60] Component List

도구	Name	Text
Label	-	Port Name
Label	-	송신 Frame
Label	-	생산주기
Label	-	생산량
Label	-	(X mSec)
Label	-	개
ComboBox	CB_Port	-
Button	BT_Open	OPEN
Button	BT_Close	CLOSE
Button	BT_Set	설정
TextBox	TB_SendFrame	-
GroupBox	-	Modbus RTU 10

❖ PLC 프로그램

[그림 4-51] PLC 프로그램

❖ C# 프로그램

1) BT_Set_Click 함수

- 국번(1) + 코드(2) + 시작 주소(2) + 데이터 개수(2) + 데이터 크기(1) + 데이터(4) + CRC

```
private void BT_Set_Click(object sender, EventArgs e)
{
    byte slaveAddress = 0x00;                              // 국번
    byte functionCode = 0x10;                              // 코드
    byte startAddress_H = 0x00;                            // 시작주소(0)
    byte startAddress_L = 0x00;
    byte NumberOfPoint_H = 0x00;                           // 데이터 개수(2)
    byte NumberOfPoint_L = 0x02;
    byte SizeOfByte = 0x04;                                // 데이터 크기(4byte)
    byte[] SData = new byte[] { slaveAddress, functionCode, startAddress_H,
          startAddress_L, NumberOfPoint_H, NumberOfPoint_L, SizeOfByte};
    SData = MakeData(SData);
    ushort CRC = Calc_CRC(SData);
    byte[] CrcNums = BitConverter.GetBytes(CRC);
    byte[] SendData = Combine(SData, CrcNums);
    my_serial.Write(SendData, 0, SendData.Length);
    TB_SendFrame.Text = BitConverter.ToString(SendData);
}
```

[그림 4-52] BT_Set_Click 함수

2) MakeData 함수

- Word 데이터를 바이트 데이터로 변환
- 상하 바이트 교환

```
private byte[] MakeData(byte[] SData)
{
    byte[] Data = BitConverter.GetBytes(Convert.ToInt16(TB_D0.Text));
    Data = new byte[] { Data[1], Data[0] };
    SData = Combine(SData, Data);
    Data = BitConverter.GetBytes(Convert.ToInt16(TB_D1.Text));
    Data = new byte[] { Data[1], Data[0] };
    SData = Combine(SData, Data);
    return SData;
}
```

[그림 4-53] MakeData 함수

3) 전체 프로그램

Form1.cs   Form1.cs [디자인]

Modbus_RTU_EX7   Modbus_RTU_EX7.Form1

```
using System;
using System.IO.Ports;
using System.Windows.Forms;

namespace Modbus_RTU_EX7
{
    public partial class Form1 : Form
    {
        SerialPort my_serial = new SerialPort();

        public Form1()
        {
            InitializeComponent();
        }

        private void Form1_Load(object sender, EventArgs e)
        {
            FormStart(true);
        }

        private void CB_Port_MouseClick(object sender, MouseEventArgs e)
        {
            CB_Port.Items.Clear();
            foreach (string comport in SerialPort.GetPortNames())
            {
                CB_Port.Items.Add(comport);
            }
        }

        참조 1개
        private void BT_Open_Click(object sender, EventArgs e)
        {
            my_serial.PortName = CB_Port.Text;
            my_serial.BaudRate = 19200;
            my_serial.DataBits = 8;
            my_serial.Parity = Parity.None;
            my_serial.StopBits = StopBits.One;

            if (!my_serial.IsOpen)
            {
                try
                {
                    my_serial.Open();
                    FormStart(false);
                }
                catch
                {
                    MessageBox.Show("Serial Port Connection Fail !!");
                }
            }
        }

        참조 1개
        private void BT_Close_Click(object sender, EventArgs e)
        {
            if (my_serial.IsOpen)
            {
                my_serial.Close();
                FormStart(true);
            }
        }

        참조 3개
        private void FormStart(bool t)
        {
```

(a)

```
            Bt_OpenPort.Enabled = t;     // OPEN BUTTON
            Bt_ClosePort.Enabled = !t;  // CLOSE BUTTON
            BT_Set.Enabled = !t;         // 설정 BUTTON
            TB_D0.Enabled = !t;          // 쓰기 D0(생산주기)
            TB_D1.Enabled = !t;          // 쓰기 D1(생산량)
            TB_SendFrame.Enabled = !t;  // 송신 Frame
        }

        참조 1개
        private void BT_Set_Click(object sender, EventArgs e)
        {
            byte slaveAddress = 0x00;                                    // 국번
            byte functionCode = 0x10;                                    // 코드
            byte startAddress_H = 0x00;                                  // 시작주소(0)
            byte startAddress_L = 0x00;
            byte NumberOfPoint_H = 0x00;                                 // 데이터 개수(2)
            byte NumberOfPoint_L = 0x02;
            byte SizeOfByte = 0x04;                                      // 데이터 크기(4byte)
            byte[] SData = new byte[] { slaveAddress, functionCode, startAddress_H,
                  startAddress_L, NumberOfPoint_H, NumberOfPoint_L, SizeOfByte};
            SData = MakeData(SData);
            ushort CRC = Calc_CRC(SData);
            byte[] CrcNums = BitConverter.GetBytes(CRC);
            byte[] SendData = Combine(SData, CrcNums);
            my_serial.Write(SendData, 0, SendData.Length);
            TB_SendFrame.Text = BitConverter.ToString(SendData);
        }

        참조 1개
        private byte[] MakeData(byte[] SData)
        {
            byte[] Data = BitConverter.GetBytes(Convert.ToInt16(TB_D0.Text));
            Data = new byte[] { Data[1], Data[0] };
            SData = Combine(SData, Data);
            Data = BitConverter.GetBytes(Convert.ToInt16(TB_D1.Text));
            Data = new byte[] { Data[1], Data[0] };
            SData = Combine(SData, Data);
            return SData;
        }

        참조 3개
        private byte[] Combine(byte[] a, byte[] b)                       //바이트 합치기
        {
            byte[] c = new byte[a.Length + b.Length];
            Buffer.BlockCopy(a, 0, c, 0, a.Length);
            Buffer.BlockCopy(b, 0, c, a.Length, b.Length);
            return c;
        }

        참조 1개
        private static ushort Calc_CRC(byte[] data)                     //CRC코드 생성
        {
            ushort crc = 0xFFFF;
            for (int pos = 0; pos < data.Length; pos++)
            {
                crc ^= data[pos];
                for (int i = 8; i != 0; i--)
                {
                    if ((crc & 0x0001) != 0)
                    {
                        crc >>= 1;
                        crc ^= 0xA001;
                    }
                    else crc >>= 1;
                }
            }
            return crc;
        }
    }
}
```

(b)

[그림 4-54] C# 프로그램

실습과제 4-8

과제명 **종합실습**

1) 과제 설명

- [그림 4-55]와 같이 Window Form을 구성한다.
- Form이 시작될 때 **[OPEN]** 버튼과 **[Port Name]** Combo Box만 활성화되며, 나머지 Component는 비활성화된다.
- **[Port Name]** Combo Box를 클릭하여 현재 연결된 시리얼 포트를 읽어와서 시리얼 포트 Item에 추가하고, 사용할 시리얼 포트를 선택한다.
- **[OPEN]** 버튼을 클릭하여 선택된 시리얼 포트를 Open한다. **[OPEN]** 버튼과 **[정지]** 버튼만 비활성화되며, 나머지 Component는 활성화된다.
- 그리고 PLC에서 D0(Word), D1(Word) 및 D2(DWord)의 현재값을 읽어와서 **[단가]**, **[목표수량]** 및 **[목표금액]** 값에 차례대로 쓴다.
- 또한, 타이머가 활성화되어 PLC에서 D10(Word), D11(DWord) 및 D13(DWord)의 현재값을 200mSec 간격으로 읽어와서, **[판매수량]**, **[판매금액]** 및 **[차액]** 값에 차례대로 쓴다.
- **[단가]**와 **[목표수량]** 값을 수정하고 **[설정]** 버튼을 클릭하면 **[목표금액]**을 자동으로 계산하고, **[단가]**, **[목표수량]** 및 **[목표금액]** 값을 PLC에 쓴다.
- **[시작]** 버튼을 클릭하면 판매가 시작되고, **[설정]**, [RESET] 및 **[시작]** 버튼은 비활성화되고 **[정지]** 버튼이 활성화된다.
- **[정지]** 버튼을 클릭하면 판매가 일시 정지되고, **[정지]** 버튼이 비활성화되고 **[설정]**, [RESET] 및 **[시작]** 버튼은 활성화된다.
- [RESET] 버튼을 클릭하면 **[판매수량]**이 리셋된다.
- **[판매수량]**값과 **[목표수량]**값이 같아지면 자동으로 판매가 정지된다.
- [CLOSE] 버튼을 클릭하면 [OPEN] 버튼과 [Port Name] Combo Box만 활성화되고, 나머지 Component는 비활성화된다.

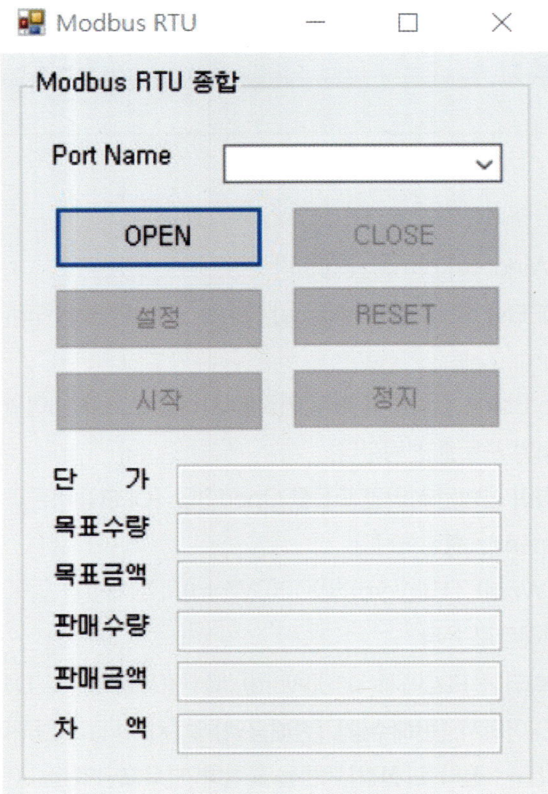

[그림 4-55] Window Form

2) Form Design

- 사용된 Component List

[표 4-61] Component List

도구	Name	Text
Label	-	Port Name
Label	-	단가
Label	-	목표수량
Label	-	목표금액
Label	-	판매수량
Label	-	판매금액
Label	-	차액
ComboBox	CB_Port	-
Button	BT_Open	OPEN
Button	BT_Close	CLOSE
Button	BT_Set	설정
Button	BT_Start	시작
Button	BT_Stop	정지
Button	BT_Reset	RESET
TextBox	TB_D0	-
TextBox	TB_D1	-
TextBox	TB_D2	-
TextBox	TB_D10	-
TextBox	TB_D11	-
TextBox	TB_D13	-
GroupBox	-	Modbus RTU 종합

❖ PLC 프로그램

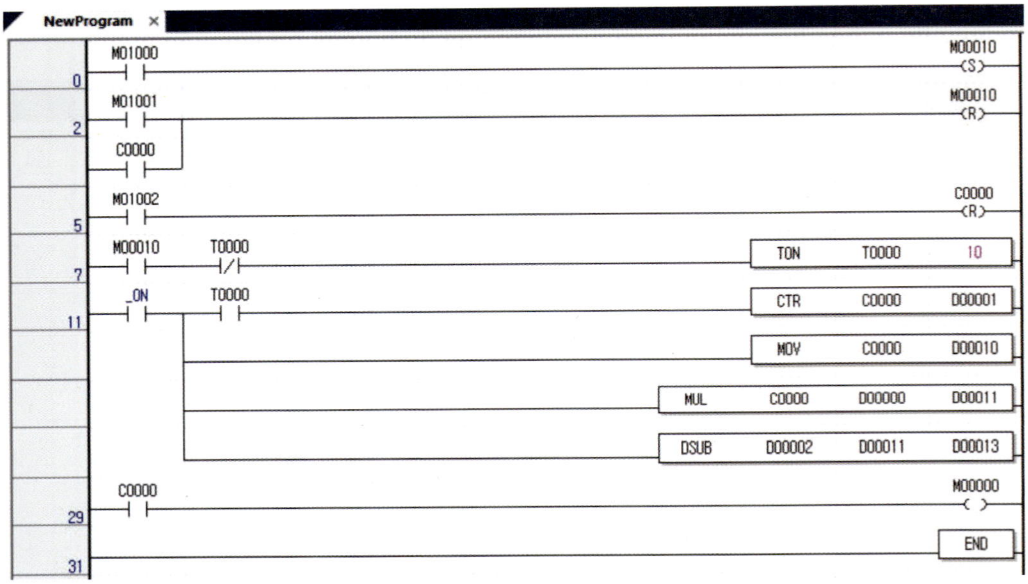

[그림 4-56] PLC 프로그램

PLC DATA COMMUNICATION

PART

05

모드버스 TCP/IP

P L C 데 이 터 통 신

01

모드버스 TCP/IP 프로토콜

1 프로토콜 개요

1) 프로토콜 : 펑션 코드를 이용하여 데이터 읽기/쓰기를 하는 기능

2) 프레임 : 이더넷 통신을 위한 MAC, IP헤더, TCP헤더, 모드버스 ADU로 구성

(1) ADU(Application Data Unit) : 애플리케이션 데이터 유닛

(2) MBAP(ModBus Application Protocol) : 모드버스 애플리케이션 프로토콜

(3) PDU(Protocol Data Unit) : 프로토콜 데이터 유닛

2 모드버스 TCP/IP 프레임 구조

1) 이더넷(Ethernet)을 통한 모드버스 TCP/IP 프레임 구조

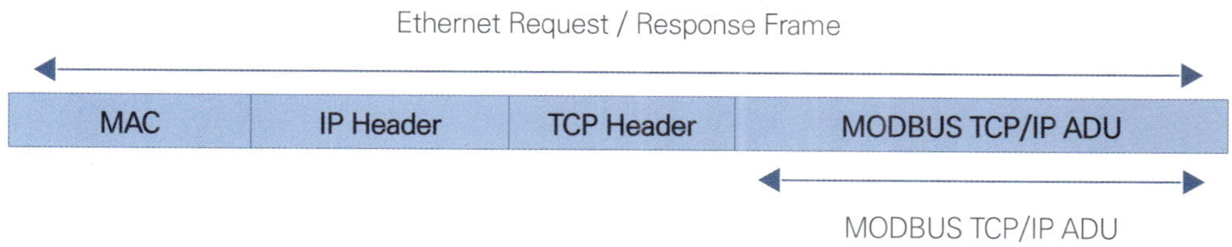

[그림 5-1] 프레임 구조

2) 모드버스 TCP/IP ADU 구조

(1) MBAP를 선두로 Function code, Data 순으로 구성됨

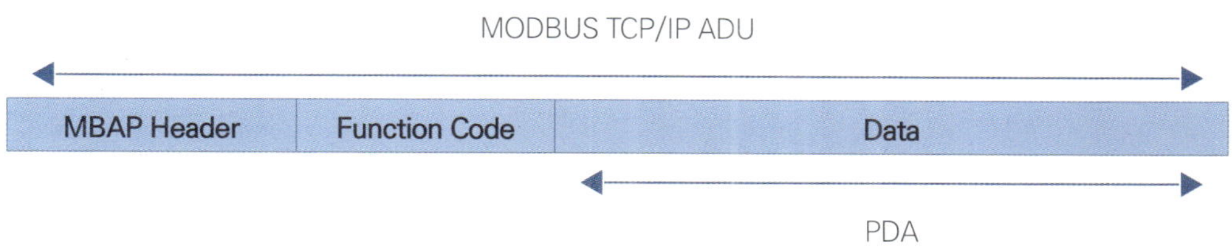

[그림 5-2] ADU 구조

3) MBAP Header 구조

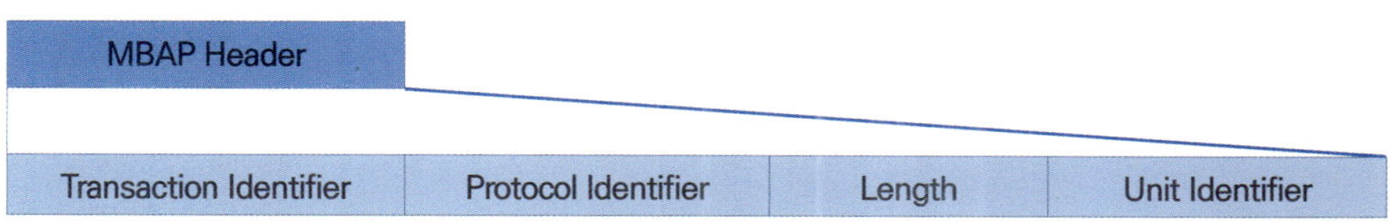

[그림 5-3] MBAP Header 구조

(1) 총 7 Byte로 구성

(2) Transaction ID [2 Bytes] : 마스터(Client)가 최초 0부터 시작하여 통신 시 1씩 증가, 슬레이브 (Server)는 그 값을 그대로 복사해서 사용

(3) Protocol ID [2 Bytes] : 0x0000의 고정값 사용

(4) Length [2 Bytes] : Length 필드 위치에서 프레임 마지막까지의 길이(즉, Unit ID ~ Data 끝까지의 Byte의 수)

(5) Unit ID [1 Byte] : TPC/IP가 아닌 다른 통신선로의 연결되어있는 슬레이브를 구분하는 정보 (Tcpport는 0x01로 고정)

[표 5-1] MBAP Header 구성요소

구분	크기 (바이트)	설명	클라이언트	서버
처리 식별자 (Transaction Identifier)	2	MODBUS 요구/응답 처리 구분	클라이언트가 초기화	서버가 응답 시 복사하여 응답
프로토콜 식별자 (Protocol Identifier)	2	0 = MODBUS 프로토콜	클라이언트가 초기화	서버가 응답 시 요청프레임에서 복사
길이 (Length)	2	MBAP를 제외한 프레임 크기	클라이언트가 생성 (요청 시)	서버가 생성(응답 시)
유닛 식별자 (Unit Identifier)	1	시리얼 선로에 연결되어 있는 유닛 구분	클라이언트가 초기화	서버가 응답 시 요청프레임에서 복사

3 Function Code

1) 슬레이브 Memory(Coil, Register)의 값을 읽어오거나 쓸 수 있는 서비스

2) 사용 가능 코드 : 1, 2, 3, 4, 5, 6, 15, 16 값을 지원

[표 5-2] 메모리 형태별 Function Code

형태	메모리	이름	Function Code	디바이스
비트 (Bit)	Coil	Read Discrete Inputs	02(0x02)	Input, Output
		Read Coil	01(0x01)	
		Write Single Coil	05(0x05)	
		Write Multiple Coils	15(0x0F)	
워드 (Word)	Register	Read Input Register	04(0x04)	ADC, PWM
		Read Holding Registers	03(0x03)	
		Write Single Register	06(0x06)	
		Write Multiple Registers	16(0x10)	

[표 5-3] 메모리 영역별 데이터 모델

메모리	데이터 모델	접근형태	읽기 / 쓰기	설명
Coil	Discrete Input	비트	읽기	상위 장치에서 메모리 읽기 가능
Coil	Coils	비트	읽기 / 쓰기	상위 장치에서 메모리 읽고, 쓰기 가능
Register	Input Registers	16비트 워드	읽기	상위 장치에서 메모리 읽기 가능
Register	Holding Registers	16비트 워드	읽기 / 쓰기	상위 장치에서 메모리 읽고, 쓰기 가능

4 Function Code별 DATA 구조 및 디바이스 제어

1) 펑션 코드 H01/H02 : 출력/입력 비트 읽기

(1) 요청

[표 5-4] 비트 읽기 요청 데이터 구조

구분	크기	범위
Function Code	1 바이트	H01/H02
시작 주소	2 바이트	H0000 ~ HFFFF
코일 수	2 바이트	H0001 ~ H07DC(2000 비트)

(2) 응답

[표 5-5] 비트 읽기 응답 데이터 구조

구분	크기	범위
Function Code	1 바이트	H01/H02
바이트 수	2 바이트	N
코일 상태	n 바이트	n=N 또는 N+1

(3) 에러

[표 5-6] 비트 읽기 에러 발생 시 데이터 구조

구분	크기	범위
Function Code	1 바이트	H81/H82(Function Code + H80)
예외 상태	1 바이트	H01, H02, HC3, H04

(4) 예(0번부터 16개 비트의 상태 값 읽기)

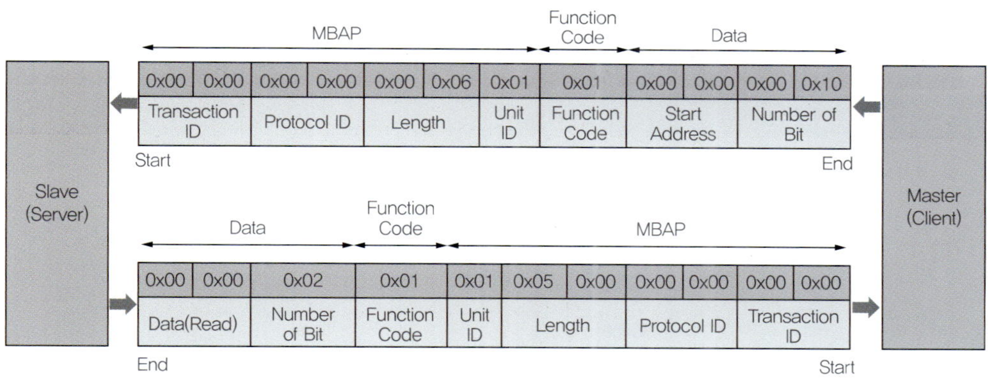

[그림 5-4] 비트 읽기 예의 데이터 구조

2) 펑션 코드 H03/H04 : 출력/입력 워드 읽기

(1) 요청

[표 5-7] 워드 읽기 요청 데이터 구조

구분	크기	범위
Function Code	1 바이트	H03/H04
시작 주소	2 바이트	H0000 ~ HFFFF
입력 수	2 바이트	H0001 ~ H007D(125 워드)

(2) 응답

[표 5-8] 워드 읽기 응답 데이터 구조

구분	크기	범위
Function Code	1 바이트	H03/H04
바이트 수	2 바이트	N X 2
코일 상태	N X 2 바이트	-

(3) 에러

[표 5-9] 워드 읽기 에러 발생 시 데이터 구조

구분	크기	범위
Function Code	1 바이트	H83/H84(Function Code + H80)
예외 상태	1 바이트	H01, H02, H03, H04

(4) 예

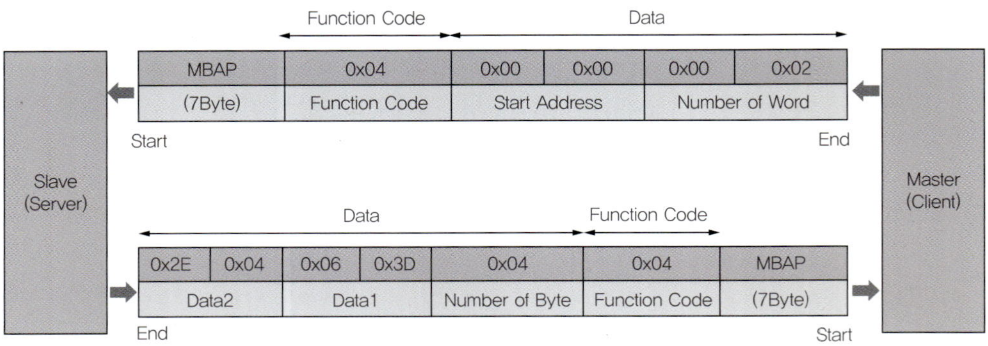

[그림 5-5] 워드 읽기 예의 데이터 구조

3) 펑션 코드 H05 : 출력 비트 한 개 쓰기

(1) 요청

[표 5-10] 비트 한 개 쓰기 요청 데이터 구조

구분	크기	범위
Function Code	1 바이트	H05
시작 주소	2 바이트	H0000 ~ HFFFF
출력 값	2 바이트	H0000 또는 HFF00

(2) 응답

[표 5-11] 비트 한 개 쓰기 응답 데이터 구조

구분	크기	범위
Function Code	1 바이트	H05
시작 주소	2 바이트	H0000 ~ HFFFF
출력 값	2 바이트	H0000 또는 HFF00

(3) 에러

[표 5-12] 비트 한 개 쓰기 에러 발생 시 데이터 구조

구분	크기	범위
Function Code	1 바이트	H85(Function Code + H80)
예외 상태	1 바이트	H01, H02, H03, H04

(4) 예

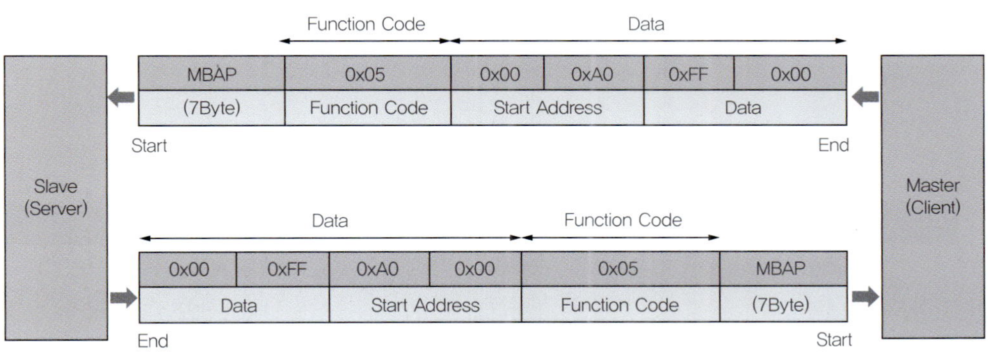

[그림 5-6] 비트 한 개 쓰기 예의 데이터 구조

4) 펑션 코드 H06 : 출력 워드 한 개 쓰기

(1) 요청

[표 5-13] 워드 한 개 쓰기 요청 데이터 구조

구분	크기	범위
Function Code	1 바이트	H06
시작 주소	2 바이트	H0000 ~ HFFFF
출력 값	2 바이트	-

(2) 응답

[표 5-14] 워드 한 개 쓰기 응답 데이터 구조

구분	크기	범위
Function Code	1 바이트	H06
시작 주소	2 바이트	H0000 ~ HFFFF
출력 값	2 바이트	-

(3) 에러

[표 5-15] 워드 한 개 쓰기 에러 발생 시 데이터 구조

구분	크기	범위
Function Code	1 바이트	H86(Function Code + H80)
예외 상태	1 바이트	H01, H02, H03, H04

(4) 예

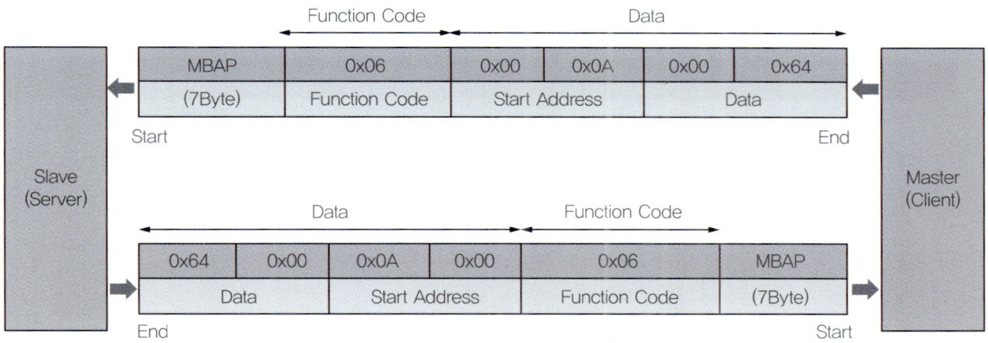

[그림 5-7] 워드 한 개 쓰기 예의 데이터 구조

5) 펑션 코드 H0F : 출력 비트 연속 쓰기

(1) 요청

[표 5-16] 비트 연속 쓰기 요청 데이터 구조

구분	크기	범위
Function Code	1 바이트	H0F
시작 주소	2 바이트	H0000 ~ HFFFF
출력 개수	2 바이트	H0001 ~ H07B0(1968 비트)
바이트 개수	1 바이트	N
출력 값	N 바이트	

(2) 응답

[표 5-17] 비트 연속 쓰기 응답 데이터 구조

구분	크기	범위
Function Code	1 바이트	H0F
바이트 수	2 바이트	H0000 ~ HFFFF
입력 상태	2 바이트	H0001 ~ H07B0

(3) 에러

[표 5-18] 비트 연속 쓰기 에러 발생 시 데이터 구조

구분	크기	범위
Function Code	1 바이트	H8F(Function Code + H80)
예외 코드	1 바이트	H01, H02, H03, H04

(4) 예

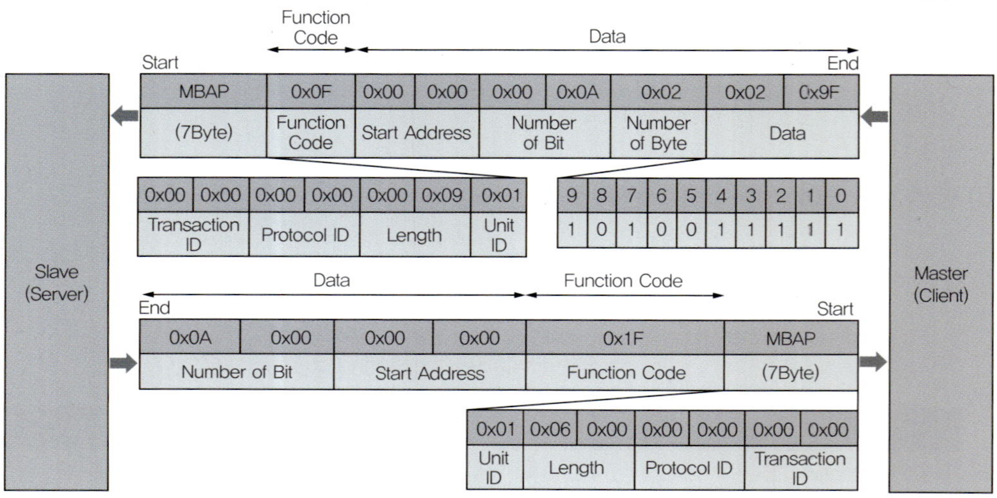

[그림 5-8] 비트 연속 쓰기 예의 데이터 구조

6) 펑션 코드 H10 : 출력 워드 연속 쓰기

(1) 요청

[표 5-19] 워드 연속 쓰기 요청 데이터 구조

구 분	크 기	범 위
Function Code	1 바이트	H10
시작 주소	2 바이트	H0000 ~ HFFFF
출력 개수	2 바이트	H0001 ~ H0078(120 워드)
바이트 수	1 바이트	2 × N
출력 값	N×2 바이트	값

(2) 응답

[표 5-20] 워드 연속 쓰기 응답 데이터 구조

구 분	크 기	범 위
Function Code	1 바이트	H10
바이트 수	2 바이트	H0000 ~ HFFFF
출력 개수	2 바이트	H0001 ~ H0078

(3) 에러

[표 5-21] 비트 연속 쓰기 에러 발생 시 데이터 구조

구 분	크 기	범 위
Function Code	1 바이트	H90(Function Code + H80)
예외 코드	1 바이트	H01, H02, H03, H04

(4) 예

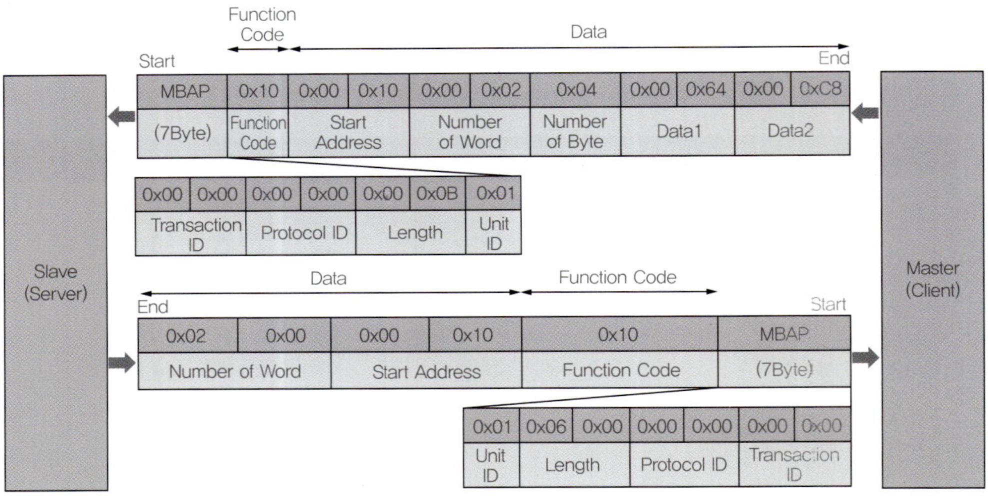

[그림 5-9] 워드 연속 쓰기 예의 데이터 구조

02

XG5000 설정

1) 프로젝트 → 기본 네트워크 오른쪽 마우스 클릭

2) 항목추가 → 통신 모듈 클릭

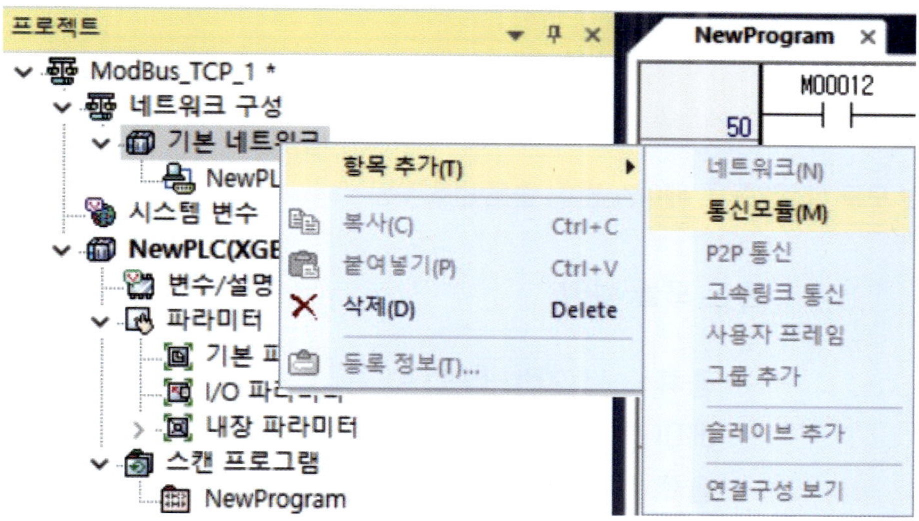

[그림 5-10] 통신 모듈 추가1

3) 통신 모듈 선택 → 모듈 추가 클릭

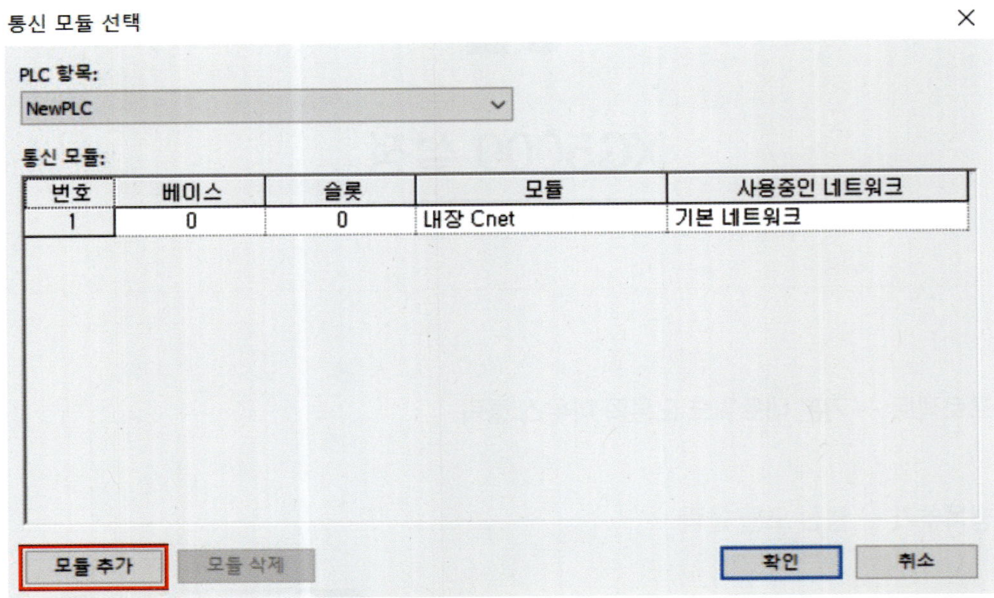

[그림 5-11] 통신 모듈 추가2

4) 통신 모듈 설정 : 종류, 베이스 번호, 슬롯 번호 확인

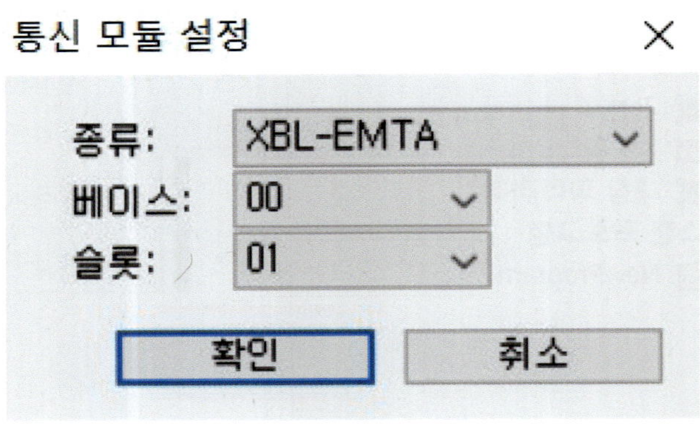

[그림 5-12] 통신 모듈 설정

5) 통신 모듈 추가 확인

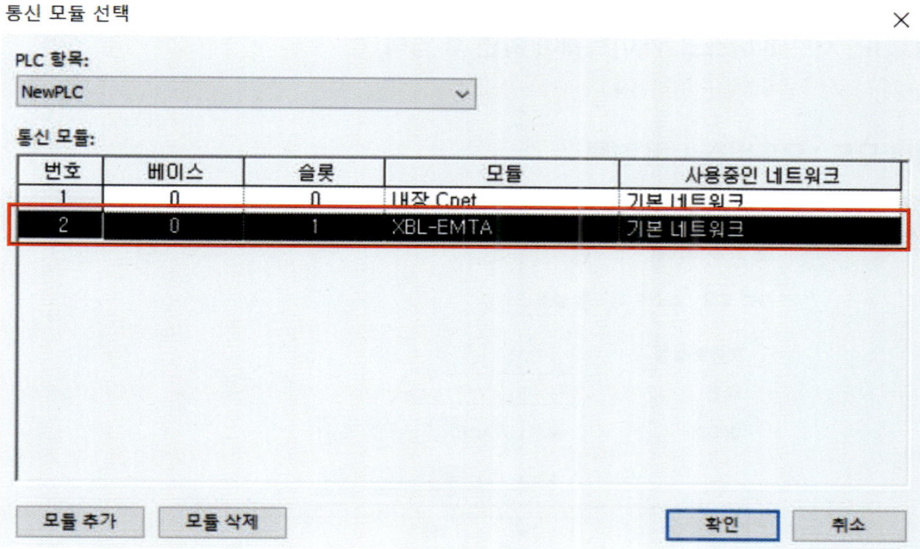

[그림 5-13] 통신 모듈 추가 확인1

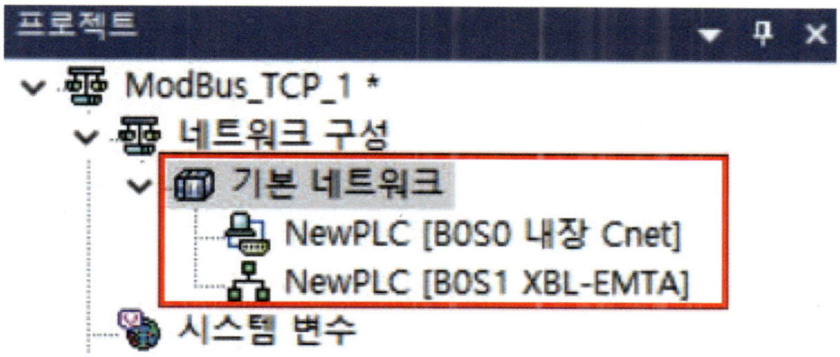

[그림 5-14] 통신 모듈 추가 확인2

6) 프로젝트 - 기본 네트워크 - NewPLC[B0S0 XBL-EMTA] 더블 클릭

7) PLC IP, 서브넷 마스크, 게이트웨이 확인 후 입력

8) 서버 모드 : 모드버스 서버 선택

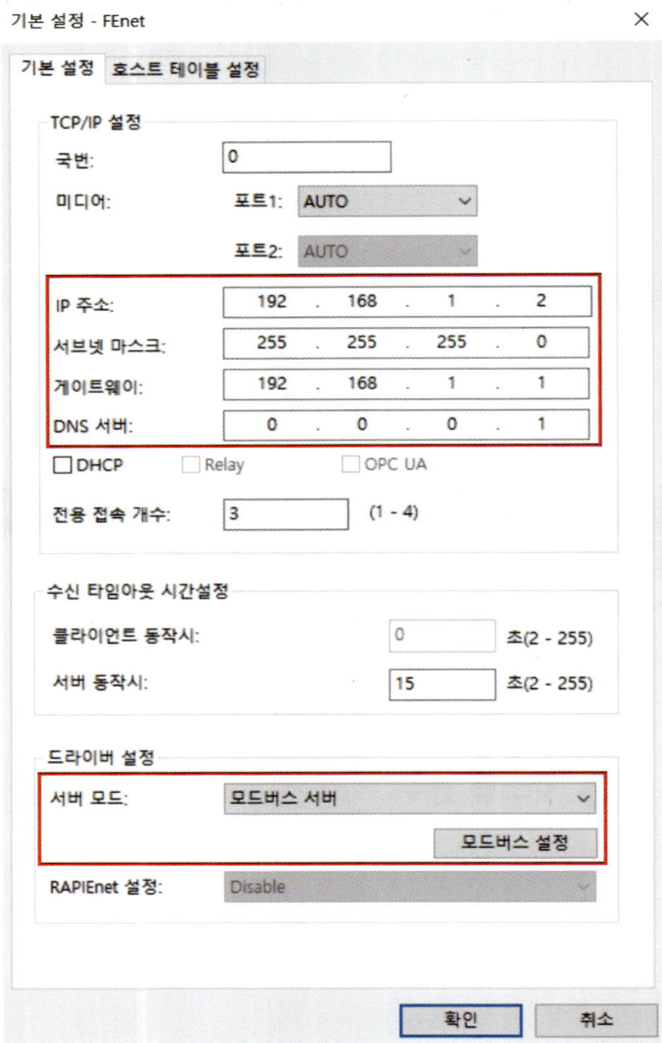

[그림 5-15] 기본 설정

9) 모드버스 설정 더블클릭 후 [그림 5-16]과 같이 설정

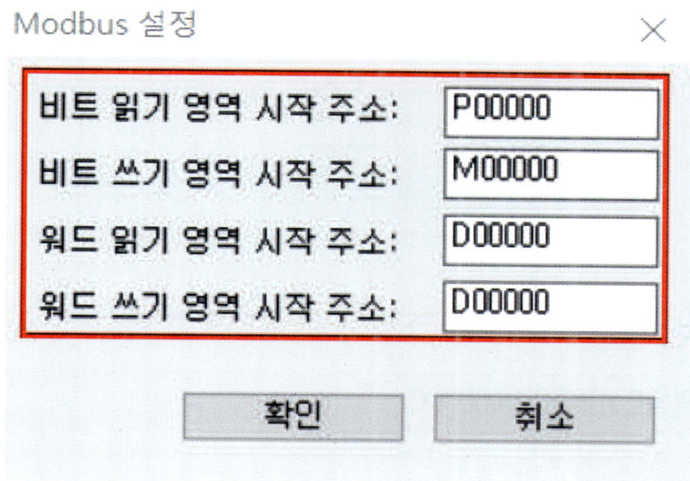

[그림 5-16] 모드버스 설정

03

실습

실습과제 5-1

과제명 출력영역 비트 읽기(코드 1:MXXXX)

1) 과제 설명

- [그림 5-17]과 같이 Window Form을 구성한다.
- **[읽기]** 버튼을 클릭하면 실시간으로 PLC에서 M100에서 M103까지 4Bit 데이터를 읽어와서 Check Box **[M100]**에서 **[M103]**까지 표시한다. 그리고 **[정지]** 버튼이 활성화되고 **[읽기]** 버튼은 비활성화 된다.
- 송신 Frame과 수신 Frame 바이트 어레이 데이터를 **[송신 Frame]**과 **[수신 Frame]** Text Box에 표시한다.
- **[정지]** 버튼을 클릭하면 데이터 읽기를 중지한다. 그리고 **[정지]** 버튼은 비활성화되고 **[읽기]** 버튼은 활성화된다.

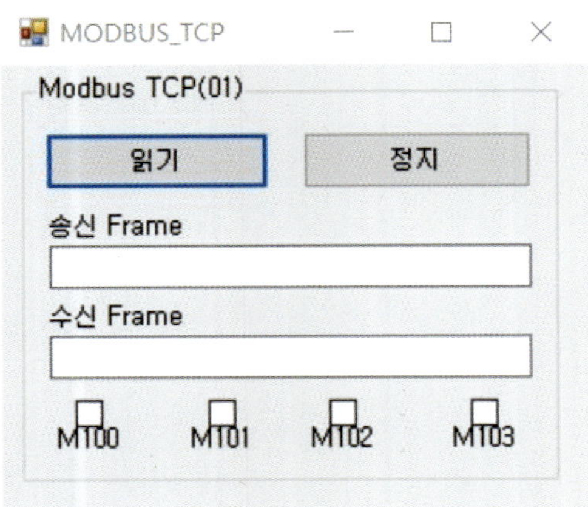

[그림 5-17] Window Form

2) Form Design

- 사용된 Component List

[표 5-22] Component List

도구	Name	Text
Label	-	송신 Frame
Label	-	수신 Frame
Button	BT_Read	읽기
Button	BT_Stop	정지
CheckBox	CB_M100 ~ CB_M103	M100 ~ M103
TextBox	TB_SendFrame	-
TextBox	TB_ReceivedFrame	-
timer	timer1	-
GroupBox	-	Modbus TCP(01)

❖ PLC 프로그램

[그림 5-18] PLC 프로그램

❖ C# 프로그램

1) 읽기 동작(BT_Read_Click 함수)

```
private void BT_Read_Click(object sender, EventArgs e)
{
    BT_Stop.Enabled = true;
    BT_Read.Enabled = false;
    timer1.Enabled = true;
    timer1.Interval = 100;
}
```

[그림 5-19] BT_Read_Click 함수

2) timer1_Tick 함수

- TID(2) + PID(2) + 길이(2) + UID(1) + 코드(1) + 시작주소(2) + 데이터개수(2)
    - TID : 0x00(HIGH Byte), 0x00(LOW Byte)
    - PID : 0x00(HIGH Byte), 0x00(LOW Byte)
    - 길이 : 0x00(HIGH Byte), 0x06(LOW Byte), UID : 0x01, 코드 : 0x01
    - 시작 주소(M100) : 0x00(HIGH Byte), 0xA0(LOW Byte : 100 → A0)
    - 데이터 개수(4개) : 0x00(HIGH Byte), 0x04(LOW Byte)

```
private void timer1_Tick(object sender, EventArgs e)
{
    //          byte[] TID = new byte[] { 0x00, 0x00 };            // Transaction Identifier
    //          byte[] PID = new byte[] { 0x00, 0x00 };            // Protocol Identifier
    //          byte[] L = new byte[] { 0x00, 0x06 };              // Length
    //          byte[] UID = new byte[] { 0x01 };                  // Unit Identifier
    //          byte[] FCode = new byte[] { 0x01 };                // 기능코드
    //          byte[] startAddress = new byte[] { 0x00, 0xA0 };   // 시작번지(M100)
    //          byte[] NumPoint = new byte[] { 0x00, 0x04 };       // 코일수(4)

    byte[] SendData = new byte[] { 0x00, 0x00, 0x00, 0x00, 0x00,
        0x06, 0x01, 0x01, 0x00, 0xA0, 0x00, 0x04 };
    SendMassage(SendData);                              // Data 전송 및 읽기
}
```

[그림 5-20] timer1_Tick 함수

3) 데이터 전송

- 소켓 생성
  - Socket sock = new Socket(AddressFamily.InterNetwork, SocketType.Stream, ProtocolType.Tcp);
- 통신 제한 시간 설정(mSec)
  - 송신 제한 시간 : sock.SendTimeout = 3000
  - 수신 제한 시간 : sock.ReceiveTimeout = 3000
- 통신 포트 설정
  - IP 어드레스 : IPAddress serverIP = IPAddress.Parse("10.10.10.100");
  - 포트 번호 : int serverPort = 502(고정);
  - IPEndPoint ipep = new IPEndPoint(serverIP, serverPort);
- 통신 연결
  - sock.Connect(ipep);
- 데이터 전송
  - sock.Send(SendData);
- 데이터 수신
  - sock.Receive(_data);
- 소켓 종료
  - sock.Close();
- SendMassage 함수

```
private void SendMassage(byte[] SendData)
{
    // 소켓생성
    Socket sock = new Socket(AddressFamily.InterNetwork, SocketType.Stream, ProtocolType.Tcp);

    sock.SendTimeout = 3000;
    sock.ReceiveTimeout = 3000;

    IPAddress serverIP = IPAddress.Parse("10.10.10.100");
    int serverPort = 502;
    IPEndPoint ipep = new IPEndPoint(serverIP, serverPort);

    sock.Connect(ipep);
    if (sock.Connected) {
        sock.Send(SendData);
        TB_SendFrame.Text = BitConverter.ToString(SendData);
        Thread.Sleep(10);
        byte[] _data = new byte[10];
        sock.Receive(_data);
        DataRead(_data);
    }
    sock.Close();
}
```

[그림 5-21] SendMassage 함수

3) 수신 데이터 처리

- DataRead 함수

```
private void DataRead(byte[] ReadData)
{
    int bytes = ReadData.Length;

    if (bytes >= 6) {
        if (ReadData[7] != 0x81) {
            int Bit_Datas = ReadData[9];
            int[] Data = new int[4];
            for (int i = 0; i < 4; i++) {
                Data[i] = Bit_Datas & 0x00000001;
                Bit_Datas = Bit_Datas >> 1;
            }
            TB_ReceivedFrame.Text = BitConverter.ToString(ReadData);
            BitDataDisplay(Data);
        }
    }
}
```

[그림 5-22] DataRead 함수

- BitDataDisplay 함수

```
private void BitDataDisplay(int[] Data)
{
    CB_M100.Checked = Convert.ToBoolean(Data[0]);           //Bool 표현
    CB_M101.Checked = Convert.ToBoolean(Data[1]);           //Bool 표현
    CB_M102.Checked = Convert.ToBoolean(Data[2]);           //Bool 표현
    CB_M103.Checked = Convert.ToBoolean(Data[3]);           //Bool 표현
}
```

[그림 5-23] BitDataDisplay 함수

4) 정지동작

- BT_Stop_Click 함수

```
private void BT_Stop_Click(object sender, EventArgs e)
{
    BT_Read.Enabled = true;
    BT_Stop.Enabled = false;
    timer1.Enabled = false;
}
```

[그림 5-24] BT_Stop_Click 함수

5) 전체 프로그램

```
ModBus_TCP_EX1                    WindowsFormsApp1.Form1
using System;
using System.Net;
using System.Net.Sockets;
using System.Threading;
using System.Windows.Forms;

namespace WindowsFormsApp1
{
    참조 3개
    public partial class Form1 : Form
    {
        참조 1개
        public Form1()
        {
            InitializeComponent();
        }

        참조 1개
        private void BT_Read_Click(object sender, EventArgs e)
        {
            BT_Stop.Enabled = true;
            BT_Read.Enabled = false;
            timer1.Enabled = true;
            timer1.Interval = 100;
        }

        참조 1개
        private void BT_Stop_Click(object sender, EventArgs e)
        {
            BT_Read.Enabled = true;
            BT_Stop.Enabled = false;
            timer1.Enabled = false;
        }

        참조 1개
        private void timer1_Tick(object sender, EventArgs e)
        {
            //          byte[] TID = new byte[] { 0x00, 0x00 };            // Transaction Identifier
            //          byte[] PID = new byte[] { 0x00, 0x00 };            // Protocol Identifier
            //          byte[] L = new byte[] { 0x00, 0x06 };              // Length
            //          byte[] UID = new byte[] { 0x01 };                  // Unit Identifier
            //          byte[] FCode = new byte[] { 0x01 };                // 기능코드
            //          byte[] startAddress = new byte[] { 0x00, 0xA0 };   // 시작번지(M100)
            //          byte[] NumPoint = new byte[] { 0x00, 0x04 };       // 코일수(4)

            byte[] SendData = new byte[] { 0x00, 0x00, 0x00, 0x00, 0x00,
                0x06, 0x01, 0x01, 0x00, 0xA0, 0x00, 0x04 };
            SendMassage(SendData);                              // Data 전송 및 읽기
        }

        참조 1개
        private void SendMassage(byte[] SendData)
        {
            // 소켓생성
            Socket sock = new Socket(AddressFamily.InterNetwork, SocketType.Stream, ProtocolType.Tcp);

            sock.SendTimeout = 3000;
            sock.ReceiveTimeout = 3000;

            IPAddress serverIP = IPAddress.Parse("10.10.10.100");
            int serverPort = 502;
            IPEndPoint ipep = new IPEndPoint(serverIP, serverPort);

            sock.Connect(ipep);
            if (sock.Connected) {
                sock.Send(SendData);
                TB_SendFrame.Text = BitConverter.ToString(SendData);
                Thread.Sleep(10);
                byte[] _data = new byte[10];
```

(a)

```
                sock.Receive(_data);
                DataRead(_data);
            }
            sock.Close();
        }

        참조 1개
        private void DataRead(byte[] ReadData)
        {
            int bytes = ReadData.Length;

            if (bytes >= 6) {
                if (ReadData[7] != 0x81) {
                    int Bit_Datas = ReadData[9];
                    int[] Data = new int[4];
                    for (int i = 0; i < 4; i++) {
                        Data[i] = Bit_Datas & 0x00000001;
                        Bit_Datas = Bit_Datas >> 1;
                    }
                    TB_ReceivedFrame.Text = BitConverter.ToString(ReadData);
                    BitDataDisplay(Data);
                }
            }
        }

        참조 1개
        private void BitDataDisplay(int[] Data)
        {
            CB_M100.Checked = Convert.ToBoolean(Data[0]);           //Bool 표현
            CB_M101.Checked = Convert.ToBoolean(Data[1]);           //Bool 표현
            CB_M102.Checked = Convert.ToBoolean(Data[2]);           //Bool 표현
            CB_M103.Checked = Convert.ToBoolean(Data[3]);           //Bool 표현
        }
    }
}
```

(b)

[그림 5-25] C# 프로그램

실습과제 5-2

과제명 **입력영역 비트 읽기(코드 2:PXXXX)**

1) 과제 설명

- [그림 5-26]과 같이 Window Form을 구성한다.
- **[읽기]** 버튼을 클릭하면 실시간으로 PLC에서 P20에서 P27까지 8Bit 데이터를 읽어와서 Check Box **[P20]**에서 **[P27]**까지 표시한다.
- 송신 Frame과 수신 Frame 바이트 어레이 데이터를 **[송신 Frame]**과 **[수신 Frame]** Text Box에 표시한다.
- **[정지]** 버튼을 클릭하면 데이터 읽기를 중지한다. 그리고 **[정지]** 버튼은 비활성화되고 **[읽기]** 버튼은 활성화된다.

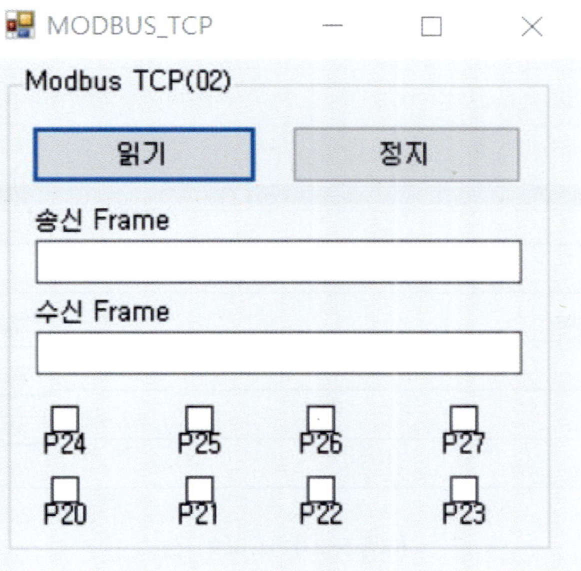

[그림 5-26] Window Form

2) Form Design

- 사용된 Component List

[표 5-23] Component List

도구	Name	Text
Label	-	송신 Frame
Label	-	수신 Frame
Button	BT_Read	읽기
Button	BT_Stop	정지
CheckBox	CB_P20 ~ CB_P27	P20 ~ P27
TextBox	TB_SendFrame	-
TextBox	TB_ReceivedFrame	-
timer	timer1	-
GroupBox	-	Modbus TCP(02)

❖ PLC 프로그램

[그림 5-27] PLC 프로그램

❖ C# 프로그램

1) timer1_Tick 함수

- TID(2) + PID(2) + 길이(2) + UID(1) + 코드(1) + 시작주소(2) + 데이터개수(2)
  - TID : 0x00(HIGH Byte), 0x00(LOW Byte)
  - PID : 0x00(HIGH Byte), 0x00(LOW Byte)
  - 길이 : 0x00(HIGH Byte), 0x06(LOW Byte), UID : 0x01, 코드 : 0x02
  - 시작 주소 : 0x00(HIGH Byte), 0x20(LOW Byte : 20 → 20)
  - 데이터 개수 : 0x00(HIGH Byte), 0x08(LOW Byte)

```
private void timer1_Tick(object sender, EventArgs e)
{
    //          byte[] TID = new byte[] { 0x00, 0x00 };            // Transaction Identifier
    //          byte[] PID = new byte[] { 0x00, 0x00 };            // Protocol Identifier
    //          byte[] L = new byte[] { 0x00, 0x06 };              // Length
    //          byte[] UID = new byte[] { 0x01 };                  // Unit Identifier
    //          byte[] FCode = new byte[] { 0x02 };                // 기능코드
    //          byte[] startAddress = new byte[] { 0x00, 0x20 };   // 시작번지(P20)
    //          byte[] NumPoint = new byte[] { 0x00, 0x08 };       // 코일수(8)

    byte[] SendData = new byte[] { 0x00, 0x00, 0x00, 0x00, 0x00,
        0x06, 0x01, 0x02, 0x00, 0x20, 0x00, 0x08 };
    SendMassage(SendData);                               // Data 전송 및 읽기
}
```

[그림 5-28] timer1_Tick 함수

2) DataRead 함수

```
private void DataRead(byte[] ReadData)
{
    int bytes = ReadData.Length;

    if (bytes >= 6) {
        if (ReadData[7] != 0x82) {
            int Bit_Datas = ReadData[9];
            int[] Data = new int[8];
            for (int i = 0; i < 8; i++) {
                Data[i] = Bit_Datas & 0x00000001;
                Bit_Datas = Bit_Datas >> 1;
            }
            TB_ReceivedFrame.Text = BitConverter.ToString(ReadData);
            BitDataDisplay(Data);
        }
    }
}
```

[그림 5-29] DataRead 함수

3) BitDataDisplay 함수

```
private void BitDataDisplay(int[] Data)
{
    CB_P20.Checked = Convert.ToBoolean(Data[0]);        //Bool 표현
    CB_P21.Checked = Convert.ToBoolean(Data[1]);        //Bool 표현
    CB_P22.Checked = Convert.ToBoolean(Data[2]);        //Bool 표현
    CB_P23.Checked = Convert.ToBoolean(Data[3]);        //Bool 표현
    CB_P24.Checked = Convert.ToBoolean(Data[4]);        //Bool 표현
    CB_P25.Checked = Convert.ToBoolean(Data[5]);        //Bool 표현
    CB_P26.Checked = Convert.ToBoolean(Data[6]);        //Bool 표현
    CB_P27.Checked = Convert.ToBoolean(Data[7]);        //Bool 표현
}
```

[그림 5-30] BitDataDisplay 함수

4) 전체 프로그램

```
Form1.cs  Form1.cs [디자인]
ModBus_TCP_EX2    WindowsFormsApp1.Form1

using System;
using System.Net;
using System.Net.Sockets;
using System.Threading;
using System.Windows.Forms;

namespace WindowsFormsApp1
{
    참조 3개
    public partial class Form1 : Form
    {
        참조 1개
        public Form1()
        {
            InitializeComponent();
        }

        참조 1개
        private void BT_Read_Click(object sender, EventArgs e)
        {
            BT_Stop.Enabled = true;
            BT_Read.Enabled = false;
            timer1.Enabled = true;
            timer1.Interval = 100;
        }

        참조 1개
        private void BT_Stop_Click(object sender, EventArgs e)
        {
            BT_Read.Enabled = true;
            BT_Stop.Enabled = false;
            timer1.Enabled = false;
        }

        참조 1개
        private void timer1_Tick(object sender, EventArgs e)
        {
            //          byte[] TID = new byte[] { 0x00, 0x00 };           // Transaction Identifier
            //          byte[] PID = new byte[] { 0x00, 0x00 };           // Protocol Identifier
            //          byte[] L = new byte[] { 0x00, 0x06 };             // Length
            //          byte[] UID = new byte[] { 0x01 };                 // Unit Identifier
            //          byte[] FCode = new byte[] { 0x02 };               // 기능코드
            //          byte[] startAddress = new byte[] { 0x00, 0x20 };  // 시작번지(P20)
            //          byte[] NumPoint = new byte[] { 0x00, 0x08 };      // 코일수(8)

            byte[] SendData = new byte[] { 0x00, 0x00, 0x00, 0x00, 0x00,
                0x06, 0x01, 0x02, 0x00, 0x20, 0x00, 0x08 };
            SendMassage(SendData);                                // Data 전송 및 읽기
        }

        참조 1개
        private void SendMassage(byte[] SendData)
        {
            // 소켓생성
            Socket sock = new Socket(AddressFamily.InterNetwork, SocketType.Stream, ProtocolType.Tcp);

            sock.SendTimeout = 3000;
            sock.ReceiveTimeout = 3000;

            IPAddress serverIP = IPAddress.Parse("10.10.10.100");
            int serverPort = 502;
            IPEndPoint ipep = new IPEndPoint(serverIP, serverPort);

            sock.Connect(ipep);
            if (sock.Connected) {
                sock.Send(SendData);
                TB_SendFrame.Text = BitConverter.ToString(SendData);
```

(a)

```
                Thread.Sleep(10);
                byte[] _data = new byte[10];
                sock.Receive(_data);
                DataRead(_data);
            }
            sock.Close();
        }

        참조 1개
        private void DataRead(byte[] ReadData)
        {
            int bytes = ReadData.Length;

            if (bytes >= 6) {
                if (ReadData[7] != 0x82) {
                    int Bit_Datas = ReadData[9];
                    int[] Data = new int[8];
                    for (int i = 0; i < 8; i++) {
                        Data[i] = Bit_Datas & 0x00000001;
                        Bit_Datas = Bit_Datas >> 1;
                    }
                    TB_ReceivedFrame.Text = BitConverter.ToString(ReadData);
                    BitDataDisplay(Data);
                }
            }
        }

        참조 1개
        private void BitDataDisplay(int[] Data)
        {
            CB_P20.Checked = Convert.ToBoolean(Data[0]);            //Bool 표현
            CB_P21.Checked = Convert.ToBoolean(Data[1]);            //Bool 표현
            CB_P22.Checked = Convert.ToBoolean(Data[2]);            //Bool 표현
            CB_P23.Checked = Convert.ToBoolean(Data[3]);            //Bool 표현
            CB_P24.Checked = Convert.ToBoolean(Data[4]);            //Bool 표현
            CB_P25.Checked = Convert.ToBoolean(Data[5]);            //Bool 표현
            CB_P26.Checked = Convert.ToBoolean(Data[6]);            //Bool 표현
            CB_P27.Checked = Convert.ToBoolean(Data[7]);            //Bool 표현
        }
    }
}
```

(b)

[그림 5-31] C# 프로그램

실습과제 5-3

과제명 **출력/입력영역 워드 읽기(코드 3/4 : DXXXX)**

1) 과제 설명

- [그림 5-32]와 같이 Window Form을 구성한다.
- **[읽기]** 버튼을 클릭하면 실시간으로 PLC의 C0와 D1(Double Word)의 값을 읽어와서 Text Box [C0]과 [D1]에 표시한다.
- 송신 Frame과 수신 Frame 바이트 어레이 데이터를 **[송신 Frame]**와 **[수신 Frame]** Text Box에 표시한다.
- **[정지]** 버튼을 클릭하면 데이터 읽기를 중지한다. 그리고 **[정지]** 버튼은 비활성화되고 **[읽기]** 버튼은 활성화된다.

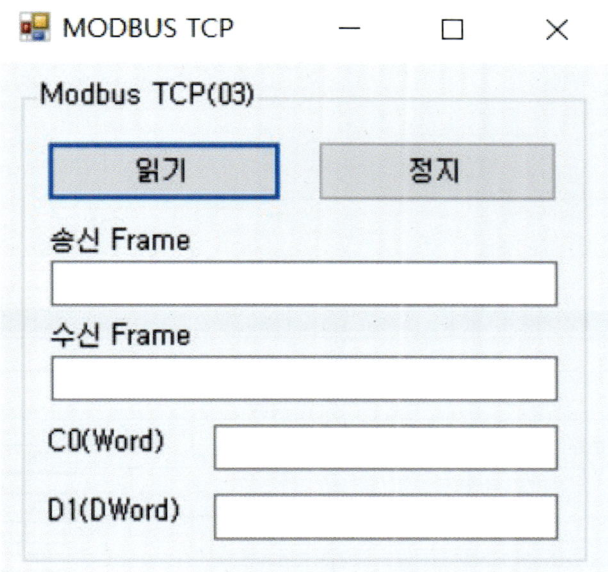

[그림 5-32] Window Form

2) Form Design

– 사용된 Component List

[표 5-24] Component List

도구	Name	Text
Label	–	송신 Frame
Label	–	수신 Frame
Label	–	C0(Word)
Label	–	D1(DWord)
ComboBox	CB_Port	–
Button	BT_Read	읽기
Button	BT_Stop	정지
TextBox	TB_C0	–
TextBox	TB_D1	
TextBox	TB_SendFrame	–
TextBox	TB_ReceivedFrame	–
timer	timer1	–
GroupBox	–	Modbus TCP(03)

❖ PLC 프로그램

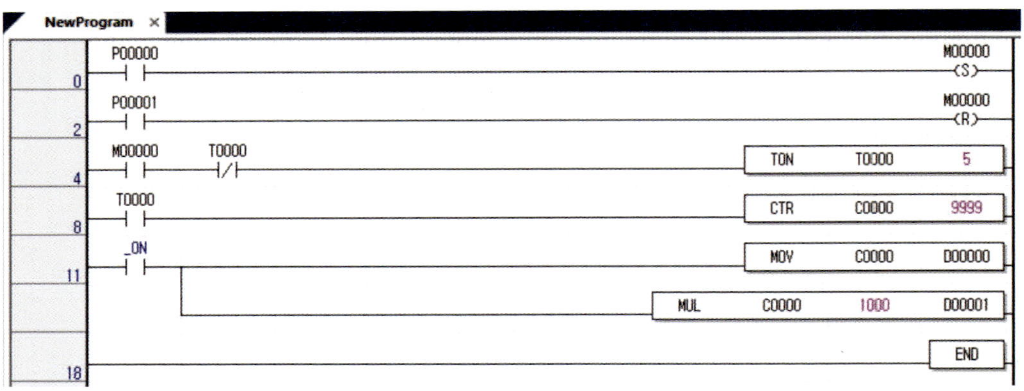

[그림 5-33] PLC 프로그램

❖ C# 프로그램

1) timer1_Tick 함수

- TID(2) + PID(2) + 길이(2) + UID(1) + 코드(1) + 시작주소(2) + 데이터 개수(2)
  - TID : 0x00(HIGH Byte), 0x00(LOW Byte)
  - PID : 0x00(HIGH Byte), 0x00(LOW Byte)
  - 길이 : 0x00(HIGH Byte), 0x06(LOW Byte), UID : 0x01, 코드 : 0x03
  - 시작 주소(D0) : 0x00(HIGH Byte), 0x00(LOW Byte)
  - 데이터 개수(3개) : 0x00(HIGH Byte), 0x03(LOW Byte)

```
private void timer1_Tick(object sender, EventArgs e)
{
    //          byte[] TID = new byte[] { 0x00, 0x00 };            // Transaction Identifier
    //          byte[] PID = new byte[] { 0x00, 0x00 };            // Protocol Identifier
    //          byte[] L = new byte[] { 0x00, 0x06 };              // Length
    //          byte[] UID = new byte[] { 0x01 };                  // Unit Identifier
    //          byte[] FCode = new byte[] { 0x03 };                // 기능코드
    //          byte[] startAddress = new byte[] { 0x00, 0x00 };  // 시작번지(D0)
    //          byte[] NumPoint = new byte[] { 0x00, 0x03 };       // Word 개수(3)

    byte[] SendData = new byte[] { 0x00, 0x00, 0x00, 0x00, 0x00,
        0x06, 0x01, 0x03, 0x00, 0x00, 0x00, 0x03 };
    SendMassage(SendData);                              // Data 전송 및 읽기
}
```

[그림 5-34] timer1_Tick 함수

2) 데이터 읽기와 표시

- DataRead 함수

```
private void DataRead(byte[] ReadData)
{
    int bytes = ReadData.Length;
    if (bytes >= 9)
    {
        if (ReadData[7] != 0x83)
        {
            WordDataDisplay(ReadData);
            TB_ReceivedFrame.Text = BitConverter.ToString(ReadData);
        }
    }
}
```

[그림 5-35] DataRead 함수

- WordDataDisplay 함수
  - RDataO(Word) :

ReadData[9]	ReadData[10]

  - RData1(Double Word) :

ReadData[13]	ReadData[14]	ReadData[11]	ReadData[12]

```
private void WordDataDisplay(byte[] ReadData)
{
    byte[] RData0 = new byte[] { ReadData[10], ReadData[9] };
    TB_C0.Text = Convert.ToString(BitConverter.ToInt16(RData0, 0));
    byte[] RData1 = new byte[] { ReadData[12], ReadData[11], ReadData[14], ReadData[13] };
    TB_D1.Text = Convert.ToString(BitConverter.ToInt32(RData1, 0));
    TB_ReceivedFrame.Text = BitConverter.ToString(ReadData);
}
```

[그림 5-36] WordDataDisplay 함수

4) 전체 프로그램

Form1.cs ⊅ × Form1.cs [디자인]

ModBus_TCP_EX3 | WindowsFormsApp1.Form1

```
using System;
using System.Net;
using System.Net.Sockets;
using System.Threading;
using System.Windows.Forms;

namespace WindowsFormsApp1
{
    참조 3개
    public partial class Form1 : Form
    {
        참조 1개
        public Form1()
        {
            InitializeComponent();
        }

        참조 1개
        private void BT_Read_Click(object sender, EventArgs e)
        {
            BT_Stop.Enabled = true;
            BT_Read.Enabled = false;
            timer1.Enabled = true;
            timer1.Interval = 100;
        }

        참조 1개
        private void BT_Stop_Click(object sender, EventArgs e)
        {
            BT_Read.Enabled = true;
            BT_Stop.Enabled = false;
            timer1.Enabled = false;
        }

        참조 1개
        private void timer1_Tick(object sender, EventArgs e)
        {
            //          byte[] TID = new byte[] { 0x00, 0x00 };          // Transaction Identifier
            //          byte[] PID = new byte[] { 0x00, 0x00 };          // Protocol Identifier
            //          byte[] L = new byte[] { 0x00, 0x06 };            // Length
            //          byte[] UID = new byte[] { 0x01 };                // Unit Identifier
            //          byte[] FCode = new byte[] { 0x03 };              // 기능코드
            //          byte[] startAddress = new byte[] { 0x00, 0x00 }; // 시작번지(D0)
            //          byte[] NumPoint = new byte[] { 0x00, 0x03 };     // Word 개수(3)

            byte[] SendData = new byte[] { 0x00, 0x00, 0x00, 0x00, 0x00,
                0x06, 0x01, 0x03, 0x00, 0x00, 0x00, 0x03 };
            SendMassage(SendData);                                 // Data 전송 및 읽기
        }

        참조 1개
        private void SendMassage(byte[] SendData)
        {
            // 소켓생성
            Socket sock = new Socket(AddressFamily.InterNetwork, SocketType.Stream, ProtocolType.Tcp);

            sock.SendTimeout = 3000;
            sock.ReceiveTimeout = 3000;

            IPAddress serverIP = IPAddress.Parse("10.10.10.100");
            int serverPort = 502;
            IPEndPoint ipep = new IPEndPoint(serverIP, serverPort);

            sock.Connect(ipep);
            if (sock.Connected) {
                sock.Send(SendData);
                TB_SendFrame.Text = BitConverter.ToString(SendData);
```

(a)

```
                Thread.Sleep(10);
                byte[] _data = new byte[15];
                sock.Receive(_data);
                DataRead(_data);
            }
            sock.Close();
        }

        참조 1개
        private void DataRead(byte[] ReadData)
        {
            int bytes = ReadData.Length;
            if (bytes >= 9)
            {
                if (ReadData[7] != 0x83)
                {
                    WordDataDisplay(ReadData);
                    TB_ReceivedFrame.Text = BitConverter.ToString(ReadData);
                }
            }
        }

        참조 1개
        private void WordDataDisplay(byte[] ReadData)
        {
            byte[] RData0 = new byte[] { ReadData[10], ReadData[9] };
            TB_C0.Text = Convert.ToString(BitConverter.ToInt16(RData0, 0));
            byte[] RData1 = new byte[] { ReadData[12], ReadData[11], ReadData[14], ReadData[13] };
            TB_D1.Text = Convert.ToString(BitConverter.ToInt32(RData1, 0));
            TB_ReceivedFrame.Text = BitConverter.ToString(ReadData);
        }
    }
}
```

(b)

[그림 5-37] C# 프로그램

실습과제 5-4

과제명 출력영역 비트 개별 쓰기(코드 5:MXXXX)

1) 과제 설명

- [그림 5-38]과 같이 Window Form을 구성한다.
- Check Box [M0]과 [M1000]의 상태가 바뀔 때마다 바뀐 상태값을 PLC M0과 M1000에 쓴다.
- 송신 Frame 바이트 어레이 데이터를 [송신 Frame] Text Box에 표시한다.

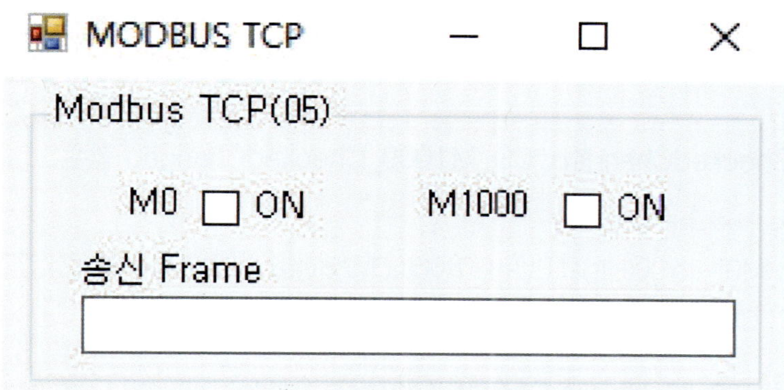

[그림 5-38] Window Form

2) Form Design

- 사용된 Component List

[표 5-25] Component List

도구	Name	Text
Label	-	M0
Label	-	M1000
Label	-	송신 Frame
TextBox	TB_SendFrame	-
CheckBox	CB_M0	-
CheckBox	CB_M1000	-
GroupBox	-	Modbus TCP(05)

❖ PLC 프로그램

[그림 5-39] PLC 프로그램

❖ C# 프로그램

1) CB_M0_CheckedChanged, CB_M1000_CheckedChanged 함수

- CB_M0_CheckedChanged 함수
  - 시작 주소(M0) : 0x00(HIGH Byte), 0x00(LOW Byte)
  - M0 상태 : CB_M0.Checked

```
private void CB_M0_CheckedChanged(object sender, EventArgs e)
{
    byte[] startAddress = new byte[] { 0x00, 0x00 };  // 시작번지(M0)
    MakeSendFrame(CB_M0.Checked, startAddress);
}
```

[그림 5-40] CB_M0_CheckedChanged 함수

- CB_M1000_CheckedChanged 함수
  - 시작 주소(M1000) : 0x06(HIGH Byte), 0x40(LOW Byte)
  - M1000 상태 : CB_M1000.Checked

```
private void CB_M1000_CheckedChanged(object sender, EventArgs e)
{
    byte[] startAddress = new byte[] { 0x06, 0x40 };  // 시작번지(M1000)
    MakeSendFrame(CB_M1000.Checked, startAddress);
}
```

[그림 5-41] CB_M1000_CheckedChanged 함수

2) MakeSendFrame 함수

- TID(2) + PID(2) + 길이(2) + UID(1) + 코드(1) + 시작 주소(2) + 데이터(2)
  - TID : 0x00(HIGH Byte), 0x00(LOW Byte)
  - PID : 0x00(HIGH Byte), 0x00(LOW Byte)
  - 길이 : 0x00(HIGH Byte), 0x06(LOW Byte), UID : 0x01, 코드 : 0x05
  - 데이터 : {ON : 0xFF(HIGH Byte), 0x00(LOW Byte)}/{OFF : 0x00(HIGH Byte), 0x00(LOW Byte)}

```
private void MakeSendFrame(bool CBState, byte[] startAddress)
{
    //          byte[] TID = new byte[] { 0x00, 0x00 };          // Transaction Identifier
    //          byte[] PID = new byte[] { 0x00, 0x00 };          // Protocol Identifier
    //          byte[] L = new byte[] { 0x00, 0x06 };            // Length
    //          byte[] UID = new byte[] { 0x01 };                // Unit Identifier
    //          byte[] FCode = new byte[] { 0x05 };              // 기능코드

    byte[] SendData = new byte[] { 0x00, 0x00, 0x00, 0x00, 0x00, 0x06, 0x01, 0x05 };
    SendData = Combine(SendData, startAddress);
    byte[] BitData = new byte[0];                                   // Bit Data 생성
    if (CBState == true) BitData = new byte[] { 0xFF, 0x00 };
    else BitData = new byte[] { 0x00, 0x00 };
    SendData = Combine(SendData, BitData);
    SendMassage(SendData);
}
```

[그림 5-42] MakeSendFrame 함수

3) 전체 프로그램

Form1.cs | Form1.cs [디자인]

ModBus_TCP_EX4 | WindowsFormsApp1.Form1

```
using System;
using System.Net;
using System.Net.Sockets;
using System.Windows.Forms;

namespace WindowsFormsApp1
{
    참조 3개
    public partial class Form1 : Form
    {
        참조 1개
        public Form1()
        {
            InitializeComponent();
        }

        참조 1개
        private void CB_M0_CheckedChanged(object sender, EventArgs e)
        {
            byte[] startAddress = new byte[] { 0x00, 0x00 };  // 시작번지(M0)
            MakeSendFrame(CB_M0.Checked, startAddress);
        }

        참조 1개
        private void CB_M1000_CheckedChanged(object sender, EventArgs e)
        {
            byte[] startAddress = new byte[] { 0x06, 0x40 };  // 시작번지(M1000)
            MakeSendFrame(CB_M1000.Checked, startAddress);
        }

        참조 2개
        private void MakeSendFrame(bool CBState, byte[] startAddress)
        {
            //          byte[] TID = new byte[] { 0x00, 0x00 };          // Transaction Identifier
            //          byte[] PID = new byte[] { 0x00, 0x00 };          // Protocol Identifier
            //          byte[] L = new byte[] { 0x00, 0x06 };            // Length
            //          byte[] UID = new byte[] { 0x01 };                // Unit Identifier
            //          byte[] FCode = new byte[] { 0x05 };              // 기능코드

            byte[] SendData = new byte[] { 0x00, 0x00, 0x00, 0x00, 0x00, 0x06, 0x01, 0x05 };
            SendData = Combine(SendData, startAddress);
            byte[] BitData = new byte[0];                                 // Bit Data 생성
            if (CBState == true) BitData = new byte[] { 0xFF, 0x00 };
            else BitData = new byte[] { 0x00, 0x00 };
            SendData = Combine(SendData, BitData);
            SendMassage(SendData);
        }

        참조 1개
        private void SendMassage(byte[] SendData)
        {
            Socket sock = new Socket(AddressFamily.InterNetwork, SocketType.Stream, ProtocolType.Tcp);

            sock.SendTimeout = 3000;
            sock.ReceiveTimeout = 3000;

            IPAddress serverIP = IPAddress.Parse("10.10.10.100");
            int serverPort = 502;
            IPEndPoint ipep = new IPEndPoint(serverIP, serverPort);

            if (sock.IsBound == true) sock.Close();
            sock.Connect(ipep);
            if (sock.Connected)
            {
                sock.Send(SendData);
                TB_SendFrame.Text = BitConverter.ToString(SendData);
            }
```

(a)

```
            sock.Close( );
        }

        참조 2개
        private byte[] Combine(byte[] a, byte[] b)                     //바이트 합치기
        {
            byte[] c = new byte[a.Length + b.Length];
            Buffer.BlockCopy(a, 0, c, 0, a.Length);
            Buffer.BlockCopy(b, 0, c, a.Length, b.Length);
            return c;
        }
    }
}
```

(b)

[그림 5-43] C# 프로그램

실습과제 5-5

과제명 **출력영역 워드 개별 쓰기(코드 6:DXXXX)**

1) 과제 설명

- [그림 5-44]와 같이 Window Form을 구성한다.
- Check Box [M0]과 [M1000]의 상태가 바뀔 때마다 바뀐 상태값을 PLC M0과 M1000에 쓴다.
- [쓰기] 버튼을 클릭하면 Text Box [D0]의 값을 PLC의 D0에 쓴다.
- 송신 Frame 바이트 어레이 데이터를 [송신 Frame] Text Box에 표시한다.

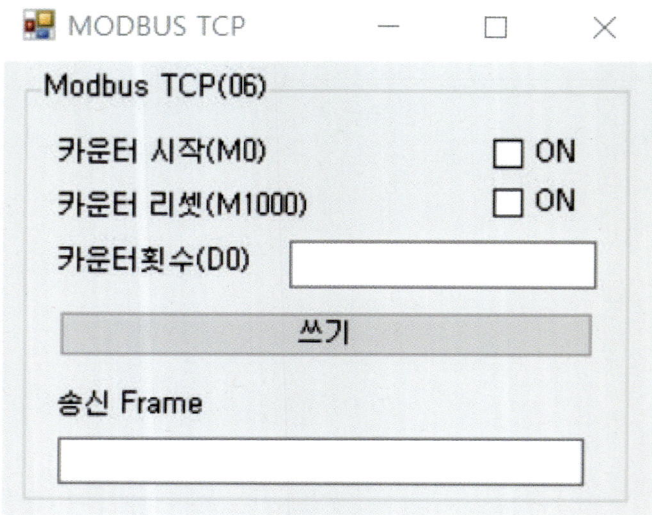

[그림 5-44] Window Form

2) Form Design

- 사용된 Component List

[표 5-26] Component List

도구	Name	Text
Label	–	카운터 시작(M0)
Label	–	카운터 리셋(M1000)
Label	–	카운터 횟수(D0)
Label	–	송신 Frame
TextBox	TB_D0	–
TextBox	TB_SendFrame	–
CheckBox	CB_M0	–
CheckBox	CB_M1000	–
GroupBox	–	Modbus TCP(06)

❖ PLC 프로그램

[그림 5-45] PLC 프로그램

❖ C# 프로그램

1) BT_Write_Click 함수

- TID(2) + PID(2) + 길이(2) + UID(1) + 코드(1) + 시작 주소(2) + 데이터(2)
  - TID : 0x00(HIGH Byte), 0x00(LOW Byte)
  - PID : 0x00(HIGH Byte), 0x00(LOW Byte)
  - 길이 : 0x00(HIGH Byte), 0x06(LOW Byte), UID : 0x01, 코드 : 0x06
  - 시작 주소(D0) : 0x00(HIGH Byte), 0x00(LOW Byte)
  - 데이터 : TB_D0(Word)

```
private void BT_Write_Click(object sender, EventArgs e)
{
    //          byte[] TID = new byte[] { 0x00, 0x00 };           // Transaction Identifier
    //          byte[] PID = new byte[] { 0x00, 0x00 };           // Protocol Identifier
    //          byte[] L = new byte[] { 0x00, 0x06 };             // Length
    //          byte[] UID = new byte[] { 0x01 };                 // Unit Identifier
    //          byte[] FCode = new byte[] { 0x06 };               // 기능코드
    //          byte[] startAddress = new byte[] { 0x00, 0x00 };  // 시작주소(D0)

    byte[] SendData = new byte[] { 0x00, 0x00, 0x00, 0x00, 0x00, 0x06, 0x01, 0x06, 0x00, 0x00 };
    byte[] Data_W = BitConverter.GetBytes(Convert.ToInt16(TB_D0.Text));   // Word Data 생성
    byte[] Data = new byte[] { Data_W[1], Data_W[0] };                    // 상하 바이트 교환
    SendData = Combine(SendData, Data);
    SendMassage(SendData);
}
```

[그림 5-46] BT_Write_Click 함수

2) 전체 프로그램

Form1.cs ⇒ × Form1.cs [디자인]

ModBus_TCP_EX5 WindowsFormsApp1.Form1

```
using System;
using System.Net;
using System.Net.Sockets;
using System.Windows.Forms;

namespace WindowsFormsApp1
{
    참조 3개
    public partial class Form1 : Form
    {
        참조 1개
        public Form1()
        {
            InitializeComponent();
        }

        참조 1개
        private void CB_M0_CheckedChanged(object sender, EventArgs e)
        {
            byte[] startAddress = new byte[] { 0x00, 0x00 };  // 시작번지(M0)
            BitMakeSendFrame(CB_M0.Checked, startAddress);
        }

        참조 1개
        private void CB_M1000_CheckedChanged(object sender, EventArgs e)
        {
            byte[] startAddress = new byte[] { 0x06, 0x40 };  // 시작번지(M1000)
            BitMakeSendFrame(CB_M1000.Checked, startAddress);
        }

        참조 2개
        private void BitMakeSendFrame(bool CBState, byte[] startAddress)
        {
            //          byte[] TID = new byte[] { 0x00, 0x00 };           // Transaction Identifier
            //          byte[] PID = new byte[] { 0x00, 0x00 };           // Protocol Identifier
            //          byte[] L = new byte[] { 0x00, 0x05 };             // Length
            //          byte[] UID = new byte[] { 0x01 };                 // Unit Identifier
            //          byte[] FCode = new byte[] { 0x05 };               // 기능코드

            byte[] SendData = new byte[] { 0x00, 0x00, 0x00, 0x00, 0x00, 0x06, 0x01, 0x05 };
            SendData = Combine(SendData, startAddress);
            byte[] BitData = new byte[0];                                 // Bit Data 생성
            if (CBState == true) BitData = new byte[] { 0xFF, 0x00 };
            else BitData = new byte[] { 0x00, 0x00 };
            SendData = Combine(SendData, BitData);
            SendMassage(SendData);
        }

        참조 1개
        private void BT_Write_Click(object sender, EventArgs e)
        {
            //          byte[] TID = new byte[] { 0x00, 0x00 };           // Transaction Identifier
            //          byte[] PID = new byte[] { 0x00, 0x00 };           // Protocol Identifier
            //          byte[] L = new byte[] { 0x00, 0x06 };             // Length
            //          byte[] UID = new byte[] { 0x01 };                 // Unit Identifier
            //          byte[] FCode = new byte[] { 0x06 };               // 기능코드
            //          byte[] startAddress = new byte[] { 0x00, 0x00 };  // 시작주소(D0)

            byte[] SendData = new byte[] { 0x00, 0x00, 0x00, 0x00, 0x00, 0x06, 0x01, 0x06, 0x00, 0x00 };
            byte[] Data_W = BitConverter.GetBytes(Convert.ToInt16(TB_D0.Text));   // Word Data 생성
            byte[] Data = new byte[] { Data_W[1], Data_W[0] };                     // 상하 바이트 교환
            SendData = Combine(SendData, Data);
            SendMassage(SendData);
        }

        참조 2개
        private void SendMassage(byte[] SendData)
```

(a)

```
        {
            Socket sock = new Socket(AddressFamily.InterNetwork, SocketType.Stream, ProtocolType.Tcp);
            sock.SendTimeout = 3000;
            sock.ReceiveTimeout = 3000;
            IPAddress serverIP = IPAddress.Parse("10.10.10.100");
            int serverPort = 502;
            IPEndPoint ipep = new IPEndPoint(serverIP, serverPort);

            if (sock.IsBound == true) sock.Close();
            sock.Connect(ipep);
            if (sock.Connected) {
                sock.Send(SendData);
                TB_SendFrame.Text = BitConverter.ToString(SendData);
            }
            sock.Close();
        }

        참조 3개
        private byte[] Combine(byte[] a, byte[] b)
        {
            byte[] c = new byte[a.Length + b.Length];
            Buffer.BlockCopy(a, 0, c, 0, a.Length);
            Buffer.BlockCopy(b, 0, c, a.Length, b.Length);
            return c;
        }
    }
}
```

(b)

[그림 5-47] C# 프로그램

실습과제 5-6

과제명 출력영역 비트 연속 쓰기(코드 F:MXXXX)

1) 과제 설명

- [그림 5-48]과 같이 Window Form을 구성한다.
- Check Box [M100]에서 [M10F]까지의 체크 상태가 바뀌면 16개의 Bit값을 PLC M100부터 M10F까지 쓴다.
- 송신 Frame 바이트 어레이 데이터를 [송신 Frame] Text Box에 표시한다.

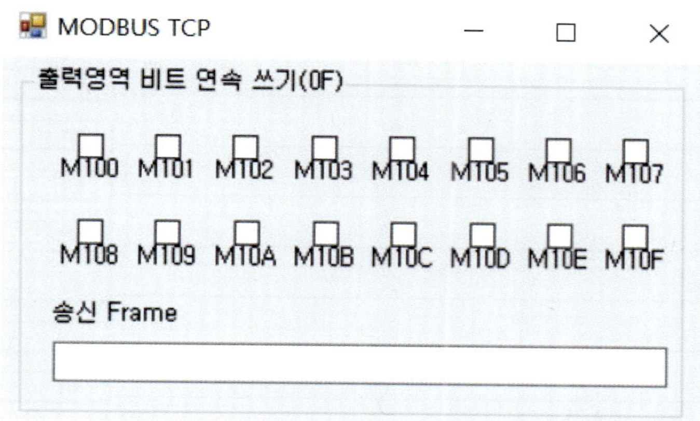

[그림 5-48] Window Form

2) Form Design

- 사용된 Component List

[표 5-27] Component List

도구	Name	Text
Label	-	송신 Frame
TextBox	TB_SendFrame	-
CheckBox	CB_M100~CB_M10F	M100 ~ M10F
GroupBox	-	출력영역 비트 연속 쓰기(0F)

❖ PLC 프로그램

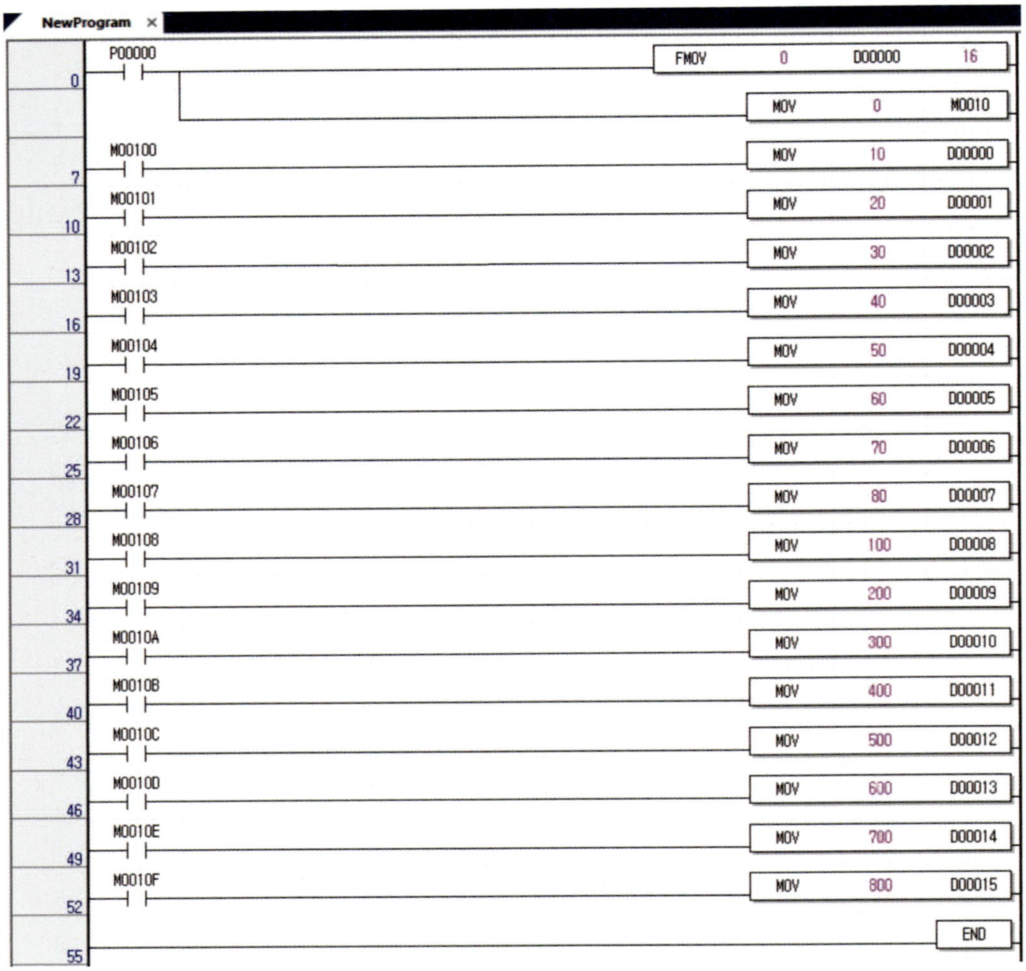

[그림 5-49] PLC 프로그램

❖ C# 프로그램

1) CB_M_CheckedChanged 함수

- CB_M100에서 CB_M10F까지 16개의 체크박스 상태값이 변경되면 실행
- TID(2) + PID(2) + 길이(2) + UID(1) + 코드(1) + 시작 주소(2) + 비트 개수(2) + 데이터 바이트 개수(1)
    - TID : 0x00(HIGH Byte), 0x00(LOW Byte)
    - PID : 0x00(HIGH Byte), 0x00(LOW Byte)
    - 길이 : 0x00(HIGH Byte), 0x09(LOW Byte), UID : 0x01, 코드 : 0x0F
    - 시작 주소(M100) : 0x00(HIGH Byte), 0xA0(LOW Byte)
    - 비트 개수(16개) : 0x00(HIGH Byte), 0x10(LOW Byte)
    - 데이터 바이트 개수(2) : 0x02

```
private void CB_M_CheckedChanged(object sender, EventArgs e)
{
    //          byte[] TID = new byte[] { 0x00, 0x00 };             // Transaction Identifier
    //          byte[] PID = new byte[] { 0x00, 0x00 };             // Protocol Identifier
    //          byte[] L = new byte[] { 0x00, 0x09 };               // Length
    //          byte[] UID = new byte[] { 0x01 };                   // Unit Identifier
    //          byte[] FCode = new byte[] { 0x0F };                 // 기능코드
    //          byte[] startAddress = new byte[] { 0x00, 0xA0 };    // 시작주소(M100)
    //          byte[] BitsCount = new byte[] { 0x00, 0x10 };       // 비트개수(16) 생성
    //          byte[] BytesCount = new byte[] { 0x02 };            // 데이터바이트개수(02) 생성

    byte[] SendData = new byte[] { 0x00, 0x00, 0x00, 0x00, 0x00, 0x09, 0x01, 0x0F, 0x00, 0xA0,
        0x00, 0x10, 0x02 };
    byte[] Data = MakeByteData( );
    SendData = Combine(SendData, Data);
    SendMassage(SendData);
}
```

[그림 5-50] CB_M_CheckedChanged 함수

2) MakeByteData 함수

```
private byte[] MakeByteData()
{
    byte[] ByteDatas = new byte[2];

    if (CB_M100.Checked == true) ByteDatas[0] += 1;
    if (CB_M101.Checked == true) ByteDatas[0] += 2;
    if (CB_M102.Checked == true) ByteDatas[0] += 4;
    if (CB_M103.Checked == true) ByteDatas[0] += 8;
    if (CB_M104.Checked == true) ByteDatas[0] += 16;
    if (CB_M105.Checked == true) ByteDatas[0] += 32;
    if (CB_M106.Checked == true) ByteDatas[0] += 64;
    if (CB_M107.Checked == true) ByteDatas[0] += 128;

    if (CB_M108.Checked == true) ByteDatas[1] += 1;
    if (CB_M109.Checked == true) ByteDatas[1] += 2;
    if (CB_M10A.Checked == true) ByteDatas[1] += 4;
    if (CB_M10B.Checked == true) ByteDatas[1] += 8;
    if (CB_M10C.Checked == true) ByteDatas[1] += 16;
    if (CB_M10D.Checked == true) ByteDatas[1] += 32;
    if (CB_M10E.Checked == true) ByteDatas[1] += 64;
    if (CB_M10F.Checked == true) ByteDatas[1] += 128;

    return ByteDatas;
}
```

[그림 5-51] MakeByteData 함수

3) 전체 프로그램

```
Form1.cs  ✕  Form1.cs [디자인]
ModBus_TCP_EX6                WindowsFormsApp1.Form1

using System;
using System.Net;
using System.Net.Sockets;
using System.Windows.Forms;

namespace WindowsFormsApp1
{
    참조 3개
    public partial class Form1 : Form
    {
        참조 1개
        public Form1()
        {
            InitializeComponent();
        }

        참조 16개
        private void CB_M_CheckedChanged(object sender, EventArgs e)
        {
            //          byte[] TID = new byte[] { 0x00, 0x00 };          // Transaction Identifier
            //          byte[] PID = new byte[] { 0x00, 0x00 };          // Protocol Identifier
            //          byte[] L = new byte[] { 0x00, 0x09 };            // Length
            //          byte[] UID = new byte[] { 0x01 };                // Unit Identifier
            //          byte[] FCode = new byte[] { 0x0F };              // 기능코드
            //          byte[] startAddress = new byte[] { 0x00, 0xA0 }; // 시작주소(M100)
            //          byte[] BitsCount = new byte[] { 0x00, 0x10 };    // 비트개수(16) 생성
            //          byte[] BytesCount = new byte[] { 0x02 };         // 데이터바이트개수(02) 생성

            byte[] SendData = new byte[] { 0x00, 0x00, 0x00, 0x00, 0x00, 0x09, 0x01, 0x0F, 0x00, 0xA0,
                0x00, 0x10, 0x02 };
            byte[] Data = MakeByteData();
            SendData = Combine(SendData, Data);
            SendMassage(SendData);
        }

        참조 1개
        private byte[] MakeByteData()
        {
            byte[] ByteDatas = new byte[2];

            if (CB_M100.Checked == true) ByteDatas[0] += 1;
            if (CB_M101.Checked == true) ByteDatas[0] += 2;
            if (CB_M102.Checked == true) ByteDatas[0] += 4;
            if (CB_M103.Checked == true) ByteDatas[0] += 8;
            if (CB_M104.Checked == true) ByteDatas[0] += 16;
            if (CB_M105.Checked == true) ByteDatas[0] += 32;
            if (CB_M106.Checked == true) ByteDatas[0] += 64;
            if (CB_M107.Checked == true) ByteDatas[0] += 128;

            if (CB_M108.Checked == true) ByteDatas[1] += 1;
            if (CB_M109.Checked == true) ByteDatas[1] += 2;
            if (CB_M10A.Checked == true) ByteDatas[1] += 4;
            if (CB_M10B.Checked == true) ByteDatas[1] += 8;
            if (CB_M10C.Checked == true) ByteDatas[1] += 16;
            if (CB_M10D.Checked == true) ByteDatas[1] += 32;
            if (CB_M10E.Checked == true) ByteDatas[1] += 64;
            if (CB_M10F.Checked == true) ByteDatas[1] += 128;

            return ByteDatas;
        }

        참조 1개
        private void SendMassage(byte[] SendData)
        {
            Socket sock = new Socket(AddressFamily.InterNetwork, SocketType.Stream, ProtocolType.Tcp);
            sock.SendTimeout = 3000;
            sock.ReceiveTimeout = 3000;
```

(a)

```
            IPAddress serverIP = IPAddress.Parse("10.10.10.100");
            int serverPort = 502;
            IPEndPoint ipep = new IPEndPoint(serverIP, serverPort);
            if (sock.IsBound == true) sock.Close();
            sock.Connect(ipep);
            if (sock.Connected) {
                sock.Send(SendData);
                TB_SendFrame.Text = BitConverter.ToString(SendData);
            }
            sock.Close();
        }

        참조 1개
        private byte[] Combine(byte[] a, byte[] b)
        {
            byte[] c = new byte[a.Length + b.Length];
            Buffer.BlockCopy(a, 0, c, 0, a.Length);
            Buffer.BlockCopy(b, 0, c, a.Length, b.Length);
            return c;
        }
    }
}
```

(b)

[그림 5-52] C# 프로그램

실습과제 5-7

과제명 **출력영역 워드 연속 쓰기(코드 10:DXXXX)**

1) 과제 설명

- [그림 5-53]과 같이 Window Form 구성한다.
- **[설정]** 버튼을 클릭하면 **[생산주기]**와 **[생산목표]** 값을 PLC의 D0와 D1에 쓴다.
- 송신 Frame 바이트 어레이 데이터를 **[송신 Frame]** Text Box에 표시한다.

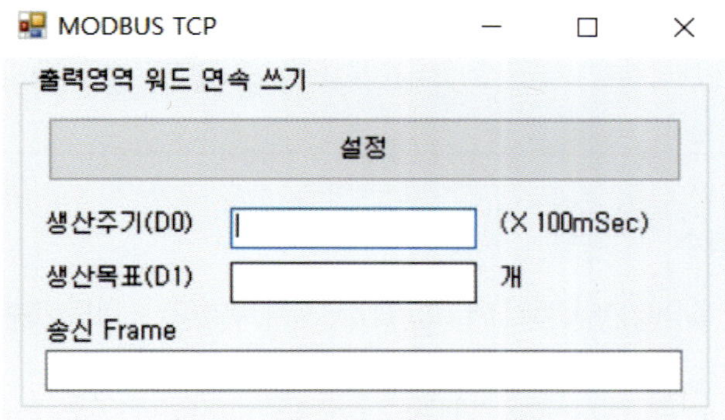

[그림 5-53] Window Form

2) Form Design

- 사용된 Component List

[표 5-28] Component List

도구	Name	Text
Label	-	생산주기
Label	-	생산목표
Label	-	(X mSec)
Label	-	개
Button	BT_Set	설정
TextBox	TB_D0	-
TextBox	TB_D1	-
TextBox	TB_SendFrame	-
GroupBox	-	출력영역 워드 연속 쓰기

❖ PLC 프로그램

[그림 5-54] PLC 프로그램

❖ C# 프로그램

1) BT_Set_Click 함수

- TID(2) + PID(2) + 길이(2) + UID(1) + 코드(1) + 시작 주소(2) + 비트 개수(2) + 데이터 바이트 개수(1)
  - TID : 0x00(HIGH Byte), 0x00(LOW Byte)
  - PID : 0x00(HIGH Byte), 0x00(LOW Byte)
  - 길이(11) : 0x00(HIGH Byte), 0x0B(LOW Byte), UID : 0x01, 코드 : 0x10
  - 시작 주소(D0) : 0x00(HIGH Byte), 0x00(LOW Byte)
  - 데이터 개수(2) : 0x00(HIGH Byte), 0x02(LOW Byte)
  - 데이터 바이트 개수(4) : 0x04

```
private void BT_Set_Click(object sender, EventArgs e)
{
    //          byte[] TID_Num = new byte[] { 0x00, 0x00 };       // Transaction Identifier 생성
    //          byte[] P_ID = new byte[] { 0x00, 0x00 };          // Protocol Identifier 생성
    //          byte[] L = new byte[] { 0x00, 0x0B };             // Length 생성
    //          byte[] UID = new byte[] { 0x01 };                 // Unit Identifier 생성
    //          byte[] FCode = new byte[] { 0x10 };               // 기능코드 생성
    //          byte[] startAddress = new byte[] { 0x00, 0x00 };  // 시작번지(0) 생성
    //          byte[] DataCount = new byte[] { 0x00, 0x02 };     // 데이터개수(2) 생성
    //          byte[] BytesCount = new byte[] { 0x04 };          // 데이터바이트개수(4) 생성

    byte[] SendData = new byte[] { 0x00, 0x00, 0x00, 0x00, 0x00, 0x0B, 0x01, 0x10, 0x00,
        0x00, 0x00, 0x02, 0x04 };
    byte[] DataNum1 = BitConverter.GetBytes(Convert.ToInt16(TB_D0.Text));
    byte[] DataNum2 = BitConverter.GetBytes(Convert.ToInt16(TB_D1.Text));
    byte[] Data = new byte[4] { DataNum1[1], DataNum1[0], DataNum2[1], DataNum2[0] };
    SendData = Combine(SendData, Data);
    SendMassage(SendData);
}
```

[그림 5-55] BT_Set_Click 함수

2) 전체 프로그램

```
Form1.cs  ✕  Form1.cs [디자인]
ModBus_TCP_EX7                    WindowsFormsApp1.Form1

using System;
using System.Net;
using System.Net.Sockets;
using System.Windows.Forms;

namespace WindowsFormsApp1
{
    참조 3개
    public partial class Form1 : Form
    {
        참조 1개
        public Form1()
        {
            InitializeComponent();
        }

        참조 1개
        private void BT_Set_Click(object sender, EventArgs e)
        {
            //          byte[] TID_Num = new byte[] { 0x00, 0x00 };        // Transaction Identifier 생성
            //          byte[] P_ID = new byte[] { 0x00, 0x00 };           // Protocol Identifier 생성
            //          byte[] L = new byte[] { 0x00, 0x0B };              // Length 생성
            //          byte[] UID = new byte[] { 0x01 };                  // Unit Identifier 생성
            //          byte[] FCode = new byte[] { 0x10 };                // 기능코드 생성
            //          byte[] startAddress = new byte[] { 0x00, 0x00 };   // 시작번지(0) 생성
            //          byte[] DataCount = new byte[] { 0x00, 0x02 };      // 데이터개수(2) 생성
            //          byte[] BytesCount = new byte[] { 0x04 };           // 데이터바이트개수(4) 생성

            byte[] SendData = new byte[] { 0x00, 0x00, 0x00, 0x00, 0x00, 0x0B, 0x01, 0x10, 0x00,
                0x00, 0x00, 0x02, 0x04 };
            byte[] DataNum1 = BitConverter.GetBytes(Convert.ToInt16(TB_D0.Text));
            byte[] DataNum2 = BitConverter.GetBytes(Convert.ToInt16(TB_D1.Text));
            byte[] Data = new byte[4] { DataNum1[1], DataNum1[0], DataNum2[1], DataNum2[0] };
            SendData = Combine(SendData, Data);
            SendMassage(SendData);
        }

        참조 1개
        private void SendMassage(byte[] SendData)
        {
            Socket sock = new Socket(AddressFamily.InterNetwork, SocketType.Stream, ProtocolType.Tcp);
            sock.SendTimeout = 3000;
            sock.ReceiveTimeout = 3000;
            IPAddress serverIP = IPAddress.Parse("10.10.10.100");
            int serverPort = 502;
            IPEndPoint ipep = new IPEndPoint(serverIP, serverPort);
            if (sock.IsBound == true) sock.Close();
            sock.Connect(ipep);
            if (sock.Connected)
            {
                sock.Send(SendData);
                TB_SendFrame.Text = BitConverter.ToString(SendData);
            }
            sock.Close();
        }

        참조 1개
        private byte[] Combine(byte[] a, byte[] b)                       //바이트 합치기
        {
            byte[] c = new byte[a.Length + b.Length];
            Buffer.BlockCopy(a, 0, c, 0, a.Length);
            Buffer.BlockCopy(b, 0, c, a.Length, b.Length);
            return c;
        }
    }
}
```

[그림 5-56] C# 프로그램

실습과제 5-8

과제명 **종합실습**

1) 과제 설명

- [그림 5-57]과 같이 Window Form을 구성한다.
- 시작 화면은 **[생산정지]** 버튼만 비활성화되며, 나머지 버튼들은 활성화된다. 그리고 시작과 동시에 PLC에서 D0(Word), D1(Word) 및 D2(DWord) 값을 읽어와서 **[생산단가]**, **[생산목표]** 및 **[목표금액]** 값에 차례대로 쓴다.
- 그리고 타이머를 활성화시켜 PLC에서 D10(Word), D11(DWord) 및 D13(DWord) 값을 200mSec 간격으로 읽어와 **[생산수량]**, **[생산금액]** 및 **[차액]**에 차례대로 쓴다.
- **[생산단가]**와 **[생산목표]** 값을 수정하고 **[설정]** 버튼을 클릭하면 **[목표금액]**을 자동으로 계산하고, **[생산단가]**, **[생산목표]** 및 **[목표금액]** 값을 PLC에 쓴다.
- **[생산시작]** 버튼을 클릭하면 **[설정]**, **[RESET]** 및 **[생산시작]** 버튼은 비활성화되고, **[생산정지]** 버튼이 활성화되면서 생산이 시작된다.
- **[생산정지]** 버튼을 클릭하면 **[생산정지]** 버튼이 비활성화되고, **[설정]**, **[RESET]** 및 **[생산시작]** 버튼은 활성화되면서 생산이 일시 정지된다.
- **[RESET]** 버튼을 클릭하면 생산수량이 리셋된다.
- **[생산목표]**과 **[생산수량]**이 같아지면 자동으로 생산이 정지된다.

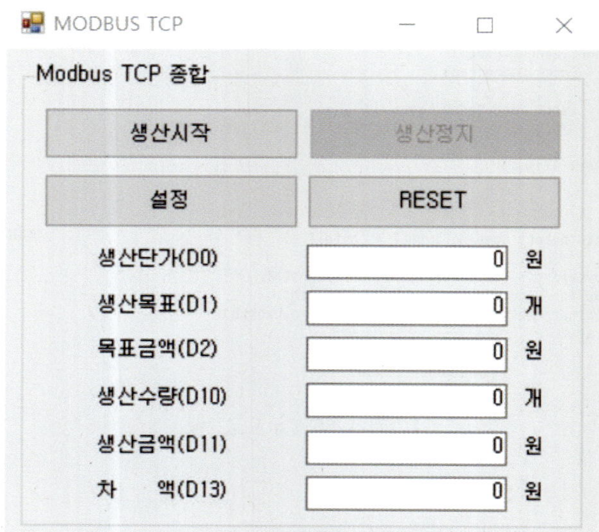

[그림 5-57] Window Form

2) Form Design

- 사용된 Component List

[표 5-29] Component List

도구	Name	Text
Label	-	생산단가(D0)
Label	-	생산목표(D1)
Label	-	목표금액(D2)
Label	-	판매수량(D10)
Label	-	판매금액(D11)
Label	-	차액(D13)
Label	-	원
Label	-	개
Button	BT_Set	설정
Button	BT_Start	생산시작
Button	BT_Stop	생산정지
Button	BT_Reset	RESET
TextBox	TB_D0	-
TextBox	TB_D1	-
TextBox	TB_D2	-
TextBox	TB_D10	-
TextBox	TB_D11	-
TextBox	TB_D13	-
GroupBox	-	Modbus TCP 종합

❖ PLC 프로그램

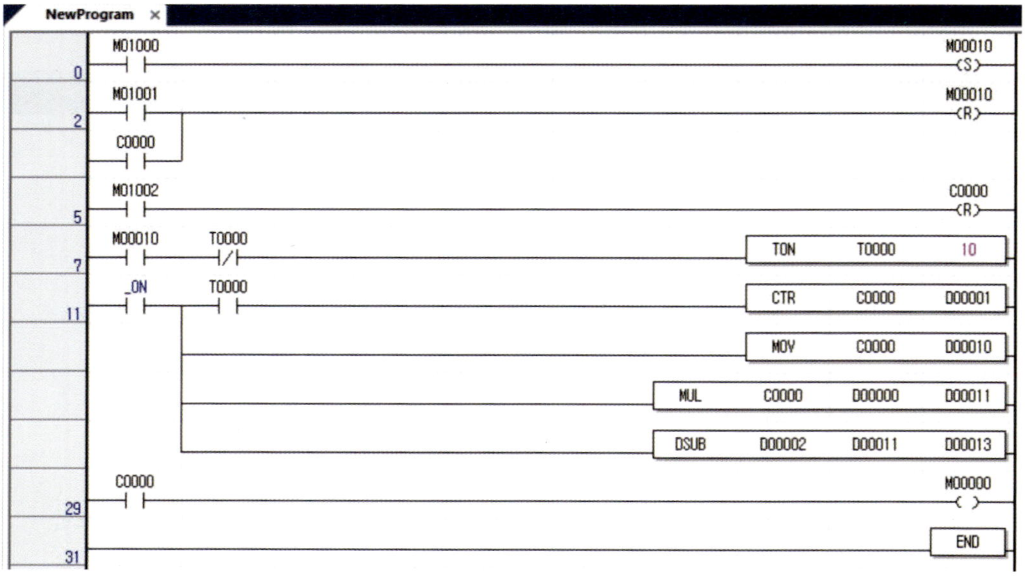

[그림 5-58] PLC 프로그램

PLC DATA COMMUNICATION

PART

06

이더넷 전용 통신(TCP)

01

XGT 전용 프로토콜 프로토콜 개요

XGT 전용 프로토콜은 LS산전 FEnet I/F 모듈 간에 통신을 하는 프로토콜이다. 명령어를 사용하여 읽기/쓰기가 가능하며 PC, HMI에서 XGT 전용 프로토콜을 이용하여 통신이 가능하다.

XGT 전용 통신은 [표 6-1]과 같이 TCP와 UDP 통신 방식으로 가능하다.

[표 6-1] 이더넷(Ethernet)을 통한 XGT 전용통신 방식

프로토콜	통신방식	포트번호
XGT 전용	TCP/IP	2004
	UDP/IP	2005

02 프레임 구조

1) 이더넷(Ethernet)을 통한 XGT 전용 패킷의 구조

XGT 전용 프로토콜을 이용하여 통신 시 이더넷 통신을 위한 MAC, IP 헤더(IP Header), TCP 헤더(TCP Header)와 데이터를 포함한 LS IS 프레임을 포함한다. 이더넷 통신 프레임의 구조는 **[그림 6-1]**과 같다.

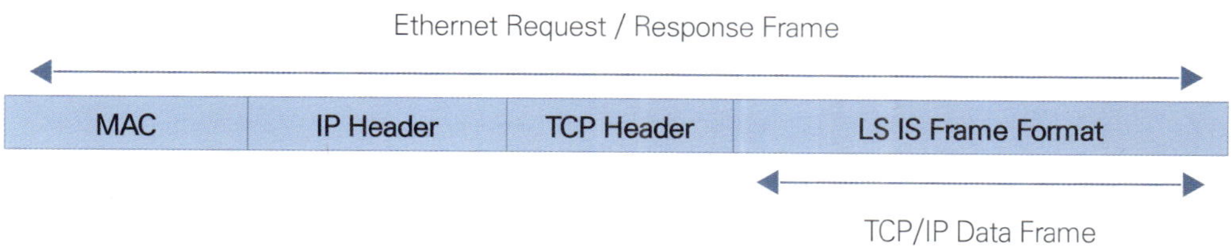

[그림 6-1] 이더넷 통신 프레임 구조

2) XGT 전용 프레임의 구조

데이터 통신을 위한 LS IS 프레임에는 LS 산전 고유 데이터(Company ID), 명령어(Command), 데이터 타입(Data Type), 데이터(Data)가 포함된다. XGT 전용 프레임 구조는 **[그림 6-2]**와 같다.

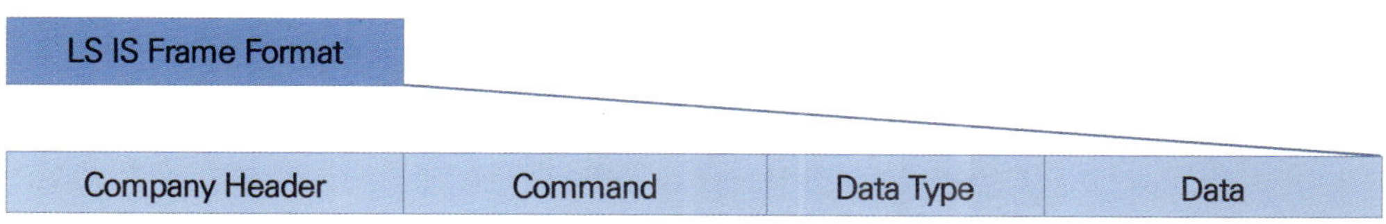

[그림 6-2] LS IS 프레임 구조

03

XGT 전용 프로토콜의 헤더 구조

1) XGT 전용 프로토콜의 헤더 구조와 설명은 [표 6-2]와 같다.

[표 6-2] XGT 전용 프로토콜 헤더 구조 및 설명

항목	크기 (Byte)	내용
Company ID	10	"LSIS-XGT" + "NULL NULL(예약영역)" (ASCII CODE : 4C 53 49 53 2D 59 47 54 00 00)
PLC Info	2	*클라이언트 → 서버 : Don't care(0x00) *서버 → 클라이언트 : Bit00~05 : CPU TYPE 01(XGT/R-CPUH), 02(XGK-CPUS), 05(XGI-CPUU) Bit06 : 0(이중화 Master/단독), 1(이중화 Slave) Bit07 : 0(CPU 동작 정상), 1(CPU 동작 에러) Bit08~12 : 시스템 상태 1(RUN), 2(STOP), 4(ERROR), 8(DEBUG) Bit13~15 : RESERVED
CPU Info	1	예약 영역을 통해 XGK/XGI/XGR 시리즈 판단 -XGK : 0xA0 -XGB(MK) : 0xB0 -XGI : 0xA4 -XGB(IEC) : 0xB4 -XGR : 0xA8
Source of Frame	1	* 클라이언트(HMI) → 서버(PLC) : 0x33 * 서버(PLC) → 클라이언트(HMI) : 0x11
Invoke ID	2	플레임간의 순서를 구별하기 위한 ID (응답 프레임에 이 번호를 붙여 보내줌)
Length	2	Application Instruction의 바이트 크기

항목	크기 (Byte)	내용
FEnet Position	1	Bit0~3 : FEnet I/F 모듈의 슬롯(Slot) 번호 Bit4~7 : FEnet I/F 모듈의 베이스(Base) 번호
Reserved2(BCC)	1	0x00 : 예약영역(Application Header의 Byte Sum)

2) 프레임 기본 구조(Application Instruction Format)

(1) 헤더

[표 6-3] Company Header 구조 및 바이트 크기

Company ID 'LSIS-XGT' (8)	예약영역 (2)	PLC 정보영역 (2)	CPU 정보 (2)	H33 (1)	Invoke ID(2)	Length (2)	예약 영역 (1)	BCC (1)

- Company ID : 아스키 문자열로 'LSIS-XGT'
- 예약 : LGIS-GLOFA와 문자열 개수를 맞추기 위한 영역(2자리)
- PLC Info : PLC에 대한 정보 영역
- Invoke ID : 프레임 간의 순서를 구별하기 위한 ID로 명령 요구 시 임의로 지정할 수 있으며, 응답 프레임은 명령 요구 시 수신된 Invoke ID를 재송신(PC나 HMI에서 에러 체크를 위해서 사용하는 영역)
- Length: 프레임 중 헤더 뒤에 오는 데이터 영역의 길이

※ ( )괄호 안의 수는 바이트 개수

(2) 명령 요구 프레임(외부 통신 기기 → Ethernet I/F 모듈)

[표 6-4] 명령 요구 프레임 구조

헤더	명령어	데이터 타입	예약영역 (2 바이트)	구조화된 데이터 영역

(3) ACK 응답 프레임(Ethernet I/F 모듈 → 외부 통신 기기, 데이터 정상 수신 시)

[표 6-5] ACK 응답 프레임 구조

헤더	명령어	데이터 타입	예약영역 (2 바이트)	에러상태 (2바이트 h0000)	구조화된 데이터 영역

(4) NAK 응답 프레임(Ethernet I/F 모듈 → 외부 통신 기기, 데이터 비정상 수신 시)

[표 6-6] NAK 응답 프레임 구조

헤더	명령어	데이터 타입	예약영역 (2 바이트)	에러상태 (2바이트 h0000가 아님)	에러 코드 (2 바이트)

04

XGT 전용 프로토콜의 데이터 타입

1) XGT PLC의 메모리 디바이스 종류 : P, M, L, F, K, C, D, T, N, R 등이 있으며 '%' 다음에 표시

2) 데이터 타입 : 직접 변수를 읽거나 쓰고자 할 경우에 디바이스 표시 문자 다음에 표시

[표 6-7] XGT PLC 메모리 디바이스 종류

데이터 타입	데이터 코드	사용 예
비트(Bit)	h0000	%PX0, %MX0, %LX0
바이트(Byte)	h0100	%PB0, %MB0, %LB0
워드(Word)	h0200	%PW0, %MW0, %DW0
더블 워드(DWord)	h0300	%PD0, %DD0, %LD0
롱 워드(LWord)	h0400	%PL0, %DL0, %LL0
연속(Byte)	h1400	–

05

XGT 전용 프로토콜의 명령어

1) XGT 전용 프로토콜에서 사용하는 명령어는 4가지이며 각 명령어는 읽기/쓰기 및 요청/응답을 처리

2) 각 명령어에서 가용 가능한 데이터 타입

(1) 개별일 경우 : 비트, 바이트, 워드, 더블워드, 롱 워드

(2) 연속일 경우 : 바이트

3) 타이머/카운터

(1) Bit 지정 : 접점 값

(2) Byte, Word 지정 : 현재 값

4) 데이터 레지스터(D) : Byte, Word로만 지정

5) 바이트 타입의 주소 값 : 워드 지정 시의 2배

[표 6-8] XGT 전용 프로토콜 명령어

명령어	명령어 코드	데이터 형식			처리내용
읽기	요구:h5400	개별	h0000	BIT	각 데이터 타입에 따라 데이터 읽기 요청
			h0100	BYTE	
			h0200	WORD	
			h0300	DWORD	
			h0400	LWORD	
		연속	h1400	BYTE	바이트 형의 변수를 블록 단위로 읽기 요청
	응답:h5500	개별	h0000	BIT	데이터 읽기 요청에 대한 응답
			h0100	BYTE	
			h0200	WORD	
			h0300	DWORD	
			h0400	LWORD	
		연속	h1400	BYTE	블록 단위 읽기 요청에 대한 응답
쓰기	요구:h5800	개별	h0000	BIT	각 데이터 타입에 따라 데이터 쓰기 요청
			h0100	BYTE	
			h0200	WORD	
			h0300	DWORD	
			h0400	LWORD	
		연속	h1400	BYTE	바이트 형의 변수를 블록 단위로 쓰기 요청
	응답:h5900	개별	h0000	BIT	데이터 쓰기 요청에 대한 응답
			h0100	BYTE	
			h0200	WORD	
			h0300	DWORD	
			h0400	LWORD	
		연속	h1400	BYTE	블록 단위 쓰기 요청에 대한 응답

06

XGT 전용 프로토콜의 헤더 및 데이터 구조

1) 헤더 및 데이터 구조

[표 6-9] 헤더 및 데이터 구조

<table>
<tr><th rowspan="2">항목</th><th colspan="4">클라이언트(요청 프레임)</th><th colspan="4">서버(응답 프레임)</th></tr>
<tr><th>구분</th><th colspan="2">내용</th><th>크기</th><th>구분</th><th colspan="2">내용</th><th>크기</th></tr>
<tr><td rowspan="8">Company Header</td><td>LSIS 고유번호</td><td colspan="2">Company ID 1</td><td>10</td><td>LSIS 고유번호</td><td colspan="2">Company ID 1
Company ID 2</td><td>10</td></tr>
<tr><td>PLC 정보</td><td colspan="2">h00~hFF</td><td>2</td><td>PLC 정보</td><td colspan="2">h00~hFF</td><td>2</td></tr>
<tr><td>CPU 정보</td><td colspan="2">hA0</td><td>1</td><td>CPU 정보</td><td colspan="2">hA0</td><td>1</td></tr>
<tr><td>프레임 방향</td><td colspan="2">h33</td><td>1</td><td>프레임 방향</td><td colspan="2">h11</td><td>1</td></tr>
<tr><td>프레임 순서번호</td><td colspan="2">h0000~hFFFF</td><td>2</td><td>프레임 순서번호</td><td colspan="2">h0000~hFFFF</td><td>2</td></tr>
<tr><td>길이</td><td colspan="2">h0000~h0100</td><td>2</td><td>길이</td><td colspan="2">h0000~h0100</td><td>2</td></tr>
<tr><td>위치 정보</td><td colspan="2">h00~hFF</td><td>1</td><td>위치 정보</td><td colspan="2">h00~hFF</td><td>1</td></tr>
<tr><td>체크섬</td><td colspan="2">h00~hFF</td><td>1</td><td>체크섬</td><td colspan="2">h00~hFF</td><td>1</td></tr>
<tr><td rowspan="2">Command</td><td rowspan="2">명령어</td><td>h5400</td><td>읽기</td><td>2</td><td rowspan="2">명령어</td><td>h5400</td><td>읽기</td><td>2</td></tr>
<tr><td>h5800</td><td>쓰기</td><td>2</td><td>h5800</td><td>쓰기</td><td>2</td></tr>
<tr><td rowspan="6">Data Type</td><td rowspan="6">데이터 타입</td><td>h0000</td><td>비트</td><td>2</td><td rowspan="6">데이터 타입</td><td>h0000</td><td>비트</td><td>2</td></tr>
<tr><td>h0100</td><td>바이트</td><td>2</td><td>h0100</td><td>바이트</td><td>2</td></tr>
<tr><td>h0200</td><td>워드</td><td>2</td><td>h0200</td><td>워드</td><td>2</td></tr>
<tr><td>h0300</td><td>더블워드</td><td>2</td><td>h0300</td><td>더블워드</td><td>2</td></tr>
<tr><td>h0400</td><td>롱워드</td><td>2</td><td>h0400</td><td>롱워드</td><td>2</td></tr>
<tr><td>h1400</td><td>연속</td><td>2</td><td>h1400</td><td>연속</td><td>2</td></tr>
</table>

항목	클라이언트(요청 프레임)			서버(응답 프레임)		
	구분	내용	크기	구분	내용	크기
Data	예약 영역	-	2	예약 영역	-	2
	블록 개수	h0100~h1000	2	에러 상태	h0000~hFFFF	2
	변수 길이(N)	h0400~h1000	2	데이터	-	2
	데이터 주소	-	N	-		
	데이터 개수	h0(M)00	N			

2) Company ID(LS IS 고유번호)

(1) LS IS(LS산전) 고유번호 : 두 가지 종류(Company ID 1, Company ID 2)

(2) XGK, XGB PLC는 클라이언트로 동작 시 Company ID 1을 사용

(3) 서버로 동작 시에는 클라이언트가 요청하는 Company ID를 사용하며 클라이언트에서는 Company ID 1 또는 Company ID 2를 사용

[표 6-10] LS IS 고유번호

구분	형식	프레임										비고
Company ID 1	ASCII	L	S	I	S	-	X	G	T	/n	/n	XGT
	HEX	h4C	h53	h49	h53	h2D	h58	h47	h54	h00	h00	-
Company ID 2	ASCII	L	G	I	S	-	G	L	O	F	A	GM, MK
	HEX	h4C	h47	h49	h53	h2D	h47	h4C	h4F	h46	h41	-

07

명령어 실행

1) 직접 변수 개별 읽기

(1) 개별 변수 읽기 요구 (PC/HMI → PLC)

[표 6-11] 직접 변수 개별 읽기 요구 포맷

항목	크기(byte)	내용
명령어	2	0x0054
데이터 타입	2	Data Type 표 참조(X, B, W, D, L)
예약 영역	2	0x0000
블록 수	2	읽고자 하는 변수의 개수. 최대 16개
변수명 길이	2	직접 변수의 길이. 최대 16자
변수	변수명 길이	직접 변수만 사용가능
...	...	(변수 개수만큼 반복. 최대 16)
변수명 길이	2	직접 변수의 길이. 최대 16자
변수	변수명 길이	직접 변수만 사용가능

- 블록 수 : '**[변수 길이][변수]**'로 구성, 최대 16개까지 설정
- 변수명 길이(변수 이름 길이) : 변수를 의미하는 이름의 글자 수, 최대 16자까지 허용
- 변수 : 실제로 읽어올 변수의 주소(16자 내의 아스키 값이어야 하며, 이 변수 이름에는 숫자, 대/소문자, '%' 및'.'이외에는 허용되지 않음)

※ PLC 타입에 따른 사용 가능한 변수

[표 6-12] PLC 타입에 따른 사용 가능한 변수

구분	Bit	Byte	Word	Double Word	Long Word
XGT 메모리	%(P,M,L,K,F,T)X	-	%(P,M,L,K,F,T,C,D,S)W	-	-

- 프레임 작성 시 위의 프레임에서 16진수 워드 데이터를 표현할 때는 숫자 앞의 h를 빼고, 두 바이트의 위치를 바꾸어 줌(예, h'0054 ⇒5400)

[표 6-13] 직접 변수 개별 읽기 요청 프레임 예

항목	요청 프레임												
	구분	형식	내용										크기
Company Header	LSIS 고유번호	ASCII	L	S	I	S	-	X	G	T	/n	/n	10
		HEX	0x4C	0x53	0x49	0x53	0x2D	0x58	0x47	0x54	0x00	0x00	
	PLC 정보	HEX	0x00	0x00									2
	CPU 정보		0xB0										1
	프레임 방향		0x33										1
	프레임 순서번호		0x00	0x00									2
	길이		0x0E	0x00									2
	위치 정보		0x01										1
	체크섬		0x4E										1
Command	명령어	HEX	0x54	0x00									2
Data Type	데이터 타입		0x02	0x00									2
Data	예약 영역		0x00	0x00									2
	블록 수		0x01	0x00									2
	변수명 길이		0x04	0x00									2
	변수	ASCII	%	M	W	0							4
		HEX	0x25	0x4D	0x57	0x30							

(2) 응답 포맷(PLC가 ACK 응답 시)

[표 6-14] 직접 변수 개별 읽기 응답(ACK) 포맷

항목	크기(byte)	내용
명령어	2	0x0055
데이터 타입	2	Data Type 표 참조
예약 영역	2	0x0000
에러 상태	2	0이면 정상, 0이 아니면 에러
에러 정보	2	에러 상태가 에러이면 하위 바이트가 에러 번호
블록 수		에러 상태가 정상이면 읽어온 블록 수
데이터 개수	2	데이터의 바이트 크기
데이터	데이터 크기	읽어온 데이터
...	...	블록 수 만큼 반복(최대 16개)
데이터 개수	2	데이터의 바이트 크기
데이터	데이터 크기	읽어온 데이터

- 데이터 개수 : HEX형의 바이트 개수(변수 이름에 포함되어 있는 메모리 타입(X, B, W, D, L)에 따라 결정)

[표 6-15] 데이터 타입에 따른 HEX형의 바이트 개수

구분	가능한 변수	데이터 개수(Byte)
Bit(X)	%(P,M,L,K,F,T)X	1(최하위 비트만 유효)
Word(W)	%(P,M,L,K,F,T,C,D,S)W	2

※ 데이터 개수가 H04라는 의미는 데이터에 4바이트의 16진수(HEX) 데이터가 있음(Double Word)을 표시

※ 데이터 타입이 Bit인 경우 읽은 데이터는 한 Byte(HEX)로 표시(즉, BIT값이 0이면 h'00으로, 1이면 h'01로 표시)

[표 6-16] 직접 변수 개별 읽기 응답 프레임 예

항목	요청 프레임												
	구분	형식	내용										크기
Company Header	LSIS	ASCII	L	S	I	S	-	X	G	T	/n	/n	10
	고유번호	HEX	0x4C	0x53	0x49	0x53	0x2D	0x58	0x47	0x54	0x00	0x00	
	PLC 정보	HEX	0x00	0x00									2
	CPU 정보		0xB0										1
	프레임 방향		0x11										1
	프레임 순서번호		0x00	0x00									2
	길이		0x0E	0x00									2
	위치 정보		0x01										1
	체크섬		0x2F										1
Command	명령어	HEX	0x55	0x00									2
Data Type	데이터 타입		0x02	0x00									2
Data	예약 영역		0x00	0x00									2
	에러 상태		0x00	0x00									2
	블록 수		0x01	0x00									2
	데이터 크기		0x02	0x00									2
	데이터		0x00	0x00									2

(3) 응답 포맷(NAK 응답 시)

[표 6-17] 직접 변수 개별 읽기 응답(NAK) 포맷

포맷 이름	헤더	명령어	데이터 타입	예약 영역	에러 상태	에러 코드
코드(예)	...	h'0055	h'0002	h'0000	h'FFFF또는 h'00FF (0이 아닌 값)	h'0021

2) 직접 변수 연속 읽기

(1) 연속 변수 읽기 요구(PC/HMI-> PLC)

[표 6-18] 직접 변수 연속 읽기 요구 포맷

항목	크기(byte)	내용
명령어	2	0x0054
데이터 타입	2	0x0014
예약 영역	2	0x0000
블록 수	2	0x0001(고정)
변수명 길이	2	직접 변수의 길이. 최대 16자
변수	2	Byte Type 직접 변수만 사용 가능 - %MB, %PB, %DB... 형태 - 지원 디바이스 : P, N, L, K, T, C, D, N, F - 블록의 선두 번지
데이터 개수	2	데이터의 Byte 크기. 최대 1400 바이트

- 데이터 타입 : h'0014만 사용
- 블록 수 : h'0001만 사용

[표 6-19] 직접 변수 연속 읽기 요청 프레임 예

항목	요청 프레임												
	구분	형식	내용										크기
Company Header	LSIS 고유번호	ASCII	L	S	I	S	-	X	G	T	/n	/n	10
		HEX	0x4C	0x53	0x49	0x53	0x2D	0x58	0x47	0x54	0x00	0x00	
	PLC 정보	HEX	0x00	0x00									2
	CPU 정보		0xB0										1
	프레임 방향		0x33										1
	프레임 순서번호		0x00	0x00									2
	길이		0x10	0x00									2
	위치 정보		0x01										1
	체크섬		0x3E										1

항목	요청 프레임						
	구분	형식	내용				크기
Command	명령어	HEX	0x54	0x00			2
Data Type	데이터 타입	HEX	0x14	0x00			2
Data	예약 영역	HEX	0x00	0x00			2
	블록 수	HEX	0x01	0x00			2
	변수명 길이	HEX	0x04	0x00			2
	변수	ASCII	%	M	B	0	4
		HEX	0x25	0x4D	0x42	0x30	
	데이터 개수	HEX	0x02	0x00			2

(2) 응답 포맷(PLC가 ACK 응답 시)

[표 6-20] 직접 변수 연속 읽기 응답(ACK) 포맷

항목	크기(byte)	내용
명령어	2	0x0055
데이터 타입	2	0x0014
예약 영역	2	0x0000
에러 상태	2	0이면 정상, 0이 아니면 에러
에러 정보	2	에러 상태가 에러이면 하위 바이트가 에러 번호
블록 수		0x0001 : 에러 상태가 정상인 경우
데이터 크기	2	데이터의 바이트 크기, 최대 1400byte
데이터	데이터 크기	읽어온 데이터

[표 6-21] 직접 변수 연속 읽기 응답 프레임 예

항목	요청 프레임												
	구분	형식	내용										크기
Company Header	LSIS	ASCII	L	S	I	S	-	X	G	T	/n	/n	10
	고유번호	HEX	0x4C	0x53	0x49	0x53	0x2D	0x58	0x47	0x54	0x00	0x00	
	PLC 정보	HEX	0x00	0x00									2
	CPU 정보		0xB0										1
	프레임 방향		0x11										1
	프레임 순서번호		0x00	0x00									2
	길이		0x0E	0x00									2
	위치 정보		0x01										1
	체크섬		0x26										1
Command	명령어	HEX	0x55	0x00									2
Data Type	데이터 타입		0x14	0x00									2
Data	예약 영역		0x00	0x00									2
	에러 상태		0x00	0x00									2
	블록 수		0x01	0x00									2
	데이터 크기		0x02	0x00									2
	데이터		0x00	0x00									2

(3) 응답 포맷(NAK 응답 시)

[표 6-22] 직접 변수 연속 읽기 응답(NAK) 포맷

포맷 이름	헤더	명령어	데이터 타입	예약 영역	에러 상태	에러 코드
코드(예)	...	h'0055	h'0014	h'0000	h'FFFF 또는 h'00FF (0이 아닌 값)	h'0021

3) 직접 변수 개별 쓰기

(1) 개별 변수 쓰기 요구 (PC/HMI → PLC)

[표 6-23] 직접 변수 개별 쓰기 요청 포맷

항목	크기(byte)	내용
명령어	2	0x0058
데이터 타입	2	Data Type 표 참조(X, B, W, D, L)
예약 영역	2	0x0000
블록 수	2	쓰고자 하는 변수의 개수, 최대 16개
변수명 길이	2	직접 변수의 길이. 최대 16자
변수	변수명 길이	직접 변수만 사용 가능
...	...	(블록 수만큼 반복, 최대 16)
변수명 길이	2	직접 변수의 길이, 최대 16자
변수	변수명 길이	직접 변수만 사용 가능
데이터 크기	2	Data의 Byte 크기
데이터	데이터 크기	데이터
...	...	(블록 수만큼 반복. 최대 16)
데이터 크기	2	Data의 Byte 크기
데이터	데이터 크기	데이터

- 각 블록의 디바이스 데이터 타입은 반드시 동일하여야 함
- 데이터 타입이 Bit인 경우 쓸 데이터는 HEX로 한 Byte로 표시(즉 BIT값이 0이면 h'00으로, 1이면 h'01로 표시)

(2) 응답 포맷(PLC가 ACK 응답 시)

[표 6-24] 직접 변수 개별 쓰기 응답(ACK) 포맷

항목	크기(byte)	내용
명령어	2	0x0059
데이터 타입	2	Data Type 표 참조(X, B, W, D, L)
예약 영역	2	0x0000
에러 상태	2	0이면 정상, 0이 아니면 에러
에러 정보	2	에러 상태가 에러이면 하위 바이트가 에러 번호
블록 수		에러 상태가 정상이면 쓴 블록 수

(3) 응답 포맷(NAK 응답 시)

[표 6-25] 직접 변수 개별 쓰기 응답(NAK) 포맷

포맷 이름	헤더	명령어	데이터 타입	예약 영역	에러 상태	에러 코드
코드(예)	...	h'0059	h'0002	h'0000	h'FFFF또는 h'00FF (0이 아닌 값)	h'0021

4) 직접 변수 연속 쓰기

(1) 연속 변수 쓰기 요구 (PC/HMI → PLC)

[표 6-26] 직접 변수 연속 쓰기 요청 포맷

항목	크기(byte)	내용
명령어	2	0x0058
데이터 타입	2	0x0014
예약 영역	2	0x0000
블록 수	2	0x0001
변수명 길이	2	직접 변수의 길이. 최대 16자
변수	변수명 길이	Byte Type 직접 변수만 사용 가능
데이터 크기	2	Data의 Byte 크기
데이터	데이터 크기	데이터

(2) 응답 포맷(PLC가 ACK 응답 시)

[표 6-27] 직접 변수 연속 쓰기 응답(ACK) 포맷

항목	크기(byte)	내용
명령어	2	0x0059
데이터 타입	2	Data Type 표 참조(X, B, W, D, L)
예약 영역	2	0x0000
에러 상태	2	0이면 정상, 0이 아니면 에러
에러 정보	2	에러 상태가 에러이면 하위 바이트가 에러 번호
블록 수		0x0001 : 에러 상태가 정상인 경우

(3) 응답 포맷(NAK 응답 시)

[표 6-28] 직접 변수 연속 쓰기 응답(NAK) 포맷

포맷 이름	헤더	명령어	데이터 타입	예약 영역	에러 상태	에러 코드
코드(예)	...	h'0059	h'0014	h'0000	h'FFFF또는 h'00FF (0이 아닌 값)	h'0021

08

XG5000 설정

1) 통신 모듈 등록

(1) 프로젝트 → 기본 네트워크 오른쪽 마우스 클릭

(2) 항목추가 → 통신 모듈 클릭

(3) 통신 모듈 선택 → 모듈 추가 클릭

(4) 통신 모듈 설정 : 종류, 베이스번호, 슬롯번호 확인

[그림 6-3] 통신 모듈 추가 확인

2) 기본 설정

(1) 프로젝트 – 기본 네트워크 – NewPLC[B0S1 XBL-EMTA] 더블 클릭

(2) PLC IP, 서브넷 마스크, 게이트웨이 확인 후 입력

(3) 서버 모드 : XGT 서버 선택

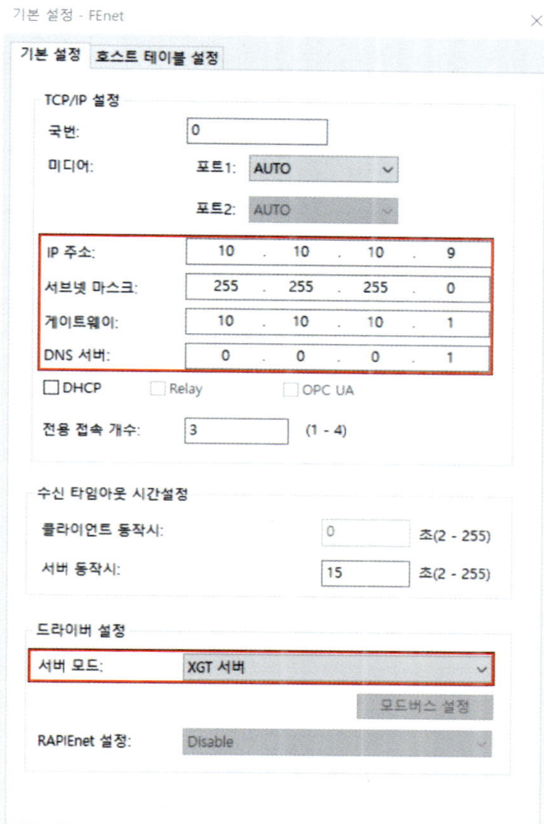

[그림 6-4] 통신 모듈 기본 설정

09

실습

실습과제 6-1

과제명 **Bit 개별 읽기**

1) 과제 설명

- [그림 6-5]와 같이 Window Form을 구성한다.
- Form이 시작할 때 **[정지]** 버튼만 비활성화되며, 나머지 Component는 활성화된다.
- **[읽기]** 버튼을 클릭하면 타이머가 활성화되어 PLC M100에서 M103까지와 P24에서 P27까지 비트값을 100mSec 간격으로 읽어와서, 체크 박스 **[M100]**에서 **[M103]**까지와 **[P24]**에서 **[P27]**까지 표시한다.
- **[정지]** 버튼을 클릭하면 읽기가 중지된다. 그리고 **[정지]** 버튼은 비활성화되고 **[읽기]** 버튼이 활성화된다.

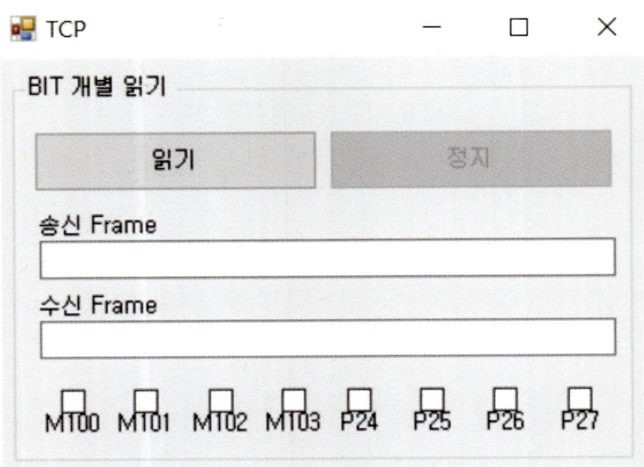

[그림 6-5] Window Form

2) Form Design

- 사용된 Component List

[표 6-29] Component List

도구	Name	Text
Label	-	송신 Frame
Label	-	수신 Frame
Button	BT_Read	읽기
Button	BT_Stop	정지
CheckBox	CB_M100 ~ CB_M103	M100 ~ M103
CheckBox	CB_P24 ~ CB_P27	P24 ~ P27
GroupBox	-	BIT 개별 읽기

❖ PLC 프로그램

[그림 6-6] PLC 프로그램

❖ C# 프로그램

1) FormStart 동작

- **[읽기]** 버튼 활성화 및 **[정지]** 버튼 비활성화
- Form1_Load 함수

```
private void Form1_Load(object sender, EventArgs e)
{
    Form(true);
}
```

[그림 6-7] Form1_Load 함수

- Form 함수

```
private void Form(bool t)
{
    BT_Read.Enabled = t;
    BT_Stop.Enabled = !t;
}
```

[그림 6-8] Form 함수

2) [읽기] 시 동작

- **[정지]** 버튼 활성화 및 **[읽기]** 버튼 비활성화
- 타이머 활성화(주기 100mSec)
- BT_Read_Click 함수

```
private void BT_Read_Click(object sender, EventArgs e)
{
    Form(false);
    timer1.Enabled = true;
    timer1.Interval = 100;
}
```

[그림 6-9] BT_Read_Click 함수

3) [정지] 시 동작

- **[정지]** 버튼 활성화 및 **[읽기]** 버튼 비활성화
- 타이머 정지
- BT_Stop_Click 함수

```
private void BT_Stop_Click(object sender, EventArgs e)
{
    Form(true);
    timer1.Enabled = false;
}
```

[그림 6-10] BT_Stop_Click 함수

4) Timer 동작

- 데이터 Frame과 Company Frame 구성 후 결합
- timer1_Tick 함수

```
private void timer1_Tick(object sender, EventArgs e)
{
    byte[] DataFrame = MakeDataFrame();
    byte[] SendFrame = MakeCompanyFrame(DataFrame);
    SendFrame = Combine(SendFrame, DataFrame);
    SendMassage(SendFrame);
}
```

[그림 6-11] timer1_Tick 함수

5) 데이터 Frame 구성

- 명령어 코드(0x0054 : 읽기), 데이터 타입(0x0000 : Bit)
- 예약 영역(0x0000), 블록 개수(0x0008 : 8개)
- MakeDataFrame 함수

```
private byte[] MakeDataFrame()
{
    //          byte[] CommandCode = new byte[] { 0x54, 0x00 };                  // 명령어(읽기)
    //          byte[] DataType = new byte[] { 0x00, 0x00 };                     // BIT
    //          byte[] Reserved = new byte[] { 0x00, 0x00 };                     // 예비
    //          byte[] BlockNo = new byte[] { 0x08, 0x00 };                      // 변수개수(8)

    byte[] DataFrame = new byte[] { 0x54, 0x00, 0x00, 0x00, 0x00, 0x00, 0x08, 0x00 };   // 명령어

    byte[] DataBlock = MakeVariableBlock();
    DataFrame = Combine(DataFrame, DataBlock);

    return DataFrame;
}
```

[그림 6-12] MakeDataFrame 함수

- 데이터 변수 Block 구성
- MakeVariableBlock 함수

```
private byte[] MakeVariableBlock()
{
    byte[] VariableBlock = new byte[0];
    VariableBlock = MakeBlock("%MX100", VariableBlock);
    VariableBlock = MakeBlock("%MX101", VariableBlock);
    VariableBlock = MakeBlock("%MX102", VariableBlock);
    VariableBlock = MakeBlock("%MX103", VariableBlock);
    VariableBlock = MakeBlock("%PX024", VariableBlock);
    VariableBlock = MakeBlock("%PX025", VariableBlock);
    VariableBlock = MakeBlock("%PX026", VariableBlock);
    VariableBlock = MakeBlock("%PX027", VariableBlock);

    return VariableBlock;
}
```

[그림 6-13] MakeVariableBlock 함수

- MakeBlock 함수
- 변수 길이(0x0006 : 6개(%MX100)

```
private byte[] MakeBlock(string VariableName, byte[] VariableBlock)
{
    byte[] VariableLength = new byte[2] { 0x06, 0x00 };          //변수길이
    VariableBlock = Combine(VariableBlock, VariableLength);

    byte[] VariableFrame = Encoding.Default.GetBytes(VariableName);
    VariableBlock = Combine(VariableBlock, VariableFrame);

    return VariableBlock;
}
```

[그림 6-14] MakeBlock 함수

6) Company Frame 구성

- LSIS 고유번호 : "LSIS-XGT" 시리즈
- 예비영역 : 0x0000(Company_ID : 10byte(LSIS-XGT : 8 byte))
- PLC 정보 : 0x0000(Client → 서버 : 고정)
- CPU 정보 : 0xB0(XGB(MK))
- 프레임 방향 : 0x33(Client → 서버)
- 프레임 순서 번호 : 0x0000(0번)
- 데이터 길이 : 2byte(데이터의 길이, 데이터 프레임에 따라 달라짐)
- 위치 정보 : 0x01(베이스 번호(0), 슬롯 번호(1))
- MakeCompanyFrame 함수

```
private byte[] MakeCompanyFrame(byte[] DataFrame)
{
    string Company_ID = "LSIS-XGT";                                  //PLC 타입
    byte[] CompanyFrame = Encoding.Default.GetBytes(Company_ID);

    //          byte[] Reserved = new byte[2] { 0x00, 0x00 };        //예비
    //          byte[] PLC_Info = new byte[2] { 0x00, 0x00 };        //PLC정보
    //          byte[] CPU_Info = new byte[1] { 0xB0 };              //XGB(MK)
    //          byte[] SourceOfFrame = new byte[1] { 0x33 };         //PC->PLC
    //          byte[] InvokeID = new byte[2] { 0x00, 0x00 };        //인식번호(0번)
    byte[] CPU_Info = new byte[] { 0x00, 0x00, 0x00, 0x00, 0xB0, 0x33, 0x00, 0x00 };
    CompanyFrame = Combine(CompanyFrame, CPU_Info);

    byte[] Length = new byte[] { (byte)DataFrame.Length, 0x00 };  //데이터의 길이(바이트수)
    CompanyFrame = Combine(CompanyFrame, Length);

    byte[] FEnetPosition = new byte[] { 0x01 };                   //0번베이스, 1번스롯
    CompanyFrame = Combine(CompanyFrame, FEnetPosition);

    byte[] BCC = new byte[1];
    ushort crc = Calc(CompanyFrame);
    BCC[0] = (byte)crc;
    CompanyFrame = Combine(CompanyFrame, BCC);

    return CompanyFrame;
}
```

[그림 6-15] MakeCompanyFrame 함수

7) SendMessage 함수

```
private void SendMassage(byte[] SendFrame)
{
    Socket sock = new Socket(AddressFamily.InterNetwork, SocketType.Stream, ProtocolType.Tcp);

    sock.SendTimeout = 3000;
    sock.ReceiveTimeout = 3000;

    IPAddress serverIP = IPAddress.Parse("10.10.10.100");
    int serverPort = 2004;
    IPEndPoint ipep = new IPEndPoint(serverIP, serverPort);

    if (sock.IsBound == true) sock.Close();

    sock.Connect(ipep);
    if (sock.Connected)
    {
        sock.Send(SendFrame);
        TB_SendFrame.Text = BitConverter.ToString(SendFrame);
        byte[] Rdata = new byte[100];
        sock.Receive(Rdata);
        TB_ReceivedFrame.Text = BitConverter.ToString(Rdata);
        Received_Data_Processing(Rdata);
    }

    sock.Close();
}
```

[그림 6-16] SendMessage 함수

8) 수신 데이터 처리

- ReceivedDataProcessing 함수

```
private void Received_Data_Processing(byte[] RData)
{
    CB_M100.Checked = BitConverter.ToBoolean(RData, 32);        //Bool 표현(byte)
    CB_M101.Checked = BitConverter.ToBoolean(RData, 35);        //Bool 표현(byte)
    CB_M102.Checked = BitConverter.ToBoolean(RData, 38);        //Bool 표현(byte)
    CB_M103.Checked = BitConverter.ToBoolean(RData, 41);        //Bool 표현(byte)
    CB_P24.Checked = BitConverter.ToBoolean(RData, 44);         //Bool 표현(byte)
    CB_P25.Checked = BitConverter.ToBoolean(RData, 47);         //Bool 표현(byte)
    CB_P26.Checked = BitConverter.ToBoolean(RData, 50);         //Bool 표현(byte)
    CB_P27.Checked = BitConverter.ToBoolean(RData, 53);         //Bool 표현(byte)
}
```

[그림 6-17] ReceivedDataProcessing 함수

9) 전체 프로그램

```
Form1.cs    Form1.cs [디자인]
TCP_EX1                                   WindowsFormsApp1.Form1

using System;
using System.Net;
using System.Net.Sockets;
using System.Text;
using System.Windows.Forms;

namespace WindowsFormsApp1
{
    참조 3개
    public partial class Form1 : Form
    {
        참조 1개
        public Form1()
        {
            InitializeComponent();
        }

        참조 1개
        private void Form1_Load(object sender, EventArgs e)
        {
            Form(true);
        }

        참조 1개
        private void BT_Read_Click(object sender, EventArgs e)
        {
            Form(false);
            timer1.Enabled = true;
            timer1.Interval = 100;
        }

        참조 1개
        private void BT_Stop_Click(object sender, EventArgs e)
        {
            Form(true);
            timer1.Enabled = false;
        }

        참조 3개
        private void Form(bool t)
        {
            BT_Read.Enabled = t;
            BT_Stop.Enabled = !t;
        }

        참조 1개
        private void timer1_Tick(object sender, EventArgs e)
        {
            byte[] DataFrame = MakeDataFrame();
            byte[] SendFrame = MakeCompanyFrame(DataFrame);
            SendFrame = Combine(SendFrame, DataFrame);
            SendMassage(SendFrame);
        }

        참조 1개
        private byte[] MakeDataFrame()
        {
            //          byte[] CommandCode = new byte[] { 0x54, 0x00 };                  // 명령어(읽기)
            //          byte[] DataType = new byte[] { 0x00, 0x00 };                     // BIT
            //          byte[] Reserved = new byte[] { 0x00, 0x00 };                     // 예비
            //          byte[] BlockNo = new byte[] { 0x08, 0x00 };                      // 변수개수(8)

            byte[] DataFrame = new byte[] { 0x54, 0x00, 0x00, 0x00, 0x00, 0x00, 0x08, 0x00 };   // 명령어

            byte[] DataBlock = MakeVariableBlock();
            DataFrame = Combine(DataFrame, DataBlock);

            return DataFrame;
```

(a)

```
    }

    참조 1개
    private byte[] MakeVariableBlock()
    {
        byte[] VariableBlock = new byte[0];
        VariableBlock = MakeBlock("%MX100", VariableBlock);
        VariableBlock = MakeBlock("%MX101", VariableBlock);
        VariableBlock = MakeBlock("%MX102", VariableBlock);
        VariableBlock = MakeBlock("%MX103", VariableBlock);
        VariableBlock = MakeBlock("%PX024", VariableBlock);
        VariableBlock = MakeBlock("%PX025", VariableBlock);
        VariableBlock = MakeBlock("%PX026", VariableBlock);
        VariableBlock = MakeBlock("%PX027", VariableBlock);

        return VariableBlock;
    }

    참조 8개
    private byte[] MakeBlock(string VariableName, byte[] VariableBlock)
    {
        byte[] VariableLength = new byte[2] { 0x06, 0x00 };        //변수길이
        VariableBlock = Combine(VariableBlock, VariableLength);

        byte[] VariableFrame = Encoding.Default.GetBytes(VariableName);
        VariableBlock = Combine(VariableBlock, VariableFrame);

        return VariableBlock;
    }

    참조 1개
    private byte[] MakeCompanyFrame(byte[] DataFrame)
    {
        string Company_ID = "LSIS-XGT";                                                  //PLC 타입
        byte[] CompanyFrame = Encoding.Default.GetBytes(Company_ID);

        //          byte[] Reserved = new byte[2] { 0x00, 0x00 };                       //예비
        //          byte[] PLC_Info = new byte[2] { 0x00, 0x00 };                       //PLC정보
        //          byte[] CPU_Info = new byte[1] { 0xB0 };                             //XGB(MK)
        //          byte[] SourceOfFrame = new byte[1] { 0x33 };                        //PC->PLC
        //          byte[] InvokeID = new byte[2] { 0x00, 0x00 };                       //인식번호(0번)
        byte[] CPU_Info = new byte[] { 0x00, 0x00, 0x00, 0x00, 0xB0, 0x33, 0x00, 0x00 };
        CompanyFrame = Combine(CompanyFrame, CPU_Info);

        byte[] Length = new byte[] { (byte)DataFrame.Length, 0x00 };          //데이터의 길이(바이트수)
        CompanyFrame = Combine(CompanyFrame, Length);

        byte[] FEnetPosition = new byte[] { 0x01 };                           //0번베이스, 1번스롯
        CompanyFrame = Combine(CompanyFrame, FEnetPosition);

        byte[] BCC = new byte[1];
        ushort crc = Calc(CompanyFrame);
        BCC[0] = (byte)crc;
        CompanyFrame = Combine(CompanyFrame, BCC);

        return CompanyFrame;
    }

    참조 1개
    private void SendMassage(byte[] SendFrame)
    {
        Socket sock = new Socket(AddressFamily.InterNetwork, SocketType.Stream, ProtocolType.Tcp);

        sock.SendTimeout = 3000;
        sock.ReceiveTimeout = 3000;

        IPAddress serverIP = IPAddress.Parse("10.10.10.100");
        int serverPort = 2004;
        IPEndPoint ipep = new IPEndPoint(serverIP, serverPort);

        if (sock.IsBound == true) sock.Close();

```

(b)

```
            sock.Connect(ipep);
            if (sock.Connected)
            {
                sock.Send(SendFrame);
                TB_SendFrame.Text = BitConverter.ToString(SendFrame);
                byte[] Rdata = new byte[100];
                sock.Receive(Rdata);
                TB_ReceivedFrame.Text = BitConverter.ToString(Rdata);
                Received_Data_Processing(Rdata);
            }

            sock.Close();
        }

        참조 1개
        private void Received_Data_Processing(byte[] RData)
        {
            CB_M100.Checked = BitConverter.ToBoolean(RData, 32);          //Bool 표현(byte)
            CB_M101.Checked = BitConverter.ToBoolean(RData, 35);          //Bool 표현(byte)
            CB_M102.Checked = BitConverter.ToBoolean(RData, 38);          //Bool 표현(byte)
            CB_M103.Checked = BitConverter.ToBoolean(RData, 41);          //Bool 표현(byte)
            CB_P24.Checked = BitConverter.ToBoolean(RData, 44);           //Bool 표현(byte)
            CB_P25.Checked = BitConverter.ToBoolean(RData, 47);           //Bool 표현(byte)
            CB_P26.Checked = BitConverter.ToBoolean(RData, 50);           //Bool 표현(byte)
            CB_P27.Checked = BitConverter.ToBoolean(RData, 53);           //Bool 표현(byte)
        }

        참조 8개
        private byte[] Combine(byte[] a, byte[] b)                         //바이트 합치기
        {
            byte[] c = new byte[a.Length + b.Length];
            Buffer.BlockCopy(a, 0, c, 0, a.Length);
            Buffer.BlockCopy(b, 0, c, a.Length, b.Length);
            return c;
        }

        참조 1개
        private static ushort Calc(byte[] data)                            //CRC코드 생성
        {
            ushort crc = 0xFFFF;
            for (int pos = 0; pos < data.Length; pos++)
            {
                crc ^= (UInt16)data[pos];
                for (int i = 8; i != 0; i--)
                {
                    if ((crc & 0x0001) != 0)
                    {
                        crc >>= 1;
                        crc ^= 0xA001;
                    }
                    else crc >>= 1;
                }
            }
            return crc;
        }
    }
}
```

(c)

[그림 6-18] C# 프로그램

실습과제 6-2

과제명 **Byte 개별 읽기**

1) 과제 설명

- **[그림 6-19]**와 같이 Window Form을 구성한다.
- Form이 시작할 때 **[정지]** 버튼은 비활성화되며, **[읽기]** 버튼은 활성화된다.
- **[읽기]** 버튼을 클릭하면 타이머가 활성화되어 PLC M100에서 M107까지 1바이트와 P20에서 P27까지 1바이트의 값을 100mSec 간격으로 읽어와서, 체크 박스 **[M100]**에서 **[M107]**까지와 **[P20]**에서 **[P27]**까지 표시한다.
- **[정지]** 버튼을 클릭하면 읽기가 중지된다. 그리고 **[정지]** 버튼이 비활성화되고 **[읽기]** 버튼은 활성화된다.

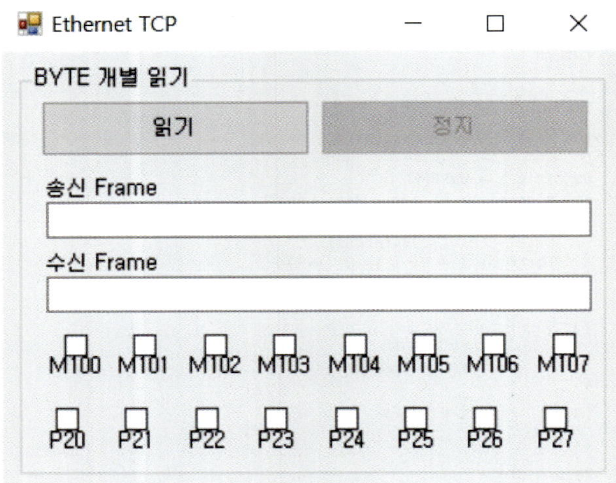

[그림 6-19] Window Form

2) Form Design

- 사용된 Component List

[표 6-30] Component List

도구	Name	Text
Label	-	송신 Frame
Label	-	수신 Frame
Button	BT_Read	읽기
Button	BT_Stop	정지
CheckBox	CB_M100 ~ CB_M107	M100 ~ M107
CheckBox	CB_P20 ~ CB_P27	P20 ~ P27
GroupBox	-	BYTE 개별 읽기

❖ PLC 프로그램

[그림 6-20] PLC 프로그램

❖ C# 프로그램

1) 데이터 Frame 구성

- 명령어 코드(0x0054 : 읽기), 데이터 타입(0x0001 : Byte)
- 예약 영역(0x0000), 블록 개수(0x0002 : 2개)
- MakeDataFrame 함수

```
private byte[] MakeDataFrame( )
{
    //          byte[] Data_frame = new byte[] { 0x54, 0x00 };              // 명령어(읽기)
    //          byte[] DataType = new byte[] { 0x01, 0x00 };                // BYTE
    //          byte[] Reserved = new byte[] { 0x00, 0x00 };                // 예비
    //          byte[] BlockNo = new byte[] { 0x02, 0x00 };                 // 변수개수(2)
    byte[] DataFrame = new byte[] { 0x54, 0x00, 0x01, 0x00, 0x00, 0x00, 0x02, 0x00 };

    byte[] VariableBlock = MakeVariableBlock( );
    DataFrame = Combine(DataFrame, VariableBlock);

    return DataFrame;
}
```

[그림 6-21] MakeDataFrame 함수

- 데이터 변수 Block 구성
- 실제 어드레스(Byte : 어드레스 * 2, M100 ~ M107(M20), P20 ~ P27(P04))
- MakeVariableBlock 함수

```
private byte[] MakeVariableBlock( )
{
    byte[] VariableBlock = new byte[0];

    VariableBlock = MakeBlock( "%MB20", VariableBlock);
    VariableBlock = MakeBlock( "%PB04", VariableBlock);

    return VariableBlock;
}
```

[그림 6-22] MakeVariableBlock 함수

- 변수 길이(0x0005 : 5개(%MB20))
- MakeBlock 함수

```
private byte[] MakeBlock(string VariableName, byte[] VariableBlock)
{
    byte[] VariableLength = new byte[2] { 0x05, 0x00 };
    VariableBlock = Combine(VariableBlock, VariableLength);

    byte[] Variable = Encoding.Default.GetBytes(VariableName);
    VariableBlock = Combine(VariableBlock, Variable);

    return VariableBlock;
}
```

[그림 6-23] MakeBlock 함수

2) 수신 데이터 처리

- M20 byte(M100 ~ M107)와 P04 byte(P20 ~ P27)
- ReceivedDataProcessing 함수

```
private void ReceivedDataProcessing(byte[] RData)
{
    byte[] RecData = new byte[8];

    int ByteData = BitConverter.ToInt16(RData, 32);
    for (int i = 0; i < 8; i++)
    {
        RecData[i] = (byte)(ByteData & 0x00000001);
        ByteData = ByteData >> 1;
    }
    CB_M100.Checked = BitConverter.ToBoolean(RecData, 0);
    CB_M101.Checked = BitConverter.ToBoolean(RecData, 1);
    CB_M102.Checked = BitConverter.ToBoolean(RecData, 2);
    CB_M103.Checked = BitConverter.ToBoolean(RecData, 3);
    CB_M104.Checked = BitConverter.ToBoolean(RecData, 4);
    CB_M105.Checked = BitConverter.ToBoolean(RecData, 5);
    CB_M106.Checked = BitConverter.ToBoolean(RecData, 6);
    CB_M107.Checked = BitConverter.ToBoolean(RecData, 7);

    ByteData = BitConverter.ToInt16(RData, 35);
    for (int i = 0; i < 8; i++)
    {
        RecData[i] = (byte)(ByteData & 0x00000001);
        ByteData = ByteData >> 1;
    }
    CB_P20.Checked = BitConverter.ToBoolean(RecData, 0);
    CB_P21.Checked = BitConverter.ToBoolean(RecData, 1);
    CB_P22.Checked = BitConverter.ToBoolean(RecData, 2);
    CB_P23.Checked = BitConverter.ToBoolean(RecData, 3);
    CB_P24.Checked = BitConverter.ToBoolean(RecData, 4);
    CB_P25.Checked = BitConverter.ToBoolean(RecData, 5);
    CB_P26.Checked = BitConverter.ToBoolean(RecData, 6);
    CB_P27.Checked = BitConverter.ToBoolean(RecData, 7);
}
```

[그림 6-24] ReceivedDataProcessing 함수

3) 전체 프로그램

Form1.cs ⊕ × Form1.cs [디자인]

TCP_EX2 | WindowsFormsApp1.Form1

```
using System;
using System.Net;
using System.Net.Sockets;
using System.Text;
using System.Windows.Forms;

namespace WindowsFormsApp1
{
    참조 3개
    public partial class Form1 : Form
    {
        참조 1개
        public Form1()
        {
            InitializeComponent();
        }

        참조 1개
        private void Form1_Load(object sender, EventArgs e)
        {
            Form(true);
        }

        참조 1개
        private void BT_Read_Click(object sender, EventArgs e)
        {
            Form(false);
            timer1.Enabled = true;
            timer1.Interval = 100;
        }

        참조 1개
        private void BT_Stop_Click(object sender, EventArgs e)
        {
            Form(true);
            timer1.Enabled = false;
        }

        참조 3개
        private void Form(bool t)
        {
            BT_Read.Enabled = t;
            BT_Stop.Enabled = !t;
        }

        참조 1개
        private void timer1_Tick(object sender, EventArgs e)
        {
            byte[] DataFrame = MakeDataFrame();
            byte[] SendFrame = MakeCompanyFrame(DataFrame);
            SendFrame = Combine(SendFrame, DataFrame);

            SendMassage(SendFrame);
        }

        참조 1개
        private byte[] MakeDataFrame()
        {
            //          byte[] Data_frame = new byte[] { 0x54, 0x00 };              // 명령어(읽기)
            //          byte[] DataType = new byte[] { 0x01, 0x00 };                // BYTE
            //          byte[] Reserved = new byte[] { 0x00, 0x00 };                // 예비
            //          byte[] BlockNo = new byte[] { 0x02, 0x00 };                 // 변수개수(2)
            byte[] DataFrame = new byte[] { 0x54, 0x00, 0x01, 0x00, 0x00, 0x00, 0x02, 0x00 };

            byte[] VariableBlock = MakeVariableBlock();
            DataFrame = Combine(DataFrame, VariableBlock);

            return DataFrame;
```

(a)

```
}

참조 1개
private byte[] MakeVariableBlock()
{
    byte[] VariableBlock = new byte[0];

    VariableBlock = MakeBlock("%MB20", VariableBlock);
    VariableBlock = MakeBlock("%PB04", VariableBlock);

    return VariableBlock;
}

참조 2개
private byte[] MakeBlock(string VariableName, byte[] VariableBlock)
{
    byte[] VariableLength = new byte[2] { 0x05, 0x00 };
    VariableBlock = Combine(VariableBlock, VariableLength);

    byte[] Variable = Encoding.Default.GetBytes(VariableName);
    VariableBlock = Combine(VariableBlock, Variable);

    return VariableBlock;
}

참조 1개
private byte[] MakeCompanyFrame(byte[] Dataframe)
{
    string Company_ID = "LSIS-XGT";
    byte[] CompanyFrame = Encoding.Default.GetBytes(Company_ID);

    //          byte[] Reserved = new byte[2] { 0x00, 0x00 };
    //          byte[] PLC_Info = new byte[2] { 0x00, 0x00 };
    //          byte[] CPU_Info = new byte[1] { 0xB0 };
    //          byte[] SourceOfFrame = new byte[1] { 0x33 };
    //          byte[] InvokeID = new byte[2] { 0x00, 0x00 };
    byte[] CPU_Info = new byte[] { 0x00, 0x00, 0x00, 0x00, 0xB0, 0x33, 0x00, 0x00 };
    CompanyFrame = Combine(CompanyFrame, CPU_Info);

    byte[] Length = new byte[] { (byte)Dataframe.Length, 0x00 };
    CompanyFrame = Combine(CompanyFrame, Length);

    byte[] FEnetPosition = new byte[] { 0x01 };
    CompanyFrame = Combine(CompanyFrame, FEnetPosition);

    byte[] BCC = new byte[1];
    ushort crc = Calc(CompanyFrame);
    BCC[0] = (byte)crc;
    CompanyFrame = Combine(CompanyFrame, BCC);

    return CompanyFrame;
}

참조 1개
private void SendMassage(byte[] SendFrame)
{
    Socket sock = new Socket(AddressFamily.InterNetwork, SocketType.Stream, ProtocolType.Tcp);

    sock.SendTimeout = 3000;
    sock.ReceiveTimeout = 3000;

    IPAddress serverIP = IPAddress.Parse("10.10.10.100");
    int serverPort = 2004;
    IPEndPoint ipep = new IPEndPoint(serverIP, serverPort);

    if (sock.IsBound == true) sock.Close();
    sock.Connect(ipep);
    if (sock.Connected)
    {
        sock.Send(SendFrame);
        TB_SendFrame.Text = BitConverter.ToString(SendFrame);
        byte[] Rdata = new byte[100];
```

(b)

```
                sock.Receive(Rdata);
                TB_ReceivedFrame.Text = BitConverter.ToString(Rdata);
                ReceivedDataProcessing(Rdata);
            }
            sock.Close();
        }

        참조 1개
        private void ReceivedDataProcessing(byte[] RData)
        {
            byte[] RecData = new byte[8];

            int ByteData = BitConverter.ToInt16(RData, 32);
            for (int i = 0; i < 8; i++)
            {
                RecData[i] = (byte)(ByteData & 0x00000001);
                ByteData = ByteData >> 1;
            }
            CB_M100.Checked = BitConverter.ToBoolean(RecData, 0);
            CB_M101.Checked = BitConverter.ToBoolean(RecData, 1);
            CB_M102.Checked = BitConverter.ToBoolean(RecData, 2);
            CB_M103.Checked = BitConverter.ToBoolean(RecData, 3);
            CB_M104.Checked = BitConverter.ToBoolean(RecData, 4);
            CB_M105.Checked = BitConverter.ToBoolean(RecData, 5);
            CB_M106.Checked = BitConverter.ToBoolean(RecData, 6);
            CB_M107.Checked = BitConverter.ToBoolean(RecData, 7);

            ByteData = BitConverter.ToInt16(RData, 35);
            for (int i = 0; i < 8; i++)
            {
                RecData[i] = (byte)(ByteData & 0x00000001);
                ByteData = ByteData >> 1;
            }
            CB_P20.Checked = BitConverter.ToBoolean(RecData, 0);
            CB_P21.Checked = BitConverter.ToBoolean(RecData, 1);
            CB_P22.Checked = BitConverter.ToBoolean(RecData, 2);
            CB_P23.Checked = BitConverter.ToBoolean(RecData, 3);
            CB_P24.Checked = BitConverter.ToBoolean(RecData, 4);
            CB_P25.Checked = BitConverter.ToBoolean(RecData, 5);
            CB_P26.Checked = BitConverter.ToBoolean(RecData, 6);
            CB_P27.Checked = BitConverter.ToBoolean(RecData, 7);
        }

        참조 8개
        private byte[] Combine(byte[] a, byte[] b)
        {
            byte[] c = new byte[a.Length + b.Length];
            Buffer.BlockCopy(a, 0, c, 0, a.Length);
            Buffer.BlockCopy(b, 0, c, a.Length, b.Length);
            return c;
        }

        참조 1개
        private static ushort Calc(byte[] data)
        {
            ushort crc = 0xFFFF;
            for (int pos = 0; pos < data.Length; pos++)
            {
                crc ^= (UInt16)data[pos];
                for (int i = 8; i != 0; i--)
                {
                    if ((crc & 0x0001) != 0)
                    {
                        crc >>= 1;
                        crc ^= 0xA001;
                    }
                    else crc >>= 1;
                }
            }
            return crc;
        }
    }
}
```

(c)

[그림 6-25] C# 프로그램

실습과제 6-3

과제명 Word 개별 읽기

1) 과제 설명

- [그림 6-26]과 같이 Window Form을 구성한다.
- Form이 시작할 때 **[정지]** 버튼은 비활성화되며, **[읽기]** 버튼은 활성화된다.
- **[읽기]** 버튼을 클릭하면 타이머가 활성화되어 PLC의 C0, D0 및 D10의 현재값을 100mSec 간격으로 읽어와서, 텍스트 박스 [C0], [D0] 및 [D10]에 각각 쓴다.
- **[정지]** 버튼을 클릭하면 읽기가 중지된다. 그리고 **[정지]** 버튼이 비활성화되고 **[읽기]** 버튼은 활성화된다.

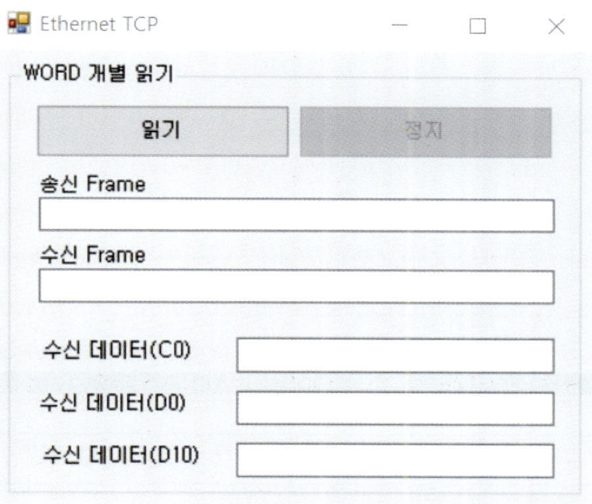

[그림 6-26] Window Form

2) Form Design

- 사용된 Component List

[표 6-31] Component List

도구	Name	Text
Label	–	송신 Frame
Label	–	수신 Frame
Label	–	수신 데이터(C0)
Label	–	수신 데이터(D0)
Label	–	수신 데이터(D10)
Button	BT_Read	읽기
Button	BT_Stop	정지
TextBox	TB_C0	–
TextBox	TB_D0	–
TextBox	TB_D10	–
GroupBox	–	WORD 개별 읽기

❖ PLC 프로그램

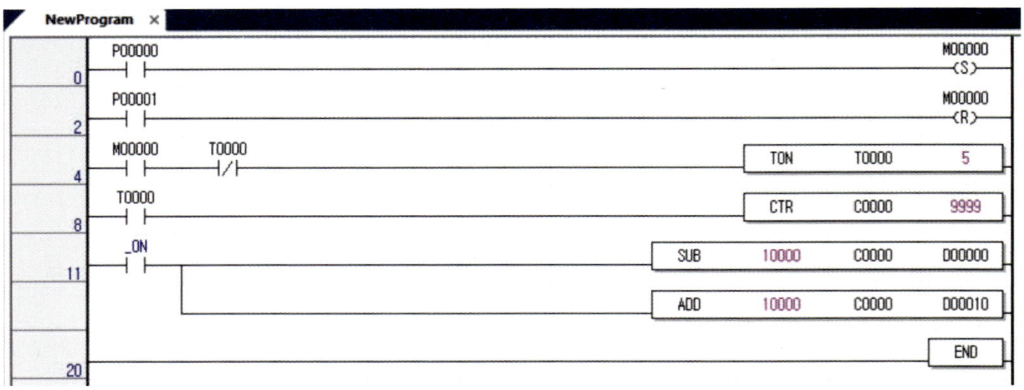

[그림 6-27] PLC 프로그램

❖ C# 프로그램

1) 데이터 Frame 구성

- 명령어 코드(0x0054 : 읽기), 데이터 타입(0x0002 : Word)
- 예약 영역(0x0000), 블록 개수(0x0003 : 3개)
- MakeDataFrame 함수

```
private byte[] MakeDataFrame()
{
    //          byte[] Data_frame = new byte[] { 0x54, 0x00 };                  // 명령어(읽기)
    //          byte[] DataType = new byte[] { 0x02, 0x00 };                    // WORD
    //          byte[] Reserved = new byte[] { 0x00, 0x00 };                    // 예비
    //          byte[] BlockNo = new byte[] { 0x03, 0x00 };                     // 변수개수(3)
    byte[] DataFrame = new byte[] { 0x54, 0x00, 0x02, 0x00, 0x00, 0x00, 0x03, 0x00 };

    byte[] VariableBlock = MakeVariableBlock();
    DataFrame = Combine(DataFrame, VariableBlock);

    return DataFrame;
}
```

[그림 6-28] MakeDataFrame 함수

- MakeVariableBlock

```
private byte[] MakeVariableBlock()
{
    byte[] VariableBlock = new byte[0];

    VariableBlock = MakeBlock("%CW00", VariableBlock);
    VariableBlock = MakeBlock("%DW00", VariableBlock);
    VariableBlock = MakeBlock("%DW10", VariableBlock);

    return VariableBlock;
}
```

[그림 6-29] MakeVariableBlock 함수

2) 수신 데이터 처리

– ReceivedDataProcessing 함수

```
private void ReceivedDataProcessing(byte[] RData)
{
    short Datas = BitConverter.ToInt16(RData, 32);
    TB_C0.Text = Datas.ToString();

    Datas = BitConverter.ToInt16(RData, 36);
    TB_D0.Text = Datas.ToString();

    Datas = BitConverter.ToInt16(RData, 40);
    TB_D10.Text = Datas.ToString();
}
```

[그림 6-30] ReceivedDataProcessing 함수

3) 전체 프로그램

```
Form1.cs  Form1.cs [디자인]
TCP_EX3    WindowsFormsApp1.Form1

using System;
using System.Net;
using System.Net.Sockets;
using System.Text;
using System.Windows.Forms;

namespace WindowsFormsApp1
{
    참조 3개
    public partial class Form1 : Form
    {
        public Form1()
        {
            InitializeComponent();
        }

        참조 1개
        private void Form1_Load(object sender, EventArgs e)
        {
            Form(true);
        }

        private void BT_Read_Click(object sender, EventArgs e)
        {
            Form(false);
            timer1.Enabled = true;
            timer1.Interval = 100;
        }

        참조 1개
        private void BT_Stop_Click(object sender, EventArgs e)
        {
            Form(true);
            timer1.Enabled = false;
        }

        private void Form(bool t)
        {
            BT_Read.Enabled = t;
            BT_Stop.Enabled = !t;
        }

        참조 1개
        private void timer1_Tick(object sender, EventArgs e)
```

(a)

```
{
    byte[] DataFrame = MakeDataFrame();
    byte[] SendFrame = MakeCompanyFrame(DataFrame);
    SendFrame = Combine(SendFrame, DataFrame);

    SendMassage(SendFrame);
}

참조 1개
private byte[] MakeDataFrame()
{
    //          byte[] Data_frame = new byte[] { 0x54, 0x00 };                  // 명령어(읽기)
    //          byte[] DataType = new byte[] { 0x02, 0x00 };                    // WORD
    //          byte[] Reserved = new byte[] { 0x00, 0x00 };                    // 예비
    //          byte[] BlockNo = new byte[] { 0x03, 0x00 };                     // 변수개수(3)
    byte[] DataFrame = new byte[] { 0x54, 0x00, 0x02, 0x00, 0x00, 0x00, 0x03, 0x00 };

    byte[] VariableBlock = MakeVariableBlock();
    DataFrame = Combine(DataFrame, VariableBlock);

    return DataFrame;
}

참조 1개
private byte[] MakeVariableBlock()
{
    byte[] VariableBlock = new byte[0];

    VariableBlock = MakeBlock("%CW00", VariableBlock);
    VariableBlock = MakeBlock("%DW00", VariableBlock);
    VariableBlock = MakeBlock("%DW10", VariableBlock);

    return VariableBlock;
}

참조 3개
private byte[] MakeBlock(string VariableName, byte[] VariableBlock)
{
    byte[] VariableLength = new byte[2] { 0x05, 0x00 };
    VariableBlock = Combine(VariableBlock, VariableLength);

    byte[] Variable = Encoding.Default.GetBytes(VariableName);
    VariableBlock = Combine(VariableBlock, Variable);

    return VariableBlock;
}

참조 1개
private byte[] MakeCompanyFrame(byte[] DataFrame)
{
    string Company_ID = "LSIS-XGT";
    byte[] CompanyFrame = Encoding.Default.GetBytes(Company_ID);

    //          byte[] Reserved = new byte[2] { 0x00, 0x00 };
    //          byte[] PLC_Info = new byte[2] { 0x00, 0x00 };
    //          byte[] CPU_Info = new byte[1] { 0xB0 };
    //          byte[] SourceOfFrame = new byte[1] { 0x33 };
    //          byte[] InvokeID = new byte[2] { 0x00, 0x00 };
    byte[] CPU_Info = new byte[] { 0x00, 0x00, 0x00, 0x00, 0xB0, 0x33, 0x00, 0x00 };
    CompanyFrame = Combine(CompanyFrame, CPU_Info);

    byte[] Length = new byte[] { (byte)DataFrame.Length, 0x00 };
    CompanyFrame = Combine(CompanyFrame, Length);

    byte[] FEnetPosition = new byte[] { 0x01 };
    CompanyFrame = Combine(CompanyFrame, FEnetPosition);

    byte[] BCC = new byte[1];
    ushort crc = Calc(CompanyFrame);
    BCC[0] = (byte)crc;
    CompanyFrame = Combine(CompanyFrame, BCC);

```

(b)

```
            return CompanyFrame;
        }

        참조 1개
        private void SendMassage(byte[] SendFrame)
        {
            Socket sock = new Socket(AddressFamily.InterNetwork, SocketType.Stream, ProtocolType.Tcp);

            sock.SendTimeout = 3000;
            sock.ReceiveTimeout = 3000;

            IPAddress serverIP = IPAddress.Parse("10.10.10.100");
            int serverPort = 2004;
            IPEndPoint ipep = new IPEndPoint(serverIP, serverPort);

            if (sock.IsBound == true) sock.Close();
            sock.Connect(ipep);
            if (sock.Connected)
            {
                sock.Send(SendFrame);
                TB_SendFrame.Text = BitConverter.ToString(SendFrame);
                byte[] Rdata = new byte[100];
                sock.Receive(Rdata);
                TB_ReceivedFrame.Text = BitConverter.ToString(Rdata);
                ReceivedDataProcessing(Rdata);
            }
            sock.Close();
        }

        참조 1개
        private void ReceivedDataProcessing(byte[] RData)
        {
            short Datas = BitConverter.ToInt16(RData, 32);
            TB_C0.Text = Datas.ToString();

            Datas = BitConverter.ToInt16(RData, 36);
            TB_D0.Text = Datas.ToString();

            Datas = BitConverter.ToInt16(RData, 40);
            TB_D10.Text = Datas.ToString();
        }

        참조 8개
        private byte[] Combine(byte[] a, byte[] b)
        {
            byte[] c = new byte[a.Length + b.Length];
            Buffer.BlockCopy(a, 0, c, 0, a.Length);
            Buffer.BlockCopy(b, 0, c, a.Length, b.Length);
            return c;
        }

        참조 1개
        private static ushort Calc(byte[] data)
        {
            ushort crc = 0xFFFF;
            for (int pos = 0; pos < data.Length; pos++)
            {
                crc ^= (UInt16)data[pos];
                for (int i = 8; i != 0; i--)
                {
                    if ((crc & 0x0001) != 0)
                    {
                        crc >>= 1;
                        crc ^= 0xA001;
                    }
                    else crc >>= 1;
                }
            }
            return crc;
        }
    }
}
```

(c)

[그림 6-31] C# 프로그램

실습과제 6-4

과제명 Double Word 개별 읽기

1) 과제 설명

- [그림 6-32]와 같이 Window Form을 구성한다.
- Form이 시작할 때 **[정지]** 버튼은 비활성화되며, **[읽기]** 버튼은 활성화된다.
- **[읽기]** 버튼을 클릭하면 타이머가 활성화되어 PLC 내 D0 및 D10의 값을 100mSec 간격으로 더블 워드 단위로 읽어와서, 텍스트 박스 [D0] 및 [D10]에 각각 쓴다.
- **[정지]** 버튼을 클릭하면 읽기가 중지된다. 그리고 **[정지]** 버튼이 비활성화되고 **[읽기]** 버튼은 활성화된다.

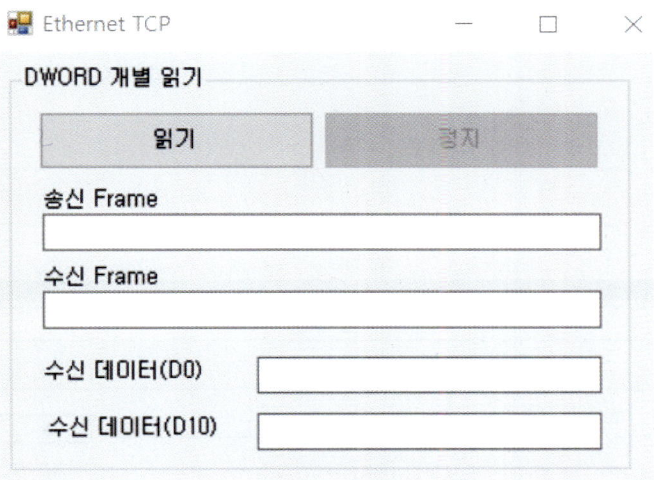

[그림 6-32] Window Form

2) Form Design

- 사용된 Component List

[표 6-32] Component List

도구	Name	Text
Label	-	송신 Frame
Label	-	수신 Frame
Label	-	수신 데이터(D0)
Label	-	수신 더 이터(D10)
Button	BT_Read	읽기
Button	BT_Stop	정지
TextBox	TB_D0	-
TextBox	TB_D10	-
GroupBox	-	DWORD 개별 읽기

❖ PLC 프로그램

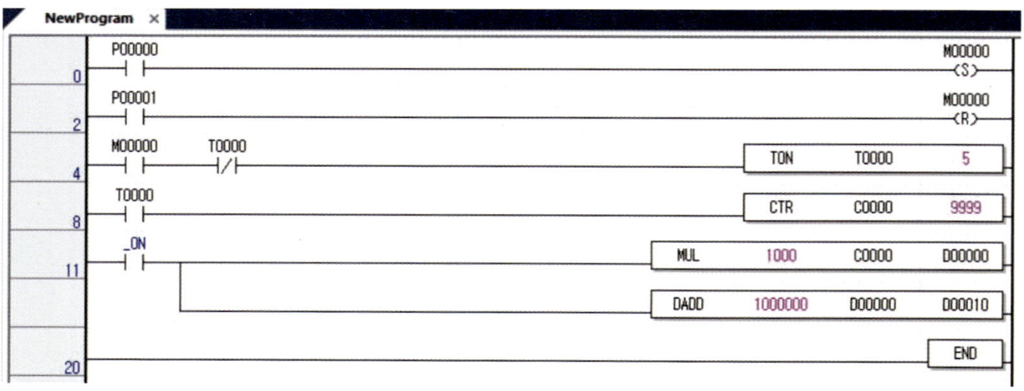

[그림 6-33] PLC 프로그램

❖ C# 프로그램

1) 데이터 Frame 구성

- 명령어 코드(0x0054 : 읽기), 데이터 타입(0x0003 : DWord)
- 예약 영역(0x0000), 블록 개수(0x0002 : 2개)
- MakeDataFrame 함수

```
private byte[] MakeDataFrame()
{
    //          byte[] Data_frame = new byte[] { 0x54, 0x00 };                 // 명령어(읽기)
    //          byte[] DataType = new byte[] { 0x03, 0x00 };                   // DWORD
    //          byte[] Reserved = new byte[] { 0x00, 0x00 };                   // 예비
    //          byte[] BlockNo = new byte[] { 0x02, 0x00 };                    // 변수개수(2)
    byte[] DataFrame = new byte[] { 0x54, 0x00, 0x03, 0x00, 0x00, 0x00, 0x02, 0x00 };

    byte[] VariableBlock = MakeVariableBlock();
    DataFrame = Combine(DataFrame, VariableBlock);

    return DataFrame;
}
```

[그림 6-34] MakeDataFrame 함수

- MakeVariableBlock 함수
- 실제 어드레스(어드레스/2 : Double Word, D0 → D0, D10 → D05)

```
private byte[] MakeVariableBlock()
{
    byte[] VariableBlock = new byte[0];

    VariableBlock = MakeBlock("%DD00", VariableBlock);
    VariableBlock = MakeBlock("%DD05", VariableBlock);

    return VariableBlock;
}
```

[그림 6-35] MakeVariableBlock 함수

2) 수신 데이터 처리

- ReceivedDataProcessing 함수

```
private void ReceivedDataProcessing(byte[] RData)
{
    int Datas = BitConverter.ToInt32(RData, 32);
    TB_D0.Text = Datas.ToString();

    Datas = BitConverter.ToInt32(RData, 38);
    TB_D10.Text = Datas.ToString();
}
```

[그림 6-36] ReceivedDataProcessing 함수

3) 전체 프로그램

```
Form1.cs    Form1.cs [디자인]
TCP_EX4    WindowsFormsApp1.Form1

using System;
using System.Net;
using System.Net.Sockets;
using System.Text;
using System.Windows.Forms;

namespace WindowsFormsApp1
{
    참조 3개
    public partial class Form1 : Form
    {
        참조 1개
        public Form1()
        {
            InitializeComponent();
        }

        참조 1개
        private void Form1_Load(object sender, EventArgs e)
        {
            Form(true);
        }

        참조 1개
        private void BT_Read_Click(object sender, EventArgs e)
        {
            Form(false);
            timer1.Enabled = true;
            timer1.Interval = 100;
        }

        참조 1개
        private void BT_Stop_Click(object sender, EventArgs e)
        {
            Form(true);
            timer1.Enabled = false;
        }

        참조 3개
        private void Form(bool t)
        {
            BT_Read.Enabled = t;
            BT_Stop.Enabled = !t;
        }

        참조 1개
        private void timer1_Tick(object sender, EventArgs e)
        {
            byte[] DataFrame = MakeDataFrame();
            byte[] SendFrame = MakeCompanyFrame(DataFrame);
```

(a)

```
        SendFrame = Combine(SendFrame, DataFrame);

        SendMassage(SendFrame);
    }

    참조 1개
    private byte[] MakeDataFrame( )
    {
        //          byte[] Data_frame = new byte[] { 0x54, 0x00 };              // 명령어(읽기)
        //          byte[] DataType = new byte[] { 0x03, 0x00 };                // DWORD
        //          byte[] Reserved = new byte[] { 0x00, 0x00 };                // 예비
        //          byte[] BlockNo = new byte[] { 0x02, 0x00 };                 // 변수개수(2)
        byte[] DataFrame = new byte[] { 0x54, 0x00, 0x03, 0x00, 0x00, 0x00, 0x02, 0x00 };

        byte[] VariableBlock = MakeVariableBlock( );
        DataFrame = Combine(DataFrame, VariableBlock);

        return DataFrame;
    }

    참조 1개
    private byte[] MakeVariableBlock( )
    {
        byte[] VariableBlock = new byte[0];

        VariableBlock = MakeBlock("%DD00", VariableBlock);
        VariableBlock = MakeBlock("%DD05", VariableBlock);

        return VariableBlock;
    }

    참조 2개
    private byte[] MakeBlock(string VariableName, byte[] VariableBlock)
    {
        byte[] VariableLength = new byte[2] { 0x05, 0x00 };
        VariableBlock = Combine(VariableBlock, VariableLength);

        byte[] Variable = Encoding.Default.GetBytes(VariableName);
        VariableBlock = Combine(VariableBlock, Variable);

        return VariableBlock;
    }

    참조 1개
    private byte[] MakeCompanyFrame(byte[] DataFrame)
    {
        string Company_ID = "LSIS-XGT";
        byte[] CompanyFrame = Encoding.Default.GetBytes(Company_ID);

        //          byte[] Reserved = new byte[2] { 0x00, 0x00 };
        //          byte[] PLC_Info = new byte[2] { 0x00, 0x00 };
        //          byte[] CPU_Info = new byte[1] { 0xB0 };
        //          byte[] SourceOfFrame = new byte[1] { 0x33 };
        //          byte[] InvokeID = new byte[2] { 0x00, 0x00 };
        byte[] CPU_Info = new byte[] { 0x00, 0x00, 0x00, 0x00, 0xB0, 0x33, 0x00, 0x00 };
        CompanyFrame = Combine(CompanyFrame, CPU_Info);

        byte[] Length = new byte[] { (byte)DataFrame.Length, 0x00 };
        CompanyFrame = Combine(CompanyFrame, Length);

        byte[] FEnetPosition = new byte[] { 0x01 };
        CompanyFrame = Combine(CompanyFrame, FEnetPosition);

        byte[] BCC = new byte[1];
        ushort crc = Calc(CompanyFrame);
        BCC[0] = (byte)crc;
        CompanyFrame = Combine(CompanyFrame, BCC);

        return CompanyFrame;
    }

    참조 1개
```

(b)

```
        private void SendMassage(byte[] SendFrame)
        {
            Socket sock = new Socket(AddressFamily.InterNetwork, SocketType.Stream, ProtocolType.Tcp);

            sock.SendTimeout = 3000;
            sock.ReceiveTimeout = 3000;

            IPAddress serverIP = IPAddress.Parse("10.10.10.100");
            int serverPort = 2004;
            IPEndPoint ipep = new IPEndPoint(serverIP, serverPort);

            if (sock.IsBound == true) sock.Close();
            sock.Connect(ipep);
            if (sock.Connected)
            {
                sock.Send(SendFrame);
                TB_SendFrame.Text = BitConverter.ToString(SendFrame);
                byte[] Rdata = new byte[100];
                sock.Receive(Rdata);
                TB_ReceivedFrame.Text = BitConverter.ToString(Rdata);
                ReceivedDataProcessing(Rdata);
            }
            sock.Close();
        }

        참조 1개
        private void ReceivedDataProcessing(byte[] RData)
        {
            int Datas = BitConverter.ToInt32(RData, 32);
            TB_D0.Text = Datas.ToString();

            Datas = BitConverter.ToInt32(RData, 38);
            TB_D10.Text = Datas.ToString();
        }

        참조 8개
        private byte[] Combine(byte[] a, byte[] b)
        {
            byte[] c = new byte[a.Length + b.Length];
            Buffer.BlockCopy(a, 0, c, 0, a.Length);
            Buffer.BlockCopy(b, 0, c, a.Length, b.Length);
            return c;
        }

        참조 1개
        private static ushort Calc(byte[] data)
        {
            ushort crc = 0xFFFF;
            for (int pos = 0; pos < data.Length; pos++)
            {
                crc ^= (UInt16)data[pos];
                for (int i = 8; i != 0; i--)
                {
                    if ((crc & 0x0001) != 0)
                    {
                        crc >>= 1;
                        crc ^= 0xA001;
                    }
                    else crc >>= 1;
                }
            }
            return crc;
        }
    }
}
```

(c)

[그림 6-37] C# 프로그램

실습과제 6-5

과제명 Bit Data 연속 읽기

1) 과제 설명

- [그림 6-38]과 같이 Window Form을 구성한다.
- Form을 시작할 때 **[정지]** 버튼은 비활성화되며, **[읽기]** 버튼은 활성화된다.
- **[읽기]** 버튼을 클릭하면 타이머가 활성화되어 PLC 내 P20에서 P2F까지 16비트 2Byte값을 100mSec 간격으로 읽어와서, 체크 박스 [P20]에서 [P2F]까지 표시한다.
- **[정지]** 버튼을 클릭하면 읽기를 중지한다. 그리고 **[정지]** 버튼이 비활성화되고 **[읽기]** 버튼은 활성화된다.

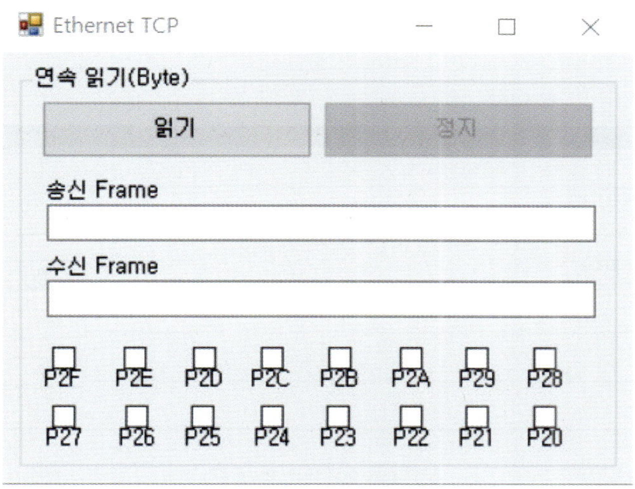

[그림 6-38] Window Form

2) Form Design

- 사용된 Component List

[표 6-33] Component List

도구	Name	Text
Label	-	송신 Frame
Label	-	수신 Frame
Button	BT_Read	읽기
Button	BT_Stop	정지
CheckBox	CB_P20 ~ CB_P2F	P20 ~ P2F
GroupBox	-	연속 읽기(Byte)

❖ PLC 프로그램

[그림 6-39] PLC 프로그램

❖ C# 프로그램

1) 데이터 Frame 구성

- 명령어 코드(0x0054 : 읽기), 데이터 타입(0x0014 : 연속)
- 예약 영역(0x0000), 블록 개수(0x0001 : 고정)
- 변수 길이(0x0005 : 5개(%PB04))
- 바이트 개수(0x02 : 2개)
- MakeDataFrame 함수

```
private byte[] MakeDataFrame()
{
    //        byte[] Data_frame = new byte[] { 0x54, 0x00 };             // 명령어(읽기)
    //        byte[] DataType = new byte[] { 0x14, 0x00 };               // 연속
    //        byte[] Reserved = new byte[] { 0x00, 0x00 };               // 예비
    //        byte[] BlockNo = new byte[] { 0x01, 0x00 };                // 변수개수(1), 고정
    //        byte[] VariableBlock = new byte[2] { 0x05, 0x00 };         //변수길이
    byte[] DataFrame = new byte[] { 0x54, 0x00, 0x14, 0x00, 0x00, 0x00, 0x01, 0x00,
        0x05, 0x00 };

    byte[] Variable = Encoding.Default.GetBytes("%PB04");
    DataFrame = Combine(DataFrame, Variable);

    byte[] Count = new byte[] { 0x02 };                                  //바이트갯수
    DataFrame = Combine(DataFrame, Count);

    return DataFrame;
}
```

[그림 6-40] MakeDataFrame 함수

2) 수신 데이터 처리

- ReceivedDataProcessing 함수

```
private void ReceivedDataProcessing(byte[] R_Data)
{
    byte[] RecData = new byte[16];

    int Datas = BitConverter.ToInt32(R_Data, 32);
    for (int i = 0; i < 16; i++)
    {
        RecData[i] = (byte)(Datas & 0x00000001);
        Datas = Datas >> 1;
    }
    CB_P20.Checked = BitConverter.ToBoolean(RecData, 0);
    CB_P21.Checked = BitConverter.ToBoolean(RecData, 1);
    CB_P22.Checked = BitConverter.ToBoolean(RecData, 2);
    CB_P23.Checked = BitConverter.ToBoolean(RecData, 3);
    CB_P24.Checked = BitConverter.ToBoolean(RecData, 4);
    CB_P25.Checked = BitConverter.ToBoolean(RecData, 5);
    CB_P26.Checked = BitConverter.ToBoolean(RecData, 6);
    CB_P27.Checked = BitConverter.ToBoolean(RecData, 7);
    CB_P28.Checked = BitConverter.ToBoolean(RecData, 8);
    CB_P29.Checked = BitConverter.ToBoolean(RecData, 9);
    CB_P2A.Checked = BitConverter.ToBoolean(RecData, 10);
    CB_P2B.Checked = BitConverter.ToBoolean(RecData, 11);
    CB_P2C.Checked = BitConverter.ToBoolean(RecData, 12);
    CB_P2D.Checked = BitConverter.ToBoolean(RecData, 13);
    CB_P2E.Checked = BitConverter.ToBoolean(RecData, 14);
    CB_P2F.Checked = BitConverter.ToBoolean(RecData, 15);
}
```

[그림 6-41] ReceivedDataProcessing 함수

3) 전체 프로그램

Form1.cs ⊕ × Form1.cs [디자인]

TCP_EX5 ▾ WindowsFormsApp1.Form1

```
using System;
using System.Net;
using System.Net.Sockets;
using System.Text;
using System.Windows.Forms;

namespace WindowsFormsApp1
{
    참조 3개
    public partial class Form1 : Form
    {
        참조 1개
        public Form1()
        {
            InitializeComponent();
        }

        참조 1개
        private void Form1_Load(object sender, EventArgs e)
        {
            Form(true);
        }

        참조 1개
        private void BT_Read_Click(object sender, EventArgs e)
        {
            Form(false);
            timer1.Enabled = true;
            timer1.Interval = 100;
        }

        참조 1개
        private void BT_Stop_Click(object sender, EventArgs e)
        {
            Form(true);
            timer1.Enabled = false;
        }

        참조 3개
        private void Form(bool t)
        {
            BT_Read.Enabled = t;
            BT_Stop.Enabled = !t;
        }

        참조 1개
        private void timer1_Tick(object sender, EventArgs e)
        {
            byte[] DataFrame = MakeDataFrame();
            byte[] SendFrame = MakeCompanyFrame(DataFrame);
            SendFrame = Combine(SendFrame, DataFrame);

            SendMassage(SendFrame);
        }

        참조 1개
        private byte[] MakeDataFrame()
        {
            //          byte[] Data_frame = new byte[] { 0x54, 0x00 };          // 명령어(읽기)
            //          byte[] DataType = new byte[] { 0x14, 0x00 };            // 연속
            //          byte[] Reserved = new byte[] { 0x00, 0x00 };            // 예비
            //          byte[] BlockNo = new byte[] { 0x01, 0x00 };             // 변수개수(1), 고정
            //          byte[] VariableBlock = new byte[2] { 0x05, 0x00 };      //변수길이
            byte[] DataFrame = new byte[] { 0x54, 0x00, 0x14, 0x00, 0x00, 0x00, 0x01, 0x00,
                0x05, 0x00 };

```

(a)

```
        byte[] Variable = Encoding.Default.GetBytes("%PB04");
        DataFrame = Combine(DataFrame, Variable);

        byte[] Count = new byte[] { 0x02 };                                    //바이트갯수
        DataFrame = Combine(DataFrame, Count);

        return DataFrame;
    }

    참조 1개
    private byte[] MakeCompanyFrame(byte[] Dataframe)
    {
        string Company_ID = "LSIS-XGT";
        byte[] CompanyFrame = Encoding.Default.GetBytes(Company_ID);

        //          byte[] Reserved = new byte[2] { 0x00, 0x00 };
        //          byte[] PLC_Info = new byte[2] { 0x00, 0x00 };
        //          byte[] CPU_Info = new byte[1] { 0xB0 };
        //          byte[] SourceOfFrame = new byte[1] { 0x33 };
        //          byte[] InvokeID = new byte[2] { 0x00, 0x00 };
        byte[] CPU_Info = new byte[] { 0x00, 0x00, 0x00, 0x00, 0xB0, 0x33, 0x00, 0x00 };
        CompanyFrame = Combine(CompanyFrame, CPU_Info);

        byte[] Length = new byte[] { (byte)Dataframe.Length, 0x00 };
        CompanyFrame = Combine(CompanyFrame, Length);

        byte[] FEnetPosition = new byte[] { 0x01 };
        CompanyFrame = Combine(CompanyFrame, FEnetPosition);

        byte[] BCC = new byte[1];
        ushort crc = Calc(CompanyFrame);
        BCC[0] = (byte)crc;
        CompanyFrame = Combine(CompanyFrame, BCC);

        return CompanyFrame;
    }

    참조 1개
    private void SendMassage(byte[] SendFrame)
    {
        Socket sock = new Socket(AddressFamily.InterNetwork, SocketType.Stream, ProtocolType.Tcp);

        sock.SendTimeout = 3000;
        sock.ReceiveTimeout = 3000;

        IPAddress serverIP = IPAddress.Parse("10.10.10.100");
        int serverPort = 2004;
        IPEndPoint ipep = new IPEndPoint(serverIP, serverPort);

        if (sock.IsBound == true) sock.Close();
        sock.Connect(ipep);
        if (sock.Connected)
        {
            sock.Send(SendFrame);
            TB_SendFrame.Text = BitConverter.ToString(SendFrame);
            byte[] Rdata = new byte[100];
            sock.Receive(Rdata);
            TB_ReceivedFrame.Text = BitConverter.ToString(Rdata);
            ReceivedDataProcessing(Rdata);
        }
        sock.Close();
    }

    참조 1개
    private void ReceivedDataProcessing(byte[] R_Data)
    {
        byte[] RecData = new byte[16];

        int Datas = BitConverter.ToInt32(R_Data, 32);
        for (int i = 0; i < 16; i++)
        {
            RecData[i] = (byte)(Datas & 0x00000001);
```

(b)

```
                Datas = Datas >> 1;
            }
            CB_P20.Checked = BitConverter.ToBoolean(RecData, 0);
            CB_P21.Checked = BitConverter.ToBoolean(RecData, 1);
            CB_P22.Checked = BitConverter.ToBoolean(RecData, 2);
            CB_P23.Checked = BitConverter.ToBoolean(RecData, 3);
            CB_P24.Checked = BitConverter.ToBoolean(RecData, 4);
            CB_P25.Checked = BitConverter.ToBoolean(RecData, 5);
            CB_P26.Checked = BitConverter.ToBoolean(RecData, 6);
            CB_P27.Checked = BitConverter.ToBoolean(RecData, 7);
            CB_P28.Checked = BitConverter.ToBoolean(RecData, 8);
            CB_P29.Checked = BitConverter.ToBoolean(RecData, 9);
            CB_P2A.Checked = BitConverter.ToBoolean(RecData, 10);
            CB_P2B.Checked = BitConverter.ToBoolean(RecData, 11);
            CB_P2C.Checked = BitConverter.ToBoolean(RecData, 12);
            CB_P2D.Checked = BitConverter.ToBoolean(RecData, 13);
            CB_P2E.Checked = BitConverter.ToBoolean(RecData, 14);
            CB_P2F.Checked = BitConverter.ToBoolean(RecData, 15);
        }

        참조 7개
        private byte[] Combine(byte[] a, byte[] b)                          //바이트 합치기
        {
            byte[] c = new byte[a.Length + b.Length];
            Buffer.BlockCopy(a, 0, c, 0, a.Length);
            Buffer.BlockCopy(b, 0, c, a.Length, b.Length);
            return c;
        }

        참조 1개
        private static ushort Calc(byte[] data)                        //CRC코드 생성
        {
            ushort crc = 0xFFFF;
            for (int pos = 0; pos < data.Length; pos++)
            {
                crc ^= (UInt16)data[pos];
                for (int i = 8; i != 0; i--)
                {
                    if ((crc & 0x0001) != 0)
                    {
                        crc >>= 1;
                        crc ^= 0xA001;
                    }
                    else crc >>= 1;
                }
            }
            return crc;
        }
    }
}
```

(c)

[그림 6-42] C# 프로그램

실습과제 6-6

과제명 Word Data 연속 읽기

1) 과제 설명

- **[그림 6-43]**과 같이 Window Form을 구성한다.
- Form이 시작될 때 **[정지]** 버튼은 비활성화되며, **[읽기]** 버튼은 활성화된다.
- **[읽기]** 버튼을 클릭하면 타이머가 활성화되어 PLC의 D10, D11, D12(DWord) 값을 100mSec 간격으로 읽어와서 텍스트 박스 D10, D11, D12에 표시한다.
- **[정지]** 버튼을 클릭하면 읽기가 중지된다. 그리고 **[정지]** 버튼은 비활성화되고 **[읽기]** 버튼은 활성화된다.

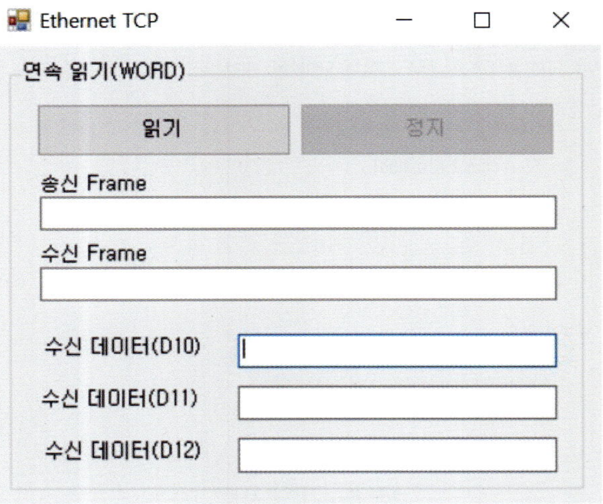

[그림 6-43] Window Form

2) Form Design

- 사용된 Component List

[표 6-34] Component List

도구	Name	Text
Label	-	송신 Frame
Label	-	수신 Frame
Label	-	수신 데이터(D10)
Label	-	수신 데이터(D11)
Label	-	수신 데이터(D12)
Button	BT_Read	읽기
Button	BT_Stop	정지
TextBox	TB_D10	-
TextBox	TB_D11	-
TextBox	TB_D12	-
GroupBox	-	연속 읽기(Word)

❖ PLC 프로그램

[그림 6-44] PLC 프로그램

❖ C# 프로그램

1) 데이터 Frame 구성

- 명령어 코드(0x0054 : 읽기), 데이터 타입(0x0014 : 연속)
- 예약 영역(0x0000), 블록 개수(0x0001 : 고정)
- 변수 길이(0x0005 : 5개(%DB20))
- 바이트 개수(0x08 : 8개, D10 : 2개, D11 : 2개, D12 : 4개)
- MakeDataFrame 함수

```
private byte[] MakeDataFrame()
{
    //          byte[] Data_frame = new byte[] { 0x54, 0x00 };        //명령어(읽기)
    //          byte[] DataType = new byte[] { 0x14, 0x00 };          //연속
    //          byte[] Reserved = new byte[] { 0x00, 0x00 };          //예비
    //          byte[] BlockNo = new byte[] { 0x01, 0x00 };           //변수개수(1), 고정
    //          byte[] Data_block = new byte[2] { 0x05, 0x00 };       //변수길이
    byte[] DataFrame = new byte[] { 0x54, 0x00, 0x14, 0x00, 0x00, 0x00, 0x01, 0x00,
        0x05, 0x00 };

    byte[] Variable = Encoding.Default.GetBytes("%DB20");
    DataFrame = Combine(DataFrame, Variable);

    byte[] Count = new byte[] { 0x08 };                                //바이트갯수(8)
    DataFrame = Combine(DataFrame, Count);

    return DataFrame;
}
```

[그림 6-45] MakeDataFrame 함수

2) 수신 데이터 처리

- ReceivedDataProcessing 함수

```
private void ReceivedDataProcessing(byte[] RData)
{
    short Datas = BitConverter.ToInt16(RData, 32);
    TB_D10.Text = Datas.ToString();

    Datas = BitConverter.ToInt16(RData, 34);
    TB_D11.Text = Datas.ToString();

    int Datai = BitConverter.ToInt32(RData, 36);
    TB_D12.Text = Datai.ToString();
}
```

[그림 6-46] ReceivedDataProcessing 함수

3) 전체 프로그램

```
Form1.cs  Form1.cs [디자인]
TCP_EX6    WindowsFormsApp1.Form1

using System;
using System.Net;
using System.Net.Sockets;
using System.Text;
using System.Windows.Forms;

namespace WindowsFormsApp1
{
    참조 3개
    public partial class Form1 : Form
    {
        참조 1개
        public Form1()
        {
            InitializeComponent();
        }

        참조 1개
        private void Form1_Load(object sender, EventArgs e)
        {
            Form(true);
        }

        참조 1개
        private void BT_Read_Click(object sender, EventArgs e)
        {
            Form(false);
            timer1.Enabled = true;
            timer1.Interval = 100;
        }

        참조 1개
        private void BT_Stop_Click(object sender, EventArgs e)
        {
            Form(true);
            timer1.Enabled = false;
        }

        참조 3개
        private void Form(bool t)
        {
            BT_Read.Enabled = t;
            BT_Stop.Enabled = !t;
        }

        참조 1개
        private void timer1_Tick(object sender, EventArgs e)
        {
            byte[] DataFrame = MakeDataFrame();
            byte[] SendFrame = MakeCompanyFrame(DataFrame);
            SendFrame = Combine(SendFrame, DataFrame);

            SendMassage(SendFrame);
        }

        참조 1개
        private byte[] MakeDataFrame()
        {
            //          byte[] Data_frame = new byte[] { 0x54, 0x00 };      //명령어(읽기)
            //          byte[] DataType = new byte[] { 0x14, 0x00 };        //연속
            //          byte[] Reserved = new byte[] { 0x00, 0x00 };        //예비
            //          byte[] BlockNo = new byte[] { 0x01, 0x00 };         //변수개수(1), 고정
            //          byte[] Data_block = new byte[2] { 0x05, 0x00 };     //변수길이
            byte[] DataFrame = new byte[] { 0x54, 0x00, 0x14, 0x00, 0x00, 0x00, 0x01, 0x00,
                0x05, 0x00 };

            byte[] Variable = Encoding.Default.GetBytes("%DB20");
            DataFrame = Combine(DataFrame, Variable);
```

(a)

```
            byte[] Count = new byte[] { 0x08 };                                        //바이트갯수(8)
            DataFrame = Combine(DataFrame, Count);

            return DataFrame;
        }

        참조 1개
        private byte[] MakeCompanyFrame(byte[] DataFrame)
        {
            string Company_ID = "LSIS-XGT";
            byte[] CompanyFrame = Encoding.Default.GetBytes(Company_ID);

            //              byte[] Reserved = new byte[2] { 0x00, 0x00 };
            //              byte[] PLC_Info = new byte[2] { 0x00, 0x00 };
            //              byte[] CPU_Info = new byte[1] { 0xB0 };
            //              byte[] SourceOfFrame = new byte[1] { 0x33 };
            //              byte[] InvokeID = new byte[2] { 0x00, 0x00 };
            byte[] CPU_Info = new byte[] { 0x00, 0x00, 0x00, 0x00, 0xB0, 0x33, 0x00, 0x00 };
            CompanyFrame = Combine(CompanyFrame, CPU_Info);

            byte[] Length = new byte[] { (byte)DataFrame.Length, 0x00 };
            CompanyFrame = Combine(CompanyFrame, Length);

            byte[] FEnetPosition = new byte[] { 0x01 };
            CompanyFrame = Combine(CompanyFrame, FEnetPosition);

            byte[] BCC = new byte[1];
            ushort crc = Calc(CompanyFrame);
            BCC[0] = (byte)crc;
            CompanyFrame = Combine(CompanyFrame, BCC);

            return CompanyFrame;
        }

        참조 1개
        private void SendMassage(byte[] SendFrame)
        {
            Socket sock = new Socket(AddressFamily.InterNetwork, SocketType.Stream, ProtocolType.Tcp);

            sock.SendTimeout = 3000;
            sock.ReceiveTimeout = 3000;

            IPAddress serverIP = IPAddress.Parse("10.10.10.100");
            int serverPort = 2004;
            IPEndPoint ipep = new IPEndPoint(serverIP, serverPort);

            if (sock.IsBound == true) sock.Close();
            sock.Connect(ipep);
            if (sock.Connected)
            {
                sock.Send(SendFrame);
                TB_SendFrame.Text = BitConverter.ToString(SendFrame);
                byte[] Rdata = new byte[100];
                sock.Receive(Rdata);
                TB_ReceivedFrame.Text = BitConverter.ToString(Rdata);
                ReceivedDataProcessing(Rdata);
            }
            sock.Close();
        }

        참조 1개
        private void ReceivedDataProcessing(byte[] RData)
        {
            short Datas = BitConverter.ToInt16(RData, 32);
            TB_D10.Text = Datas.ToString();

            Datas = BitConverter.ToInt16(RData, 34);
            TB_D11.Text = Datas.ToString();

            int Datai = BitConverter.ToInt32(RData, 36);
            TB_D12.Text = Datai.ToString();
```

(b)

```
        }

        참조 7개
        private byte[] Combine(byte[] a, byte[] b)
        {
            byte[] c = new byte[a.Length + b.Length];
            Buffer.BlockCopy(a, 0, c, 0, a.Length);
            Buffer.BlockCopy(b, 0, c, a.Length, b.Length);
            return c;
        }

        참조 1개
        private static ushort Calc(byte[] data)
        {
            ushort crc = 0xFFFF;
            for (int pos = 0; pos < data.Length; pos++)
            {
                crc ^= (UInt16)data[pos];
                for (int i = 8; i != 0; i--)
                {
                    if ((crc & 0x0001) != 0)
                    {
                        crc >>= 1;
                        crc ^= 0xA001;
                    }
                    else crc >>= 1;
                }
            }
            return crc;
        }
    }
}
```

(c)

[그림 6-47] C# 프로그램

실습과제 6-7

과제명 **BIT 개별 쓰기**

1) 과제 설명

- [그림 6-48]과 같이 Window Form을 구성한다.
- [시작] 버튼을 클릭하면 PLC의 M1000이 ON되어 카운터가 시작된다.
- [정지] 버튼을 클릭하면 PLC의 M1000이 OFF되어 카운터가 정지된다.
- [리셋] 버튼을 클릭하면 PLC의 M1001이 ON되어 카운터가 리셋된다.

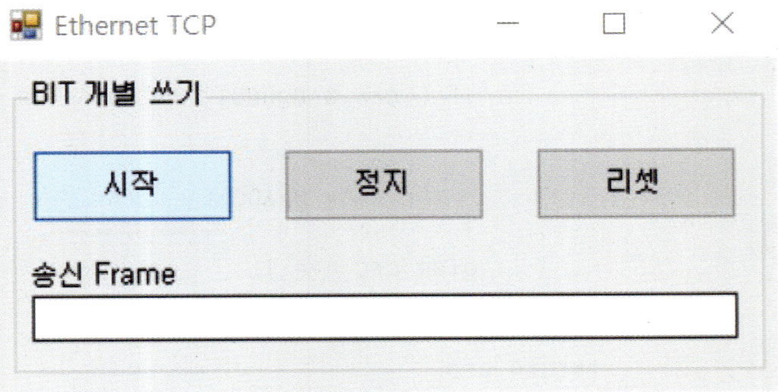

[그림 6-48] Window Form

2) Form Design

- 사용된 Component List

[표 6-35] Component List

도구	Name	Text
Label	-	송신 Frame
Button	BT_Start	시작
Button	BT_Stop	정지
Button	BT_Reset	리셋
TextBox	TB_SendFrame	-
GroupBox	-	BIT 개별 쓰기

❖ PLC 프로그램

[그림 6-49] PLC 프로그램

❖ C# 프로그램

1) BT_Start_Click 함수

- M1000 ON(TP : S(M1000), Set : true(ON))

```
private void BT_Start_Click(object sender, EventArgs e)
{
    string TP = "S";
    bool Set = true;
    SendFrame(TP, Set);
}
```

[그림 6-50] BT_Start_Click 함수

2) BT_Stop_Click 함수

- M1000 OFF(TP : S(M1000), Set : false(OFF))

```
private void BT_Stop_Click(object sender, EventArgs e)
{
    string TP = "S";
    bool Set = false;
    SendFrame(TP, Set);
}
```

[그림 6-51] BT_Stop_Click 함수

3) [리셋] 버튼 클릭 시 동작

- BT_Reset_MouseDown 함수
- M1001 ON(TP : R(M1001), Set : true(ON))

```
private void BT_Reset_MouseDown(object sender, MouseEventArgs e)
{
    string TP = "R";
    bool Set = true;
    SendFrame(TP, Set);
}
```

[그림 6-52] BT_Reset_MouseDown 함수

- BT_Reset_MouseUp
- M1001 OFF(TP : R(M1001), Set : false(OFF))

```
private void BT_Reset_MouseUp(object sender, MouseEventArgs e)
{
    string TP = "R";
    bool Set = false;
    SendFrame(TP, Set);
}
```

[그림 6-53] BT_Reset_MouseUp 함수

4) SendFrame 함수

- 데이터 Frame과 Company Frame 구성 후 결합

```
private void SendFrame(string TP, bool Set)
{
    byte[] DataFrame = MakeDataFrame(TP, Set);
    byte[] frame = MakeCompanyFrame(DataFrame);
    frame = Combine(frame, DataFrame);

    SendMassage(frame);
}
```

[그림 6-54] SendFrame 함수

5) MakeDataFrame 함수

- 명령어 코드(0x0058 : 쓰기), 데이터 타입(0x0000 : Bit)
- 예약 영역(0x0000), 블록 개수(0x0002 : 2개)
- 변수 : M1000, M1001(시작 : M1000 ON, 정지 : M1000 OFF, 리셋 : M1001 ON → OFF)

```
private byte[] MakeDataFrame(string TP, bool Set)
{
    //          byte[] Data_frame = new byte[] { 0x58, 0x00 };          //명령어(쓰기)
    //          byte[] DataType = new byte[] { 0x00, 0x00 };            //BIT
    //          byte[] Reserved = new byte[] { 0x00, 0x00 };            //예비
    //          byte[] BlockNo = new byte[] { 0x02, 0x00 };             //변수개수(2)
    byte[] DataFrame = new byte[] { 0x58, 0x00, 0x00, 0x00, 0x00, 0x00, 0x02, 0x00 };

    string VariableName = "%MX1000";
    DataFrame = MakeVariableFrame(DataFrame, VariableName);

    VariableName = "%MX1001";
    DataFrame = MakeVariableFrame(DataFrame, VariableName);

    byte[] Data;
    if (TP == "S" && Set == true) Data = new byte[] { 0x01, 0x00, 0x01, 0x01, 0x00, 0x00 };
    else if (TP == "R" && Set == true) Data = new byte[] { 0x01, 0x00, 0x00, 0x01, 0x00, 0x01 };
    else Data = new byte[] { 0x01, 0x00, 0x00, 0x01, 0x00, 0x00 };

    DataFrame = Combine(DataFrame, Data);

    return DataFrame;
}
```

[그림 6-55] MakeDataFrame 함수

- MakeVariableBlock 함수

```
private byte[] MakeVariableFrame(byte[] DataFrame, string VariableName)
{
    byte[] VariableLength = new byte[] { 0x07, 0x00 };                  // 변수길이
    DataFrame = Combine(DataFrame, VariableLength);
    byte[] VariableFrame = Encoding.Default.GetBytes(VariableName);
    DataFrame = Combine(DataFrame, VariableFrame);

    return DataFrame;
}
```

[그림 6-56] MakeVariableBlock 함수

6) 전체 프로그램

Form1.cs Form1.cs [디자인]

TCP_EX7 WindowsFormsApp1.Form1

```
using System;
using System.Net;
using System.Net.Sockets;
using System.Text;
using System.Windows.Forms;

namespace WindowsFormsApp1
{
    참조 3개
    public partial class Form1 : Form
    {
        참조 1개
        public Form1()
        {
            InitializeComponent();
        }

        참조 1개
        private void BT_Start_Click(object sender, EventArgs e)
        {
            string TP = "S";
            bool Set = true;
            SendFrame(TP, Set);
        }

        참조 1개
        private void BT_Stop_Click(object sender, EventArgs e)
        {
            string TP = "S";
            bool Set = false;
            SendFrame(TP, Set);
        }

        참조 1개
        private void BT_Reset_MouseDown(object sender, MouseEventArgs e)
        {
            string TP = "R";
            bool Set = true;
            SendFrame(TP, Set);
        }

        참조 1개
        private void BT_Reset_MouseUp(object sender, MouseEventArgs e)
        {
            string TP = "R";
            bool Set = false;
            SendFrame(TP, Set);
        }

        참조 4개
        private void SendFrame(string TP, bool Set)
        {
            byte[] DataFrame = MakeDataFrame(TP, Set);
            byte[] frame = MakeCompanyFrame(DataFrame);
            frame = Combine(frame, DataFrame);

            SendMassage(frame);
        }

        참조 1개
        private byte[] MakeDataFrame(string TP, bool Set)
        {
            //          byte[] Data_frame = new byte[] { 0x58, 0x00 };              //명령어(쓰기)
            //          byte[] DataType = new byte[] { 0x00, 0x00 };                //BIT
            //          byte[] Reserved = new byte[] { 0x00, 0x00 };                //예비
            //          byte[] BlockNo = new byte[] { 0x02, 0x00 };                 //변수개수(2)
            byte[] DataFrame = new byte[] { 0x58, 0x00, 0x00, 0x00, 0x00, 0x00, 0x02, 0x00 };
```

(a)

```
            string VariableName = "%MX1000";
            DataFrame = MakeVariableFrame(DataFrame, VariableName);

            VariableName = "%MX1001";
            DataFrame = MakeVariableFrame(DataFrame, VariableName);

            byte[] Data;
            if (TP == "S" && Set == true) Data = new byte[] { 0x01, 0x00, 0xC1, 0x01, 0x00, 0x00 };
            else if (TP == "R" && Set == true) Data = new byte[] { 0x01, 0x0C, 0x00, 0x01, 0x00, 0x01 };
            else Data = new byte[] { 0x01, 0x00, 0x00, 0x01, 0x00, 0x00 };

            DataFrame = Combine(DataFrame, Data);

            return DataFrame;
        }

        참조 2개
        private byte[] MakeVariableFrame(byte[] DataFrame, string VariableName)
        {
            byte[] VariableLength = new byte[] { 0x07, 0x00 };                    // 변수길이
            DataFrame = Combine(DataFrame, VariableLength);
            byte[] VariableFrame = Encoding.Default.GetBytes(VariableName);
            DataFrame = Combine(DataFrame, VariableFrame);

            return DataFrame;
        }


        참조 1개
        private byte[] MakeCompanyFrame(byte[] DataFrame)
        {
            string Company_ID = "LSIS-XGT";                                       //PLC 타입
            byte[] CompanyFrame = Encoding.Default.GetBytes(Company_ID);

            //          byte[] Reserved = new byte[2] { 0x00, 0x00 };              //예비
            //          byte[] PLC_Info = new byte[2] { 0x00, 0x00 };              //PLC정보
            //          byte[] CPU_Info = new byte[1] { 0xB0 };                    //XGB(MK)
            //          byte[] SourceOfFrame = new byte[1] { 0x33 };               //PC->PLC
            //          byte[] InvokeID = new byte[2] { 0x00, 0x00 };              //인식번호(0번)
            byte[] CPU_Info = new byte[] { 0x00, 0x00, 0x00, 0x00, 0xB0, 0x33, 0x00, 0x00 };
            CompanyFrame = Combine(CompanyFrame, CPU_Info);

            byte[] Length = new byte[] { (byte)DataFrame.Length, 0x00 };
            CompanyFrame = Combine(CompanyFrame, Length);

            byte[] FEnetPosition = new byte[] { 0x01 };
            CompanyFrame = Combine(CompanyFrame, FEnetPosition);

            byte[] BCC = new byte[1];
            ushort crc = Calc(CompanyFrame);
            BCC[0] = (byte)crc;
            CompanyFrame = Combine(CompanyFrame, BCC);

            return CompanyFrame;
        }

        참조 1개
        private void SendMassage(byte[] SendFrame)
        {
            Socket sock = new Socket(AddressFamily.InterNetwork, SocketType.Stream, ProtocolType.Tcp);

            sock.SendTimeout = 3000;
            sock.ReceiveTimeout = 3000;

            IPAddress serverIP = IPAddress.Parse("10.10.10.100");
            int serverPort = 2004;
            IPEndPoint ipep = new IPEndPoint(serverIP, serverPort);

            if (sock.IsBound == true) sock.Close();
            sock.Connect(ipep);
            if (sock.Connected)
```

(b)

```
            {
                sock.Send(SendFrame);
                TB_SendFrame.Text = BitConverter.ToString(SendFrame);
            }
            sock.Close( );
        }

        참조 8개
        private byte[] Combine(byte[] a, byte[] b)
        {
            byte[] c = new byte[a.Length + b.Length];
            Buffer.BlockCopy(a, 0, c, 0, a.Length);
            Buffer.BlockCopy(b, 0, c, a.Length, b.Length);
            return c;
        }

        참조 1개
        private static ushort Calc(byte[] data)
        {
            ushort crc = 0xFFFF;
            for (int pos = 0; pos < data.Length; pos++)
            {
                crc ^= data[pos];
                for (int i = 8; i != 0; i--)
                {
                    if ((crc & 0x0001) != 0)
                    {
                        crc >>= 1;
                        crc ^= 0xA001;
                    }
                    else crc >>= 1;
                }
            }
            return crc;
        }
    }
}
```

(c)

[그림 6-57] C# 프로그램

실습과제 6-8

과제명 **BYTE 개별 쓰기**

1) 과제 설명

- [그림 6-58]과 같이 Window Form을 구성한다.
- 체크 버튼 [M10]에서 [M1F]까지의 상태가 바뀌면 16비트(2 Byte) 값을 PLC의 M10에서 M1F까지 쓴다. 데이터 전송은 바이트 단위(2 Byte)로 한다.
- [리셋] 버튼을 클릭하면 PLC의 M1000이 ON되어 PLC의 메모리 값이 리셋되며, 체크 버튼 [M10]에서 [M1F]까지의 상태가 false로 변경된다.

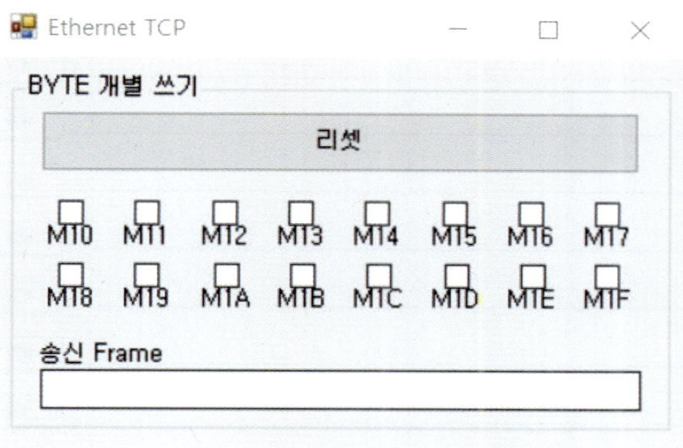

[그림 6-58] Window Form

2) Form Design

- 사용된 Component List

[표 6-36] Component List

도구	Name	Text
Label	-	송신 Frame
Button	BT_Reset	리셋
CheckBox	CB_M10 ~ CB_M1F	M10 ~ M1F
TextBox	TB_SendFrame	-
GroupBox	-	BYTE 개별 쓰기

❖ PLC 프로그램

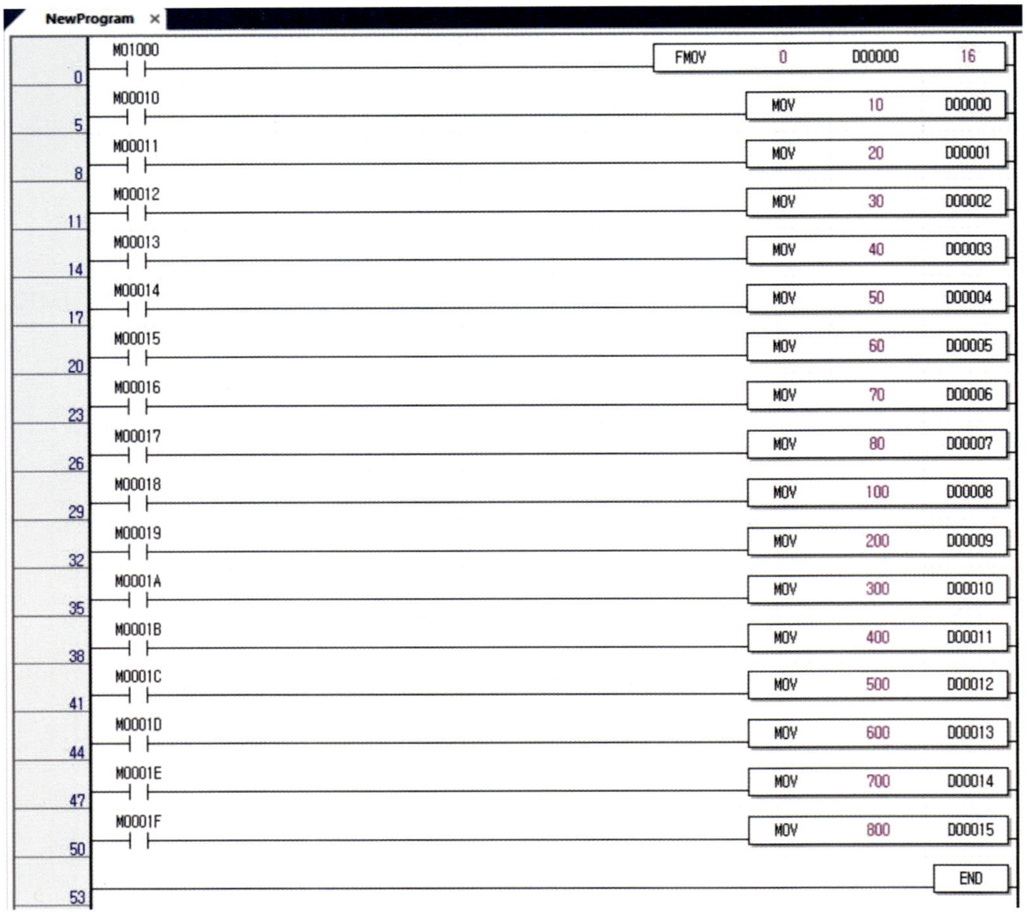

[그림 6-59] PLC 프로그램

❖ C# 프로그램

1) 체크 박스 상태 변경 시 동작

- CB_CheckedChanged 함수
- Byte 데이터 처리(MakeDataFrame(1, true))

```
private void CB_CheckedChanged(object sender, EventArgs e)
{
    byte[] DataFrame = MakeDataFrame(1, true);
    byte[] frame = MakeCompanyFrame(DataFrame);
    frame = Combine(frame, DataFrame);

    SendMassage(frame);
}
```

[그림 6-60] CB_CheckedChanged 함수

2) MakeDataFrame 함수

- Byte 데이터(BB=1)와 Bit 데이터(BB=0) 처리 구분

```
private byte[] MakeDataFrame(int BB, bool tf)
{
    //          byte[] DataFrame = new byte[] { 0x58, 0x00 };         //명령어(쓰기)
    //          byte[] DataType = new byte[] { 0x00, 0x00 };          //BIT
    //          byte[] DataType = new byte[] { 0x01, 0x00 };          //BYTE
    //          byte[] Reserved = new byte[] { 0x00, 0x00 };          //예비
    //          byte[] BlockNo = new byte[] { 0x01, 0x00 };           //변수개수(1:BIT)
    //          byte[] BlockNo = new byte[] { 0x02, 0x00 };           //변수개수(2:BYTE)
    byte[] DataFrame = new byte[0];
    if (BB == 1) DataFrame = MakeByteDataFrame();                       // BYTE
    else DataFrame = MakeBitDataFrame(tf);                              // BIT
    return DataFrame;
}
```

[그림 6-61] MakeDataFrame 함수

3) Byte Data Frame 설정

- MakeByteDataFrame 함수
- 명령어 코드(0x0058 : 쓰기), 데이터 타입(0x0001 : Byte)
- 예약 영역(0x0000), 블록 개수(0x0002 : 2개)

```
private byte[] MakeByteDataFrame( )
{
    byte[] DataFrame = new byte[] { 0x58, 0x00, 0x01, 0x00, 0x00, 0x00, 0x02, 0x00 };

    byte[] DataBlock = MakeVariableBlockByte( );
    DataFrame = Combine(DataFrame, DataBlock);

    byte[] Data = MakeByteDatas( );
    DataFrame = Combine(DataFrame, Data);

    return DataFrame;
}
```

[그림 6-62] MakeByteDataFrame 함수

- MakeVariableBlockByte 함수

```
private byte[] MakeVariableBlockByte( )
{
    byte[] VariableBlock = new byte[0];

    VariableBlock = MakeVariableBlock(VariableBlock, "%MB02");
    VariableBlock = MakeVariableBlock(VariableBlock, "%MB03");

    return VariableBlock;
}
```

[그림 6-63] MakeVariableBlockByte 함수

- MakeVariableBlock 함수

```
private byte[] MakeVariableBlock(byte[] VariableBlock, string Variable)
{
    byte[] VariableLength = new byte[2] { 0x05, 0x00 };
    VariableBlock = Combine(VariableBlock, VariableLength);
    byte[] VariableFrame = Encoding.Default.GetBytes(Variable);
    VariableBlock = Combine(VariableBlock, VariableFrame);

    return VariableBlock;
}
```

[그림 6-64] MakeVariableBlock 함수

4) Byte Data 만들기

- MakeByteDatas 함수
- Bit 데이터를 Byte 데이터로 변환

```
private byte[] MakeByteDatas( )
{
    byte[] Data = new byte[0];
    byte[] ByteData = new byte[1] { 0 };

    if (CB_M10.Checked == true) ByteData[0] += 1;
    if (CB_M11.Checked == true) ByteData[0] += 2;
    if (CB_M12.Checked == true) ByteData[0] += 4;
    if (CB_M13.Checked == true) ByteData[0] += 8;
    if (CB_M14.Checked == true) ByteData[0] += 16;
    if (CB_M15.Checked == true) ByteData[0] += 32;
    if (CB_M16.Checked == true) ByteData[0] += 64;
    if (CB_M17.Checked == true) ByteData[0] += 128;
    Data = MakeDataBlock(Data, ByteData);

    ByteData[0] = 0;
    if (CB_M18.Checked == true) ByteData[0] += 1;
    if (CB_M19.Checked == true) ByteData[0] += 2;
    if (CB_M1A.Checked == true) ByteData[0] += 4;
    if (CB_M1B.Checked == true) ByteData[0] += 8;
    if (CB_M1C.Checked == true) ByteData[0] += 16;
    if (CB_M1D.Checked == true) ByteData[0] += 32;
    if (CB_M1E.Checked == true) ByteData[0] += 64;
    if (CB_M1F.Checked == true) ByteData[0] += 128;
    Data = MakeDataBlock(Data, ByteData);

    return Data;
}
```

[그림 6-65] MakeByteDatas 함수

- MakeDataBlock 함수

```
private byte[] MakeDataBlock(byte[] Data, byte[] ByteData)
{
    byte[] DataCount = new byte[2] { 0x01, 0x00 };            // byte 수
    Data = Combine(Data, DataCount);
    Data = Combine(Data, ByteData);

    return Data;
}
```

[그림 6-66] MakeDataBlock 함수

5) 리셋 동작(Mouse Down, Mouse Up)

- BT_Reset_MouseDown 함수(모든 체크박스 리셋, M1000 ON)

```
private void BT_Reset_MouseDown(object sender, MouseEventArgs e)
{
    CB_Reset();
    byte[] DataFrame = MakeDataFrame(0, true);
    byte[] frame = MakeCompanyFrame(DataFrame);
    frame = Combine(frame, DataFrame);
    SendMassage(frame);
}
```

[그림 6-67] BT_Reset_MouseDown 함수

- CB_Reset 함수(모든 체크 박스 : false)

```
private void CB_Reset()
{
    CB_M10.Checked = false;
    CB_M11.Checked = false;
    CB_M12.Checked = false;
    CB_M13.Checked = false;
    CB_M14.Checked = false;
    CB_M15.Checked = false;
    CB_M16.Checked = false;
    CB_M17.Checked = false;
    CB_M18.Checked = false;
    CB_M19.Checked = false;
    CB_M1A.Checked = false;
    CB_M1B.Checked = false;
    CB_M1C.Checked = false;
    CB_M1D.Checked = false;
    CB_M1E.Checked = false;
    CB_M1F.Checked = false;
}
```

[그림 6-68] CB_Reset 함수

- BT_Reset_MouseUp 함수(M1000 OFF)

```
private void BT_Reset_MouseUp(object sender, MouseEventArgs e)
{
    byte[] DataFrame = MakeDataFrame(0, false);
    byte[] frame = MakeCompanyFrame(DataFrame);
    frame = Combine(frame, DataFrame);
    SendMassage(frame);
}
```

[그림 6-69] BT_Reset_MouseDown 함수

6) MakeBitDataFrame 함수

- 명령어 코드(0x0058 : 쓰기), 데이터 타입(0x0000 : Bit)
- 예약 영역(0x0000), 블록 개수(0x0001 : 1개)

```
private byte[] MakeBitDataFrame(bool tf)
{
    byte[] DataFrame = new byte[] { 0x58, 0x00, 0x00, 0x00, 0x00, 0x00, 0x01, 0x00 };

    byte[] VariableLength = new byte[2] { 0x07, 0x00 };
    DataFrame = Combine(DataFrame, VariableLength);
    byte[] VariableFrame = Encoding.Default.GetBytes("%MX1000");
    DataFrame = Combine(DataFrame, VariableFrame);

    byte[] Data = new byte[0];
    if (tf == true) Data = new byte[] { 0x01, 0x00, 0x01 };
    else Data = new byte[] { 0x01, 0x00, 0x00 };
    DataFrame = Combine(DataFrame, Data);

    return DataFrame;
}
```

[그림 6-70] MakeBitDataFrame 함수

7) 전체 프로그램

Form1.cs* Form1.cs [디자인]*

TCP_EX8 WindowsFormsApp1.Form1

```
using System;
using System.Net;
using System.Net.Sockets;
using System.Text;
using System.Windows.Forms;

namespace WindowsFormsApp1
{
    참조 3개
    public partial class Form1 : Form
    {
        참조 1개
        public Form1()
        {
            InitializeComponent();
        }

        참조 16개
        private void CB_CheckedChanged(object sender, EventArgs e)
        {
            byte[] DataFrame = MakeDataFrame(1, true);
            byte[] frame = MakeCompanyFrame(DataFrame);
            frame = Combine(frame, DataFrame);

            SendMassage(frame);
        }

        참조 1개
        private void BT_Reset_MouseDown(object sender, MouseEventArgs e)
        {
            CB_Reset();
            byte[] DataFrame = MakeDataFrame(0, true);
            byte[] frame = MakeCompanyFrame(DataFrame);
            frame = Combine(frame, DataFrame);
            SendMassage(frame);
        }

        참조 1개
        private void CB_Reset()
        {
            CB_M10.Checked = false;
            CB_M11.Checked = false;
            CB_M12.Checked = false;
            CB_M13.Checked = false;
            CB_M14.Checked = false;
            CB_M15.Checked = false;
            CB_M16.Checked = false;
            CB_M17.Checked = false;
            CB_M18.Checked = false;
            CB_M19.Checked = false;
            CB_M1A.Checked = false;
            CB_M1B.Checked = false;
            CB_M1C.Checked = false;
            CB_M1D.Checked = false;
            CB_M1E.Checked = false;
            CB_M1F.Checked = false;
        }

        참조 1개
        private void BT_Reset_MouseUp(object sender, MouseEventArgs e)
        {
            byte[] DataFrame = MakeDataFrame(0, false);
            byte[] frame = MakeCompanyFrame(DataFrame);
            frame = Combine(frame, DataFrame);
            SendMassage(frame);
        }

        참조 3개
```

(a)

```
private byte[] MakeDataFrame(int BB, bool tf)
{
    //          byte[] DataFrame = new byte[] { 0x58, 0x00 };          //명령어(쓰기)
    //          byte[] DataType = new byte[] { 0x00, 0x00 };           //BIT
    //          byte[] DataType = new byte[] { 0x01, 0x00 };           //BYTE
    //          byte[] Reserved = new byte[] { 0x00, 0x00 };           //예비
    //          byte[] BlockNo = new byte[] { 0x01, 0x00 };            //변수개수(1:BIT)
    //          byte[] BlockNo = new byte[] { 0x02, 0x00 };            //변수개수(2:BYTE)
    byte[] DataFrame = new byte[0];
    if (BB == 1) DataFrame = MakeByteDataFrame();                          // BYTE
    else DataFrame = MakeBitDataFrame(tf);                                 // BIT
    return DataFrame;
}

참조 1개
private byte[] MakeByteDataFrame()
{
    byte[] DataFrame = new byte[] { 0x58, 0x00, 0x01, 0x00, 0x00, 0x00, 0x02, 0x00 };

    byte[] DataBlock = MakeVariableBlockByte();
    DataFrame = Combine(DataFrame, DataBlock);

    byte[] Data = MakeByteDatas();
    DataFrame = Combine(DataFrame, Data);

    return DataFrame;
}

참조 1개
private byte[] MakeVariableBlockByte()
{
    byte[] VariableBlock = new byte[0];

    VariableBlock = MakeVariableBlock(VariableBlock, "%MB02");
    VariableBlock = MakeVariableBlock(VariableBlock, "%MB03");

    return VariableBlock;
}

참조 2개
private byte[] MakeVariableBlock(byte[] VariableBlock, string Variable)
{
    byte[] VariableLength = new byte[2] { 0x05, 0x00 };
    VariableBlock = Combine(VariableBlock, VariableLength);
    byte[] VariableFrame = Encoding.Default.GetBytes(Variable);
    VariableBlock = Combine(VariableBlock, VariableFrame);

    return VariableBlock;
}

참조 1개
private byte[] MakeByteDatas()
{
    byte[] Data = new byte[0];
    byte[] ByteData = new byte[1] { 0 };

    if (CB_M10.Checked == true) ByteData[0] += 1;
    if (CB_M11.Checked == true) ByteData[0] += 2;
    if (CB_M12.Checked == true) ByteData[0] += 4;
    if (CB_M13.Checked == true) ByteData[0] += 8;
    if (CB_M14.Checked == true) ByteData[0] += 16;
    if (CB_M15.Checked == true) ByteData[0] += 32;
    if (CB_M16.Checked == true) ByteData[0] += 64;
    if (CB_M17.Checked == true) ByteData[0] += 128;
    Data = MakeDataBlock(Data, ByteData);

    ByteData[0] = 0;
    if (CB_M18.Checked == true) ByteData[0] += 1;
    if (CB_M19.Checked == true) ByteData[0] += 2;
    if (CB_M1A.Checked == true) ByteData[0] += 4;
    if (CB_M1B.Checked == true) ByteData[0] += 8;
    if (CB_M1C.Checked == true) ByteData[0] += 16;
```

(b)

```
            if (CB_M1D.Checked == true) ByteData[0] += 32;
            if (CB_M1E.Checked == true) ByteData[0] += 64;
            if (CB_M1F.Checked == true) ByteData[0] += 128;
            Data = MakeDataBlock(Data, ByteData);

            return Data;
        }

        참조 2개
        private byte[] MakeDataBlock(byte[] Data, byte[] ByteData)
        {
            byte[] DataCount = new byte[2] { 0x01, 0x00 };              // byte 수
            Data = Combine(Data, DataCount);
            Data = Combine(Data, ByteData);

            return Data;
        }

        참조 1개
        private byte[] MakeBitDataFrame(bool tf)
        {
            byte[] DataFrame = new byte[] { 0x58, 0x00, 0x00, 0x00, 0x00, 0x00, 0x01, 0x00 };

            byte[] VariableLength = new byte[2] { 0x07, 0x00 };
            DataFrame = Combine(DataFrame, VariableLength);
            byte[] VariableFrame = Encoding.Default.GetBytes("%MX1000");
            DataFrame = Combine(DataFrame, VariableFrame);

            byte[] Data = new byte[0];
            if (tf == true) Data = new byte[] { 0x01, 0x00, 0x01 };
            else Data = new byte[] { 0x01, 0x00, 0x00 };
            DataFrame = Combine(DataFrame, Data);

            return DataFrame;
        }

        참조 3개
        private byte[] MakeCompanyFrame(byte[] DataFrame)
        {
            string Company_ID = "LSIS-XGT";
            byte[] CompanyFrame = Encoding.Default.GetBytes(Company_ID);

            //          byte[] Reserved = new byte[2] { 0x00, 0x00 };            //예비
            //          byte[] PLC_Info = new byte[2] { 0x00, 0x00 };            //PLC정보
            //          byte[] CPU_Info = new byte[1] { 0xB0 };                  //XGB(MK)
            //          byte[] SourceOfFrame = new byte[1] { 0x33 };             //PC->PLC
            //          byte[] InvokeID = new byte[2] { 0x00, 0x00 };            //인식번호(0번)
            byte[] CPU_Info = new byte[] { 0x00, 0x00, 0x00, 0x00, 0xB0, 0x33, 0x00, 0x00 };
            CompanyFrame = Combine(CompanyFrame, CPU_Info);

            byte[] Length = new byte[] { (byte)DataFrame.Length, 0x00 };
            CompanyFrame = Combine(CompanyFrame, Length);

            byte[] FEnetPosition = new byte[] { 0x01 };
            CompanyFrame = Combine(CompanyFrame, FEnetPosition);

            byte[] BCC = new byte[1];
            ushort crc = Calc(CompanyFrame);
            BCC[0] = (byte)crc;
            CompanyFrame = Combine(CompanyFrame, BCC);

            return CompanyFrame;
        }

        참조 3개
        private void SendMassage(byte[] SendFrame)
        {
            Socket sock = new Socket(AddressFamily.InterNetwork, SocketType.Stream, ProtocolType.Tcp);

            sock.SendTimeout = 3000;
            sock.ReceiveTimeout = 3000;

```

(c)

```
            IPAddress serverIP = IPAddress.Parse("10.10 10.100");
            int serverPort = 2004;
            IPEndPoint ipep = new IPEndPoint(serverIP, serverPort);

            if (sock.IsBound == true) sock.Close();
            sock.Connect(ipep);
            if (sock.Connected)
            {
                sock.Send(SendFrame);
                TB_SendFrame.Text = BitConverter.ToString(SendFrame);
            }
            sock.Close();
        }

        참조 16개
        private byte[] Combine(byte[] a, byte[] b)                          //바이트 합치기
        {
            byte[] c = new byte[a.Length + b.Length];
            Buffer.BlockCopy(a, 0, c, 0, a.Length);
            Buffer.BlockCopy(b, 0, c, a.Length, b.Length);
            return c;
        }

        참조 1개
        private static ushort Calc(byte[] data)                       //CRC코드 생성
        {
            ushort crc = 0xFFFF;
            for (int pos = 0; pos < data.Length; pos++)
            {
                crc ^= (UInt16)data[pos];
                for (int i = 8; i != 0; i--)
                {
                    if ((crc & 0x0001) != 0)
                    {
                        crc >>= 1;
                        crc ^= 0xA001;
                    }
                    else crc >>= 1;
                }
            }
            return crc;
        }
    }
}
```

(d)

[그림 6-71] C# 프로그램

실습과제 6-9

과제명 WORD 개별 쓰기

1) 과제 설명

- [그림 6-72]와 같이 Window Form을 구성한다.
- **[설정]** 버튼을 클릭하면 **[생산 주기(D0)]** 및 **[생산 목표(D1)]**의 값을 PLC의 D0와 D1에 쓴다.

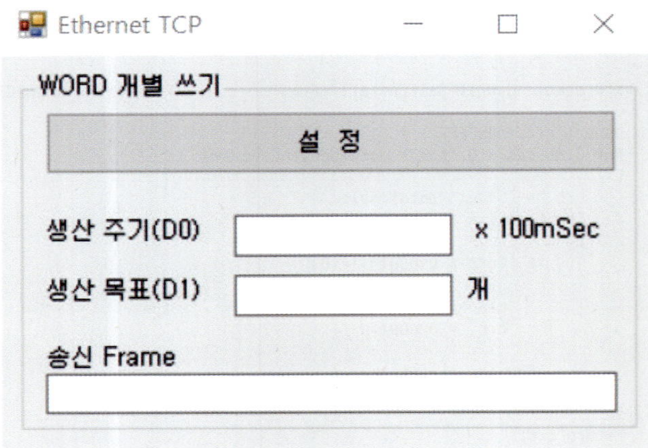

[그림 6-72] Window Form

2) Form Design

- 사용된 Component List

[표 6-37] Component List

도구	Name	Text
Label	-	송신 Frame
Label	-	생산 주기(D0)
Label	-	생산 목표(D1)
Label	-	x 100mSec
Label	-	개
Button	BT_Set	설정
TextBox	TB_SendFrame	-
TextBox	TB_D0	-
TextBox	TB_D1	-
GroupBox	-	WORD 개별 쓰기

❖ PLC 프로그램

[그림 6-73] PLC 프로그램

❖ C# 프로그램

1) 설정 동작

- BT_Set_Click 함수

```
private void BT_Set_Click(object sender, EventArgs e)
{
    byte[] DataFrame = MakeDataFrame( );
    byte[] Frame = MakeCompanyFrame(DataFrame);
    Frame = Combine(Frame, DataFrame);

    SendMassage(Frame);
}
```

[그림 6-74] BT_Set_Click 함수

2) MakeDataFrame 함수

- 명령어 코드(0x0058 : 쓰기), 데이터 타입(0x0002 : Word)
- 예약 영역(0x0000), 블록 개수(0x0002 : 2개)

```
private byte[] MakeDataFrame( )
{
    //          byte[] DataFrame = new byte[] { 0x58, 0x00 };             //명령어(쓰기)
    //          byte[] DataType = new byte[] { 0x02, 0x00 };              //WORD
    //          byte[] Reserved = new byte[] { 0x00, 0x00 };              //예비
    //          byte[] BlockNo = new byte[] { 0x02, 0x00 };               //변수개수(2)
    byte[] DataFrame = new byte[] { 0x58, 0x00, 0x02, 0x00, 0x00, 0x00, 0x02, 0x00 };

    byte[] VariableBlock = MakeVariableBlock( );
    DataFrame = Combine(DataFrame, VariableBlock);

    byte[] Data = MakeDatas( );
    DataFrame = Combine(DataFrame, Data);

    return DataFrame;
}
```

[그림 6-75] MakeDataFrame 함수

3) MakeVariableBlock 함수

```
private byte[] MakeVariableBlock( )
{
    byte[] VariableBlock = new byte[0];
    byte[] VariableLength = new byte[2] { 0x05, 0x00 };                    //변수길이

    VariableBlock = Combine(VariableBlock, VariableLength);
    byte[] VariableFrame = Encoding.Default.GetBytes("%DW00");
    VariableBlock = Combine(VariableBlock, VariableFrame);

    VariableBlock = Combine(VariableBlock, VariableLength);
    VariableFrame = Encoding.Default.GetBytes("%DW01");
    VariableBlock = Combine(VariableBlock, VariableFrame);

    return VariableBlock;
}
```

[그림 6-76] MakeVariableBlock 함수

4) MakeDatas 함수

```
private byte[] MakeDatas( )
{
    byte[] Data = new byte[0];
    byte[] DataCount = new byte[2] { 0x02, 0x00 };                    // byte 수

    Data = Combine(Data, DataCount);
    byte[] WordData = BitConverter.GetBytes(Convert.ToInt16(TB_D0.Text));
    Data = Combine(Data, WordData);

    Data = Combine(Data, DataCount);
    WordData = BitConverter.GetBytes(Convert.ToInt16(TB_D1.Text));
    Data = Combine(Data, WordData);

    return Data;
}
```

[그림 6-77] MakeDatas 함수

5) 전체 프로그램

```
Form1.cs  Form1.cs [디자인]
TCP_EX9    WindowsFormsApp1.Form1

using System;
using System.Net;
using System.Net.Sockets;
using System.Text;
using System.Windows.Forms;

namespace WindowsFormsApp1
{
    참조 3개
    public partial class Form1 : Form
    {
        참조 1개
        public Form1()
        {
            InitializeComponent();
        }

        참조 1개
        private void BT_Set_Click(object sender, EventArgs e)
        {
            byte[] DataFrame = MakeDataFrame();
            byte[] Frame = MakeCompanyFrame(DataFrame);
            Frame = Combine(Frame, DataFrame);

            SendMassage(Frame);
        }

        참조 1개
        private byte[] MakeDataFrame()
        {
            //          byte[] DataFrame = new byte[] { 0x58, 0x00 };              //명령어(쓰기)
            //          byte[] DataType = new byte[] { 0x02, 0x00 };               //WCRD
            //          byte[] Reserved = new byte[] { 0x00, 0x00 };               //예비
            //          byte[] BlockNo = new byte[] { 0x02, 0x00 };                //변수개수(2)
            byte[] DataFrame = new byte[] { 0x58, 0x00, 0x02, 0x00, 0x00, 0x00, 0x02, 0x00 };

            byte[] VariableBlock = MakeVariableBlock();
            DataFrame = Combine(DataFrame, VariableBlock);

            byte[] Data = MakeDatas();
            DataFrame = Combine(DataFrame, Data);

            return DataFrame;
        }

        참조 1개
        private byte[] MakeVariableBlock()
        {
            byte[] VariableBlock = new byte[0];
            byte[] VariableLength = new byte[2] { 0x05, 0x00 };                  //변수길이

            VariableBlock = Combine(VariableBlock, VariableLength);
            byte[] VariableFrame = Encoding.Default.GetBytes("%DW00");
            VariableBlock = Combine(VariableBlock, VariableFrame);

            VariableBlock = Combine(VariableBlock, VariableLength);
            VariableFrame = Encoding.Default.GetBytes("%DW01");
            VariableBlock = Combine(VariableBlock, VariableFrame);

            return VariableBlock;
        }

        참조 1개
        private byte[] MakeDatas()
        {
            byte[] Data = new byte[0];
            byte[] DataCount = new byte[2] { 0x02, 0x00 };              // byte 수
```

(a)

```
    Data = Combine(Data, DataCount);
    byte[] WordData = BitConverter.GetBytes(Convert.ToInt16(TB_D0.Text));
    Data = Combine(Data, WordData);

    Data = Combine(Data, DataCount);
    WordData = BitConverter.GetBytes(Convert.ToInt16(TB_D1.Text));
    Data = Combine(Data, WordData);

    return Data;
}

참조 1개
private byte[] MakeCompanyFrame(byte[] DataFrame)
{
    string Company_ID = "LSIS-XGT";
    byte[] CompanyFrame = Encoding.Default.GetBytes(Company_ID);

    //          byte[] Reserved = new byte[2] { 0x00, 0x00 };          //예비
    //          byte[] PLC_Info = new byte[2] { 0x00, 0x00 };          //PLC정보
    //          byte[] CPU_Info = new byte[1] { 0xB0 };                //XGB(MK)
    //          byte[] SourceOfFrame = new byte[1] { 0x33 };           //PC->PLC
    //          byte[] InvokeID = new byte[2] { 0x00, 0x00 };          //인식번호(0번)
    byte[] CPU_Info = new byte[] { 0x00, 0x00, 0x00, 0x00, 0xB0, 0x33, 0x00, 0x00 };
    CompanyFrame = Combine(CompanyFrame, CPU_Info);

    byte[] Length = new byte[] { (byte)DataFrame.Length, 0x00 };
    CompanyFrame = Combine(CompanyFrame, Length);

    byte[] FEnetPosition = new byte[] { 0x01 };
    CompanyFrame = Combine(CompanyFrame, FEnetPosition);

    byte[] BCC = new byte[1];
    ushort crc = Calc(CompanyFrame);
    BCC[0] = (byte)crc;
    CompanyFrame = Combine(CompanyFrame, BCC);

    return CompanyFrame;
}

참조 1개
private void SendMassage(byte[] SendFrame)
{
    Socket sock = new Socket(AddressFamily.InterNetwork, SocketType.Stream, ProtocolType.Tcp);

    sock.SendTimeout = 3000;
    sock.ReceiveTimeout = 3000;

    IPAddress serverIP = IPAddress.Parse("10.10.10.1□");
    int serverPort = 2004;
    IPEndPoint ipep = new IPEndPoint(serverIP, serverPort);

    if (sock.IsBound == true) sock.Close();
    sock.Connect(ipep);
    if (sock.Connected)
    {
        sock.Send(SendFrame);
        TB_SendFrame.Text = BitConverter.ToString(SendFrame);
    }
    sock.Close();
}

참조 15개
private byte[] Combine(byte[] a, byte[] b)
{
    byte[] c = new byte[a.Length + b.Length];
    Buffer.BlockCopy(a, 0, c, 0, a.Length);
    Buffer.BlockCopy(b, 0, c, a.Length, b.Length);
    return c;
}

참조 1개
```

(b)

```
        private static ushort Calc(byte[] data)
        {
            ushort crc = 0xFFFF;
            for (int pos = 0; pos < data.Length; pos++)
            {
                crc ^= (UInt16)data[pos];
                for (int i = 8; i != 0; i--)
                {
                    if ((crc & 0x0001) != 0)
                    {
                        crc >>= 1;
                        crc ^= 0xA001;
                    }
                    else crc >>= 1;
                }
            }
            return crc;
        }
    }
}
```

(c)

[그림 6-78] C# 프로그램

실습과제 6-10

과제명 DOUBLE WORD 개별 쓰기

1) 과제 설명

- **[그림 6-79]**와 같이 Window Form을 구성한다.
- **[설정]** 버튼을 클릭하면 **[목표 금액(D10)]** 및 **[생산 이월(D20)]**의 값(DWord)을 PLC의 D10과 D20에 쓴다.

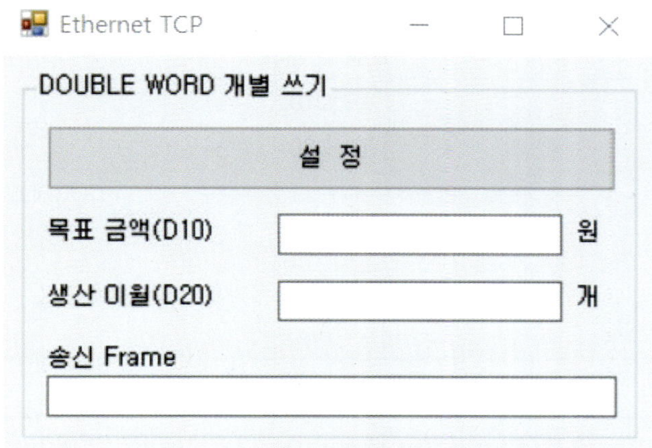

[그림 6-79] Window Form

2) Form Design

- 사용된 Component List

[표 6-38] Component List

도구	Name	Text
Label	-	송신 Frame
Label	-	목표 금액(D10)
Label	-	생산 이월(D20)
Label	-	x 100mSec
Label	-	원
Button	BT_Set	개
TextBox	TB_SendFrame	설정
TextBox	TB_D10	-
TextBox	TB_D20	-
GroupBox	-	DOUBLE WORD 개별 쓰기

❖ PLC 프로그램

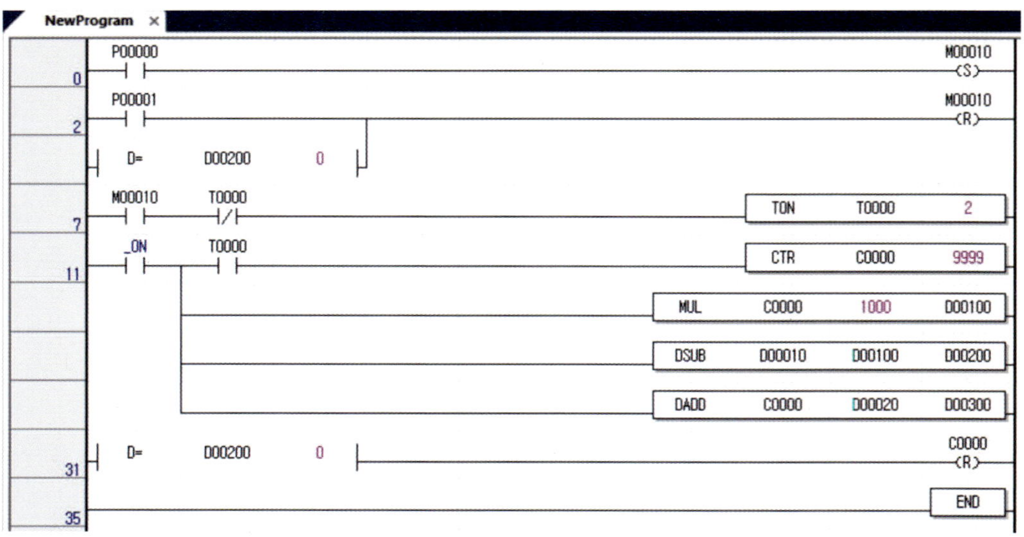

[그림 6-80] PLC 프로그램

❖ C# 프로그램

1) MakeDataFrame 함수

- 명령어 코드(0x0058 : 쓰기), 데이터 타입(0x0002 : Word)
- 예약 영역(0x0000), 블록 개수(0x0002 : 2개)

```
private byte[] MakeDataFrame()
{
    //          byte[] DataFrame = new byte[] { 0x58, 0x00 };            // 명령어(쓰기)
    //          byte[] DataType = new byte[] { 0x03, 0x00 };             // DOUBLE WORD
    //          byte[] Reserved = new byte[] { 0x00, 0x00 };             // 예비
    //          byte[] BlockNo = new byte[] { 0x02, 0x00 };              // 변수개수(2)
    byte[] DataFrame = new byte[] { 0x58, 0x00, 0x03, 0x00, 0x00, 0x00, 0x02, 0x00 };

    byte[] VariableBlock = MakeVariableBlock();
    DataFrame = Combine(DataFrame, VariableBlock);

    byte[] Data = MakeDatas();
    DataFrame = Combine(DataFrame, Data);

    return DataFrame;
}
```

[그림 6-81] MakeDataFrame 함수

2) MakeVariableBlock 함수

- Double Word 변수 주소(주소/2 : D10 → D05, D20 → D10)

```
private byte[] MakeVariableBlock()
{
    byte[] VariableBlock = new byte[0];
    byte[] VariableLength = new byte[2] { 0x05, 0x00 };                 //변수길이

    VariableBlock = Combine(VariableBlock, VariableLength);
    byte[] VariableFrame = Encoding.Default.GetBytes("%DD05");
    VariableBlock = Combine(VariableBlock, VariableFrame);

    VariableBlock = Combine(VariableBlock, VariableLength);
    VariableFrame = Encoding.Default.GetBytes("%DD10");
    VariableBlock = Combine(VariableBlock, VariableFrame);

    return VariableBlock;
}
```

[그림 6-82] MakeVariableBlock 함수

3) MakeDatas 함수

- Double Word : 32bit, 4byte

```
private byte[] MakeDatas( )
{
    byte[] Data = new byte[0];
    byte[] DataCount = new byte[2] { 0x04, 0x00 };                  // byte 수

    Data = Combine(Data, DataCount);
    byte[] WordData = BitConverter.GetBytes(Convert.ToInt32(TB_D10.Text));
    Data = Combine(Data, WordData);

    Data = Combine(Data, DataCount);
    WordData = BitConverter.GetBytes(Convert.ToInt32(TB_D20.Text));
    Data = Combine(Data, WordData);

    return Data;
}
```

[그림 6-83] MakeDatas 함수

4) 전체 프로그램

Form1.cs* ⊕ × Form1.cs [디자인]*

TCP_EX10 ▾ WindowsFormsApp1.Form1 ▾

```
using System;
using System.Net;
using System.Net.Sockets;
using System.Text;
using System.Windows.Forms;

namespace WindowsFormsApp1
{
    참조 3개
    public partial class Form1 : Form
    {
        참조 1개
        public Form1()
        {
            InitializeComponent();
        }

        참조 1개
        private void BT_Set_Click(object sender, EventArgs e)
        {
            byte[] DataFrame = MakeDataFrame();
            byte[] Frame = MakeCompanyFrame(DataFrame);
            Frame = Combine(Frame, DataFrame);

            SendMassage(Frame);
        }

        참조 1개
        private byte[] MakeDataFrame()
        {
            //          byte[] DataFrame = new byte[] { 0x58, 0x00 };            // 명령어(쓰기)
            //          byte[] DataType = new byte[] { 0x03, 0x00 };             // DOUBLE WORD
            //          byte[] Reserved = new byte[] { 0x00, 0x00 };             // 예비
            //          byte[] BlockNo = new byte[] { 0x02, 0x00 };              // 변수개수(2)
            byte[] DataFrame = new byte[] { 0x58, 0x00, 0x03, 0x00, 0x00, 0x00, 0x02, 0x00 };

            byte[] VariableBlock = MakeVariableBlock();
            DataFrame = Combine(DataFrame, VariableBlock);

            byte[] Data = MakeDatas();
            DataFrame = Combine(DataFrame, Data);

            return DataFrame;
        }

        참조 1개
        private byte[] MakeVariableBlock()
        {
            byte[] VariableBlock = new byte[0];
            byte[] VariableLength = new byte[2] { 0x05, 0x00 };                  //변수길이

            VariableBlock = Combine(VariableBlock, VariableLength);
            byte[] VariableFrame = Encoding.Default.GetBytes("%DD05");
            VariableBlock = Combine(VariableBlock, VariableFrame);

            VariableBlock = Combine(VariableBlock, VariableLength);
            VariableFrame = Encoding.Default.GetBytes("%DD10");
            VariableBlock = Combine(VariableBlock, VariableFrame);

            return VariableBlock;
        }

        참조 1개
        private byte[] MakeDatas()
        {
            byte[] Data = new byte[0];
            byte[] DataCount = new byte[2] { 0x04, 0x00 };              // byte 수
```

(a)

```
        Data = Combine(Data, DataCount);
        byte[] WordData = BitConverter.GetBytes(Convert.ToInt32(TB_D10.Text));
        Data = Combine(Data, WordData);

        Data = Combine(Data, DataCount);
        WordData = BitConverter.GetBytes(Convert.ToInt32(TB_D20.Text));
        Data = Combine(Data, WordData);

        return Data;
    }

    참조 1개
    private byte[] MakeCompanyFrame(byte[] DataFrame)
    {
        string Company_ID = "LSIS-XGT";
        byte[] CompanyFrame = Encoding.Default.GetBytes(Company_ID);

        //          byte[] Reserved = new byte[2] { 0x00, 0x00 };           //예비
        //          byte[] PLC_Info = new byte[2] { 0x00, 0x00 };           //PLC정보
        //          byte[] CPU_Info = new byte[1] { 0xB0 };                 //XGB(MK)
        //          byte[] SourceOfFrame = new byte[1] { 0x33 };            //PC->PLC
        //          byte[] InvokeID = new byte[2] { 0x00, 0x00 };           //인식번호(0번)
        byte[] CPU_Info = new byte[] { 0x00, 0x00, 0x00, 0x00, 0xB0, 0x33, 0x00, 0x00 };
        CompanyFrame = Combine(CompanyFrame, CPU_Info);

        byte[] Length = new byte[] { (byte)DataFrame.Length, 0x00 };
        CompanyFrame = Combine(CompanyFrame, Length);

        byte[] FEnetPosition = new byte[] { 0x01 };
        CompanyFrame = Combine(CompanyFrame, FEnetPosition);

        byte[] BCC = new byte[1];
        ushort crc = Calc(CompanyFrame);
        BCC[0] = (byte)crc;
        CompanyFrame = Combine(CompanyFrame, BCC);

        return CompanyFrame;
    }

    참조 1개
    private void SendMassage(byte[] SendFrame)
    {
        Socket sock = new Socket(AddressFamily.InterNetwork, SocketType.Stream, ProtocolType.Tcp);

        sock.SendTimeout = 3000;
        sock.ReceiveTimeout = 3000;

        IPAddress serverIP = IPAddress.Parse("10.10.10.100");
        int serverPort = 2004;
        IPEndPoint ipep = new IPEndPoint(serverIP, serverPort);

        if (sock.IsBound == true) sock.Close();
        sock.Connect(ipep);
        if (sock.Connected)
        {
            sock.Send(SendFrame);
            TB_SendFrame.Text = BitConverter.ToString(SendFrame);
        }
        sock.Close();
    }

    참조 15개
    private byte[] Combine(byte[] a, byte[] b)
    {
        byte[] c = new byte[a.Length + b.Length];
        Buffer.BlockCopy(a, 0, c, 0, a.Length);
        Buffer.BlockCopy(b, 0, c, a.Length, b.Length);
        return c;
    }

    참조 1개
```

(b)

```
        private static ushort Calc(byte[] data)
        {
            ushort crc = 0xFFFF;
            for (int pos = 0; pos < data.Length; pos++)
            {
                crc ^= (UInt16)data[pos];
                for (int i = 8; i != 0; i--)
                {
                    if ((crc & 0x0001) != 0)
                    {
                        crc >>= 1;
                        crc ^= 0xA001;
                    }
                    else crc >>= 1;
                }
            }
            return crc;
        }
    }
}
```

(c)

[그림 6-84] C# 프로그램

실습과제 6-11

과제명 **Bit Data 연속 쓰기**

1) 과제 설명

- [그림 6-85]와 같이 Window Form을 구성한다.
- 체크 박스 [M10]에서 [M1F]까지의 상태가 바뀌면 16비트의 상태를 PLC의 M10에서 M1F까지 쓴다.
- PLC의 리셋 버튼(P00)을 누르면 모든 값이 초기화되며 Form의 체크 박스의 상태도 모두 false로 바뀐다.

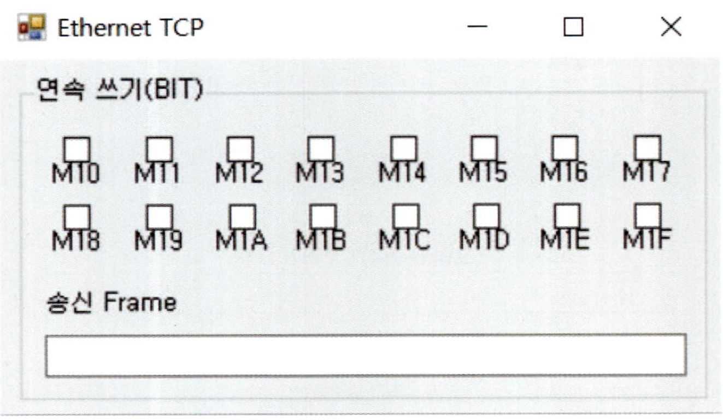

[그림 6-85] Window Form

2) Form Design

- 사용된 Component List

[표 6-39] Component List

도구	Name	Text
Label	-	송신 Frame
CheckBox	CB_M10 ~ CB_M1F	M10 ~ M1F
TextBox	TB_SendFrame	-
GroupBox	-	연속 쓰기(BIT)

❖ PLC 프로그램

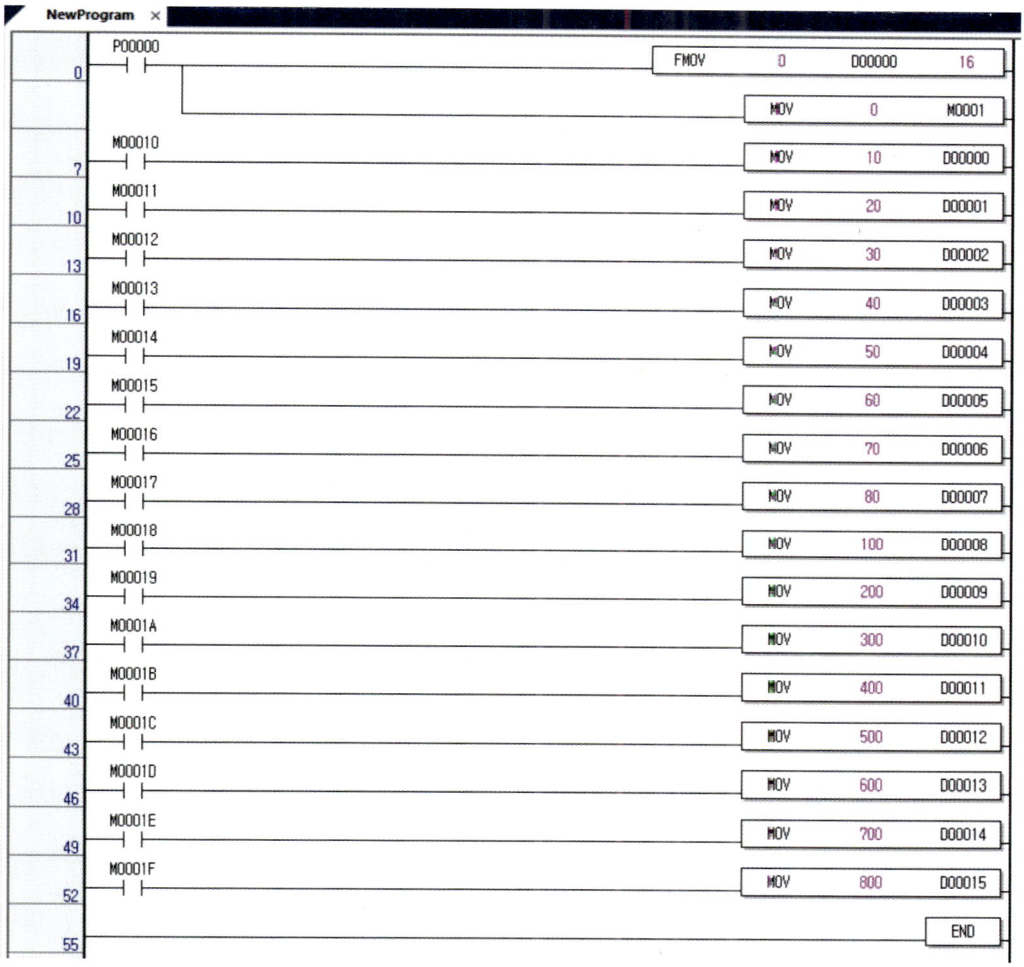

[그림 6-86] PLC 프로그램

❖ C# 프로그램

1) Form1_Load 함수

- timer를 가동시켜 P00의 상태값을 확인한다.

```
private void Form1_Load(object sender, EventArgs e)
{
    timer1.Enabled = true;
    timer1.Interval = 100;
}
```

[그림 6-87] Form1_Load 함수

2) timer1_Tick 함수

```
private void timer1_Tick(object sender, EventArgs e)
{
    byte[] DataFrame = MakeDataFrameRead( );
    byte[] Frame = MakeCompanyFrame(DataFrame);
    Frame = Combine(Frame, DataFrame);

    SendMassage(Frame, "R");
}
```

[그림 6-88] timer1_Tick 함수

3) MakeDataFrameRead 함수

- P00 상태 읽기

```
private byte[] MakeDataFrameRead( )
{
    //          byte[] CommandCode = new byte[] { 0x54, 0x00 };         // 명령어(읽기)
    //          byte[] DataType = new byte[] { 0x00, 0x00 };            // BIT
    //          byte[] Reserved = new byte[] { 0x00, 0x00 };            // 예비
    //          byte[] BlockNo = new byte[] { 0x01, 0x00 };             // 변수개수(1)

    byte[] DataFrame = new byte[] { 0x54, 0x00, 0x00, 0x00, 0x00, 0x00, 0x01, 0x00 };

    byte[] VariableLength = new byte[2] { 0x05, 0x00 };
    DataFrame = Combine(DataFrame, VariableLength);

    byte[] VariableFrame = Encoding.Default.GetBytes("%PX00");
    DataFrame = Combine(DataFrame, VariableFrame);

    return DataFrame;
}
```

[그림 6-89] MakeDataFrameRead 함수

4) ReceivedDataProcessing 함수

- P00 ON → 모든 CheckBox false

```
private void ReceivedDataProcessing(byte[] RData)
{
    if (BitConverter.ToBoolean(RData, 32) == true)
    {
        CB_M10.Checked = false;
        CB_M11.Checked = false;
        CB_M12.Checked = false;
        CB_M13.Checked = false;
        CB_M14.Checked = false;
        CB_M15.Checked = false;
        CB_M16.Checked = false;
        CB_M17.Checked = false;
        CB_M18.Checked = false;
        CB_M19.Checked = false;
        CB_M1A.Checked = false;
        CB_M1B.Checked = false;
        CB_M1C.Checked = false;
        CB_M1D.Checked = false;
        CB_M1E.Checked = false;
        CB_M1F.Checked = false;
    }
}
```

[그림 6-90] ReceivedDataProcessing 함수

5) CB_CheckedChanged 함수

- Check Box의 상태가 바뀌면 실행

```
private void CB_CheckedChanged(object sender, EventArgs e)
{
    timer1.Enabled = false;
    byte[] DataFrame = MakeDataFrameWrite();
    byte[] Frame = MakeCompanyFrame(DataFrame);
    Frame = Combine(Frame, DataFrame);

    SendMassage(Frame, "W");
    timer1.Enabled = true;
}
```

[그림 6-91] CB_CheckedChanged 함수

6) MakeDataFrameWrite 함수

- 명령어 코드(0x0058 : 쓰기), 데이터 타입(0x0014 : 연속)
- 예약 영역(0x0000), 블록 개수(0x0001 : 1개, 고정)

```
private byte[] MakeDataFrameWrite()
{
    //          byte[] DataFrame = new byte[] { 0x58, 0x00 };           //명령어(쓰기)
    //          byte[] DataType = new byte[] { 0x14, 0x00 };            // 연속
    //          byte[] Reserved = new byte[] { 0x00, 0x00 };            //예비
    //          byte[] BlockNo = new byte[] { 0x01, 0x00 };             //변수개수(1)
    byte[] DataFrame = new byte[] { 0x58, 0x00, 0x14, 0x00, 0x00, 0x00, 0x01, 0x00 };

    byte[] VariableBlock = MakeVariableBlock();
    DataFrame = Combine(DataFrame, VariableBlock);

    byte[] Data = MakeDatas();
    DataFrame = Combine(DataFrame, Data);

    return DataFrame;
}
```

[그림 6-92] MakeDataFrameWrite 함수

7) MakeVariableBlock 함수

```
private byte[] MakeVariableBlock()
{
    byte[] VariableBlock = new byte[0];
    byte[] VariableLength = new byte[2] { 0x05, 0x00 };             //변수길이

    VariableBlock = Combine(VariableBlock, VariableLength);
    byte[] VariableFrame = Encoding.Default.GetBytes("%MB02");
    VariableBlock = Combine(VariableBlock, VariableFrame);

    byte[] Count = new byte[] { 0x02, 0x00 };                       //데이터(바이트)개수
    VariableBlock = Combine(VariableBlock, Count);

    return VariableBlock;
}
```

[그림 6-93] MakeVariableBlock 함수

8) MakeDatas 함수

```
private byte[] MakeDatas()
{
    byte[] Data = new byte[0];
    byte[] ByteDatas = new byte[1] { 0 };

    if (CB_M10.Checked == true) ByteDatas[0] += 1;
    if (CB_M11.Checked == true) ByteDatas[0] += 2;
    if (CB_M12.Checked == true) ByteDatas[0] += 4;
    if (CB_M13.Checked == true) ByteDatas[0] += 8;
    if (CB_M14.Checked == true) ByteDatas[0] += 16;
    if (CB_M15.Checked == true) ByteDatas[0] += 32;
    if (CB_M16.Checked == true) ByteDatas[0] += 64;
    if (CB_M17.Checked == true) ByteDatas[0] += 128;
    Data = Combine(Data, ByteDatas);

    ByteDatas[0] = 0;
    if (CB_M18.Checked == true) ByteDatas[0] += 1;
    if (CB_M19.Checked == true) ByteDatas[0] += 2;
    if (CB_M1A.Checked == true) ByteDatas[0] += 4;
    if (CB_M1B.Checked == true) ByteDatas[0] += 8;
    if (CB_M1C.Checked == true) ByteDatas[0] += 16;
    if (CB_M1D.Checked == true) ByteDatas[0] += 32;
    if (CB_M1E.Checked == true) ByteDatas[0] += 64;
    if (CB_M1F.Checked == true) ByteDatas[0] += 128;
    Data = Combine(Data, ByteDatas);

    return Data;
}
```

[그림 6-94] MakeDatas 함수

9) 전체 프로그램

Form1.cs Form1.cs [디자인]

TCP_EX11 WindowsFormsApp1.Form1

```
using System;
using System.Net;
using System.Net.Sockets;
using System.Text;
using System.Windows.Forms;

namespace WindowsFormsApp1
{
    참조 3개
    public partial class Form1 : Form
    {
        참조 1개
        public Form1()
        {
            InitializeComponent();
        }

        참조 1개
        private void Form1_Load(object sender, EventArgs e)
        {
            timer1.Enabled = true;
            timer1.Interval = 100;
        }

        참조 1개
        private void timer1_Tick(object sender, EventArgs e)
        {
            byte[] DataFrame = MakeDataFrameRead();
            byte[] Frame = MakeCompanyFrame(DataFrame);
            Frame = Combine(Frame, DataFrame);

            SendMassage(Frame, "R");
        }

        참조 1개
        private byte[] MakeDataFrameRead()
        {
            //          byte[] CommandCode = new byte[] { 0x54, 0x00 };          // 명령어(읽기)
            //          byte[] DataType = new byte[] { 0x00, 0x00 };             // BIT
            //          byte[] Reserved = new byte[] { 0x00, 0x00 };             // 예비
            //          byte[] BlockNo = new byte[] { 0x01, 0x00 };              // 변수개수(1)

            byte[] DataFrame = new byte[] { 0x54, 0x00, 0x00, 0x00, 0x00, 0x00, 0x01, 0x00 };

            byte[] VariableLength = new byte[2] { 0x05, 0x00 };
            DataFrame = Combine(DataFrame, VariableLength);

            byte[] VariableFrame = Encoding.Default.GetBytes("%PX00");
            DataFrame = Combine(DataFrame, VariableFrame);

            return DataFrame;
        }

        참조 16개
        private void CB_CheckedChanged(object sender, EventArgs e)
        {
            timer1.Enabled = false;
            byte[] DataFrame = MakeDataFrameWrite();
            byte[] Frame = MakeCompanyFrame(DataFrame);
            Frame = Combine(Frame, DataFrame);

            SendMassage(Frame, "W");
            timer1.Enabled = true;
        }

        참조 1개
        private byte[] MakeDataFrameWrite()
```

(a)

```
        {
            //          byte[] DataFrame = new byte[] { 0x58  0x00 };            //명령어(쓰기)
            //          byte[] DataType = new byte[] { 0x14, 0x00 };             // 연속
            //          byte[] Reserved = new byte[] { 0x00, 0x00 };             //예비
            //          byte[] BlockNo = new byte[] { 0x01, 0x00 };              //변수개수(1)
            byte[] DataFrame = new byte[] { 0x58, 0x00, 0x14  0x00, 0x00, 0x00, 0x01, 0x00 };

            byte[] VariableBlock = MakeVariableBlock();
            DataFrame = Combine(DataFrame, VariableBlock);

            byte[] Data = MakeDatas();
            DataFrame = Combine(DataFrame, Data);

            return DataFrame;
        }

        참조 1개
        private byte[] MakeVariableBlock()
        {
            byte[] VariableBlock = new byte[0];
            byte[] VariableLength = new byte[2] { 0x05, 0x00 };              //변수길이

            VariableBlock = Combine(VariableBlock, VariableLength);
            byte[] VariableFrame = Encoding.Default.GetBytes("%MB02");
            VariableBlock = Combine(VariableBlock, VariableFrame);

            byte[] Count = new byte[] { 0x02, 0x00 };                       //데이터(바이트)개수
            VariableBlock = Combine(VariableBlock, Count);

            return VariableBlock;
        }

        참조 1개
        private byte[] MakeDatas()
        {
            byte[] Data = new byte[0];
            byte[] ByteDatas = new byte[1] { 0 };

            if (CB_M10.Checked == true) ByteDatas[0] += 1;
            if (CB_M11.Checked == true) ByteDatas[0] += 2;
            if (CB_M12.Checked == true) ByteDatas[0] += 4;
            if (CB_M13.Checked == true) ByteDatas[0] += 8;
            if (CB_M14.Checked == true) ByteDatas[0] += 16;
            if (CB_M15.Checked == true) ByteDatas[0] += 32;
            if (CB_M16.Checked == true) ByteDatas[0] += 64;
            if (CB_M17.Checked == true) ByteDatas[0] += 128;
            Data = Combine(Data, ByteDatas);

            ByteDatas[0] = 0;
            if (CB_M18.Checked == true) ByteDatas[0] += 1;
            if (CB_M19.Checked == true) ByteDatas[0] += 2;
            if (CB_M1A.Checked == true) ByteDatas[0] += 4;
            if (CB_M1B.Checked == true) ByteDatas[0] += 8;
            if (CB_M1C.Checked == true) ByteDatas[0] += 16;
            if (CB_M1D.Checked == true) ByteDatas[0] += 32;
            if (CB_M1E.Checked == true) ByteDatas[0] += 64;
            if (CB_M1F.Checked == true) ByteDatas[0] += 128;
            Data = Combine(Data, ByteDatas);

            return Data;
        }

        참조 2개
        private byte[] MakeCompanyFrame(byte[] DataFrame)
        {
            string Company_ID = "LSIS-XGT";
            byte[] CompanyFrame = Encoding.Default.GetBytes(Company_ID);

            //          byte[] Reserved = new byte[2] { 0x00, 0x00 };            //예비
            //          byte[] PLC_Info = new byte[2] { 0x00, 0x00 };            //PLC정보
            //          byte[] CPU_Info = new byte[1] { 0xB0 };                  //XGB(MK)
            //          byte[] SourceOfFrame = new byte[1] { 0x33 };             //PC->PLC
```

(b)

```
        //              byte[] InvokeID = new byte[2] { 0x00, 0x00 };              //인식번호(0번)
        byte[] CPU_Info = new byte[] { 0x00, 0x00, 0x00, 0x00, 0xB0, 0x33, 0x00, 0x00 };
        CompanyFrame = Combine(CompanyFrame, CPU_Info);

        byte[] Length = new byte[] { (byte)DataFrame.Length, 0x00 };
        CompanyFrame = Combine(CompanyFrame, Length);

        byte[] FEnetPosition = new byte[] { 0x01 };
        CompanyFrame = Combine(CompanyFrame, FEnetPosition);

        byte[] BCC = new byte[1];
        ushort crc = Calc(CompanyFrame);
        BCC[0] = (byte)crc;
        CompanyFrame = Combine(CompanyFrame, BCC);

        return CompanyFrame;
    }

    참조 2개
    private void SendMassage(byte[] SendFrame, string RW)
    {
        Socket sock = new Socket(AddressFamily.InterNetwork, SocketType.Stream, ProtocolType.Tcp);

        sock.SendTimeout = 3000;
        sock.ReceiveTimeout = 3000;

        IPAddress serverIP = IPAddress.Parse("10.10.10.100");
        int serverPort = 2004;
        IPEndPoint ipep = new IPEndPoint(serverIP, serverPort);

        if (sock.IsBound == true) sock.Close();
        sock.Connect(ipep);
        if (sock.Connected)
        {
            sock.Send(SendFrame);
            TB_SendFrame.Text = BitConverter.ToString(SendFrame);
            if (RW == "R")
            {
                byte[] Rdata = new byte[100];
                sock.Receive(Rdata);
                ReceivedDataProcessing(Rdata);
            }
        }
        sock.Close();
    }

    참조 1개
    private void ReceivedDataProcessing(byte[] RData)
    {
        if (BitConverter.ToBoolean(RData, 32) == true)
        {
            CB_M10.Checked = false;
            CB_M11.Checked = false;
            CB_M12.Checked = false;
            CB_M13.Checked = false;
            CB_M14.Checked = false;
            CB_M15.Checked = false;
            CB_M16.Checked = false;
            CB_M17.Checked = false;
            CB_M18.Checked = false;
            CB_M19.Checked = false;
            CB_M1A.Checked = false;
            CB_M1B.Checked = false;
            CB_M1C.Checked = false;
            CB_M1D.Checked = false;
            CB_M1E.Checked = false;
            CB_M1F.Checked = false;
        }
    }

    참조 15개
    private byte[] Combine(byte[] a, byte[] b)
```

(c)

```
            {
                byte[] c = new byte[a.Length + b.Length];
                Buffer.BlockCopy(a, 0, c, 0, a.Length);
                Buffer.BlockCopy(b, 0, c, a.Length, b.Length);
                return c;
            }

            참조 1개
            private static ushort Calc(byte[] data)
            {
                ushort crc = 0xFFFF;
                for (int pos = 0; pos < data.Length; pos++)
                {
                    crc ^= (UInt16)data[pos];
                    for (int i = 8; i != 0; i--)
                    {
                        if ((crc & 0x0001) != 0)
                        {
                            crc >>= 1;
                            crc ^= 0xA001;
                        }
                        else crc >>= 1;
                    }
                }
                return crc;
            }
        }
}
```

(d)

[그림 6-95] C# 프로그램

실습과제 6-12

과제명 **Word Data 연속 쓰기**

1) 과제 설명

- [그림 6-96]과 같이 Window Form을 구성한다.
- **[설정]** 버튼을 클릭하면 **[생산주기(D10)]**와 **[생산목표(D11)]** 값을 PLC의 D10과 D11에 쓴다.

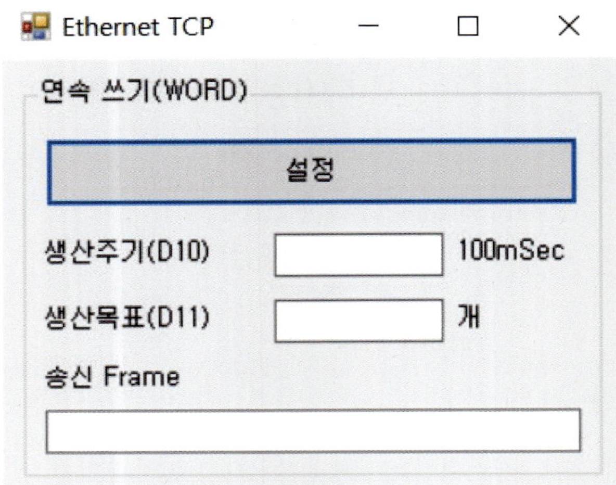

[그림 6-96] Window Form

2) Form Design

- 사용된 Component List

[표 6-40] Component List

도구	Name	Text
Label	-	송신 Frame
Label	-	생산주기(D10)
Label	-	생산목표(D11)
Label	-	100mSec
Label	-	개
Button	BT_Set	설정
TextBox	TB_SendFrame	-
TextBox	TB_D10	-
TextBox	TB_D11	-
GroupBox	-	연속 쓰기(WORD)

❖ PLC 프로그램

[그림 6-97] PLC 프로그램

❖ C# 프로그램

1) BT_Set_Click 함수

```
private void BT_Set_Click(object sender, EventArgs e)
{
    byte[] DataFrame = MakeDataFrame( );
    byte[] Frame = MakeCompanyFrame(DataFrame);
    Frame = Combine(Frame, DataFrame);

    SendMassage(Frame);
}
```

[그림 6-98] BT_Set_Click 함수

2) MakeDataFrame 함수

- 명령어 코드(0x0058 : 쓰기), 데이터 타입(0x0014 : 연속)
- 예약 영역(0x0000), 블록 개수(0x0001 : 1개, 고정)

```
private byte[] MakeDataFrame( )
{
    //          byte[] DataFrame = new byte[] { 0x58, 0x00 };          // 명령어(쓰기)
    //          byte[] DataType = new byte[] { 0x14, 0x00 };           // 연속
    //          byte[] Reserved = new byte[] { 0x00, 0x00 };           // 예비
    //          byte[] BlockNo = new byte[] { 0x01, 0x00 };            // 변수개수(1)
    byte[] DataFrame = new byte[] { 0x58, 0x00, 0x14, 0x00, 0x00, 0x00, 0x01, 0x00 };

    byte[] VariableBlock = MakeVariableBlock( );
    DataFrame = Combine(DataFrame, VariableBlock);

    byte[] Data = MakeDatas( );
    DataFrame = Combine(DataFrame, Data);

    return DataFrame;
}
```

[그림 6-99] MakeDataFrame 함수

3) MakeVariableBlock 함수

```
private byte[] MakeVariableBlock()
{
    byte[] VariableBlock = new byte[0];
    byte[] VariableLength = new byte[2] { 0x05, 0x00 };            //변수길이

    VariableBlock = Combine(VariableBlock, VariableLength);
    byte[] VariableFrame = Encoding.Default.GetBytes("%DB20");
    VariableBlock = Combine(VariableBlock, VariableFrame);

    byte[] Count = new byte[] { 0x04, 0x00 };                     //데이터(바이트)개수
    VariableBlock = Combine(VariableBlock, Count);

    return VariableBlock;
}
```

[그림 6-100] MakeVariableBlock 함수

4) MakeDatas 함수

```
private byte[] MakeDatas()
{
    byte[] Data = new byte[0];

    byte[] WordData = BitConverter.GetBytes(Convert.ToInt16(TB_D10.Text));
    Data = Combine(Data, WordData);
    WordData = BitConverter.GetBytes(Convert.ToInt16(TB_D11.Text));
    Data = Combine(Data, WordData);

    return Data;
}
```

[그림 6-101] MakeDatas 함수

5) 전체 프로그램

Form1.cs* | Form1.cs [디자인]*

TCP_EX12 | WindowsFormsApp1.Form1

```
using System;
using System.Net;
using System.Net.Sockets;
using System.Text;
using System.Windows.Forms;

namespace WindowsFormsApp1
{
    public partial class Form1 : Form
    {
        참조 1개
        public Form1()
        {
            InitializeComponent();
        }

        private void BT_Set_Click(object sender, EventArgs e)
        {
            byte[] DataFrame = MakeDataFrame();
            byte[] Frame = MakeCompanyFrame(DataFrame);
            Frame = Combine(Frame, DataFrame);

            SendMassage(Frame);
        }

        참조 1개
        private byte[] MakeDataFrame()
        {
            //          byte[] DataFrame = new byte[] { 0x58, 0x00 };          // 명령어(쓰기)
            //          byte[] DataType = new byte[] { 0x14, 0x00 };           // 연속
            //          byte[] Reserved = new byte[] { 0x00, 0x00 };           // 예비
            //          byte[] BlockNo = new byte[] { 0x01, 0x00 };            // 변수개수(1)
            byte[] DataFrame = new byte[] { 0x58, 0x00, 0x14, 0x00, 0x00, 0x00, 0x01, 0x00 };

            byte[] VariableBlock = MakeVariableBlock();
            DataFrame = Combine(DataFrame, VariableBlock);

            byte[] Data = MakeDatas();
            DataFrame = Combine(DataFrame, Data);

            return DataFrame;
        }

        private byte[] MakeVariableBlock()
        {
            byte[] VariableBlock = new byte[0];
            byte[] VariableLength = new byte[2] { 0x05, 0x00 };            //변수길이

            VariableBlock = Combine(VariableBlock, VariableLength);
            byte[] VariableFrame = Encoding.Default.GetBytes("%DB20");
            VariableBlock = Combine(VariableBlock, VariableFrame);

            byte[] Count = new byte[] { 0x04, 0x00 };                      //데이터(바이트)개수
            VariableBlock = Combine(VariableBlock, Count);

            return VariableBlock;
        }

        참조 1개
        private byte[] MakeDatas()
        {
            byte[] Data = new byte[0];

            byte[] WordData = BitConverter.GetBytes(Convert.ToInt16(TB_D10.Text));
```

(a)

```
            Data = Combine(Data, WordData);
            WordData = BitConverter.GetBytes(Convert.ToInt16(TB_D11.Text));
            Data = Combine(Data, WordData);

            return Data;
        }

        참조 1개
        private byte[] MakeCompanyFrame(byte[] DataFrame)
        {
            string Company_ID = "LSIS-XGT";
            byte[] CompanyFrame = Encoding.Default.GetBytes(Company_ID);

            //          byte[] Reserved = new byte[2] { 0x00, 0x00 };           //예비
            //          byte[] PLC_Info = new byte[2] { 0x00, 0x00 };           //PLC정보
            //          byte[] CPU_Info = new byte[1] { 0xB0 };                 //XGB(MK)
            //          byte[] SourceOfFrame = new byte[1] { 0x33 };            //PC->PLC
            //          byte[] InvokeID = new byte[2] { 0x00, 0x00 };           //인식번호(0번)
            byte[] CPU_Info = new byte[] { 0x00, 0x00, 0x00, 0x00, 0xB0, 0x33, 0x00, 0x00 };
            CompanyFrame = Combine(CompanyFrame, CPU_Info);

            byte[] Length = new byte[] { (byte)DataFrame.Length, 0x00 };
            CompanyFrame = Combine(CompanyFrame, Length);

            byte[] FEnetPosition = new byte[] { 0x01 };
            CompanyFrame = Combine(CompanyFrame, FEnetPosition);

            byte[] BCC = new byte[1];
            ushort crc = Calc(CompanyFrame);
            BCC[0] = (byte)crc;
            CompanyFrame = Combine(CompanyFrame, BCC);

            return CompanyFrame;
        }

        참조 1개
        private void SendMassage(byte[] SendFrame)
        {
            Socket sock = new Socket(AddressFamily.InterNetwork, SocketType.Stream, ProtocolType.Tcp);

            sock.SendTimeout = 3000;
            sock.ReceiveTimeout = 3000;

            IPAddress serverIP = IPAddress.Parse("10.10.10.1[illegible]");
            int serverPort = 2004;
            IPEndPoint ipep = new IPEndPoint(serverIP, serverPort);

            if (sock.IsBound == true) sock.Close();
            sock.Connect(ipep);
            if (sock.Connected)
            {
                sock.Send(SendFrame);
                TB_SendFrame.Text = BitConverter.ToString(SendFrame);
            }
            sock.Close();
        }


        참조 12개
        private byte[] Combine(byte[] a, byte[] b)
        {
            byte[] c = new byte[a.Length + b.Length];
            Buffer.BlockCopy(a, 0, c, 0, a.Length);
            Buffer.BlockCopy(b, 0, c, a.Length, b.Length);
            return c;
        }

        참조 1개
        private static ushort Calc(byte[] data)
        {
            ushort crc = 0xFFFF;
            for (int pos = 0; pos < data.Length; pos++)
```

(b)

```
                {
                    crc ^= (UInt16)data[pos];
                    for (int i = 8; i != 0; i--)
                    {
                        if ((crc & 0x0001) != 0)
                        {
                            crc >>= 1;
                            crc ^= 0xA001;
                        }
                        else crc >>= 1;
                    }
                }
                return crc;
            }
        }
    }
```

(c)

[그림 6–102] C# 프로그램

실습과제 6-13

과제명 **종합실습**

1) 과제 설명

- [그림 6-103]과 같이 Window Form을 구성한다.
- Form이 시작되면 **[생산정지]** 버튼만 비활성화되며, **[설정]**, **[생산시작]**, **[RESET]** 버튼은 활성화된다. 그리고 PLC에서 D0(Word), D1(Word) 및 D2(DWord) 값을 읽어와서 Form의 **[생산단가]**, **[생산목표]** 및 **[목표금액]** 값에 차례대로 쓴다.
- 그리고 타이머가 활성화되어 PLC에서 D10(Word), D11(DWord) 및 D13(DWord) 값을 200mSec 간격으로 읽어와서, Form의 **[생산수량]**, **[생산금액]** 및 **[차액]** 값에 차례대로 쓴다.
- Form에서 **[생산단가]**와 **[생산목표]** 값을 수정하고 **[설정]** 버튼을 클릭하면 **[목표금액]**을 자동으로 계산하고, **[생산단가]**, **[생산목표]** 및 **[목표금액]** 값을 PLC에 쓴다.
- **[생산시작]** 버튼을 클릭하면 **[설정]**, [RESET] 및 **[생산시작]** 버튼은 비활성화되고, **[생산정지]** 버튼이 활성화되면서 생산이 시작된다.
- **[생산정지]** 버튼을 클릭하면 **[생산정지]** 버튼이 비활성화되고, **[설정]**, [RESET] 및 **[생산시작]** 버튼은 활성화되면서 생산이 일시 정지된다.
- [RESET] 버튼을 클릭하면 생산수량이 리셋된다.
- **[생산목표]**과 **[생산수량]**이 같아지면 자동으로 생산이 중지된다.

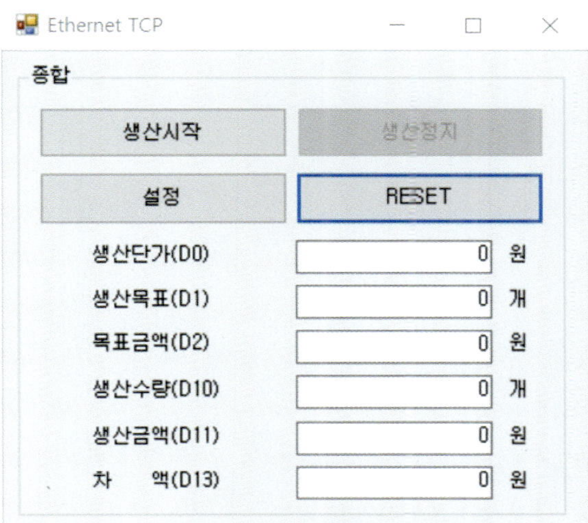

[그림 6-103] Window Form

2) Form Design

- 사용된 Component List

[표 6-41] Component List

도구	Name	Text
Label	-	생산단가(D0)
Label	-	생산목표(D1)
Label	-	목표금액(D2)
Label	-	판매수량(D10)
Label	-	판매금액(D11)
Label	-	차액(D13)
Label	-	원
Label	-	개
Button	BT_Set	설정
Button	BT_Start	생산시작
Button	BT_Stop	생산정지
Button	BT_Reset	RESET
TextBox	TB_D0	-
TextBox	TB_D1	-
TextBox	TB_D2	-
TextBox	TB_D10	-
TextBox	TB_D11	-
TextBox	TB_D13	-
GroupBox	-	종합

❖ PLC 프로그램

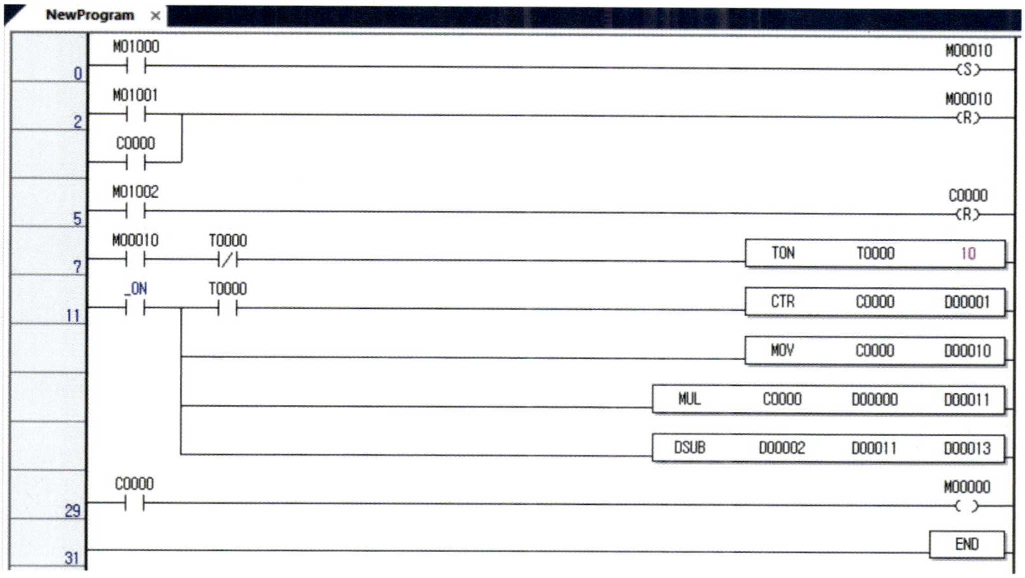

[그림 6-104] PLC 프로그램

PLC DATA COMMUNICATION

PLC DATA COMMUNICATION

PART

07

부록

P L C 데 이 터 통 신

제 3장 종합문제 C# 프로그램

Form1.cs Form1.cs [디자인]

RS232_종합

```
using System;
using System.Windows.Forms;
using System.IO.Ports;
using System.Threading;

namespace WindowsFormsApp1
{
    참조 3개
    public partial class Form1 : Form
    {
        SerialPort my_serial = new SerialPort();

        const char ETX = (char)0x03; //End Text [응답용Asc]
        const char EOT = (char)0x04; //End of Text[요구용 Asc]
        const char ENQ = (char)0x05; //Enquire[프레임시작코드]
        const char ACK = (char)0x06; //Acknowledge[응답 시작]
        const char NAK = (char)0x15; //Not Acknoledge[에러응답시작]

        참조 1개
        public Form1()
        {
            InitializeComponent();
        }

        참조 1개
        private void Form1_Load(object sender, EventArgs e)
        {
            FormStart(true);
        }

        참조 3개
        private void FormStart(bool t)
        {
            Bt_Open.Enabled = t;         // OPEN BUTTON
            Bt_Close.Enabled = !t;       // CLOSE BUTTON
            BT_Start.Enabled = !t;       // 생산시작 BUTTON
            BT_Stop.Enabled = !t;        // 생산정지 BUTTON
            BT_Set.Enabled = !t;         // 설정 BUTTON
            BT_Reset.Enabled = !t;       // 리셋 BUTTON
            TB_D0.Enabled = !t;          // 생산단가
            TB_D1.Enabled = !t;          // 생산목표
            TB_D2.Enabled = !t;          // 목표금액
            TB_D10.Enabled = !t;         // 생산수량
            TB_D12.Enabled = !t;         // 생산금액
            TB_D14.Enabled = !t;         // 차액
        }

        참조 1개
        private void CB_Port_MouseClick(object sender, MouseEventArgs e)
        {
            CB_Port.Items.Clear();
            foreach (string comport in SerialPort.GetPortNames())
            {
                CB_Port.Items.Add(comport);
            }
        }

        참조 1개
        private void BT_Open_Click(object sender, EventArgs e)
        {
            my_serial.PortName = CB_Port.Text;
            my_serial.BaudRate = 115200;
            my_serial.DataBits = 8;
            my_serial.Parity = Parity.None;
            my_serial.StopBits = StopBits.One;

            if (!my_serial.IsOpen)
```

(a)

```
            {
                my_serial.Open( );
                FormStart(false);
                StartDataReadFrame( );
                timer1.Interval = 100;
            }
        }

        참조 1개
        private void BT_Close_Click(object sender, EventArgs e)
        {
            if (my_serial.IsOpen)
            {
                my_serial.Close( );
                FormStart(true);
            }
        }

        참조 1개
        private void StartDataReadFrame( )
        {
            String SendDataTxt = ENQ + "00RSB" + "05%DW00" + "04" + EOT;
            SendData(SendDataTxt, "Start");
            Thread.Sleep(5);
            ProductionManagement( );
        }

        참조 1개
        private void timer1_Tick(object sender, EventArgs e)
        {
            ProductionManagement( );
            Thread.Sleep(5);
            ProductionCompleted( );
        }

        참조 4개
        private void ProductionManagement( )
        {
            String SendDataTxt = ENQ + "00RSB" + "05%DW10" + "06" + EOT;
            SendData(SendDataTxt, "Cont");
        }

        참조 1개
        private void ProductionCompleted( )
        {
            String SendDataTxt = ENQ + "00RSS" + "01" + "05%CX00" + EOT;
            SendData(SendDataTxt, "Comp");
        }

        참조 1개
        private void BT_Set_Click(object sender, EventArgs e)
        {
            String SendDataTxt = ENQ + "00WSB" + "05%DW00" + "02";
            String Data = Convert.ToInt16(TB_D0.Text).ToString("X4");
            SendDataTxt += Data;
            Data = Convert.ToInt16(TB_D1.Text).ToString("X4");
            SendDataTxt += (Data + EOT);
            SendData(SendDataTxt, "Word");
            Thread.Sleep(5);
            SendDataTxt = ENQ + "00WSS" + "01" + "05%DD01";
            int Data_i = Convert.ToInt16(TB_D1.Text) * Convert.ToInt16(TB_D0.Text);
            TB_D2.Text = Data_i.ToString( );
            Data = Data_i.ToString("X8");
            SendDataTxt += (Data + EOT);
            SendData(SendDataTxt, "DWord");
            Thread.Sleep(5);
            ProductionManagement( );
        }

        참조 1개
        private void BT_Start_MouseDown(object sender, MouseEventArgs e)
        {
```

(b)

```
            WriteBitDataFrame(1);
        }

        참조 1개
        private void BT_Start_MouseUp(object sender, MouseEventArgs e)
        {
            WriteBitDataFrame(0);
            BtEnable(true);
            timer1.Enabled = true;
        }

        참조 1개
        private void BT_Stop_MouseDown(object sender, MouseEventArgs e)
        {
            timer1.Enabled = false;
            WriteBitDataFrame(2);
        }

        참조 1개
        private void BT_Stop_MouseUp(object sender, MouseEventArgs e)
        {
            WriteBitDataFrame(0);
            BtEnable(false);
        }

        참조 1개
        private void BT_Reset_MouseDown(object sender, MouseEventArgs e)
        {
            WriteBitDataFrame(4);
        }

        참조 1개
        private void BT_Reset_MouseUp(object sender, MouseEventArgs e)
        {
            WriteBitDataFrame(0);
            Thread.Sleep(5);
            ProductionManagement();
        }

        참조 6개
        private void WriteBitDataFrame(byte Bit)
        {
            String SendDataTxt = ENQ + "00WSS" + "01" + "06%MB200";
            String Data = Bit.ToString("X2");
            SendDataTxt += (Data + EOT);
            SendData(SendDataTxt, "Byte");
        }

        참조 3개
        private void BtEnable(bool t)
        {
            BT_Start.Enabled = !t;
            Bt_Close.Enabled = !t;
            BT_Stop.Enabled = t;
            BT_Reset.Enabled = !t;
            BT_Set.Enabled = !t;
        }

        참조 6개
        private void SendData(string SendDataTxt, string SC)
        {
            my_serial.Write(SendDataTxt);
            do
            {
            } while (my_serial.WriteBufferSize == 0);
            Thread.Sleep(20);
            DataRead(SC);
        }

        참조 1개
        private void DataRead(string SC)
        {
```

(c)

```
bool m_Next = false;
string strInData = string.Empty;

do
{
    string msg = my_serial.ReadExisting( );
    strInData += msg;
    string[] RData = new string[3];

    if (msg.IndexOf(ETX) > 0)
    {
        if (strInData[0] == ACK)
        {
            if (SC == "Start")
            {
                for (int i = 0; i < 2; i++)
                    for (int j = 0; j < 4; j++) RData[i] += strInData[10 + i * 4 + j];
                for (int i = 0; i < 2; i++)
                    for (int j = 0; j < 4; j++) RData[2] += strInData[22 - i*4 + j];
                TB_D0.Text = Convert.ToString(Convert ToInt16(RData[0], 16));
                TB_D1.Text = Convert.ToString(Convert ToInt16(RData[1], 16));
                TB_D2.Text = Convert.ToString(Convert ToInt32(RData[2], 16));
            }
            else if (SC == "Cont")
            {
                for (int i = 0; i < 4; i++) RData[0] -= strInData[10 + i];
                for (int i = 0; i < 2; i++)
                    for (int j = 0; j < 2; j++)
                        for (int k = 0; k < 4; k++) RData[2 - i] += strInData[30 - i * 8 - j * 4 + k];
                TB_D10.Text = Convert.ToString(Convert.ToInt16(RData[0], 16));
                TB_D12.Text = Convert.ToString(Convert.ToInt32(RData[1], 16));
                TB_D14.Text = Convert.ToString(Convert.ToInt32(RData[2], 16));
            }
            else if (SC == "Comp")
            {
                RData[0] += strInData[11];
                if (Convert.ToInt32(RData[0]) == 1)
                {
                    BtEnable(false);
                    timer1.Enabled = false;
                }
            }
            m_Next = true;
        }
        else if (strInData[0] == NAK) m_Next = true;
    }
} while (!m_Next);
        }
    }
}
```

(d)

제 4장 종합문제 C# 프로그램

Form1.cs ✕ Form1.cs [디자인]

Modbus_RTU_종합 | Modbus_RTU_EX7.Form1

```
using System;
using System.IO.Ports;
using System.Threading;
using System.Windows.Forms;

namespace Modbus_RTU_EX7
{
    참조 3개
    public partial class Form1 : Form
    {
        SerialPort my_serial = new SerialPort();
        byte slaveAddress = 0x00;                                   // 국번

        참조 1개
        public Form1()
        {
            InitializeComponent();
        }

        참조 1개
        private void Form1_Load(object sender, EventArgs e)
        {
            FormStart(true);
        }

        참조 1개
        private void CB_Port_MouseClick(object sender, MouseEventArgs e)
        {
            CB_Port.Items.Clear();
            foreach (string comport in SerialPort.GetPortNames())
            {
                CB_Port.Items.Add(comport);
            }
        }

        참조 1개
        private void BT_Open_Click(object sender, EventArgs e)
        {
            my_serial.PortName = CB_Port.Text;
            my_serial.BaudRate = 19200;
            my_serial.DataBits = 8;
            my_serial.Parity = Parity.None;
            my_serial.StopBits = StopBits.One;

            if (!my_serial.IsOpen)
            {
                my_serial.Open();
                FormStart(false);
                BT_Stop.Enabled = false;
                ReadOpenData();                         // 설정값 읽기
            }
        }

        참조 1개
        private void BT_Close_Click(object sender, EventArgs e)
        {
            if (my_serial.IsOpen)
            {
                timer1.Enabled = false;
                my_serial.Close();
                FormStart(true);
            }
        }

        참조 3개
        private void FormStart(bool t)
        {
```

(a)

```
            Bt_OpenPort.Enabled = t;     // OPEN BUTTON
            Bt_ClosePort.Enabled = !t;   // CLOSE BUTTON
            BT_Set.Enabled = !t;         // 설정 BUTTON
            BT_Reset.Enabled = !t;       // 리셋 BUTTON
            BT_Start.Enabled = !t;       // 시작 BUTTON
            BT_Stop.Enabled = !t;        // 정지 BUTTON
            TB_D0.Enabled = !t;          // 쓰기 Data0
            TB_D1.Enabled = !t;          // 쓰기 Data1
            TB_D2.Enabled = !t;          // 쓰기 Data2
            TB_D10.Enabled = !t;         // 읽기 Data10
            TB_D11.Enabled = !t;         // 읽기 Data11
            TB_D13.Enabled = !t;         // 읽기 Data13
        }

        참조 1개
        private void ReadOpenData()
        {
            byte functionCode = 0x03;                                    // 코드
            byte startAddress_H = 0x00;                                  // 시작주소(D0)
            byte startAddress_L = 0x00;
            byte NumberOfPoint_H = 0x00;                                 // 데이터 개수
            byte NumberOfPoint_L = 0x04;
            byte[] SData = new byte[] { slaveAddress, functionCode,
                startAddress_H, startAddress_L, NumberOfPoint_H, NumberOfPoint_L };
            WriteFrame(SData);
            Thread.Sleep(50);
            OpenData();                                              // 데이터 읽기
            timer1.Enabled = true;
            timer1.Interval = 200;
        }

        참조 5개
        private void WriteFrame(byte[] SData)
        {
            ushort CRC = Calc_CRC(SData);                                // CRC 계산
            byte[] CrcNums = BitConverter.GetBytes(CRC);
            byte[] SendData = Combine(SData, CrcNums);
            my_serial.Write(SendData, 0, SendData.Length);
        }

        참조 1개
        private void OpenData()
        {
            int bytes = my_serial.BytesToRead;
            if (bytes >= 6)
            {
                byte[] array = new byte[bytes];
                my_serial.Read(array, 0, bytes);
                if (array[0] == 0 && array[1] == 03)
                {
                    byte[] RData0 = new byte[2];
                    byte[] RData1 = new byte[4];
                    for (int i = 0; i < 4; i++)
                    {
                        if (i == 0)
                        {
                            for (int j = 0; j < 2; j++) RData0[j] = array[1 - j + 3];
                            TB_D0.Text = Convert.ToString(BitConverter.ToInt16(RData0, 0));
                        }
                        else if (i == 1)
                        {
                            for (int j = 0; j < 2; j++) RData0[j] = array[i * 2 + 1 - j + 3];
                            TB_D1.Text = Convert.ToString(BitConverter.ToInt16(RData0, 0));
                        }
                        else
                        {
                            for (int j = 0; j < 2; j++) RData1[(i - 2) * 2 + j] = array[i * 2 + 1 - j + 3];
                            TB_D2.Text = Convert.ToString(BitConverter.ToInt32(RData1, 0));
                        }
                    }
                }
            }
```

(b)

```
        }

        참조 1개
        private void BT_Set_Click(object sender, EventArgs e)
        {
            timer1.Enabled = false;
            byte functionCode = 0x10;                                   // 코드
            byte startAddress_H = 0x00;                                 // 시작주소(0)
            byte startAddress_L = 0x00;
            byte NumberOfPoint_H = 0x00;                                // 데이터 개수(4)
            byte NumberOfPoint_L = 0x04;
            byte SizeOfByte = 0x08;                                     // 데이터 크기(8byte)
            byte[] SData = new byte[] { slaveAddress, functionCode, startAddress_H,
                startAddress_L, NumberOfPoint_H, NumberOfPoint_L, SizeOfByte};
            SData = MakeSetData(SData);
            WriteFrame(SData);
            timer1.Enabled = true;
        }

        참조 1개
        private byte[] MakeSetData(byte[] SData)
        {
            byte[] Data = BitConverter.GetBytes(Convert.ToInt16(TB_D0.Text));
            byte[] Data_a = new byte[] { Data[1], Data[0] };
            SData = Combine(SData, Data_a);

            Data = BitConverter.GetBytes(Convert.ToInt16(TB_D1.Text));
            Data_a = new byte[] { Data[1], Data[0] };
            SData = Combine(SData, Data_a);

            int Data_i = Convert.ToInt16(TB_D1.Text) * Convert.ToInt16(TB_D0.Text);
            Data = BitConverter.GetBytes(Data_i);
            Data_a = new byte[] { Data[1], Data[0], Data[3], Data[2] };
            SData = Combine(SData, Data_a);

            TB_D2.Text = Data_i.ToString();

            return SData;
        }

        참조 1개
        private void BT_Start_MouseDown(object sender, MouseEventArgs e)
        {
            timer1.Enabled = false;
            //          byte[] startAddress = new byte[] { 0x06, 0x40 };   // 시작번지(M1000)
            //          byte[] BitData = new byte[] { 0xFF, 0x00 };        // 비트 데이터
            byte[] SendData1 = new byte[] { 0x06, 0x40, 0xFF, 0x00 };
            SendBitData(SendData1);
        }

        참조 1개
        private void BT_Start_MouseUp(object sender, MouseEventArgs e)
        {
            Thread.Sleep(50);
            //          byte[] startAddress = new byte[] { 0x06, 0x40 };   // 시작번지(M1000)
            //          byte[] BitData = new byte[] { 0x00, 0x00 };        // 비트 데이터
            byte[] SendData1 = new byte[] { 0x06, 0x40, 0x00, 0x00 };
            SendBitData(SendData1);
            Start_Enable();
            timer1.Enabled = true;
        }

        참조 1개
        private void Start_Enable()
        {
            BT_Start.Enabled = false;       // 시작 BUTTON
            BT_Stop.Enabled = true;         // 정지 BUTTON
            BT_Set.Enabled = false;         // 설정 BUTTON
            BT_Reset.Enabled = false;       // 리셋 BUTTON
        }

        참조 1개
```

(c)

```
        private void BT_Stop_MouseDown(object sender, MouseEventArgs e)
        {
            timer1.Enabled = false;
            //          byte[] startAddress = new byte[] { 0x06, 0x41 };   // 시작번지(M1001)
            //          byte[] BitData = new byte[] { 0xFF, 0x00 };        // 비트 데이터
            byte[] SendData1 = new byte[] { 0x06, 0x41, 0xFF, 0x00 };
            SendBitData(SendData1);
        }

        참조 1개
        private void BT_Stop_MouseUp(object sender, MouseEventArgs e)
        {
            Thread.Sleep(50);
            //          byte[] startAddress = new byte[] { 0x06, 0x41 };   // 시작번지(M1001)
            //          byte[] BitData = new byte[] { 0x00, 0x00 };        // 비트 데이터
            byte[] SendData1 = new byte[] { 0x06, 0x41, 0x00, 0x00 };
            SendBitData(SendData1);
            timer1.Enabled = true;
            Stop_Enable();
        }

        참조 2개
        private void Stop_Enable()
        {
            BT_Start.Enabled = true;        // 시작 BUTTON
            BT_Stop.Enabled = false;        // 정지 BUTTON
            BT_Set.Enabled = true;          // 설정 BUTTON
            BT_Reset.Enabled = true;        // 리셋 BUTTON
        }

        참조 1개
        private void BT_Reset_MouseDown(object sender, MouseEventArgs e)
        {
            timer1.Enabled = false;
            //          byte[] startAddress = new byte[] { 0x06, 0x42 };   // 시작번지(M1002)
            //          byte[] BitData = new byte[] { 0xFF, 0x00 };        // 비트 데이터
            byte[] SendData1 = new byte[] { 0x06, 0x42, 0xFF, 0x00 };
            SendBitData(SendData1);
        }

        참조 1개
        private void BT_Reset_MouseUp(object sender, MouseEventArgs e)
        {
            Thread.Sleep(50);
            //          byte[] startAddress = new byte[] { 0x06, 0x42 };   // 시작번지(M1002)
            //          byte[] BitData = new byte[] { 0x00, 0x00 };        // 비트 데이터
            byte[] SendData1 = new byte[] { 0x06, 0x42, 0x00, 0x00 };
            SendBitData(SendData1);
            timer1.Enabled = true;
        }

        참조 6개
        private void SendBitData(byte[] SData1)
        {
            byte functionCode = 0x05;                                   // 코드
            byte[] SData = new byte[] { slaveAddress, functionCode };
            SData = Combine(SData, SData1);
            WriteFrame(SData);
        }

        참조 1개
        private void timer1_Tick(object sender, EventArgs e)
        {
            byte functionCode = 0x03;                                   // 코드
            byte startAddress_H = 0x00;                                 // 시작주소(D10)
            byte startAddress_L = 0x0A;
            byte NumberOfPoint_H = 0x00;                                // 데이터 개수
            byte NumberOfPoint_L = 0x05;

            byte[] SData = new byte[] { slaveAddress, functionCode,
                startAddress_H, startAddress_L, NumberOfPoint_H, NumberOfPoint_L };
            WriteFrame(SData);
```

(d)

```
            Thread.Sleep(50);
            WordDataRead();                                  // 데이터 읽기

            functionCode = 0x01;
            startAddress_L = 0x00;
            NumberOfPoint_L = 0x01;

            SData = new byte[] { slaveAddress, functionCode,
                startAddress_H, startAddress_L, NumberOfPoint_H, NumberOfPoint_L };
            WriteFrame(SData);
            Thread.Sleep(50);
            BitDataRead();                                   // 데이터 읽기
        }

        참조 1개
        private void WordDataRead()
        {
            int bytes = my_serial.BytesToRead;
            if (bytes >= 6)
            {
                byte[] array = new byte[bytes];
                my_serial.Read(array, 0, bytes);
                if (array[0] == 0 && array[1] == 03)
                {
                    byte[] RData0 = new byte[2];
                    byte[] RData1 = new byte[4];
                    for (int i = 0; i < 5; i++)
                    {
                        if (i == 0) {
                            for (int j = 0; j < 2; j++) RData0[j] = array[1 - j + 3];
                            TB_D10.Text = Convert.ToString(BitConverter.ToInt16(RData0, 0));
                        }
                        else if (i == 1 || i == 2) {
                            for (int j = 0; j < 2; j++) RData1[(i - 1) * 2 + j] = array[i * 2 + 1 - j + 3];
                            TB_D11.Text = Convert.ToString(BitConverter.ToInt32(RData1, 0));
                        }
                        else {
                            for (int j = 0; j < 2; j++) RData1[(i - 3) * 2 + j] = array[i * 2 + 1 - j + 3];
                            TB_D13.Text = Convert.ToString(BitConverter.ToInt32(RData1, 0));
                        }
                    }
                }
            }
        }

        참조 1개
        private void BitDataRead()
        {
            int bytes = my_serial.BytesToRead;
            if (bytes >= 6)
            {
                byte[] array = new byte[bytes];
                my_serial.Read(array, 0, bytes);
                if (array[0] == 0 && array[1] == 1 && array[3] > 0) Stop_Enable();
            }
        }

        참조 5개
        private byte[] Combine(byte[] a, byte[] b)                          //바이트 합치기
        {
            byte[] c = new byte[a.Length + b.Length];
            Buffer.BlockCopy(a, 0, c, 0, a.Length);
            Buffer.BlockCopy(b, 0, c, a.Length, b.Length);
            return c;
        }

        참조 1개
        private static ushort Calc_CRC(byte[] data)                      //CRC코드 생성
        {
            ushort crc = 0xFFFF;
            for (int pos = 0; pos < data.Length; pos++)
            {
```

(e)

```
                crc ^= data[pos];
                for (int i = 8; i != 0; i--)
                {
                    if ((crc & 0x0001) != 0)
                    {
                        crc >>= 1;
                        crc ^= 0xA001;
                    }
                    else crc >>= 1;
                }
            }
            return crc;
        }
    }
}
```

(f)

```
Form1.cs  Form1.cs [디자인]
ModBus_TCP_EX8    WindowsFormsApp1.Form1

using System;
using System.Net;
using System.Net.Sockets;
using System.Windows.Forms;
using System.Threading;

namespace WindowsFormsApp1
{
    참조 3개
    public partial class Form1 : Form
    {
        참조 1개
        public Form1()
        {
            InitializeComponent();
        }

        참조 1개
        private void Form1_Load(object sender, EventArgs e)
        {
            //          byte[] TID = new byte[] { 0x00, 0x00 };          // Transaction Identifier
            //          byte[] PID = new byte[] { 0x00, 0x00 };          // Protocol Identifier
            //          byte[] L = new byte[] { 0x00, 0x06 };            // Length
            //          byte[] UID = new byte[] { 0x01 };                // Unit Identifier
            //          byte[] FCode = new byte[] { 0x03 };              // 기능코드
            //          byte[] startAddress = new byte[] { 0x00, 0x00 }; // 시작번지(D0)
            //          byte[] NumPoint = new byte[] { 0x00, 0x04 };     // 레지스터(4)
            byte[] SendData = new byte[] { 0x00, 0x00, 0x00, 0x00, 0x00,
                0x06, 0x01, 0x03, 0x00, 0x00, 0x00, 0x04 };
            SendMassage(false, SendData, 0);                             // 초기 Data 읽기
            timer1.Enabled = true;
            timer1.Interval = 200;
            BtEnable(false);
        }

        참조 1개
        private void timer1_Tick(object sender, EventArgs e)
        {
            //          byte[] TID = new byte[] { 0x00, 0x00 };          // Transaction Identifier
            //          byte[] PID = new byte[] { 0x00, 0x00 };          // Protocol Identifier
            //          byte[] L = new byte[] { 0x00, 0x06 };            // Length
            //          byte[] UID = new byte[] { 0x01 };                // Unit Identifier
            //          byte[] FCode = new byte[] { 0x03 };              // 기능코드
            //          byte[] startAddress = new byte[] { 0x00, 0x0A }; // 시작번지(D10)
            //          byte[] NumPoint = new byte[] { 0x00, 0x06 };     // 레지스터(6)

            byte[] SendData = new byte[] { 0x00, 0x00, 0x00, 0x00, 0x00,
                0x06, 0x01, 0x03, 0x00, 0x0A, 0x00, 0x06 };
            SendMassage(false, SendData, 1);                            // Word Data 읽기

            //          byte[] FCode = new byte[] { 0x01 };              // 기능코드
            //          byte[] startAddress = new byte[] { 0x00, 0x00 }; // 시작번지(M0)
            //          byte[] NumPoint = new byte[] { 0x00, 0x01 };     // 코일(0)
            SendData = new byte[] { 0x00, 0x00, 0x00, 0x00, 0x00,
                0x06, 0x01, 0x01, 0x00, 0x00, 0x00, 0x01 };
            SendMassage(false, SendData, 2);                            // Bit Data 읽기
        }

        참조 5개
        private void SendMassage(bool RW, byte[] SendData, int C)
        {
            Socket sock = new Socket(AddressFamily.InterNetwork, SocketType.Stream, ProtocolType.Tcp);
            sock.SendTimeout = 3000;
            sock.ReceiveTimeout = 3000;
            IPAddress serverIP = IPAddress.Parse("10.10.10.100");
            int serverPort = 502;
            IPEndPoint ipep = new IPEndPoint(serverIP, serverPort);
```

(a)

```
            if (sock.IsBound == true) sock.Close();
            sock.Connect(ipep);
            if (sock.Connected)
            {
                sock.Send(SendData);
                if (RW == false)                                    // Data 읽기
                {
                    Thread.Sleep(10);
                    byte[] _data = new byte[50];
                    sock.Receive(_data);
                    if (C == 0) LoadDataRead(_data);                // 초기 데이터 읽기
                    else if (C == 1) TimerDataRead(_data);          // 타임 주기 데이터 읽기
                    else TimerBitDataRead(_data);                   // 목표수량 달성 확인 Bit 데이터 읽기
                }
            }
            sock.Close();
        }

        참조 1개
        private void LoadDataRead(byte[] ReadData)
        {
            int bytes = ReadData.Length;
            if (bytes >= 9 && ReadData[7] != 0x83) LoadDataDisplay(ReadData);
        }

        참조 1개
        private void TimerDataRead(byte[] ReadData)
        {
            int bytes = ReadData.Length;
            if (bytes >= 9 && ReadData[7] != 0x83) TimerDataDisplay(ReadData);
        }

        참조 1개
        private void TimerBitDataRead(byte[] ReadData)
        {
            int bytes = ReadData.Length;
            if (bytes >= 9 && ReadData[7] != 0x81 && ReadData[9] > 0) BtEnable(false);
        }

        참조 1개
        private void LoadDataDisplay(byte[] ReadData)
        {
            byte[] RData0 = new byte[2];
            byte[] RData1 = new byte[4];
            for (int i = 0; i < 4; i++)
            {
                if (i == 0)                                                 // D0(생산단가)
                {
                    for (int j = 0; j < 2; j++) RData0[j] = ReadData[1 - j + 9];
                    TB_D0.Text = Convert.ToString(BitConverter.ToInt16(RData0, 0));
                }
                else if (i == 1)                                            // D1(생산목표)
                {
                    for (int j = 0; j < 2; j++) RData0[j] = ReadData[2 + 1 - j + 9];
                    TB_D1.Text = Convert.ToString(BitConverter.ToInt16(RData0, 0));
                }
                else                                                        // D0(목표금액)
                {
                    for (int j = 0; j < 2; j++) RData1[(i - 2) * 2 + j] = ReadData[i * 2 + 1 - j + 9];
                    TB_D2.Text = Convert.ToString(BitConverter.ToInt32(RData1, 0));
                }
            }
        }

        참조 1개
        private void TimerDataDisplay(byte[] ReadData)
        {
            byte[] RData0 = new byte[2];
            byte[] RData1 = new byte[4];
            for (int i = 0; i < 5; i++)
            {
                if (i == 0)                                                 // D10(생산수량)
```

(b)

```
                {
                    for (int j = 0; j < 2; j++) RData0[j] = ReadData[1 - j + 9];
                    TB_D10.Text = Convert.ToString(BitConverter.ToInt16(RData0, 0));
                }
                else if (i == 1 || i == 2)                                  // D11(생산금액)
                {
                    for (int j = 0; j < 2; j++) RData1[(i - 1) * 2 + j] = ReadData[i * 2 + 1 - j + 9];
                    TB_D11.Text = Convert.ToString(BitConverter.ToInt32(RData1, 0));
                }
                else                                                        // D13(차액)
                {
                    for (int j = 0; j < 2; j++) RData1[(i - 3) * 2 + j] = ReadData[i * 2 + 1 - j + 9];
                    TB_D13.Text = Convert.ToString(BitConverter.ToInt32(RData1, 0));
                }

            }
        }

        참조 4개
        private void BtEnable(bool t)
        {
            BT_Start.Enabled = !t;
            BT_Set.Enabled = !t;
            BT_Reset.Enabled = !t;
            BT_Stop.Enabled = t;
        }

        참조 1개
        private void BT_Set_Click(object sender, EventArgs e)
        {
            //            byte[] TID_Num = new byte[] { 0x00, 0x00 };        // Transaction Identifier 생성
            //            byte[] P_ID = new byte[] { 0x00, 0x00 };           // Protocol Identifier 생성
            //            byte[] L = new byte[] { 0x00, 0x0F };              // Length 생성
            //            byte[] UID = new byte[] { 0x01 };                  // Unit Identifier 생성
            //            byte[] FCode = new byte[] { 0x10 };                // 기능코드 생성
            //            byte[] startAddress = new byte[] { 0x00, 0x00 };   // 시작번지(10) 생성
            //            byte[] DataCount = new byte[] { 0x00, 0x04 };      // 데이터갯수(16) 성성
            //            byte[] BytesCount = new byte[] { 0x08 };           // 데이터바이트갯수(02) 생성
            byte[] SData = new byte[] { 0x00, 0x00, 0x00, 0x00, 0x00, 0x0B, 0x01, 0x10, 0x00,
                0x00, 0x00, 0x04, 0x08 };
            SData = MakeWordData(SData);
            SendMassage(true, SData, 0);
        }

        참조 1개
        private byte[] MakeWordData(byte[] SData)
        {
            byte[] Data = BitConverter.GetBytes(Convert.ToInt16(TB_D0.Text));   // D0(생산단가)
            byte[] Data_a = new byte[] { Data[1], Data[0] };
            SData = Combine(SData, Data_a);

            Data = BitConverter.GetBytes(Convert.ToInt16(TB_D1.Text));          // D1(생산목표)
            Data_a = new byte[] { Data[1], Data[0] };
            SData = Combine(SData, Data_a);

            int Data_i = Convert.ToInt16(TB_D1.Text) * Convert.ToInt16(TB_D0.Text);
            TB_D2.Text = Data_i.ToString();                                     // D2(목표금액)

            Data = BitConverter.GetBytes(Data_i);
            Data_a = new byte[] { Data[1], Data[0], Data[3], Data[2] };
            SData = Combine(SData, Data_a);

            return SData;
        }

        참조 1개
        private void BT_Start_MouseDown(object sender, MouseEventArgs e)
        {
            //           byte[] startAddress = new byte[] { 0x06, 0x40 };   // 시작번지(M1000)
            //           byte[] BitData = new byte[] { 0xFF, 0x00 };        // 비트 데이터
            byte[] SendData1 = new byte[] { 0x06, 0x40, 0xFF, 0x00 };
            BitMakeSendFrame(SendData1);
```

(c)

```
        }

        참조 1개
        private void BT_Start_MouseUp(object sender, MouseEventArgs e)
        {
            //          byte[] startAddress = new byte[] { 0x06, 0x40 };    // 시작번지(M1000)
            //          byte[] BitData = new byte[] { 0x00, 0x00 };         // 비트 데이터
            byte[] SendData1 = new byte[] { 0x06, 0x40, 0x00, 0x00 };
            BitMakeSendFrame(SendData1);
            BtEnable(true);
        }

        참조 1개
        private void BT_Stop_MouseDown(object sender, MouseEventArgs e)
        {
            //          byte[] startAddress = new byte[] { 0x06, 0x41 };    // 시작번지(M1001)
            //          byte[] BitData = new byte[] { 0xFF, 0x00 };         // 비트 데이터
            byte[] SendData1 = new byte[] { 0x06, 0x41, 0xFF, 0x00 };
            BitMakeSendFrame(SendData1);
        }

        참조 1개
        private void BT_Stop_MouseUp(object sender, MouseEventArgs e)
        {
            //          byte[] startAddress = new byte[] { 0x06, 0x41 };    // 시작번지(M1001)
            //          byte[] BitData = new byte[] { 0x00, 0x00 };         // 비트 데이터
            byte[] SendData1 = new byte[] { 0x06, 0x41, 0x00, 0x00 };
            BitMakeSendFrame(SendData1);
            BtEnable(false);
        }

        참조 1개
        private void BT_Reset_MouseDown(object sender, MouseEventArgs e)
        {
            //          byte[] startAddress = new byte[] { 0x06, 0x42 };    // 시작번지(M1002)
            //          byte[] BitData = new byte[] { 0xFF, 0x00 };         // 비트 데이터
            byte[] SendData1 = new byte[] { 0x06, 0x42, 0xFF, 0x00 };
            BitMakeSendFrame(SendData1);
        }

        참조 1개
        private void BT_Reset_MouseUp(object sender, MouseEventArgs e)
        {
            //          byte[] startAddress = new byte[] { 0x06, 0x42 };    // 시작번지(M1002)
            //          byte[] BitData = new byte[] { 0x00, 0x00 };         // 비트 데이터
            byte[] SendData1 = new byte[] { 0x06, 0x42, 0x00, 0x00 };
            BitMakeSendFrame(SendData1);
        }

        참조 6개
        private void BitMakeSendFrame(byte[] SendData1)
        {
            //          byte[] TID = new byte[] { 0x00, 0x00 };             // Transaction Identifier
            //          byte[] PID = new byte[] { 0x00, 0x00 };             // Protocol Identifier
            //          byte[] L = new byte[] { 0x00, 0x06 };               // Length
            //          byte[] UID = new byte[] { 0x01 };                   // Unit Identifier
            //          byte[] FCode = new byte[] { 0x05 }                  // 기능코드
            byte[] SendData = new byte[] { 0x00, 0x00, 0x00, 0x00, 0x00, 0x06, 0x01, 0x05 };
            SendData = Combine(SendData, SendData1);
            SendMassage(true, SendData, 0);
        }

        참조 4개
        private byte[] Combine(byte[] a, byte[] b)                          //바이트 합치기
        {
            byte[] c = new byte[a.Length + b.Length];
            Buffer.BlockCopy(a, 0, c, 0, a.Length);
            Buffer.BlockCopy(b, 0, c, a.Length, b.Length);
            return c;
        }
    }
}
```

(d)

제 6장 종합문제 C# 프로그램

Form1.cs ⊕ X Form1.cs [디자인]

TCP_종합 WindowsFormsApp1.Form1

```
using System;
using System.Net;
using System.Net.Sockets;
using System.Text;
using System.Windows.Forms;

namespace WindowsFormsApp1
{
    참조 3개
    public partial class Form1 : Form
    {
        참조 1개
        public Form1()
        {
            InitializeComponent();
        }

        참조 1개
        private void Form1_Load(object sender, EventArgs e)
        {
            byte[] DataFrame = StartReadMakeDataFrame();
            byte[] Frame = MakeCompanyFrame(DataFrame);
            Frame = Combine(Frame, DataFrame);

            SendMassage(Frame, "R", 0);

            timer1.Enabled = true;
            timer1.Interval = 100;

            BtEnable(false);
        }

        참조 1개
        private byte[] StartReadMakeDataFrame()
        {
            byte[] DataFrame = ContReadDataFrame();

            byte[] VariableFrame = Encoding.Default.GetBytes("%DB00");          // 시작번지(D0)
            DataFrame = Combine(DataFrame, VariableFrame);

            byte[] Count = new byte[] { 0x08 };                                 // 바이트개수(8)
            DataFrame = Combine(DataFrame, Count);

            return DataFrame;
        }

        참조 3개
        private byte[] ContReadDataFrame()
        {
            //          byte[] CommandCode = new byte[] { 0x54, 0x00 };        // 명령어(읽기)
            //          byte[] DataType = new byte[] { 0x14, 0x00 };           // 연속
            //          byte[] Reserved = new byte[] { 0x00, 0x00 };           // 예비
            //          byte[] BlockNo = new byte[] { 0x01, 0x00 };            // 변수개수(1)
            //          byte[] VariableLength = new byte[2] { 0x05, 0x00 };    // 변수길이
            byte[] DataFrame = new byte[] { 0x54, 0x00, 0x14, 0x00, 0x00, 0x00, 0x01, 0x00, 0x05, 0x00 };

            return DataFrame;
        }

        참조 4개
        private void BtEnable(bool t)
        {
            BT_Start.Enabled = !t;
            BT_Set.Enabled = !t;
            BT_Reset.Enabled = !t;
            BT_Stop.Enabled = t;
        }
```

(a)

```
참조 1개
private void timer1_Tick(object sender, EventArgs e)
{
    WordReadMakeFrame( );                                    // WordData(D10, D11(D), D13(D))읽기
    BitReadMakeFrame( );                                     // BitData(M0)읽기
}

참조 1개
private void WordReadMakeFrame( )
{
    byte[] DataFrame = WordReadMakeDataFrame( );
    byte[] Frame = MakeCompanyFrame(DataFrame);
    Frame = Combine(Frame, DataFrame);

    SendMassage(Frame, "R", 1);
}

참조 1개
private byte[] WordReadMakeDataFrame( )
{
    byte[] DataFrame = ContReadDataFrame( );

    byte[] VariableFrame = Encoding.Default.GetBytes("%DB20");          // 시작번지(D10)
    DataFrame = Combine(DataFrame, VariableFrame);

    byte[] Count = new byte[] { 0x0A };                                 // 바이트개수(10)
    DataFrame = Combine(DataFrame, Count);

    return DataFrame;
}

참조 1개
private void BitReadMakeFrame( )
{
    byte[] DataFrame = BitReadMakeDataFrame( );
    byte[] Frame = MakeCompanyFrame(DataFrame);
    Frame = Combine(Frame, DataFrame);

    SendMassage(Frame, "R", 2);
}

참조 1개
private byte[] BitReadMakeDataFrame( )
{
    byte[] DataFrame = ContReadDataFrame( );

    byte[] VariableFrame = Encoding.Default.GetBytes( %MB00");
    DataFrame = Combine(DataFrame, VariableFrame);

    byte[] Count = new byte[] { 0x01 };                                 // 바이트개수(1)
    DataFrame = Combine(DataFrame, Count);

    return DataFrame;
}

참조 1개
private void BT_Set_Click(object sender, EventArgs e)
{
    timer1.Enabled = false;
    byte[] DataFrame = WriteWordMakeDataFrame( );
    byte[] Frame = MakeCompanyFrame(DataFrame);
    Frame = Combine(Frame, DataFrame);

    SendMassage(Frame, "W", 0);
    timer1.Enabled = true;
}

참조 1개
private byte[] WriteWordMakeDataFrame( )
{
    byte[] DataFrame = ContWriteDataFrame( );
```

(b)

```
            byte[] VariableFrame = Encoding.Default.GetBytes("%DB000");      // D0, D1, D2(D)
            DataFrame = Combine(DataFrame, VariableFrame);

            byte[] Count = new byte[] { 0x08, 0x00 };                        // 바이트 개수
            DataFrame = Combine(DataFrame, Count);

            byte[] Data = MakeDatas();
            DataFrame = Combine(DataFrame, Data);

            return DataFrame;
        }

        참조 1개
        private byte[] MakeDatas()
        {
            byte[] SData = BitConverter.GetBytes(Convert.ToInt16(TB_D0.Text));  // D0(생산단가)

            byte[] Data = BitConverter.GetBytes(Convert.ToInt16(TB_D1.Text));   // D1(생산목표)
            SData = Combine(SData, Data);

            int Data_i = Convert.ToInt16(TB_D1.Text) * Convert.ToInt16(TB_D0.Text);
            TB_D2.Text = Data_i.ToString();                                       // D2(목표금액)

            Data = BitConverter.GetBytes(Data_i);
            SData = Combine(SData, Data);

            return SData;
        }

        참조 2개
        private byte[] ContWriteDataFrame()
        {
            //          byte[] DataFrame = new byte[] { 0x58, 0x00 };            // 명령어(쓰기)
            //          byte[] DataType = new byte[] { 0x14, 0x00 };             // 연속
            //          byte[] Reserved = new byte[] { 0x00, 0x00 };             // 예비
            //          byte[] BlockNo = new byte[] { 0x01, 0x00 };              // 변수개수(1)
            //          byte[] VariableLength = new byte[2] { 0x06, 0x00 };      // 변수길이
            byte[] DataFrame = new byte[] { 0x58, 0x00, 0x14, 0x00, 0x00, 0x00, 0x01, 0x00, 0xC6, 0x00 };

            return DataFrame;
        }

        참조 1개
        private void BT_Start_MouseDown(object sender, MouseEventArgs e)
        {
            timer1.Enabled = false;
            WriteBitMakeDataFrame(1);
        }

        참조 1개
        private void BT_Start_MouseUp(object sender, MouseEventArgs e)
        {
            WriteBitMakeDataFrame(0);
            BtEnable(true);
            timer1.Enabled = true;
        }

        참조 1개
        private void BT_Stop_MouseDown(object sender, MouseEventArgs e)
        {
            timer1.Enabled = false;
            WriteBitMakeDataFrame(2);
        }

        참조 1개
        private void BT_Stop_MouseUp(object sender, MouseEventArgs e)
        {
            WriteBitMakeDataFrame(0);
            BtEnable(false);
            timer1.Enabled = true;
        }
```

(c)

```
참조 1개
private void BT_Reset_MouseDown(object sender, MouseEventArgs e)
{
    timer1.Enabled = false;
    WriteBitMakeDataFrame(4);
}

참조 1개
private void BT_Reset_MouseUp(object sender, MouseEventArgs e)
{
    WriteBitMakeDataFrame(0);
    timer1.Enabled = true;
}

참조 6개
private void WriteBitMakeDataFrame(byte Bit)
{
    byte[] DataFrame = ContWriteDataFrame();

    byte[] VariableFrame = Encoding.Default.GetBytes("%MB200");
    DataFrame = Combine(DataFrame, VariableFrame);

    byte[] Count = new byte[] { 0x01, 0x00 };
    DataFrame = Combine(DataFrame, Count);

    byte[] ByteData = new byte[] { Bit };
    DataFrame = Combine(DataFrame, ByteData);

    byte[] Frame = MakeCompanyFrame(DataFrame);
    Frame = Combine(Frame, DataFrame);

    SendMassage(Frame, "W", 0);
}

참조 5개
private byte[] MakeCompanyFrame(byte[] DataFrame)
{
    string Company_ID = "LSIS-XGT";
    byte[] CompanyFrame = Encoding.Default.GetBytes(Company_ID);

    //          byte[] Reserved = new byte[2] { 0x00, 0x00 };          //예비
    //          byte[] PLC_Info = new byte[2] { 0x00, 0x00 };          //PLC정보
    //          byte[] CPU_Info = new byte[1] { 0xB0 };                //XGB(MK)
    //          byte[] SourceOfFrame = new byte[1] { 0x33 };           //PC->PLC
    //          byte[] InvokeID = new byte[2] { 0x00, 0x00 };          //인식번호(0번)
    byte[] CPU_Info = new byte[] { 0x00, 0x00, 0x00  0x00, 0xB0, 0x33, 0x00, 0x00 };
    CompanyFrame = Combine(CompanyFrame, CPU_Info);

    byte[] Length = new byte[] { (byte)DataFrame.Length, 0x00 };
    CompanyFrame = Combine(CompanyFrame, Length);

    byte[] FEnetPosition = new byte[] { 0x01 };
    CompanyFrame = Combine(CompanyFrame, FEnetPosition);

    byte[] BCC = new byte[1];
    ushort crc = Calc(CompanyFrame);
    BCC[0] = (byte)crc;
    CompanyFrame = Combine(CompanyFrame, BCC);

    return CompanyFrame;
}

참조 5개
private void SendMassage(byte[] SendFrame, string RW, int Sequence)
{
    Socket sock = new Socket(AddressFamily.InterNetwork, SocketType.Stream, ProtocolType.Tcp);

    sock.SendTimeout = 3000;
    sock.ReceiveTimeout = 3000;

    IPAddress serverIP = IPAddress.Parse("10.10.10.100");
```

(d)

```
            int serverPort = 2004;
            IPEndPoint ipep = new IPEndPoint(serverIP, serverPort);

            if (sock.IsBound == true) sock.Close( );
            sock.Connect( ipep );
            if (sock.Connected)
            {
                sock.Send( SendFrame );
                if (RW == "R")
                {
                    byte[] Rdata = new byte[100];
                    sock.Receive( Rdata );
                    if (Sequence == 0) StartReceivedDataProcessing( Rdata );
                    else if (Sequence == 1) ReceivedDataProcessing( Rdata );
                    else
                    {
                        if (Rdata[32] > 0) BtEnable(false);
                    }
                }
            }
            sock.Close( );
        }

        참조 1개
        private void StartReceivedDataProcessing(byte[] RData)
        {
            short Datas = BitConverter.ToInt16(RData, 32);              // Word
            TB_D0.Text = Datas.ToString( );

            Datas = BitConverter.ToInt16(RData, 34);                    // Word
            TB_D1.Text = Datas.ToString( );

            int Data = BitConverter.ToInt32(RData, 36);                 // DWord
            TB_D2.Text = Data.ToString( );
        }

        참조 1개
        private void ReceivedDataProcessing(byte[] RData)
        {
            short Datas = BitConverter.ToInt16(RData, 32);              // Word
            TB_D10.Text = Datas.ToString( );

            int Data = BitConverter.ToInt32(RData, 34);                 // DWord
            TB_D11.Text = Data.ToString( );

            Data = BitConverter.ToInt32(RData, 38);                     // DWord
            TB_D13.Text = Data.ToString( );
        }

        참조 23개
        private byte[] Combine(byte[] a, byte[] b)
        {
            byte[] c = new byte[a.Length + b.Length];
            Buffer.BlockCopy(a, 0, c, 0, a.Length);
            Buffer.BlockCopy(b, 0, c, a.Length, b.Length);
            return c;
        }

        참조 1개
        private static ushort Calc(byte[] data)
        {
            ushort crc = 0xFFFF;
            for (int pos = 0; pos < data.Length; pos++)
            {
                crc ^= data[pos];
                for (int i = 8; i != 0; i--)
                {
                    if ((crc & 0x0001) != 0)
                    {
                        crc >>= 1;
                        crc ^= 0xA001;
                    }
```

(e)

```
                    else crc >>= 1;
                }
            }
            return crc;
        }
    }
}
```

(f)

참고문헌

- 사용설명서_XBM-DN32H_KOR_V1.0, 2016.12
- 사용설명서_XGB Cnet_V1.9, 2015.01
- 사용설명서_XGB FEnet_국문_V2.30, 2017.06

PLC 데이터통신

초판 인쇄 2021년 2월 1일
초판 발행 2021년 2월 10일
개정 1판 발행 2022년 11월 10일
개정 2판 발행 2025년 11월 10일

저 자 | 조철수, 이영호, 김민호
발 행 인 | 조규백
발 행 처 | 도서출판 구민사
(07293) 서울시 영등포구 문래북로 116, 604호(문래동 3가 46, 트리플렉스)
전 화 | (02) 701-7421
팩 스 | (02) 3273-9642
홈페이지 | www.kuhminsa.co.kr
신고번호 | 제2012-000055호(1980년 2월 4일)

I S B N | 979-11-6875-626-7 (13500)
정 가 | 32,000원